동물보건 의약품관리학

Veterinary Pharmaceutical Administration

정재용 · 김정은 · 안성아 · 이왕희 · 이종복 · 정수연 · 최한솔 · 한기원 공저

박영story

머리말

반려동물은 이제 단순한 애완의 존재를 넘어, 가족의 일원으로 자리 잡았습니다. 국내 반려동물 양육 가구 수가 600만을 넘어선 지금, 반려동물의 건강과 복지에 대한 관심은 날로 높아지고 있으며, 이에 따라 동물병원과 관련 산업도 빠르게 성장하고 있습니다. 이러한 변화 속에서 전문적인 동물보건 인력의 중요성은 날로 커지고 있습니다. 특히 동물용 의약품에 대한 정확한 이해와 안전한 취급 능력은 현장에서 요구되는 핵심 역량입니다.

『동물보건의약품관리학』은 이러한 시대적 요구에 부응하여, 동물보건사와 동물 관련 종사자들이 동물용 의약품을 올바르게 이해하고 실무에 적용할 수 있도록 돕기 위해 집필되었습니다. 이 책은 약물의 기본 개념부터 시작하여, 다양한 제형과 작용 기전, 약물의 분류, 그리고 의약품의 안전한 보관과 취급 방법까지 폭넓은 내용을 체계적으로 다루고 있습니다.

특히 약물의 작용 원리, 흡수·분포·대사·배설 과정, 약물 간 상호작용 등 이론적 내용은 최대한 알기 쉽게 정리하였으며, 동물병원 현장에서 필요한 경구투약 절차, 약품 보관 및 재고 관리, 안전한 취급 요령 등 실무 중심의 정보도 함께 담았습니다. 또한 감염 관리를 위한 항생제, 기생충 구제제, 백신을 비롯해 심혈관계, 호흡기계, 소화기계, 신경계 등 동물의 주요 신체 계통별로 자주 사용되는 약물의 특징도 상세히 소개하였습니다.

이 책이 동물보건사를 준비하는 학생은 물론, 동물병원 실무자와 반려동물의 건강에 관심 있는 일반인들에게도 유용한 지침서가 되기를 바랍니다. 단순한 지식 전달을 넘어, 동물과 사람이 함께 건강하게 살아가는 사회를 위한 전문성과 책임감을 기르는 데 작지만 의미 있는 도움이 되기를 바랍니다.

2025년 7월

저자 드림

목차

CHAPTER 01
생체내 약물작용의 기본원리

Ⅰ. 약동학(Pharmacokinetics) • 5
Ⅱ. 약력학(Pharmacodynamics)과 약물수용체 • 16
Ⅲ. 약물 이상반응과 중독 • 25

CHAPTER 02
약물의 이해

Ⅰ. 약물의 용도 및 명칭 • 36
Ⅱ. 약의 분류 • 39
Ⅲ. 응급의약품 • 47
Ⅳ. 수의사처방제 • 62

CHAPTER 03
약물 투여 지원

Ⅰ. 투약 지원 및 보조에 사용되는 도구, 장비 및 소모품 • 66
Ⅱ. 약물의 투여 경로 및 투여 방법 • 75
Ⅲ. 처방전의 이해 • 80
Ⅳ. 약물의 준비 • 85

CHAPTER 04
의약품관리

Ⅰ. 의약품관리 • 104
Ⅱ. 마약 및 향정신성의약품 관리 • 110
Ⅲ. 항암제 및 호르몬제 취급 관리 • 119
Ⅳ. 항암제 및 호르몬제 취급 시 주요 지침 • 120

CHAPTER 05
주요 화학요법제

Ⅰ. 화학요법제 • 130
Ⅱ. 항균 화학요법제 • 131
Ⅲ. 항진균제 • 142
Ⅳ. 항바이러스제 • 145
Ⅴ. 항기생충제 • 146
Ⅵ. 항암제 • 164

CHAPTER 06
위장관계 주요 약물

Ⅰ. 위장관계 개요 • 174
Ⅱ. 위장관계와 관련된 주요 약물 • 179

CHAPTER 07
심혈관계 주요 약물

Ⅰ. 심혈관계 개요 • 196
Ⅱ. 심장과 관련된 주요 약물 • 201
Ⅲ. 혈관과 관련된 주요 약물 • 209

CHAPTER 08
비뇨기계 주요 약물

Ⅰ. 비뇨기계의 정의, 구조 및 기능 • 220
Ⅱ. 비뇨기계에 작용하는 주요 약물 • 224

CHAPTER 09
호흡기계 주요 약물

Ⅰ. 호흡기계의 정의, 구조 및 기능 • 234
Ⅱ. 호흡기계에 작용하는 주요 약물 • 236

CHAPTER 10
신경계 주요 약물

Ⅰ. 서론 • 248
Ⅱ. 자율신경계 약물 • 262
Ⅲ. 중추신경계 약물 • 274
Ⅳ. 행동교정 약물 • 285
Ⅴ. 전신마취제 • 291

CHAPTER 11
내분비계 및 생식기계 주요 약물

Ⅰ. 서론 • 300
Ⅱ. 내분비계 약물 • 304
Ⅲ. 생식 관련 호르몬제 • 324

CHAPTER 12
근골격 및 관절 작용 주요 약물

Ⅰ. 서론 • 332
Ⅱ. 항염증 및 진통 조절 약물 • 342
Ⅲ. 근육 이완 및 신경근 차단 약물 • 361
Ⅳ. 국소 마취제 • 363

CHAPTER 13
눈 및 귀 작용 주요 약물

Ⅰ. 눈 및 귀 구조 및 기능 • 370
Ⅱ. 눈 및 귀에 작용하는 주요 약물 • 374

CHAPTER 14
피부 작용 주요 약물

Ⅰ. 피부 구조 및 기능 • 394
Ⅱ. 피부에 작용하는 주요 약물 • 398

CHAPTER 15
영양 및 체액보충제

Ⅰ. 체액의 이해 • 408
Ⅱ. 수액 치료 • 412
Ⅲ. 수액 투여 경로 • 418
Ⅳ. 수액 종류(Products for fluid therapy) • 419
Ⅴ. 비경구 영양요법(Parenteral nutritional therapy) • 421
Ⅵ. 혈액 수혈(Blood transfusions) • 422

CHAPTER 16
면역 및 백신제제

Ⅰ. 면역 서론 • 426
Ⅱ. 면역자극제(Immunostimulants) • 430
Ⅲ. 면역억제제(Immunosuppressive drugs) • 432
Ⅳ. 백신과 예방접종(Vaccines and Vaccination) • 434

CHAPTER

01

생체내 약물작용의 기본원리

Ⅰ. 약동학(Pharmacokinetics)

Ⅱ. 약력학(Pharmacodynamics)과 약물수용체

Ⅲ. 약물 이상반응과 중독

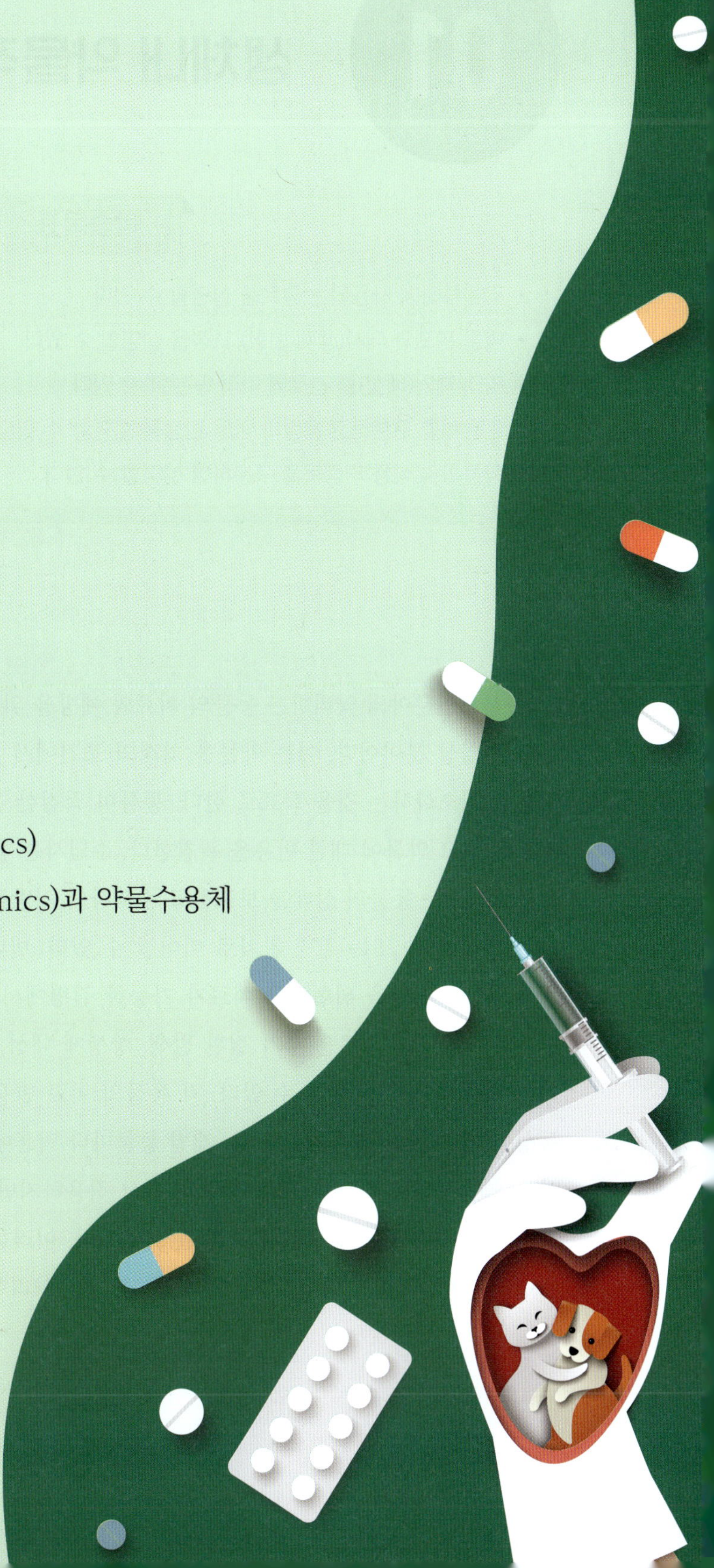

CHAPTER

01 생체내 약물작용의 기본원리

학습목표

- 약물투여에 사용되는 경로를 설명할 수 있다.
- 약물 분포와 대사(생체 변형) 과정을 설명할 수 있다.
- 약의 제거(배설)를 경로에 따라 구분할 수 있다.
- 수용체를 구분하고 용량과 약물 반응을 설명할 수 있다.
- 약물의 부작용과 중독을 구분하여 설명할 수 있다.

동물보건분야의 약리학은 동물의 치료와 예방을 위해 사용하는 약물의 특성과 작용을 연구하는 임상 분야이다. 이는 약물을 최적의 조건에서 사용하여 치료 효과를 극대화하고 부작용을 최소화하는 것을 목표로 한다. 동물이 적절한 용량과 기간 동안 처방된 약물을 투여받도록 하고 약물에 대한 반응을 관찰한다. 수의사는 용량 요법의 수정 및 개선할 수 있으며 동물보건사는 동물의 상태를 보고하고 수의사의 처방을 확인한다. 성공적인 약물 치료의 결과는 증상 완화 또는 질병 완치로 이어질 수 있다. 반대로, 약물의 부적절한 사용은 치료를 지연시키며 생명을 위협하고 치료가 가능한 질병에서도 효과를 기대할 수 없으며 독성 유발, 질병 장기화, 새로운 추가 질환 발생, 항생제 내성, 잘못 사용된 약물에 대한 부작용, 그리고 비용 증가로 이어질 수 있다. 각 동물의 치료 반응은 개별적으로 진행되며, 동물 간 변동성이 매우 높을 가능성이 있다. 개별 동물마다 약물에 대한 반응이 다를 수 있으므로 수의사는 일반적으로 정해진 표준 용량을 우선 적용하지만, 심각한 질병이나 개별적 특성에 따라 약물 용량을 맞춤형으로 조정할 필요가 있다. 이러한 개별화된 치료 결정은 동물의 상태, 질병의 특성, 약물의 특성, 약물 형태 등에 대한 약리학적 지식을 바탕으로 이루어진다. 이

장에서는 동물의약품분야의 기초가 되는 핵심 개념과 정의를 소개하고, 임상적 변동성의 주요 원인을 강조하며, 동물보건사의 약물 관리에 필요한 원리를 소개한다.

I 약동학(Pharmacokinetics)

약동학은 생체가 약물에 하는 일을 말하는 반면, 약력학은 약물이 생체에 하는 일을 설명한다. 약동학을 이해하기 위해서는 약물이 동물의 몸 안으로 흡수되고, 분포되었다가 대사, 배설을 통해 몸 밖으로 나갈 때까지 혈액과 각 조직에서 발견되는 약의 농도가 시간에 따라 끊임없이 변화하는 과정을 설명할 수 있어야 한다. 생체 장기와 조직들이 몸 밖에서 들어온 약물이라는 이물질을 다루면서 일어나는 작용들이며 장관에서의 흡수, 심장박동으로 발생한 혈류에 의한 말초 조직으로의 분포, 간이나 콩팥을 통한 몸 밖으로 제거 등이 혈액과 각 조직들에서의 약물의 농도가 올라갔다가 다시 내려가는 현상을 일으킨다. 네 가지(**흡수, 분포, 대사, 배설**) 약동학적 특성이 약물 작용의 시작, 강도 및 지속 시간을 결정한다. 약동학적 매개변수에 대한 지식을 활용하여 투여 경로, 용량, 빈도, 치료 기간 등을 포함한 최적의 약물 요법을 설계할 수 있다.

1 약물의 투여 경로

투여 경로는 수용성, 지용성 및 이온화와 같은 약물의 특성과 발현속도, 장기 치료의 필요성 및 국소 부위로의 전달 제한 여부에 따라 결정된다. 약물 투여의 주요 경로에는 경구(장내), 비경구, 직장 및 국소 경로 등이 있으며 정맥투여 이외의 경로로 투여된 약물은 하나 이상의 생체막을 통과하여 혈중에 도달하는 흡수과정을 거친다.

(1) 장내 투여-Enteral

장내 투여(경구로 약물을 투여하는 것)는 가장 안전하고 가장 흔하고 편리하며 경제적인 약물 투여 방법이다. 약물을 스스로 섭취하여 경구 투여가 가능하도록 하거나 혀 아래(설하) 또는 잇몸과 볼 사이에 보호자가 투여하여 혈류로 직접 흡수되도록 할 수 있다. 경구 투여는 많은 이점이 있다. 경구 약물은 다른 투여경로에 비하여 상대적으로 투여하기 쉽고(동물의 행동 및 동물보건사 및 보호자의 보정에 따라 차이가 있다), 경구 약물의 독성 및/또는 과다복용은 활성탄과 같은 해독제로 극복할 수 있다. 그러나 경구 약물 흡수에 관련된 경로는 가장 복잡하고, 낮은 위 pH는 일부 약물을 불활성화한다. 이러한 흡수의 단점을 해결하기 위해 장용 코팅제 및 지속 방출 제제 등을 이용하여 경구용 제제가 만들어진다.

설하 투여는 약물이 구강 점막의 모세혈관을 통해 빠르게 전신 순환계로 흡수되므로 흡수가 빠르며, 위장관(GI)을 우회하고 간의 일차통과 대사를 피할 수 있다. 볼 점막 경로(buccal route) 또한 설하 투여와 유사한 장점을 지닌다.

(2) 비경구-Parenteral

비경구 경로는 약물을 직접 전신 순환계로 투여한다. 비경구 투여는 위장관에서 잘 흡수되지 않는 약물(예: 헤파린)이나 위장관에서 불안정한 약물(예: 인슐린)에 사용된다. 비경구 투여는 경구 약물을 복용할 수 없는 경우(의식이 없는 경우)와 빠른 작용이 필요한 상황에서도 사용된다. 또한 비경구 경로는 생체이용률이 가장 높고 일차통과 대사나 흡수에 방해를 받을 수 있는 위장관 환경에 영향을 받지 않는다. 비경구 투여는 생체에 전달되는 약물의 실제 복용량을 가장 잘 제어할 수 있다. 그러나 이러한 투여 경로는 투여 후 되돌릴 수 없으며 통증, 두려움, 국소 조직 손상 및 감염을 일으킬 수 있다. 세 가지 주요 비경구 경로는 **혈관 내**(IV; **정맥 내 또는 동맥 내**), **근육 내**(IM) **및 피하**(SC)이다(그림 1-1).

정맥 내/IV(Intravenous) 주사는 가장 일반적인 비경구적 경로이다. 경구로 흡수되지 않는 약물에 유용하며, IV 투여는 빠른 효과를 제공하고 전달되는 약물의 양을 최대한 제어할 수 있다. 볼루스(bolus)로 주사하면 약물의 전체 양이 거의 즉시 전신 순환계로 전달된다. IV 주입으로 투여하는 경우 약물이 더 오랜 시간 동안 주입되어 최고 혈장 농도가 낮아지고 순환 약물 수치가 더 오래 지속된다. IV 투여는 다른 경로를 통해 투여할 때 자극을 유발하는 약물에 유리한데, 이는 물질이 혈액에 의해 빠르게 희석되기 때문이며, 경구로 투여하는 약물과 달리 주사하는 약물은 활성탄과 결합하는 것과 같은 방법으로 회수할 수 없다. IV 주사는 주사 부위의 오염을 통해 실수로 감염을 일으킬 수 있다. 또한 정맥 내 주사는 약물을 매우 신속하게 전달하고 다른 경로와 달리 최소한의 시간으로 고농도에 도달하기 때문에 혈액 성분이 침전되거나 용혈을 유발하는 등 다른 부작용을 일으킬 수 있다. 따라서 환자를 약물 반응에 대해 주의 깊게 모니터링해야 하며, 주입 속도도 환자의 상태에 따라 주의 깊게 조절해야 한다.

근육 내/IM(Intramuscular)으로 투여되는 약물은 빠르게 흡수되는 수용액이거나 느리게 흡수되는 특수한 저장제(depot preparations)일 수 있다. 저장제는 비수용성 운반체에 약물을 현탁한 것으로 구성되며 운반체가 근육에서 확산되면서 약물이 주사 부위에 침전된다. 그 이후 약물이 천천히 용해되어 장시간 동안 지속적인 복용량을 제공한다.

피하/SC(Subcutaneous) 주사는 단순 확산을 통해 흡수되며 IV경로보다 천천히 흡수된다. SC주사는 IV주사 시 발생할 수 있는 용혈 또는 혈전증의 위험을 최소화하며 일정하고 느리고 지속적인 효과를 제공할 수 있다. 이 경로는 심한 통증과 괴사가 발생할 수 있기 때문에 조직 자극을 유발하는 약물과 함께 사용해서는 안 된다. 피하 경로를 통해 투여되는 약물에는 일반적으로 인슐린 및 대부분의 백신 등이 있다.

그림 1-1

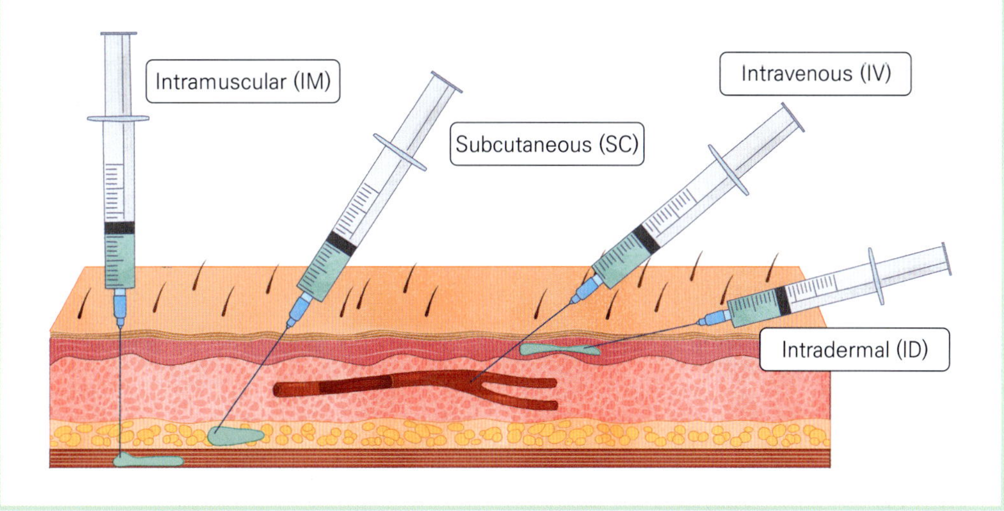

(3) 기타 경로

흡입 경로는 경구와 비강 모두 호흡기 점막과 폐 상피의 넓은 표면적을 통해 약물을 빠르게 전달한다. 약물 효과는 IV 볼루스(bolus)와 거의 비슷하다. 가스 약물(예: 일부 마취제)과 에

어로졸로 분산될 수 있는 약물은 흡입을 통해 투여한다. 이 경로는 약물이 작용 부위에 직접 전달되어 전신적 부작용을 최소화하기 때문에 천식이나 만성 폐쇄성 폐질환(COPD)과 같은 호흡기 질환이 있는 환자에게 효과적이고 편리하다. 흡입을 통해 투여되는 약물의 예로는 알부테롤과 같은 기관지 확장제와 플루티카손(fluticasone)과 같은 코르티코스테로이드가 있다.

국소 적용은 약물의 국소적 효과가 필요할 때 사용된다. 예를 들어, 케토코나졸 크림은 곰팡이 감염 치료를 위해 피부에 직접 발라 국소에 적용시킨다.

피내 경로는 일반적으로 경피 패치를 통해 약물을 피부에 적용하여 전신 효과를 얻는다. 흡수율은 적용 부위의 피부의 물리적 특성과 약물의 지질 용해도에 따라 차이가 나타날 수 있다. 피내 경로는 항협심제 니트로글리세린, 항구토제 스코폴라민 같은 약물의 지속적인 전달에 가장 많이 사용된다.

직장 경로는 위장 환경에서 약물의 파괴를 방지한다는 추가적인 이점이 있으며 경구 투여 시 약물이 구토를 유발하거나 환자가 이미 구토 증상이 있는 경우에 이 경로로 투여할 수 있으며 환자가 의식이 없는 경우에도 유용하다. 직장 부위의 배액의 50%가 문맥 순환을 우회하기 때문에 직장 투여 시간에 의한 약물의 생물학적 변형이 최소화된다.

2 약물의 흡수(약동학의 첫 번째 단계)

흡수는 약물이 투여 부위에서 혈류로 이동하는 것이다. 흡수 속도와 정도는 약물이 흡수되는 환경, 약물의 화학적 특성과 생체이용률에 영향을 미치는 투여 경로에 따라 달라지며 정맥 주사가 아닌 다른 투여 경로는 부분적으로 흡수되거나 낮은 생체이용률을 나타낼 수 있다.

(1) 위장관에서 약물 흡수의 원리

동물이 약물을 삼키거나 동물보건사 또는 보호자가 직접 경구로 투여할 경우 위장에 들어와서 소장으로 내려가면서 흡수의 과정을 거친다. 흡수가 일어나는 첫 과정은 알약 또는 캡슐 형태로 들어온 약이 소화액 속에서 부스러지고 용해된 후, 그 속에 녹아있는 약물 분자들이 장 상피세포들을 통과한다. 약물은 소화액에서의 용해도(solubility)와 장 상피세포를 투과하는 속도(permeability)는 반비례하는 경향이 있다. 지용성이 좋은 물질일수록 물에 잘 안 녹으므로 알약 형태로 투여할 경우 소화액에 제대로 용해되기 힘들고 반면에 수용성이 좋은(극성이 강한) 물질은 소화액에 잘 녹지만, 세포막이 인지질로 구성된 장 상피세포막을 통과하는 것은 수용성으로 인해 매우 느리다. 그러므로 수용성과 지용성의 어느 극단에 치우치지 않고 적당한 범위의 성질을 가진 약물이 흡수가 잘된다. 약물은 다음과 같은 원리에 의해 흡수된다(그림 1-2).

수동 확산(Passive diffusion)은 약물의 두 생체 구획을 분리하는 막을 통과하는데 이때 수동 흡수를 위한 원동력으로 **농도 구배**를 이용하여 약물은 고농도 영역에서 저농도 영역으로 이동한다. 수동 확산은 약물을 이동하는 운반체가 없으며 구조적 특이성이 낮다. 대부분의 약물은 이 원리를 통해 흡수된다. 수용성 약물은 물의 성질을 가진 통로(aqueous channels)나 기공(pore)을 통해서 세포막을 관통하는 반면, 지용성 약물은 대부분 막 지질 이중층에서 용해되기 때문에 수용성 약물에 비해 생물학적 막을 쉽게 통과한다.

촉진 확산(Facilitated diffusion)은 약물이 대형 분자의 통과를 용이하게 하는 특수한 막관통 운반체 단백질을 통해 세포에 들어갈 수 있다. 이러한 운반체 단백질은 구조적 변화를 만들어 약물이나 내인성 분자가 세포 내부로 통과하여 고농도 영역에서 저농도 영역으로 이동할 수 있도록 도와준다. 이 과정을 촉진 확산이라고 하며 운반체 단백질을 이용함에도 불구하고 약물 이동 시 에너지가 필요하지 않다. 약물의 포화상태까지 진행될 수 있으며 운반체와 경쟁적으로 결합하는 화합물에 의해 억제될 수 있다.

능동 수송(Active transport)은 약물 유입 시 세포막을 가로지르는 특정 운반체 단백질을 이용하여 이동한다. 자연적으로 발생하는 대사체의 구조와 매우 유사한 몇 가지 약물은 특정 운반체 단백질을 사용하여 세포막을 가로질러 능동적으로 수송된다. 이 방식은 에너지를 필요로 하며 에너지 의존적 능동 수송은 ATP의 가수분해에 의해 수행된다. 약물 농도가 낮은 영역에서 약물 농도가 높은 영역으로 농도 구배에 반하여 약물이 이동한다. 능동 수송 시스템은 선택적으로 작용하며 함께 적용되는 다른 수송 물질에 의해 경쟁적으로 억제될 수 있다.

세포내이입과 세포외 유출(Endocytosis and exocytosis)에 의한 흡수는 매우 큰 크기의 약물을 세포막을 통과시키는 데 사용된다. 세포내이입은 약물을 세포막으로 삼키고 약물로 채워진 소포를 세포내로 운반한다. 세포외 유출은 세포내 이입의 반대작용으로 많은 세포가 세포외 유출을 사용하여 유사한 소포 형성 과정을 통해 세포 밖으로 물질을 분비한다.

그림 1-2 위장관에서 약물의 흡수 기전

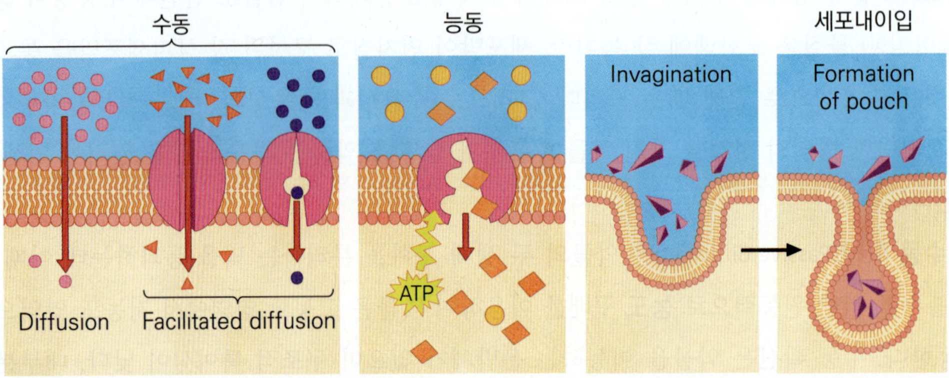

TIP 약물 흡수에 영향을 미치는 요인

- 약물 흡수 부위의 산도(pH)
- 약물 흡수 부위의 혈류량
- 약물 흡수 부위의 표면적
- 약물과 흡수 표면 사이의 접촉 시간
- P-당단백(glycoprotein)의 발현 정도

(2) 생체이용률

생체이용률은 투여된 약물이 전신 순환에 도달하는 비율이다. 환자에게 약물 50mg을 경구 투여하고 25mg을 그대로 흡수하면 생체이용률은 50%이다. 생체이용률을 결정하는 것은 정맥 주사(IV)를 제외한 투여 경로 대한 약물 복용량을 계산하는 데 중요하다.

생체 이용률은 특정 투여 경로(경구, 직장, 설하 등) 후 약물의 혈장 수치를 IV 투여로 도달한 수치와 비교하여 결정한다. IV는 투여 후 약물의 100%가 빠르게 순환계에 유입된다. 약물을 경구 투여하면 투여된 용량의 일부의 용량만 혈장에 나타난다. 약물의 혈장 농도를 시간에 따라 그래프로 표시하면 곡선 아래의 면적(AUC, Area under the curve)을 측정할 수 있으며 총 AUC는 약물의 흡수 정도를 반영한다. 그림 1-3은 경구 투여된 약물의 생물학적 이용률을 나타낸 표로 IV 및 경구 용량이 동일하다고 가정할 때 경구 투여 후 AUC와 IV 투여 후 AUC의 비율이다.

생체이용률 = 경구투여AUC / 정맥투여AUC × 100

그림 1-3

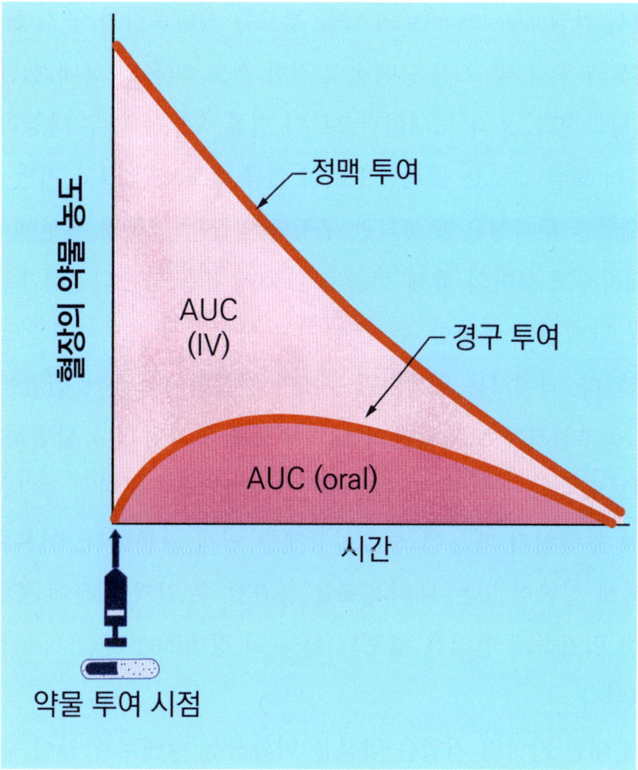

TIP 생체이용률에 영향을 미치는 요인

- 간의 일차 통과 대사(First-pass hepatic metabolism)
- 약물의 용해도
- 화학적 불안정성
- 약물 제형의 특성

3 약물의 분포(약동학의 두 번째 단계)

약물의 분포는 약물이 혈류를 가역적으로 떠나 간질(세포외액)과 조직으로 들어가는 과정이다. 정맥으로 투여된 약물의 경우 흡수 단계를 벗어나 초기 단계(투여 직후부터 농도가 빠르게 떨어질 때까지)가 분포 단계를 나타내며, 이 기간 동안 약물은 빠르게 순환계를 떠나 조직으로 들어간다. 혈장에서 간질(interstitium)로의 약물 분포는 심박출량과 국소 혈류, 모세혈관 투과성, 조직 부피, 약물과 혈장 및 조직 단백질의 결합 정도, 약물의 상대적 친지성(lipophilicity, 지질 친화성)에 따라 달라진다. 조직 모세혈관으로의 혈류 속도는 매우 다양하며 혈관이 풍부한 장기(뇌, 간, 신장)로의 혈류 속도는 골격근으로의 혈류 속도보다 크고 지방 조직, 피부는 혈류 속도가 낮다. 모세혈관 투과성은 모세혈관 구조와 약물의 화학적 특성에 의해 결정된다. 모세혈관 구조는 내피세포 사이의 틈새 접합(slit junctions)에 의해 다양하게 나타난다. 간과 비장에서는 큰 혈장 단백질이 통과할 수 있는 크고 불연속적인 모세혈관으로 인해 기저막의 상당 부분이 노출된다. 뇌에서는 모세혈관 구조가 연속적이며 틈새 접합이 없으므로 약물이 뇌에 들어가려면 중추신경계 모세혈관의 내피세포를 통과하거나 활발하게 운반되어야 한다. 예를 들어 레보도파의 경우 특정 수송체가 있어야 뇌로 운반할 수 있지만 지용성 약물은 내피 세포막에 용해되기 때문에 중추신경계를 쉽게 관통한다. 이온화 또는 극성 약물은 일반적으로 틈새 접합이 없는 내피세포를 통과할 수 없기 때문에 중추신경계에 작용하지 못한다. 이러한 밀접하게 인접한 세포는 혈액-뇌 장벽(BBB, blood brain barrier)을 구성하는 밀착 접합을 형성한다.

혈장 단백질에 대한 가역적 결합은 약물을 비확산성 형태로 만들어 구분되고 혈관 구획에서 약물이 이동하는 속도를 늦춘다. 알부민은 주요 약물 결합 단백질이며 약물 저장소 역할을 한다. 많은 약물이 조직에 축적되어 세포 외액 및 혈액보다 조직 내 농도가 더 높아진다. 약물은 지질, 단백질 또는 핵산과 결합하여 축적될 수 있다. 약물은 조직으로 적극적으로 운반되어 조직 저장소를 만들며 이는 약물의 주요 공급원이 되어 약물의 작용을 연장하거나 국소 약물 독성을 일으킬 수 있다.

약물의 화학적 특성은 세포막을 통과하는 능력에 큰 영향을 미친다. 지용성 약물은 대부분의 생물학적 막을 쉽게 통과하며 이러한 약물은 지질막에 용해되어 세포 표면 전체를 관통한다. 약물 작용 부위의 혈류량은 지용성 약물의 분포에 영향을 미치는 주요 요인이다. 반면, 수용성 약물은 세포막을 쉽게 통과하지 못하여 틈새 접합부(slit junctions)를 통과해야 한다.

TIP 혈관-뇌 장벽(BBB)

- 중추신경계나 뇌척수액으로의 약물분포가 제한되며 중추신경계에서 약물농도를 낮게 유지한다.
- 모세혈관 내피세포접합부가 매우 촘촘하여 약물의 단순여과를 어렵게 한다.
- 뇌실에서 생산된 뇌척수액은 뇌의 정맥으로 직접 배수되어 뇌척수액에서 약물의 농도가 희석된다.
- 맥락총(choroid plexus)에서 능동수송 기전이 작용하여 약물을 뇌척수액에서 혈액으로 수송하여 뇌로부터 약물을 방출하는 데 작용한다.

4 약물의 대사/생체내 변환(약동학의 세 번째 단계)

약물이 체내에 들어가면 제거 과정이 시작된다. 세 가지 주요 제거 경로는 간 대사, 담즙으로의 배출, 소변으로의 배출이다. 이러한 제거 과정을 합치면 혈장 농도가 기하급수적으로 감소하며 존재하는 약물의 일정 비율이 주어진 시간 단위에 제거된다. 약물을 제거 또는 배설하기 위해서는 대사(생체내 변환)를 통하여 극성을 가진 생성물로 변화하여야 한다.

신장은 세포막을 쉽게 통과하고 원위세뇨관에서 재흡수되는 친지성 약물을 효율적으로 제거할 수 없다. 따라서 지용성 제제는 먼저 간에서 **1상**과 **2상**(phase I and phase II)이라는 두 가지 일반적인 반응을 통해 더 극성(수용성)인 물질로 대사되어야 한다.

(1) 1상(Phase I)

1상(phase I) 반응은 $-OH$ 또는 $-NH_2$와 같은 극성 작용기를 도입하거나 벗겨내어 친지성(lipophilicity) 약물을 더 극성 분자로 전환한다. 이러한 1상 반응은 일반적으로 산화, 환원 또는 가수분해를 진행하여 일어난다(그림 1-4).

1상 반응은 대사 과정에서 약리학적 활동을 증가 또는 감소시키거나 영향을 미치지 않을 수 있다. 약물 대사에 가장 자주 관여하는 1상 반응은 시토크롬(cytochrome) P450 시스템(미세소체 혼합 기능 산화효소)에 의해 촉매된다. P450 시스템은 스테로이드, 지질 등의 많은 내인성 화합물의 대사와 이종물질과 같은 외인성 물질의 생물학적 변형에 중요한 역할을 하며 CYP[1]로 지정된 시토크롬 P450은 대부분의 간세포에 위치한다.

1 CYP = Cytochrome P450

P450 시스템과 관련되지 않은 1상 반응에는 아민 산화(카테콜아민이나 히스타민의 산화), 알코올 탈수소화(에탄올 산화), 에스테라제(간에서의 아스피린 대사) 및 가수분해가 있다.

(2) 2상(Phase II)

2상 단계는 접합 반응으로 구성된다. 1상 대사의 대사산물이 충분히 극성이면 신장을 통해 배출될 수 있지만 많은 1상 대사산물은 대부분 친지성이어서 배출될 수 없다. 글루쿠론산(glucuronic acid), 황산(sulfuric acid), 아세트산 또는 아미노산과 같은 내인성 기질과의 후속 접합 반응은 극성을 이루고 있으며 일반적으로 더 수용성인 화합물을 생성하지만 대부분 치료적 효과가 없는 비활성 물질로 변화된다. 글루쿠론화(Glucuronidation)는 가장 흔하고 가장 중요한 접합 반응이며 이미 -OH, -NH_2 또는 -COOH 그룹을 가지고 있는 약물은 2상에 직접 들어가 사전 1상 대사 없이 접합될 수 있다. 일련의 과정을 통해 극성이 높은 약물 접합체는 신장이나 담즙을 통해 배출된다.

그림 1-4

	1상(Phase I)		2상(Phase II)	
약물(Drug) →	약물의 산화, 환원, 가수분해 과정 진행	대사산물 → (metabolite)	접합반응 (conjugation reaction)	→ 접합생성물 (conjugated product)
	생성물은 수용성이 높아지며 약리학적으로 활성이 약해지거나 비활성 또는 활성이 상승함		수용성이 더욱 높아지고 생물학적 활성은 감소함	

5 약물의 제거/배설(약동학의 네 번째 단계)

약물은 신체에서 제거될 만큼 충분히 극성(수용성)이 있어야 한다. 약물은 신체에서 제거되는 경로가 여러 가지인데, 가장 중요한 것은 신장을 통해 소변으로 제거되는 것이다. 신장

기능 장애가 있는 환자는 약물을 배출할 수 없으며 약물 축적 및 부작용의 위험이 있다. 신장을 통해 소변으로 약물을 제거하는 과정에는 사구체 여과, 능동적 세뇨관 분비, 수동적 세뇨관 재흡수 과정이 포함된다. 화학적 변형 없는 지질 용해성인 대부분의 약물은 여과액의 약물 농도가 혈관 주위 공간의 약물 농도보다 높아지면 세뇨관 내강으로 확산된다. 이러한 재흡수를 최소화하기 위해 약물은 주로 간에서 1상 및 2상 반응을 통해 더 극성인 물질로 변형된다. 극성 또는 이온화된 접합체는 신장 내강으로 다시 확산될 수 없다. 또 다른 약물 제거의 경로는 장, 담즙, 폐, 모유 등을 통해 이루어진다(그림 1-5). 경구 투여 후 흡수되지 않은 약물과 장이나 담즙으로 직접 분비된 약물은 대변으로 제거된다. 폐는 약물을 호흡으로 배출시키며 주로 마취 가스(이소플루란)를 제거하는 데 관여한다. 모유를 통해 약물을 배설(배출)하면 모유 수유하는 신생동물이 어미가 복용하는 약물 및/또는 대사산물에 노출될 수 있으며 신생동물에게 부작용을 발생시키는 잠재적 원인이 된다. 대부분의 약물은 땀, 타액, 눈물, 털, 피부로 배출되는 것은 소량에 불과하다. 전신 제거 및 약물 반감기는 약물 치료를 최적화하고 독성을 최소화하기 위한 약물 배설(제거)의 중요한 척도이다.

그림 1-5 약물의 배설 경로

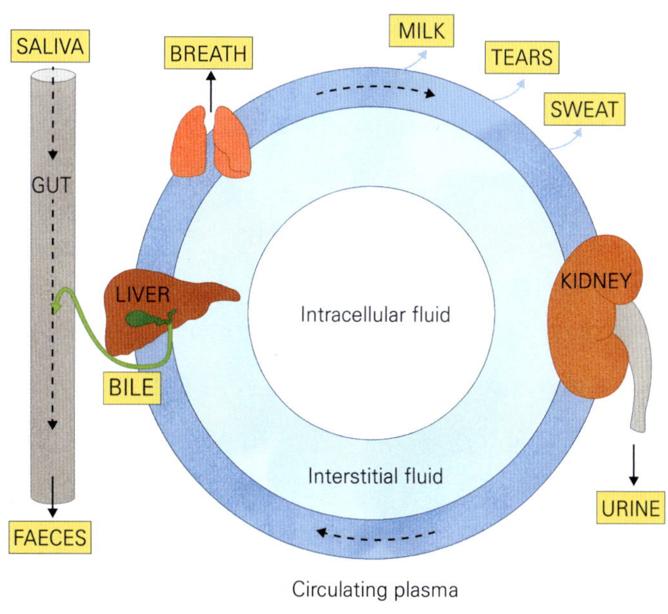

Ⅱ 약력학(Pharmacodynamics)과 약물수용체

약력학(pharmacodynamics)은 약물이 생체에 미치는 작용과 약물 농도가 반응의 크기에 미치는 영향에 대한 약물의 효과 및 작용기전을 다루는 분야이다. 약물은 세포의 특정 부분 또는 성분과 화학적 결합을 하여 특정한 생화학적 반응을 유발하는 특이성(specificity)을 가지고 있으며 대부분의 약물은 세포 표면이나 세포 내에 존재하는 특수한 표적 분자와 상호 작용하여 유익하거나 해로운 효과를 발휘한다. 이처럼 약물과 결합하여 효과를 나타내는 세포 성분을 수용체(receptor)라고 부른다. 수용체는 약물과 효과 사이의 관계에서 핵심적인 개념이므로 수용체의 종류, 약물과 수용체의 결합, 약물 용량-반응 관계 등을 설명할 수 있다. 이러한 수용체는 약물과 결합하여 약물-수용체 복합체가 되어 신호 전달이라는 과정을 통해 세포의 생화학적 활동의 변화를 나타낸다.

1 수용체(receptor)

수용체는 약물과의 상호작용을 위한 약물의 결합부위로 약리반응 시작을 위한 효과기관 부위를 가진 거대분자이며 약물은 신호로 작용하고 수용체는 신호 감지기로 작용한다. 수용체는 결합된 작용제에 대한 인식을 일련의 반응을 개시하여 궁극적으로 특정 세포 내 반응을 초래함으로써 전달한다. 작용제(agonist)는 자연적으로 발생하는 소분자 또는 수용체 단백질의 부위에 결합하여 활성화하는 약물을 말하며 2차 전령(Second messenger) 또는 효과기 분자는 작용제의 결합으로 인하여 세포 반응을 유도하는 일을 한다.

수용체의 대부분을 차지하는 막수용체는 분자구조와 기능에 따라 분류할 수 있다. 막수용체는 한 개 이상의 리간드 결합 도메인이 한 개 이상의 세포막 통과부분에 연결되고 세포질 쪽에 위치하는 효과기관 도메인으로 연결된 구조를 가지고 있다. 이러한 배열은 세포 바깥의 신호를 세포 안으로 전달하는 데 이상적인 구조이다. 일반적으로 내인성 리간드(ligand)는 친수성이므로 수동 확산에 의해 세포막을 통과할 수 없다. 갑상선호르몬이나 스테로이드 호르몬 등의 친지성 리간드가 결합하는 수용체는 막수용체와는 다른 종류인 세포 내 수용체에 속한다. 대개 세포 내 수용체는 약물이 결합하면 수용체 단백질의 DNA 결합부위가 노출되며, 약물-수용체 복합체가 DNA와 상호작용하여 특정 유전자의 전사를 조절한다.

(1) 리간드-관문 이온 통로 연계 수용체(ligand-gated ion channels)

리간드(또는 약물) 관문(gate) 이온 통로의 세포 외 부분에는 일반적으로 리간드 결합 부위가 있으며 이 부위는 이온이 세포막을 가로질러 흐를 수 있는 구멍의 모양을 조절한다(그림 1-6-A). 통로연계 수용체는 특정 리간드나 약물이 결합하여 활성 화되면 통로가 열리고 이에 따라 세포막을 탈분극 또는 과분극시킨다. 이 채널은 일반적으로 수용체가 작용제에 의해 활성화될 때까지 닫혀 있으며, 작용제는 아주 짧은 시간 동안 채널을 잠시 개방한다. 이러한 채널을 통해 전달되는 이온에 따라 수용체는 신경 전달, 심장 또는 근육 수축을 포함한 다양한 기능을 매개한다. 예를 들어, 아세틸콜린에 의한 니코틴 수용체의 자극은 나트륨 유입 및 칼륨 유출을 초래하여 뉴런에서 액션 전위 또는 골격근에서 수축을 생성하고 GABA(γ-aminobutyric acid) 수용체의 작용제 자극은 염화물 유입 및 뉴런의 과분극을 증가시킨다. 전압 게이트 이온 채널은 또한 채널 기능을 조절할 수 있는 리간드 결합 부위를 가질 수 있으며 이에 따라 국소 마취제는 전압 개폐형 나트륨 채널에 결합하여 나트륨 유입을 억제하고 신경 전도를 감소시킨다.

(2) G-단백질 결합 수용체(G protein-coupled receptors)

G-단백 결합 수용체의 세포 외 범위는 리간드 결합 영역을 포함하고 세포 내 범위는(활성화될 때) G 단백질 또는 효과기 분자와 상호 작용한다(그림 1-6-B). 또한 이 수용체는 세포 바깥의 생물학적 신호를 증폭시키는데, 이는 세포 바깥의 리간드가 수용체에 결합하여 G단백질을 활성화시키면 이로 인해 활성화된 통로나 효소(adenylyl cyclase, phospholipaseC 등)가 세포 내부에서 이차전령 물질 유입이나 형성을 유도하여 활성화된다. 많은 종류의 G 단백질(예: Gs, Gi 및 Gq)이 있지만 모두 세 개의 단백질 서브유닛(subunit)으로 구성되며 α 서브유닛은 구아노신 삼인산(GTP)에 결합하고 β 및 γ 서브유닛은 세포막에 G 단백질을 고정한다. 수용체에 작용제가 결합하면 α 서브유닛에 대한 GTP 결합이 증가하여 α-GTP 복합체가 βγ 복합체에서 분리되고 이 두 복합체는 일반적으로 효소, 단백질 또는 이온 채널인 다른 세포 효과기와 상호 작용하여 세포 내에서 추가 작용을 담당하게 된다. 이러한 반응은 일반적으로 몇 초에서 몇 분 동안 지속된다. 때때로 활성화된 효과기는 세포 내의 다른 효과기를 더욱 활성화하는

2차 전령을 생성하여 신호 연쇄 효과를 일으킨다. Gs에 의해 활성화되고 Gi에 의해 억제되는 일반적인 효과기는 아데닐릴 사이클라제(adenylyl cyclase)로, 이는 2차 전령인 cAMP(cyclic adenosine monophosphate)를 생성한다. Gq는 phospholipaseC를 활성화하여 두 가지 다른 2차 전령인 inositol 1,4,5-trisphosphate(IP3)와 diacylglycerol(DAG)을 생성한다. DAG와 cAMP는 세포 내에서 다양한 단백질키나제를 활성화하여 수많은 생리적 효과를 유발한다. IP3는 세포 내 자유 칼슘(free Ca^{+}) 농도와 일부 단백질키나제를 조절한다.

(3) 효소결합 수용체(Enzyme-linked receptors)

효소 결합 수용체는 이합체 또는 다중 서브유닛 복합체를 형성할 수 있는 단백질로 구성된다(그림 1-6-C). 활성화되면 이러한 수용체는 구조와 기능에 따라 세포질 효소 활성이 증가하는 구조적 변화가 일어나며 반응은 몇 분에서 몇 시간 정도 지속된다. 가장 일반적인 효소 연결 수용체(상피 성장 인자, 혈소판 유래 성장 인자, 심방 나트륨이뇨 펩타이드, 인슐린 등)는 구조의 일부로 티로신키나제 활성을 가지고 있다. 활성화된 수용체는 자체의 티로신 잔류물을 인산화(P, phosphorylation)한 다음 다른 특정 단백질을 인산화하고 인산화는 표적 단백질의 구조를 크게 변형하여 분자 스위치 역할을 할 수 있다. 예를 들어, 펩타이드 호르몬 인슐린이 수용체 서브유닛 두 개에 결합하면 고유 티로신키나제 활성이 수용체 자체의 자가 인산화를 유발한다. 차례로 인산화된 수용체는 다른 펩타이드나 단백질을 인산화하여 다른 중요한 세포 신호를 활성화한다. 이러한 활성화의 연쇄는 G-단백질 결합 수용체와 매우 유사한 초기 신호의 증폭을 초래한다.

(4) 세포내 수용체(Intracellular receptors)

세포 내 수용체는 수용체가 완전히 세포 내에 있다는 점에서 다른 세 가지와 상당히 다르며, 약물은 수용체와 상호 작용하기 위해 세포로 확산되어야 한다(그림 1-6-D). 표적 세포막을 통과하기 위해 약물은 충분한 지질 용해성을 가져야 한다. 이러한 약물-수용체 복합체의 주요 표적은 세포핵의 전사(transcription)[2] 인자이다. 약물과 수용체의 결합은 일반적으로 다양한 결합 단백질에서 분리되어 수용체를 활성화하며 활성화된 리간드-수용체 복합체는 핵으

2 전사(transcription): DNA 주형(Template)으로부터 RNA를 합성하는 과정

로 이동하여 유전자 발현을 조절하는 전사 인자에 결합하기 전에 이중화 형태가(dimerizes) 된다. 이러한 인자의 활성화 또는 비활성화는 DNA를 RNA로 전사하고 RNA를 다양한 단백질로 번역한다. 이러한 수용체의 활성화와 반응 시간은 수 시간에서 수 일이 걸리며 대표적인 예로 스테로이드 호르몬이 세포 내 수용체를 통해 표적 세포에 작용을 미치는 것이다.

그림 1-6 수용체(receptor)의 종류

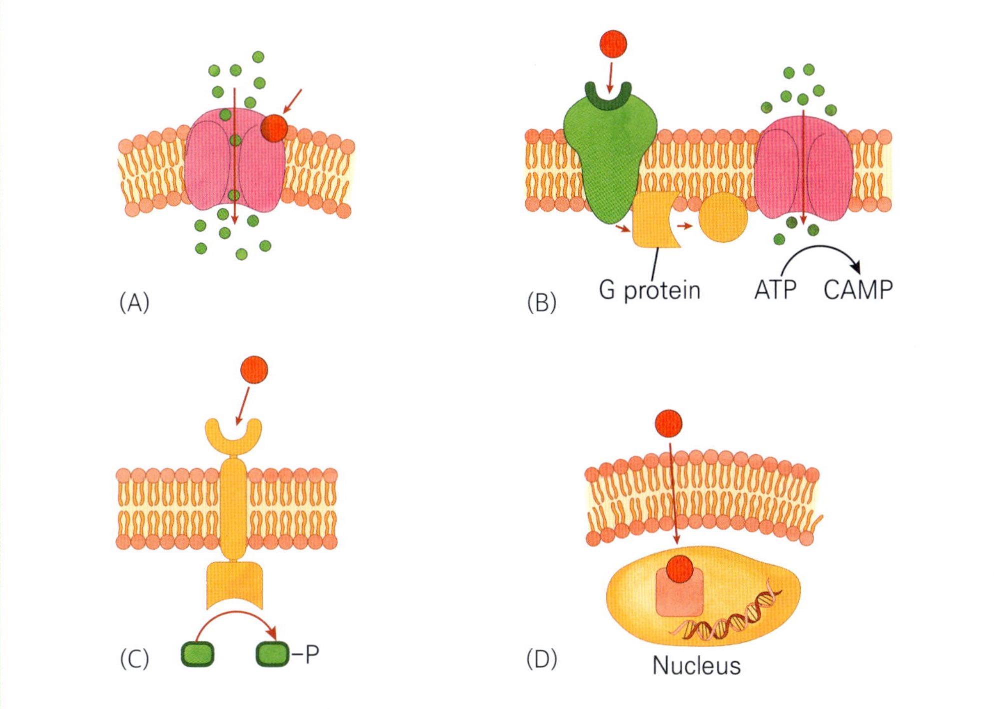

2 수용체와 결합하는 약물

약물과 수용체 사이의 상호작용에는 수용체 분자의 최소한 부위 이상에 대한 약물의 화학적 결합이 필요하다. 약물과 수용체 사이의 화학결합에는 공유결합, 이온결합, 수소결합, 반데르발스결합, 소수성(hydrophobe)결합 등이 있는데, 공유결합은 결합력이 매우 강한 데 비해 반데르발스결합 및 소수성결합은 결합력이 매우 약하다. 대부분의 약물은 수용체에 가역적으로 결합하므로 약물의 작용시간은 수용체 주변의 유효 약물농도가 얼마나 오랫동안 유지되는가에 영향을 받는다. 그러나 이와 달리 공유결합에 의해 수용체에 비가역적으로 결합하는 약물의 경우 작용시간은 일반적으로 새로운 수용체의 합성 또는 세포 교체 등에 의해 결정된다.

(1) 작용제

조직에서 어떤 반응을 일으키는 약물을 **작용제**(agonist)라고 한다. 다른 약물이 그 이상의 효과를 나타낼 수 없는 내인성 리간드에 대한 최대 생물학적 반응을 생성하는 것을 **완전작용제**(full agonist)라고 하며, 완전작용제의 효과보다 작은 최대효과를 갖는 약물을 **부분작용제**(partial agonist)라고 한다. 모든 수용체가 점유되어 있어도 부분 작용제는 완전 작용제와 동일한 최대효과를 나타낼 수 없다. 이러한 모든 작용은 약물과 수용체의 상호 작용에 의해 발생한다. 완전작용제와 부분작용제의 구별은 수용체 친화성과는 무관하기 때문에 부분작용제는 완전 작용제보다 크거나 작거나 동일한 친화도를 가질 수 있다. 부분작용제의 용량을 증가하여도 최대효과가 완전작용제만큼 커지지 않는다. 수용체가 부분 작용제와 완전작용제에 모두 노출되면 부분 작용제가 완전 작용제의 길항제로 작용할 수 있다. 이 두 종류 작용제의 차이점은 내인성 활성(intrinsic activity)의 차이에 의한다. 내인성 활성 또는 효능(efficacy)이란 일반적으로 점유이론에서 사용하는 용어로 약물-수용체 복합체가 형성된 후에 수용체를 활성화시키는 능력이다. 낮은 내인성 활성을 가진 약물은 상대적으로 낮은 천장효과(ceiling effect)를 가질 뿐만 아니라 이 약물로 점유된 수용체 분획이 내는 반응은 완전작용제가 비슷한 정도로 결합한 수용체 분획이 내는 반응보다 작은 반응이 나타나고 부분작용제의 대수용량-효과곡선은 완전작용제의 곡선보다 작은 최대값과 기울기를 보인다(그림 1-7). 효력은 약물의 수용체에 대한 친화성 및 수용체에 접근할 수 있는 능력(흡수 속도, 분포 및 제거 양상에 의해 결정되는)에 따라 영향을 받는다. 매우 활성이 높은 약물이라 할지라도 흡수가 제대로 되지 않거나, 비특이적 위치에 결합하거나 또는 표적기관에 도달하지 못한다면 낮은 효력을 갖게 된다.

그림 1-7 작용제 반응 곡선

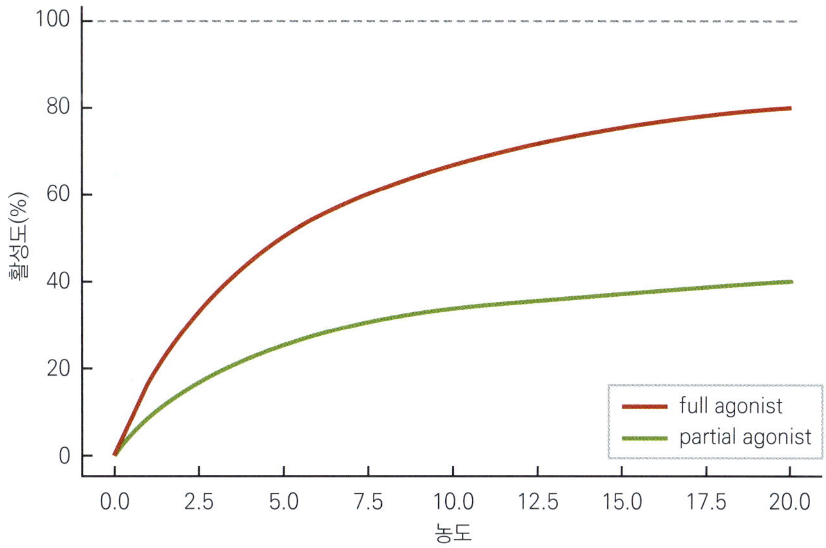

(2) 길항제

일반적으로 결합되지 않은 수용체는 비활성이며 활성 형태를 취하기 위해 작용제와 상호작용해야 한다. 그러나 일부 수용체는 작용제가 없는 경우 자발적으로 활성화 상태로 전환된다.

길항제는 높은 친화력으로 수용체에 결합하지만 세포 내부의 활동은 전혀 없다. 길항제는 작용제가 없는 경우 효과가 없지만 작용제가 있는 경우 작용제의 효과를 감소시킬 수 있다. 길항작용은 약물이 수용체에 결합하는 능력을 차단하거나 수용체를 활성화하는 능력을 차단하여 나타날 수 있다. 수용체의 작용제 결합부위에 가역적으로 결합하나 내인성 활성이 전혀 없는 약물을 **경쟁적 길항제(competitive antagonist)**라고 부른다(그림 1-8-A). 경쟁적 길항제는 작용제의 결합을 방해함으로써 작용제에 의한 반응을 감소시킨다. 결과적으로 작용제의 용량-반응 곡선은 오른쪽으로 평행이동한다. 이러한 억제작용은 작용제를 충분히 투여하면 완전히 극복된다. 효소에서와 마찬가지로 경쟁적 길항제가 존재하면 작용제의 수용체에 대한 친화성이 감소된다. 약리학 영역에서 경쟁적 길항작용은 흔하게 나타나는데 그 예로 히스타민과 항히스타민제, 몰핀(morphine)과 날록손(naloxone), 아세틸콜린과 아트로핀(atropine), 에피네프린과 프로프라놀롤(propranolol), 다이아제팜(diazepam)과 플루마제닐(flumazenil) 등이 있다. 부분작용제는 내인성 활성이 작기 때문에 완전작용제에 대해 경쟁적 길항제로 작용할 수 있다. 작용제와 부분작용제의 조합에 의해 나타나는 종합적인 수용체 활성은 두 가지 약물의 상대적인 농도, 수용체 친화성, 내인성 활성에 의해 결정된다. 다른 길항작용으로 **비경쟁적/비가역적 길항작용(noncompetitive/irreversible antagonism)**이 있다(그림 1-8-B). 작용제의 투여용량에 상관없이 수용체의 활성 부위에 공유 결합되어 작용제가 이용할 수 있는 수용체의 수를 감소시켜 작용제의 천장효과를 완전히 회복할 수 없으므로 경쟁적 길항제와 달리 비가역적 길항제의 효과는 작용제를 더 추가해도 극복할 수 없다. 비경쟁적 길항제는 수용체 결합부위에 비가역적으로 결합하거나 알로스테릭(allosteric) 영향[3]을 통해 수용체 결합부위를 감소시켜 수용체 유효숫자를 감소시킨다. 또한 약물-수용체 복합체가 효과를 나타내는 능력을 길항제가 저해하여 내인성 활성을 감소시키기도 한다. 어떠한 경우라도 작용제가 차단효과에 경쟁할 수는 없으므로 결과적으로 작용제의 대수용량-반응 곡선은 아래쪽으로 이동한다. 기능적 길항제는 완전히 별개의 수용체에서 작용하여 작용제의 효과와 기능적으로 반대되는 효과를 일으킬 수 있다. 전형적인 예로는 히스타민으로 유도된 기관지 수축에 대한 에피네프린의 기능적 길항작용이 있다. 히스타민은 기관지 평활근의 H1 히스타민 수용체에 결합하여 기관지 나무의 기관지 수축을 유발한다. 에피네프린은 기관지 평활근의 β2-아드레날린 수용체에서 작용제로 작용하여 근육을 이완시킨다. 이 기능적 길항작용은 **생리적 길항작용(physiologic antagonism)**이라고도 한다.

3 알로스테릭 길항제는 작용제 결합 부위가 아닌 알로스테릭 부위(allosteric site)에 결합하여 수용체가 작용제에 의해 활성화되는 것을 방지

●●● 그림 1-8 A, B

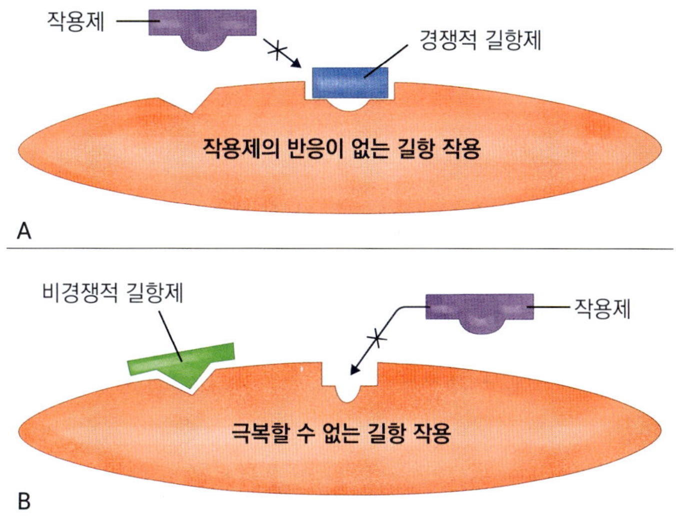

3 용량-반응 관계

약물 효과의 크기는 수용체 부위의 약물 농도에 따라 달라지며, 이는 투여된 약물의 용량과 약물의 약동학적 과정(흡수 속도, 분포, 대사 및 제거 등)에 따라 결정된다. 일반적으로 약물 효과의 크기는 약물의 용량 또는 농도에 비례하지만 약물의 용량-효과 관계는 투여량을 증가시키는 과정 전체에서 항상 선형함수관계를 나타내지는 않는다. 최소역치 이하에서는 약물 용량 증가에 따른 효과 증가가 나타나지 않으며 최고효과를 나타내는 용량 이상에서는 이미 최대효과가 나타났으므로 더 많은 용량을 주어도 더 이상 효과가 증가하지 않는다.

(1) 효력(potency)

효력은 주어진 규모의 효과를 내는 데 필요한 약물의 용량을 측정하는 것이다. 최대 효과의 50%를 내는 약물의 농도(EC50)는 일반적으로 효력을 결정하는 데 사용된다. 그림 1-9에서 약물 A와 B의 EC50은 약물 A가 약물 B보다 효력이 더 강함을 나타낸다. 약물 B에 비해 50% 효과를 얻는 데 필요한 약물 A의 양이 적기 때문이다.

(2) 효능(efficacy)

효능은 약물이 수용체와 상호 작용할 때 유발하는 반응의 크기이다. 효능은 형성된 약물-수용체 복합체의 수와 약물의 내재적 활성(수용체를 활성화하고 세포 반응을 유발하는 능력)에 따라 달라진다. 약물의 최대 효능(Emax)은 모든 수용체가 약물에 의해 점유되고 더 높은 농도의 약물을 얻어도 반응의 증가가 관찰되지 않는 시점이다. 따라서 수용체의 100%가 약물에 의해 점유되더라도 전체 작용제와 부분 작용제 간에 최대 반응이 다르다. 마찬가지로 길항제가 수용체 부위의 100%를 점유하더라도 수용체 활성화는 발생하지 않으며 Emax는 0이다. 효능이 더 큰 약물은 효력이 더 강한 약물보다 치료적으로 더 유익하기 때문에 효능은 약물의 효력보다 임상적으로 유용한 특성을 나타낸다.

그림 1-9

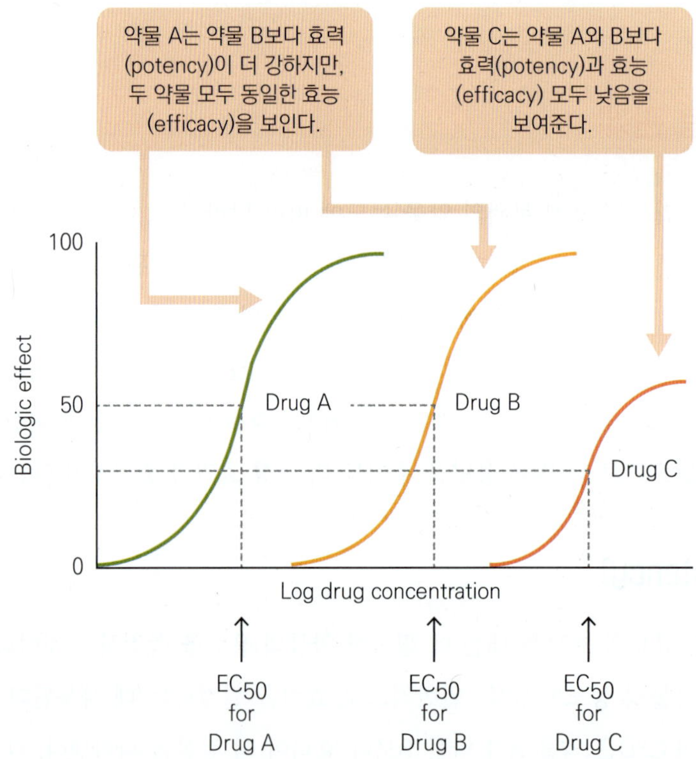

(3) 치료지수(Therapeutic index)

약물의 **치료 지수**(TI)는 투여 환자의 절반에서 독성을 유발하는 용량(TD50)과 투여 환자의 절반에서 임상적으로 원하는 또는 효과적인 반응을 유발하는 용량(ED50)의 비율이다. TI는 약물의 안전성을 측정하는 지표이며 값이 클수록 효과적인 넓은 안전역을 가지고 있다. 약물의 TI는 약물 시험과 누적된 임상 경험을 통해 결정된다. 대부분의 약물에는 높은 TI 값이 필요하지만 치료 지수가 낮은 일부 약물은 심각한 질병을 치료하는 데 필연적으로 사용되며 이러한 경우 부작용이 발생하는 위험이 크지만 질병을 치료하는 것이 더 유익하기 때문이다.

$$TI(\text{Therapeutic index}) = TD_{50} / ED_{50}$$

III 약물 이상반응과 중독

1 약물 알레르기, 약물 내성

(1) 약물의 부작용(이상반응, 알레르기)

1) 약물 부작용의 정의

약물 유해효과(ADE adverse drug effect)는 치료적 또는 예방적 또는 진단적 개입으로 인해 발생하는 모든 위해를 의미한다. 약물 유해사례는 투약 오류와 약물 유해반응(ADR, adverse drug reaction)으로 더 세분화될 수 있다. 투약 오류는 수의사, 동물보건사 및 보호자의 실수로 인해 발생하는 ADE로, 잘못된 환자에게 잘못된 약물, 용량, 간격 또는 경로를 투여하는 것을 나타낸다. 투약 오류와 달리, 약물 유해반응(ADR)은 약물 또는 기타 약물에 대한 유해하고 의도치 않은 반응을 의미하며, 처방된 약물의 치료 효과를 달성하기 위해 투여된 용량에서 발생한다. 따라서 ADR이라는 용어는 환자에게 심각한 위해를 초래할 수 있는 반응을 의미하며, 따라서 약물의 고유한 특성에 대한 반응을 나타낸다. ADR은 약력학적 반응 또는 약동학적 효과를 반영할 수 있으며 ADR은 해를 끼치지 않는 효과를 의미하는 "부작용

(side effect)"과 구분되어야 한다. 부작용은 일반적으로 예측 가능하며 용량에 따라 달라질 수 있다.

약물 이상반응은 일반적으로 해당 부위의 최대 치료 범위를 초과하거나 최소 치료 범위 아래로 떨어지는 혈장 약물 농도로 인해 발생한다. 동물 의료진이 약물과 환자에 대해 잘 알고 있다면 약물 반응은 대체로 예측 가능하며, 따라서 예방할 수 있다. 일부 약물은 약리학적 반응과 관련 없는 이상반응을 유발하기도 한다. 이러한 반응은 일반적으로 표적 세포 손상을 발생시키며, 세포독성 이상반응이라고 한다. 세포독성 이상반응은 아미노글리코사이드에 의해 유발되는 신독성이나 아세트아미노펜에 의해 유발되는 간괴사 또는 메트헤모글로빈혈증이 대표적인 예이다. 종종 약물 자체가 아니라 약물의 대사산물이 세포독성을 유발하며 이러한 경우, 특히 페노바르비탈, 페니토인 등과 같은 약물은 간에서 대사를 유도하여 독성 위험을 증가시킬 수 있는 반면, 시메티딘과 같은 약물은 대사를 감소시켜 독성 위험을 감소시킨다. 세포독성 약물 반응은 글루타치온 전구체인 N-아세틸시스테인과 같이 라디칼 대사산물을 제거하는 약물로 치료할 수 있다.

또 다른 이상반응의 예로는 약물 알레르기 또는 특이성이 있다. 많은 특이적 현상은 유전적 또는 기타 요인(예:콜리 관련 품종의 이버멕틴 독성)에 기인하는 것으로 밝혀졌으나 반응을 예측할 수 없을 정도로 다양하게 나타난다. 알레르기 반응의 증상은 일반적으로 비만세포가 분포하는 고양이의 폐, 개의 위장관 및 피부 등의 조직에서 나타나며 항히스타민제, 글루코코르티코이드를 사용하여 치료하고 폐가 침범된 경우 기관지 확장제를 병용한다.

2) 독성에 대한 장기 소인

다양한 요인이 부작용, 특히 독성 반응의 가능성에 영향을 미칠 수 있다. 약물 부작용에 가장 취약한 장기는 일반적으로 약물에 가장 많이 노출되거나 농도가 높은 장기이다. 따라서 혈류량이 가장 많고 약물 농도가 높은 간이나 신장과 같은 장기는 전신 약물에 가장 취약하다. 대사 활동이 활발한 장기는 두 가지 이유로 독성 효과를 나타낼 가능성이 더 높다. 첫째, 이러한 장기는 에너지의 존재에 의존하며, 에너지 획득(혈류 포함)을 저해하는 모든 것은 기능 장애로 이어질 수 있다. 둘째, 대사 활동에 화합물 대사가 포함되는 경우, 잠재적으로 반응성이 있는 대사산물이 생성되어 이러한 대사산물이 세포 구조와 상호 작용할 경우 세포 독성의 가능성이 높아질 수 있다. 알레르기 반응으로 인해 손상을 입기 쉬운 장기는 약물로 인한 알레르기에 대한 합텐(hapten) 역할을 하는 조직(예: 피부, 조혈 단위)이나 면역 복합체를 걸러내고 가두는 조직(예: 사구체, 관절)과 같은 장기인 경향이 있다. 비만세포가 우세한 장기는 면역 매개 반응(즉, "쇼크 장기"; 알레르기 반응)이 나타날 가능성이 더 높다.

모든 이상반응이 임상적으로 관련 있는 것은 아니다. 적극적으로 조사하지 않으면 반응을 검출할 수 없으며 혈액화학 검사에서 혈청 알라닌 전이효소(ALT) 활성 증가와 같이 임상적으로 나타나지 않았던 약물 유발 간독성이 검출될 수 있다. 많은 약물이 내분비 기능 검사를 포함한 임상병리 검사를 직접적으로 방해하거나 간접적으로 영향을 미칠 수 있다. 유전적 다양성 증가는 독소와 약물에 대한 개체 간 반응 차이의 원인으로 지목되고 있으며, 이는 각각 독성유전학과 약물유전학 분야로 이어진다. 이 두 분야는 수송 단백질과 약물 대사 효소의 두 가지 영역으로 설명된다. 수송 단백질은 여러 조직에 존재하며, 세포 내로 약물을 이동시키거나, 더 흔하게는 세포 밖으로 이동시키는 역할을 한다. 중요한 수송 시스템 중 하나는 P-당단백(P-glycoprotein) 시스템인데, 이는 MDR1(multi-drug resistance1) 유전자 산물로서 암세포(및 미생물)에 대한 다중 약물 내성을 유발하는 것으로 잘 알려져 있다. 그러나 이 수송 시스템은 약물 유입 관문(소화관, 피부, 폐)과 성소(뇌, 전립선, 눈)를 포함한 신체의 여러 조직에서 발생한다. P-당단백질은 화학적으로 다양한 많은 약물을 수송한다. MDR1 유전자와 P-당단백의 다형성은 약물 분포 변화 및 이로 인한 약물 부작용 발생 가능성과 관련이 있다. 비기능성 P-당단백을 유발하는 MDR1 돌연변이 결손을 반영하는 다형성은 콜리 및 관련 사역견에서 나타난다. 결손 발생률은 놀라울 정도로 높으며 콜리 및 관련 견종에서 20~35%는 돌연변이 결손에 대해 동형접합자였고, 32~42%는 이형접합자였다. 이 돌연변이가 감염된 동물의 약물 안전성에 미치는 영향은 매우 클 수 있다. P-당단백에 대한 기질 특이성은 종 간에 유사한 것으로 보이며, 이는 인의 데이터를 사용하여 이러한 품종에서 어떤 약물이 부작용을 일으킬 가능성이 더 높은지 예측할 수 있음을 알 수 있다. CYP와 마찬가지로 P-당단백은 다양한 약물에 의해 유도되거나 억제되며, 이러한 약물 중 다수는 P-당단백의 수송 단백질 기질이다. 특히 고양이는 플루오로퀴놀론계 약물의 유출을 담당하는 단백질이 부족해서 플루오로퀴놀론계 약물에 의한 고양이 망막 변성이 일어난다. 이는 유출 단백질의 차이와 망막 단백질의 종 간 차이로 인한 독성의 또 다른 예이다. 축적된 약물은 자외선에 노출되면 광독성을 나타내 망막 손상을 유발한다. 고양이 사용이 승인된 약물 중 엔로플록사신이 가장 독성이 강하고, 마보플록사신이 그 다음으로 독성이 낮다. 또한 신장 질환은 이러한 위험을 악화시킬 수 있다.

CYP 대사 효소의 다형성은 약물의 매우 빠른 대사로 인한 치료 실패 및 대사 감소로 인한 독성 효과와 관련이 있다. 사이트하운드 종에서 마취 반응의 차이는 지방 구획과 근육 구획 약물 분포의 차이와 대사의 차이를 모두 반영한다. 특히 그레이하운드는 다른 견종에 비해 여러 마취제의 시토크롬 매개 청소율이 낮다. 이러한 약물로는 티오펜탈, 티아밀랄, 메토헥시탈이 있으며 이러한 약물로 마취 시 모니터링에 주의한다. 그레이하운드의 프로포폴 청소율은 비글의 3배이며 그레이하운드에서 케토코나졸의 혈장 농도가 일반적인 견종보다 두 배 높다. 또한, 사이클로옥시게나제-1(COX-1) 비스테로이드성 항염증제인 셀레콕시브에 대한 그레이하운드의 성향은 품종 간 차이가 이 품종이 약물 부작용을 겪기 쉽게 만들 수 있기 때문에 약물 사용 시 주의를 기울여야 한다.

(2) 약물내성

인간과 마찬가지로 동물에게 항생제를 사용하면 동물과의 직접 접촉이나 환경 전파를 통해 내성균이 출현하고 인간에게 전파된다. 내성균은 식품 매개 감염이 가장 많이 연구되는 경로이며 반려동물 중 특히 개와 고양이와의 직접 접촉 감염은 수의사, 동물보건사, 보호자, 특히 어린이에게 중요하다. 항생제 내성(ABR, Antibiotic Resistance)은 소동물 임상에서 직면한 주요 과제이며. 반려동물인 개와 고양이는 항생제의 흔한 사용과 인간과의 지속적인 접촉으로 인해 다중 약물 내성균 전파의 잠재적인 원인이 되어 노령 및 기타 면역 저하가 있는 사람에게 가장 우려가 되는 사항이다. 개와 고양이에서 다제 약물 내성균(MDR, Multidrug-Resistant)이 분리되었으며 메티실린 내성 황색포도상구균(MRSA, MethicillinResistant Staphylococcus Aureus), 메티실린 내성 포도상구균(MRSP, Methicillin-Resistant Staphylococcus Pseudointermedius), 다제내성 아시네토박터 바우마니(MDR Acinetobacter baumannii), 확장성 스펙트럼을 가진 베타락타메이즈(ESBL, Extended-Spectrum β-Lactamase)를 생성하는 대장균, 폐렴간균(Klebsiella pneumoniae), 그리고 카바페넴 분해효소를 생성하는 대장균이 약물내성을 일으키는 세균이다. 개에서 분리된 세균에서 3세대 세팔로스포린계, 플루오로퀴놀론계, 그리고 카바페넴계 항생제에 대한 내성이 나타난다. 다제내성(MDR) 감염의 경우, 수의학적 치료로 허가된 항생제에 대한 내성이 발생함에 따라 치료가 되지 않는 케이스의 비율이 증가하게 된다. 다제내성 미생물은 대부분 인간과 소동물 모두에서 발견되므로, 감염된 소동물에서 인수공통전염병 전파 위험이 있다. 다제내성균인 프로테우스(Proteus) 속(spp.)은 항생제 내성균이나 유전자가 사람에서 개로 전파될 수 있는 것으로 나타났다.

사람의 의약품에서도 항생제가 부적절하거나 불필요하게 처방되고 있으며, 이 비율은 소동물 의약품에서도 유사할 것으로 예상된다. 항생제 사용은 동물 내 박테리아 내성균 발생 가능성을 높인다. 이로 인해 소동물에서 다제내성균 확산을 예방하는 데 있어 항생제 관리의 중요성에 대한 인식이 높아졌으며 항생제 관리는 불필요한 치료로 인한 항생제 내성 발생과 부작용을 최소화하면서 환자에게 항생제를 이용해 치료 효과를 높이는 것을 고려해야 한다. 항생제 내성의 원인에는 인간, 동물, 환경 분야에서의 항생제 사용 및 남용, 그리고 이들 분야 내외에서 내성균 및 유전자의 확산이 포함된다. 따라서 항생제 내성의 상호 의존적인 인간, 동물, 환경적 측면을 고려할 때, 이 문제를 해결할 때 원 헬스(One Health) 접근법을 취하는 것이 필수적이다. 항생제의 신중한 사용에 있어 근거 기반 접근법을 활용하고, 치료 결과를 지속적으로 평가해야 한다. 항생제 관리 프로그램은 국내 수의학 기관과 동물 보건 교육기관에서 실시하여야 한다. 그러나 항생제 관리 프로그램 실행을 저해하는 몇 가지 장벽이 있다. 여기에는 미생물 배양 및 항생제 감수성 검사의 부적절한 사용, 항생제 관리 프로그램 결과 평가를 위한 표준화된 방법의 부재, 프로그램 유지를 위한 경제적인 측면이 있다. 항생제 사용에 대한 효과적인 모니터링은 항생제 내성(ABR) 발생을 줄이는 데 중요한 요소이며 대학에서 항생제 관리 원칙을 교육하는 것도 동물보건의약품 관리학 실무에 필요한 과정이다.

2 약물의 중독

약물 중독은 반려동물 중 특히 개와 고양이에게 자주 발생하는 문제이며 다양한 방식으로 진행될 수 있다. 처방약과 일반 의약품을 포함한 모든 사람용 약물은 어떠한 용량이든 동물의 체중과 신진대사 차이로 인해 반려동물에게 부작용을 일으킬 수 있다. 동물병원에서 처방받은 약물을 과다 복용하는 것도 중독을 유발할 수 있다. 중독은 보호자의 잘못된 생각으로 의도하여 사람용 일반 의약품 진통제를 동물 환자에게 주는 경우뿐만 아니라 반려동물이 열어둔 병이나 뚜껑을 씹어먹은 경우에도 발생할 수 있다. 많은 알약이 단맛이 나기 때문에 간식으로 오인해 삼킬 수 있다. 두 경우 모두 심각한 결과를 초래할 수 있으며, 중독된 동물은 수의사의 즉각적인 치료가 필요하다. 경미한 증상은 회복 가능하지만 심각한 과다 복용은 장기적인 손상이나 사망을 초래할 수 있다. 다양한 약물이 처방대로 투여되지 않으면 중독을 일으킬 수 있다. 특히 인의용 약물의 경우 더욱 중독증상이 크게 나타날 수 있다. 동물의 약물 과다 복용을 약물 중독으로 정의하며 약물의 종류와 섭취량에 따라 심각한 질병을 유발하고 심지어 사망에 이를 수도 있다.

표 1-1 약물 중독 증상

• 구토	• 불규칙한 심장 박동(서맥 또는 빈맥)
• 침흘림 또는 과도한 침흘림	• 저혈압
• 떨림	• 창백한 점막
• 방향 감각 상실	• 혼수
• 잦은 배뇨	• 이상 호흡
• 과도한 갈증	• 발작
• 행동 이상	• 혼수상태와 무기력증

반려동물에게 약물 중독을 일으키는 가장 큰 두 가지 상황은 동물병원에서 처방된 약물의 과다 복용과 인의 약물을 섭취한 경우이다. 두 가지 상황 모두에서 우발적 또는 의도적인 과다 복용이 발생할 수 있으며 동물이 방치된 약물에 접근할 수 있다면 더 심각한 과다 복용이 발생할 가능성이 높다.

표 1-2 중독을 일으킬 수 있는 일반적인 약물(인의 약물 포함)

NSAIDs	• 아스피린 • 타이레놀(아세트아미노펜) • 이부프로펜/애드빌 • 나프록센/알레브/모트린
항우울제, 발작 및 불안 치료제	• 벤조디아제핀(디아제팜, 로라제팜 등) • 바르비투르산염 • 세로토닌 재흡수 억제제 • 삼환계 항우울제 • 기타 수면 보조제 • ADD[4]/ADHD[5] 약물 • 리탈린(methylphenidate)
심장 및 혈압 약물	• 칼슘 채널 차단제 • 베타 차단제 • ACE 억제제
콜레스테롤을 낮추는 약물	• 리피토르(atorvastatin) • 조코르(simvastatin) • 크레스토(rosuvastatin)

(1) 약물 중독 진단

반려동물이 어떤 약물에 노출되었는지 알고 있다면 해독제 처방 및 진단에 상당히 도움이 될 수 있다. 반려동물이 섭취했다고 생각되는 약물이 담긴 병을 지참하시면 수의사가 정확한 성분과 복용량을 확인할 수 있다. 또한 중독이 발생한 정확한 시간을 아는 것도 매우 중요하다. 동물이 약물을 섭취하는 것을 직접 보지 못했다면, 증상이 나타난 시점과 증상의 정확한 종류 및 심각도를 기록하는 것이 중요하다. 동물병원에서 수의사 또는 동물보건사는 반려견의 활력 징후, 특히 혈압, 심박수, 체온을 검사한다. 독성 정도를 확인하기 위해 혈액검사를 실시하며 요검사 또한 독성을 확인하는 데 도움이 된다. 많은 약물이 신부전이나 간

4 ADD(Attention Deficit Disorder): 주의력 결핍증

5 ADHD(Attention Deficit/Hyperactivity Disorder): 주의력 결핍/과잉행동 장애

부전을 유발할 수 있으므로, 이러한 시스템의 기능을 확인하기 위해 추가적으로 실험실 검사를 실시할 수 있다.

(2) 약물 중독 치료

동물병원에 즉시 내원할 수 없는 경우에 전화하는 것이 도움이 될 수 있다. 동물이 섭취한 약물의 종류, 용량, 섭취시간 등 자세한 내용을 설명하고 일부 약물의 경우 동물병원에서는 주사기나 경구용 주입기를 사용하여 과산화수소 투여로 구토를 유도하도록 권고할 수 있다. 지시를 정확히 따르고 최대한 빨리 응급 치료가 가능한 동물병원으로 동물을 데려가야 한다. 발생한지 짧은 시간이 지난 중독의 경우 수의사는 추가 흡수를 제한하기 위해 구토를 유도하거나 반려동물의 위 세척과 같은 처치를 할 수 있다. 중독이 최근 몇 시간 이내에 발생한 경우 활성탄을 투여하는 경우가 많으며 이 약물은 동물의 위장관에서 약물과 결합하여 흡수를 방지한다. 지연 방출 약물의 경우 더 오랜 기간 동안 여러 차례 활성탄을 투여해야 할 수 있다. 거의 모든 약물 중독 경우 수액 투여가 지시된다. 수액은 혈압을 유지하는 데 도움이 될 뿐만 아니라 약물을 희석하여 체내에서 더 빨리 배출되도록 한다. 섭취한 약물의 종류에 따라 심장 또는 호흡 기능을 보조하는 약물을 투여할 수 있다. 발작, 떨림, 과도한 흥분과 같은 중추신경계 증상도 관리해야 한다. 모든 신경계가 정상으로 회복되었는지 확인하기 위해 최소 하루 이상 동물병원에 입원해야 한다. 활력 징후를 정기적으로 모니터링하고 약물이 완전히 배출될 때까지 증상을 조절하기 위해 치료 계획을 세워야 하며 중독으로 인해 발생한 모든 손상을 치료해야 한다.

(3) 중독 회복 및 예방

회복은 약물의 종류, 복용량, 얼마나 신속하게 치료하는가에 따라 달라진다. 중독 증상을 보이는 동물은 매우 심각한 과다복용 시에도 즉시 동물병원에 내원하여 수의학적 처치를 받으면 회복될 수 있지만 중독을 발견한 시점이 늦어지거나 원인을 알 수 없는 경우는 치료가 훨씬 더 어렵다. 약물 중독은 예방이 최선의 관리 방법이다. 반려동물에게 약을 줄 때는 항상 신중하게 행동해야 하며 처방된 용량만 투여하고 사람용 약은 투여하지 않도록 한다. 약물을 잠금 장치가 있는 캐비닛이나 반려동물이 닿지 않는 높은 선반에 보관하는 것도 약물을 안전하게 관리하는 방법이다. 대부분의 반려동물은 플라스틱 병을 씹어 작은 조각으로 쉽게 삼킬 수 있으며, 심지어 새로운 장난감으로 여길 수도 있기 때문에 밀봉되어 있더라도 병이나 튜브를 주변에 두지 않으며 관리에 주의한다.

CHAPTER

02

약물의 이해

Ⅰ. 약물의 용도 및 명칭

Ⅱ. 약의 분류

Ⅲ. 응급의약품

Ⅳ. 수의사처방제

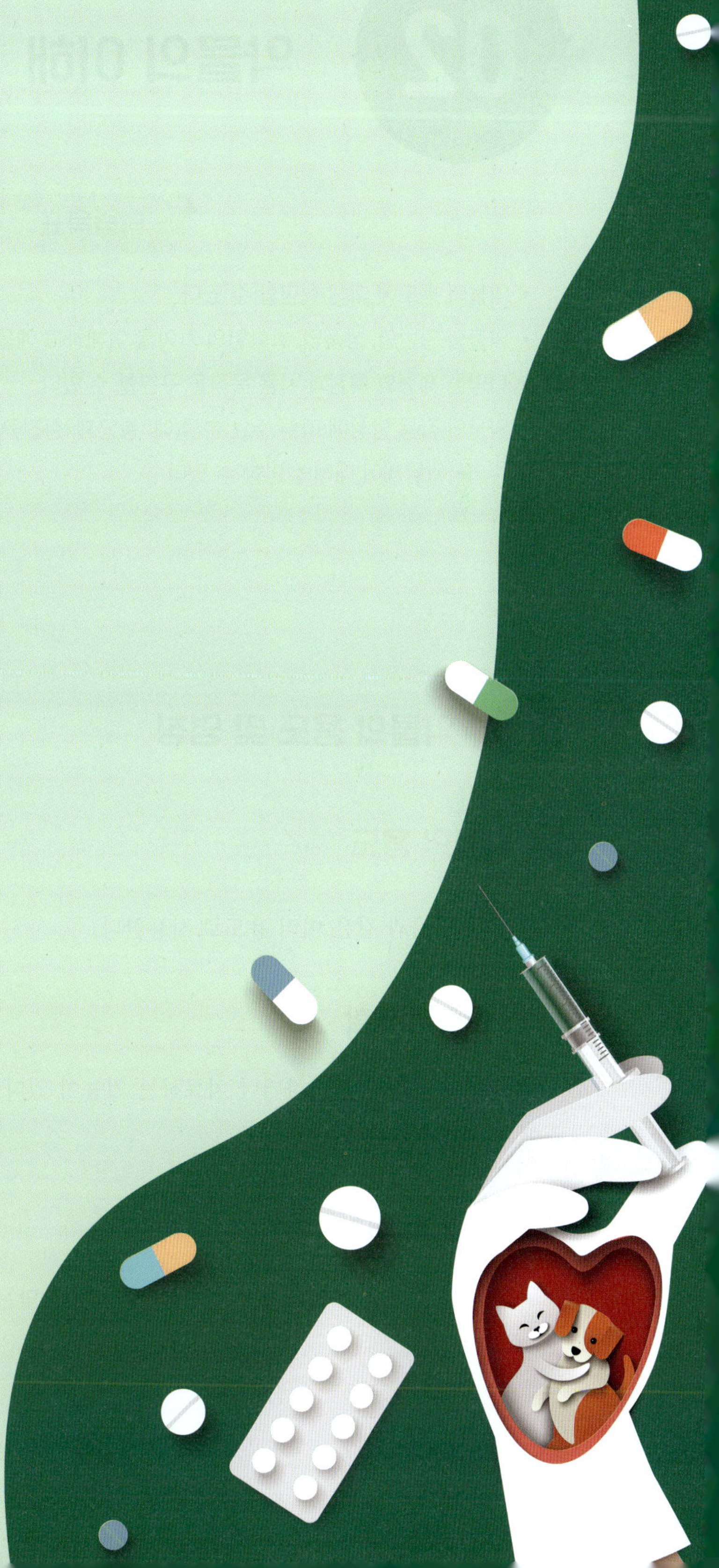

CHAPTER

02 약물의 이해

학습목표

- 약물의 용도에 대해 설명할 수 있다.
- 약물의 일반명, 상품명, 화학명의 차이를 이해하고 예를 들 수 있다.
- 다양한 제형의 특징과 사용 목적을 구분할 수 있다.
- 약물의 작용 방식에 따른 주요 분류(예: 항균제, 항진균제 등)를 설명할 수 있다.
- 수의사처방제에 대해 설명할 수 있다.

I 약물의 용도 및 명칭

1 약물의 용도

약물은 다음과 같은 여러 용도로 사용한다.

(1) 치료적 역할

질병이나 증상을 완화하거나 치료하는 기능이 있다. 예를 들어, 감염증에는 항생제를, 통증에는 진통제를 사용한다.

(2) 예방적 역할

백신이나 기생충 구제제처럼 질병 발생을 미리 막는 데 사용된다. 동물의 면역력을 높이고 질병 발생률을 줄이는 데 기여한다.

(3) 진단 보조 역할

질병을 진단할 때 약물이 활용되기도 한다. 예를 들어, 조영제는 영상진단에서 특정 부위를 더 선명하게 보이게 하려고 사용되고, 어떤 약물은 말초혈액의 혈당 측정에 사용되는 시약으로 사용된다.

(4) 생리 조절 역할

호르몬제나 진정제 등은 동물의 생리적 상태를 조절하거나 조작하는 데 사용된다. 발정 조절, 스트레스 완화 등에 쓰인다.

(5) 영양 보충 역할

치료 목적은 아니나 비타민, 미네랄, 아미노산 등은 동물의 영양 상태를 개선하여 전반적인 건강을 유지하는 데 도움을 준다.

2 약물의 명칭

약물은 하나의 물질이라 하더라도 다양한 이름으로 불릴 수 있다. 약물 명칭은 사용 목적, 제조사, 학문적 분류에 따라 다르게 불리며, 다음과 같이 구분된다.

(1) 일반명(Generic name)

일반명은 특정 회사나 브랜드와 관계없이, 약물의 주요 성분을 나타내는 이름이다. 의학적·약학적으로 공인된 명칭으로, 대부분 국제적으로 통용된다. 일반명은 제약 회사에 관계없이 동일한 성분에는 동일한 일반명이 사용된다. 또한, 교육, 연구, 의약품 설명서 등에 주로 사용되며, 일반적으로 소문자로 시작한다.

약물의 임상시험이 끝나고 시장에 나오면 미국에서는 USAN(United States Adopted Name)이 주어진다. 예전에는 영국에서 BAN(British Approved Name)을 사용했는데, 현재는 BAN 대신 국제일반명(INN, International Nonproprietary Name)이 국제적 표준으로 쓰인다.

일반명의 예시로는 진통제인 아세트아미노펜(acetaminophen), 항생제인 아목시실린(amoxicillin) 및 해열·진통제인 이부프로펜(ibuprofen)이 있다.

(2) 상품명(Brand name, Proprietary name)

상품명은 특정 제약 회사가 제조한 약물을 판매하기 위해 부여한 이름이다. 일반명과 동일한 성분이더라도 제조사에 따라 상품명이 달라질 수 있다. 상품명은 제품명으로 등록되어 법적으로 보호되는 경우가 많으며, 회사 마케팅에 따라 상품명은 독특하거나 기억하기 쉽게 만들어지고 일반적으로 대문자로 시작한다.

예시로는 Tylenol®(일반명: acetaminophen), Amoxil®(일반명: amoxicillin), Brufen®(일반명: ibuprofen)이 있다.

같은 일반명을 가진 다양한 상품명이 존재할 수 있으며, 약리작용은 같아도 가격이나 제형, 첨가물이 다를 수 있다.

(3) 화학명(Chemical name)

화학명은 약물의 분자 구조와 화학 조성을 정확하게 나타낸 이름이다. 과학적 명칭으로 주로 연구나 개발 과정에서 사용되며, 일반적인 임상 현장에서는 거의 사용되지 않는다. 화학명은 매우 복잡한 구조로 되어 있어 일반인이나 학생에게는 이해하기 어렵다. 또한 약물의 분자구조를 반영하기 때문에 유일하며, 연구나 개발 목적으로 주로 사용된다.

예시로는 N-(4-hydroxyphenyl)acetamide(일반명: 아세트아미노펜)이 있다.

그림 2-1 의약품 포장에서의 일반명과 상품명 예시

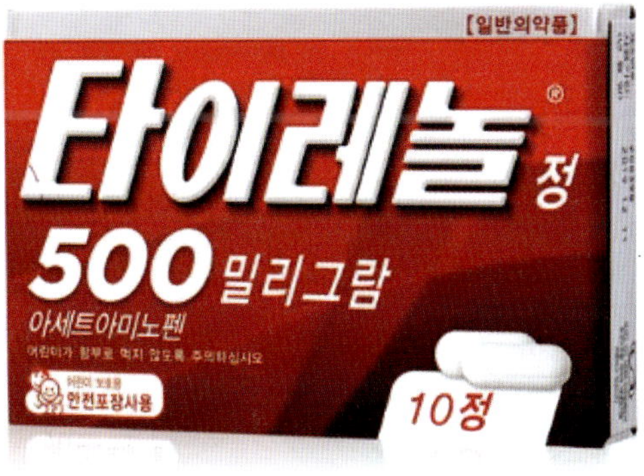

출처: www.tylenol.co.kr

표 2-1 약물의 명칭 비교

구분	용도	예시	특징
일반명	학문, 표준 명칭	아세트아미노펜 (acetaminophen)	전 세계적으로 통일된 명칭
상품명	시판, 제품 홍보용	타이레놀® (Tylenol®)	제약사에 따라 다름, 등록상표
화학명	연구, 개발	N-(4-hydroxyphenyl) acetamide	복잡한 화학식, 분자구조 기반, 이해 어려움

II 약의 분류

1 제형에 따른 분류

약물은 동물에게 효과적으로 전달되기 위해 다양한 형태(제형)로 만들어진다. 제형은 약물이 몸에 흡수되는 방식, 효과 발현 시간, 투여 용이성 등에 영향을 미친다. 동물보건사로서 각 제형의 특성과 사용법을 이해하는 것은 매우 중요하다.

(1) 정제(Tablet)

정제는 고형 형태의 약물로, 일정한 크기와 모양으로 압축된 제형이다. 주로 경구(입으로) 투여하며, 보호자가 동물에게 직접 먹이거나 사료에 섞어 투여한다. 정제는 장기 보관이 가능하고 휴대가 간편하며 일부 정제는 코팅되어 있어 위에서 녹거나 맛을 감출 수 있다. 쪼개어 복용량 조절이 가능한 제품도 있다. 동물이 거부할 수 있어 투약을 위한 훈련이 필요할 수 있다.

그림 2-2 정제의 다양한 형태

압축 정제	주약과 첨가제를 섞어 압축하여 만든 약	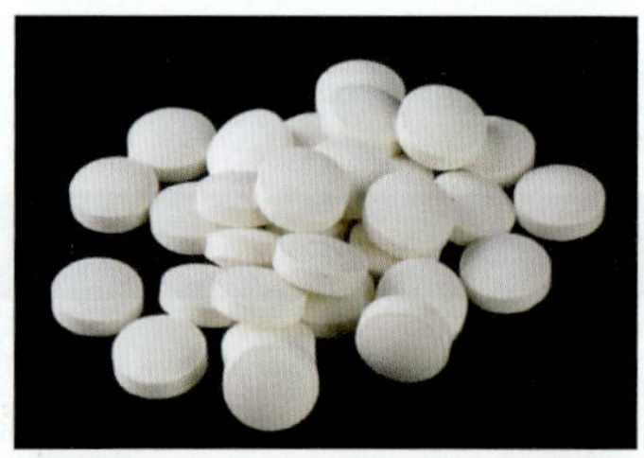
당의정	압축 정제 표면을 당류나 고분자 물질로 표면을 코팅하여 섭취하기 쉽게 만든 약	
저작정	동물이 스스로 섭취하기 쉽게 씹어 먹을 수 있도록 만든 약	
서방정	약 섭취 후 오랜 시간 동안 약효가 지속될 수 있도록 만든 약	

(2) 캡슐제(Capsule)

캡슐제는 젤라틴 등의 재질로 만든 껍질 안에 약물이 분말, 과립, 액상 형태로 들어 있는 제형이다. 일반적으로 정제보다 삼키기 쉬우며, 맛과 냄새를 은폐하는 데 유리하다. 정제보다 삼키기 쉬운 경우가 많으며 내용물을 꺼내 다른 제형으로 조제할 수 있다.

●●● 그림 2-3 **캡슐제의 다양한 형태**

경질캡슐	분말 또는 과립 형태의 약물을 젤라틴 캡슐에 넣은 약	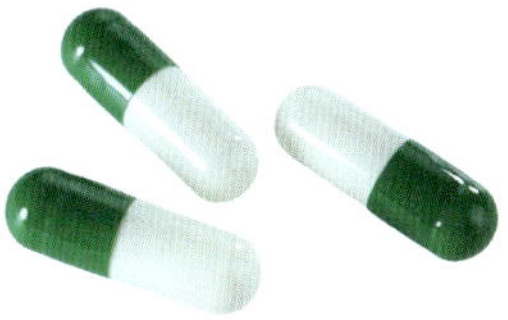
연질캡슐	젤라틴 껍질 안에 액상의 약물이 밀봉된 제형	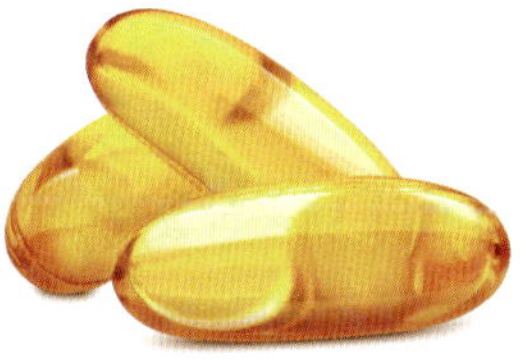

(3) 주사제(Injection)

주사제는 액상 상태의 약물을 주사기를 이용해 근육(IM), 피하(SC), 정맥(IV) 등에 직접 주입하는 제형이다. 약물의 흡수가 빠르며, 효과 발현이 신속하다. 경구 투여가 어려운 동물에게 유용하며 전문가를 통해서만 투여가 가능하다. 무균 조작이 필요하며 투여 후 부작용(통증, 알레르기 반응 등)의 관찰이 필요하다.

대표적인 주사제 포장 형태로는 바이알(vial), 앰플(ampoule), 수액제(IV infusion)가 있다.

1) 바이알(Vial)

바이알은 유리나 플라스틱으로 된 병 형태의 용기에 주사제를 담은 제형이다. 병의 입구는 고무 마개로 막은 후, 알루미늄 캡으로 봉해져 있어 외부 오염을 방지한다. 바이알은 내용물이 액상일 수도 있고, 동결건조된 분말 상태일 수도 있는데, 분말인 경우 사용 직전에 멸균된 주사용수를 이용해 녹여 사용한다.

바이알은 1회용으로만 사용하는 것도 있지만, 일부는 다회용으로 제조되어 여러 번 사용할 수 있다. 다회용 바이알의 경우, 고무 마개를 통해 멸균 주사기로 필요한 양만큼 내용을 뽑아 사용하며, 그 이후에도 일정 기간 동안 사용할 수 있도록 보관된다. 하지만 이 과정에서 오염 가능성이 있기 때문에 철저한 무균 관리가 요구된다.

바이알의 장점은 내용물을 필요한 만큼 나누어 사용할 수 있고, 안정성이 비교적 우수하다는 점이다. 반면, 고무 마개를 자주 찌를 경우 오염 위험이 높아지며, 무균 조작을 소홀히 하면 감염의 원인이 될 수 있다.

2) 앰플(Ampoule)

앰플은 주사제의 내용물을 완전 밀봉된 유리 용기에 담아 단회 투여용으로 제조한 제형이다. 앰플은 끝부분이 가늘게 늘어난 구조로 되어 있으며, 사용 시 목 부분을 부러뜨려 내용을 꺼내 사용한다. 앰플은 보통 1~10mL 정도의 소용량 주사제에 사용된다.

앰플의 가장 큰 특징은 1회용이라는 점이다. 한 번 개봉하면 남은 약액을 보관하거나 다시 사용할 수 없으며, 모두 사용해야 한다. 이러한 특성 덕분에 앰플은 무균성을 유지하기 용이하고, 내용물 오염 위험이 매우 낮다.

하지만 개봉할 때 유리 파편이 생길 수 있어 주의가 필요하며, 파편이 약액에 혼입되지 않도록 조심스럽게 취급해야 한다. 또한, 일부 용량만 사용할 수 없기 때문에 낭비가 생길 수도 있다.

3) 수액제(Intravenous infusion)

수액제는 정맥주사를 통해 비교적 많은 양의 액체를 서서히 주입하는 주사제 형태로, 주로 수분 공급, 전해질 보충, 영양 공급, 약물 전달 등의 목적으로 사용된다. 수액제는 플라스틱 백이나 유리병에 들어 있으며, 용량은 보통 50mL에서 1,000mL 이상까지 다양하다.

수액제는 주로 수액세트를 통해 일정한 속도로 환자의 정맥에 주입된다. 이 방식은 급격한 약물 작용이 아닌 지속적이고 안정적인 약물 전달이 가능하다는 장점이 있다. 특히, 탈수 환자에게 수분과 전해질을 공급하거나, 장기간 영양 공급이 필요한 경우 등에서 필수적으로 사용된다.

다만, 수액제는 감염 관리가 매우 중요하다. 정맥에 직접 연결되어 장시간 주입되기 때문에, 주입 경로가 세균에 오염되면 심각한 감염으로 이어질 수 있다. 따라서 무균 조작과 철저한 감시가 필요하며, 수액 속도 조절도 신중히 이루어져야 한다.

그림 2-4 주사제의 다양한 형태

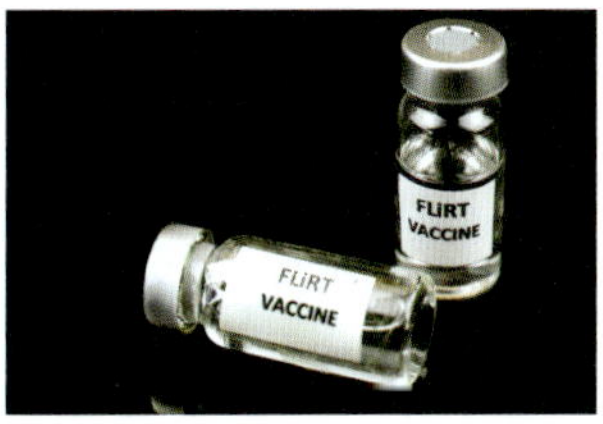

▲ 바이알

▲ 앰플

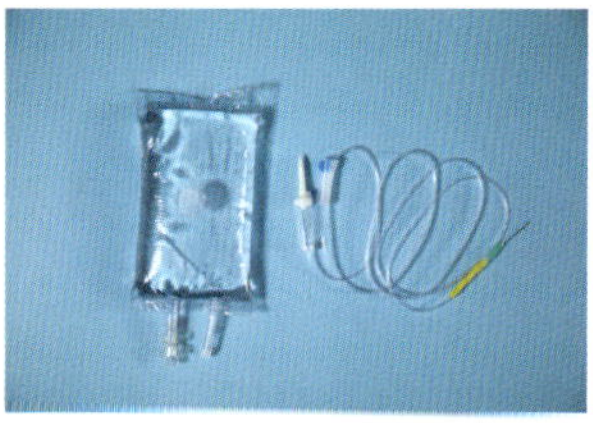

▲ 수액제

(4) 기타 제형

제형	설명	예시
연고제	피부나 점막에 바르는 외용 약물	피부 염증 치료 연고
액제	액상 형태로 경구 또는 외용으로 사용	구충용 시럽, 안약 등
좌제	항문이나 질을 통해 투여, 점막 흡수	진통 좌약(드물게 사용)
현탁제	물에 흔들어 섞은 뒤 먹이는 액상 형태	항생제 현탁액
패치제	피부에 붙여 약물이 서서히 흡수되도록 함	진통 패치(드물게 사용)

2 작용 방식에 따른 분류: 계통별 약물 분류

(1) 미생물에 의한 감염 치료에 사용되는 약물

미생물에는 세균, 곰팡이, 바이러스, 원생동물이 포함된다. 이런 미생물로 인해 발생하는 감염을 치료하기 위해 사용되는 약물은 항미생물제(antimicrobial agents)라고 부른다. 이 약물이 다른 미생물로부터 자연적으로 유래된 것이라면, 항생제(antibiotic)라고 부른다. 항생제는 미생물의 생존에 필수적인 특정 과정을 선택적으로 공격하고 손상시킴으로써 효과를 발휘한다.

1) 항균제(Antibacterial drugs)

항균제는 동물진료에서 가장 흔히 사용되는 약물 중 하나이다. 세균을 죽일 수 있는 약물은 살균제라고 부르며, 세균의 성장을 단지 억제하는 약물은 정균제라고 부른다. 항균범위는 항균제가 작용하는 세균의 종류를 가리키는 단어이다. 좁은 범위 항균제는 그람양성균 또는 그람음성균에 국한해서 작용하는 항균제를 말한다. 광범위 항균제는 모든 종류의 세균을 억제하거나 사멸하는 약물을 말한다. 항균제는 일반적으로 화학적 구조에 따라 계열로 분류된다.

항균제의 계열 분류는 베타락탐계(페니실린류, 세팔로스포린류), 아미노글리코사이드계(겐타마이신, 아미카신, 토브라마이신), 테트라사이클린계(독시사이클린, 테트라사이클린, 미노사이클린), 마크롤라이드계(에리스로마이신, 아지트로마이신, 클라리트로마이신), 린코사마이드계(클린다마이신, 링코마이신), 설폰아마이드계(설파메톡사졸/트리메토프림), 플루오로퀴놀론계(엔로플록사신), 니트로이미다졸계(메트로니다졸) 등이 있다.

2) 항진균제(Antifungal drugs)

이 약은 곰팡이를 죽이거나 성장을 멈추게 하는 약물이다. 그리세오풀빈(griseofulvin)은 개와 고양이의 피부사상균증(백선)을 치료하는 데 사용되고 니스타틴(nystatin)은 효모 감염을 치료하기 위해 일부 국소 귀 제제에 들어있다. 또한 테르비나핀(terbinafine), 이트라코나졸(itraconazole)이 피부진균증에 효과적이다.

3) 항바이러스제(Antiviral drugs)

항바이러스제는 수의학에서는 드물게 사용된다. 아시클로버(acyclovir)는 고양이 헤르페스 바이러스 감염 치료를 위해 눈에 국소적으로 사용된다.

4) 항원충제(Antiprotozoal drugs)

이 약은 *Toxoplasma gondii*와 같은 원생동물(protozoa) 감염 치료에 사용된다.

(2) 기생충 감염 치료에 사용되는 약물

1) 내부기생충제(Endoparasiticides)

이 약물은 내부 기생충 감염을 치료하는 데 사용된다. 수의학에서 이런 감염은 주로 선충(nematodes), 조충(cestodes), 흡충(trematodes)에 의해 발생하며, 이 약들을 구충제(anthelmintics)라고 한다. 펜벤다졸(fenbendazole), 메벤다졸(mebendazole), 피페라진(piperazine), 프레지퀀텔(praziquantel) 등이 있다.

2) 외부기생충제(Ectoparasiticides)

이 약물은 벼룩, 이, 진드기와 같은 외부 기생충 감염을 치료하는 데 사용된다. 스프레이, 약욕제, 파우더, 또는 약물 목걸이 등으로 국소적으로 투여된다. 흔히 사용되는 약물로는 유기인계 화합물(디클로르보스), 합성 피레스로이드(페르메트린), 피프로닐, 이미다클로프리드, 셀라멕틴 등이 있다.

(3) 소화기계에 작용하는 약물

소화기계는 동물의 영양소 흡수, 대사, 면역 기능에 핵심적인 역할을 하는 기관계로, 다양한 질병이 발생할 수 있는 영역이다. 특히 동물에서 흔히 나타나는 구토, 설사, 식욕부진, 장내 감염, 소화불량 등의 증상은 소화계의 기능 이상과 관련되며, 이에 대응하기 위한 약물 치료는 수의임상에서 매우 중요하다.

소화계에 작용하는 약물은 질환의 원인과 병태생리에 따라 다양하게 분류되며, 위산 분비 억제제(시메티딘, 라니티딘, 파모티딘, 오메프라졸), 항구토제(메토클로프라미드, 온단세트론, 마로피탄트), 진경제(부틸스코폴라민), 완하제(락툴로오스, 비사코딜), 지사제(로페라마이드), 식욕촉진제, 소화효소제 등이 있다.

(4) 심혈관계 질환 치료에 사용되는 약물

심혈관계는 동물의 생명 유지에 핵심적인 역할을 하는 기관계로, 혈액을 전신에 공급하여 조직에 산소와 영양분을 전달하고, 노폐물을 제거하는 기능을 수행한다. 심장과 혈관의 구조적 혹은 기능적 이상은 혈압 조절, 혈액 순환, 체액 균형에 문제를 일으킬 수 있으며, 이에 따른 질환은 심부전, 부정맥, 고혈압, 폐부종, 쇼크 등으로 나타난다.

이러한 병태에 대한 약물 치료는 증상 조절과 병의 진행 억제를 목표로 하며, 수의임상에서 필수적인 처치 중 하나이다. 심혈관계 약물은 크게 강심제(디곡신, 피모벤단, 도부타민), 항부정맥제(리도케인, 아테놀롤, 딜티아젬, 베라파밀), 혈관확장제(에날라프릴, 하이드랄라진), 이뇨제, 항고혈압제(암로디핀, 베나제프릴), 항응고제 및 혈전용해제(아스피린, 헤파린) 등으로 분류된다.

(5) 비뇨기계에 작용하는 약물

비뇨기계는 체내 노폐물과 과잉 수분을 배출하고, 전해질과 산-염기 균형을 유지하는 데 중요한 역할을 한다. 수의학에서는 비뇨기계의 주요 질환인 만성신장병, 방광염, 요로결석, 요실금, 배뇨장애, 요로감염 등에 대한 치료와 관리 목적으로 다양한 약물이 사용된다.

비뇨기계에 작용하는 약물은 크게 이뇨제(푸로세미드, 하이드로클로로티아지드, 스피로놀락톤), 요로이완제(프로판테린, 옥시부티닌), 수축제(베타네콜), 신장보호제(에날라프릴, 베나제프릴) 등으로 나뉘며, 각각의 약물은 특정 기관 또는 기능을 조절하는 작용을 한다.

(6) 혈액응고에 작용하는 약물

혈액응고는 출혈 시 지혈을 유도하고 손상된 혈관을 복구하는 중요한 생리적 반응이다. 그러나 혈액응고가 과도하면 혈전증을 유발할 수 있고, 반대로 응고 기능의 저하나 혈소판 이상은 출혈 경향을 초래할 수 있다.

수의 임상에서는 출혈성 질환(예: 중독, 혈소판 감소증), 혈전성 질환(예: 심장질환, 고양이의 혈전색

전증), 수술 전후 또는 응급 상황에서 혈액응고 조절이 필요하다. 이에 따라 항응고제(헤파린, 쿠마린 유도체), 항혈소판제(아스피린, 클로피도그렐), 지혈제(비타민 K1), 섬유소용해 억제제(아미노카프로산, 트라넥사믹산) 등 다양한 약물이 사용된다.

(7) 호흡기계 질환 치료에 사용되는 약물

호흡기계는 산소의 공급과 이산화탄소의 배출이라는 생명 유지 기능을 담당하는 핵심 기관이다. 개와 고양이를 비롯한 반려동물에서는 상부 호흡기 감염, 기관지염, 폐렴, 천식, 만성 기침, 기관 허탈, 비염 등 다양한 호흡기 질환이 발생할 수 있다.

호흡기 질환에는 항균제, 항염증제, 기관지확장제(알부테롤, 테오필린), 거담제(구아이페네신, N-아세틸시스테인), 진해제(부토르파놀, 하이드로코돈, 덱스트로메트로판), 산소요법, 네블라이징 요법 등의 약물 및 치료법이 사용된다.

III 응급의약품

동물병원에서 사용하는 응급의약품은 심정지, 쇼크, 경련, 아나필락시스, 급성 출혈 등 응급 상황에 즉각 대응하기 위해 준비되어야 하며, 다음과 같은 범주로 나눌 수 있다.

1 심혈관계 약물

(1) 에피네프린(Epinephrine)

에피네프린(아드레날린)은 응급 상황에서 생명을 구하는 데 필수적인 약물로, 수의 임상에서는 광범위하게 사용된다. 에피네프린은 부신수질 호르몬으로, 강력한 교감신경 자극제로서 α- 및 β-아드레날린 수용체에 작용한다. 동물에서는 주로 심정지, 아나필락시스(중증 알레르기 반응), 기관지 수축, 급성 저혈압 등 생명을 위협하는 응급 상황에서 사용된다.

◉ 적응증

에피네프린은 심정지나 심장 마비 상태에서 심장 리듬 회복을 위해 사용되며, 아나필락시스와 같은 심각한 알레르기 반응 시 기관지 확장 및 혈압 유지를 위해 사용된다. 저혈압, 쇼크 상황에서 혈압 상승을 유도하고, 혈관 수축 효과를 통해 혈류를 개선하는 데 사용된다. 또한, 기관지 확장 효과를 통해 호흡기 질환에서 호흡을 개선하는 데 도움을 준다. 급성 알레르기 반응이나 천식 발작 등에서 빠른 효과를 발휘한다.

(2) 아트로핀(Atropine)

아트로핀은 벨라도나(*Atropa belladonna*) 식물에서 유래된 항콜린성 약물로, 무스카린 수용체에 대한 경쟁적 길항작용을 통해 부교감신경계를 억제한다. 수의학에서는 심박수 증가, 기관지 분비 억제, 산동 유도, 소화기 운동 억제, 유기인 중독 치료 등에 널리 사용된다. 특히 수술 전 마취에서 마취 전 투약제로 주로 사용된다.

◉ 적응증

아트로핀은 마취 전 준비와 심장 박동수 증가를 위해 사용된다. 마취 중 부작용을 예방하거나, 과도한 타액 분비를 억제하기 위해 사용된다. 또한, 서맥성 부정맥(심박수 감소)에 의해 발생하는 저혈압을 개선하는 데 사용된다. 급성 심장 마비, 호흡기 기능 저하 상황에서 호흡 억제를 완화시키기 위해 사용되기도 한다. 중독에 의한 콜린성 위기 치료, 눈 수술 전 동공 확장에도 사용된다.

(3) 도파민(Dopamine)

도파민은 카테콜아민 계열의 내인성 신경전달물질로, 저용량에서는 도파민 수용체를, 중등도 용량에서는 β1-아드레날린 수용체를, 고용량에서는 α-아드레날린 수용체를 자극한다. 수의학에서는 저혈압, 신장 관류 감소, 심부전 등의 치료에 사용된다. 특히 혈압 유지 및 신장 혈류량 증가를 위한 정맥주사용 심혈관 약물로 사용된다.

◉ 적응증

도파민은 급성 심부전, 쇼크 및 저혈압 상태에서 사용된다. 저혈압이 있는 동물에게 혈압을 증가시키고, 심박출량을 개선하는 데 사용된다. 심부전으로 인한 심장 기능 저하와 혈류 부족을 개선하며, 혈압 상승을 유도한다. 또한, 신장 혈류 증가를 유도하여 신장 기능을 개선할 수 있어, 급성 신손상 치료에도 사용될 수 있다. 정맥 주사로 투여되며, 빠르게 작용하여 심혈관계 상태를 개선한다.

(4) 도부타민(Dobutamine)

도부타민은 합성 카테콜아민으로, 주로 β1-아드레날린 수용체에 선택적으로 작용하여 심근 수축력(심박출량)을 증가시키는 강심제(positive inotrope)이다. 도파민과 달리 심박수 증가 및 말초혈관 수축 효과가 상대적으로 적고, 심장 기능을 선택적으로 강화하는 특징을 지닌다. 수의학에서는 급성 심부전, 저심박출 증후군, 마취 중 저혈압 등의 순환기계 문제에 효과적으로 사용된다.

◉ 적응증

도부타민은 급성 심부전 치료에 사용된다. 심박출량 감소와 관련된 상태에서 심장의 수축력을 증가시켜 심장 기능을 개선한다. 주로 심장 수술 후 회복기나 심부전으로 인한 저혈압 상태에서 사용된다. 급성 저혈압과 쇼크에서 심장 기능과 체액 순환 개선에 사용된다. 정맥 주사로 투여되어 빠르게 효과를 나타내며, 심장 기능 저하에 따른 혈류 부족을 해결할 수 있다.

(5) 바소프레신(Vasopressin)

바소프레신은 항이뇨 호르몬(ADH, antidiuretic hormone)으로도 알려져 있으며, 시상하부에서 생성되어 뇌하수체 후엽에서 분비되는 내인성 호르몬이다. 주요 작용은 신장 집합관에서 수분 재흡수를 촉진하여 체내 수분을 보존하고, 혈관 평활근의 수축을 유도하여 혈압을 상승시키는 작용을 한다. 수의학에서는 난치성 저혈압, 심정지, 쇼크, 복강 내 출혈, 위확장-염전(GDV) 등에서 혈역학적 안정을 위해 사용된다.

◉ 적응증

바소프레신은 저혈압을 치료하거나 출혈이 있을 때 사용된다. 심각한 저혈압이나 쇼크 상태에서 혈압을 안정시키는 데 사용되며, 출혈성 쇼크에 유효하다. 또한, 수술 중 출혈을 치료하거나, 뇌하수체 기능 저하증으로 인한 항이뇨호르몬 결핍에 의한 요붕증(diabetes insipidus) 치료에도 사용된다. 내인성 바소프레신 결핍 상태에서 체액 균형을 맞추는 데 유용하며, 수분 부족을 해결한다. 정맥 주사를 통해 즉각적인 혈압 증가와 소변 감소 효과를 나타낸다.

(6) 리도카인(Lidocaine)

리도카인은 국소마취제 및 항부정맥제로 사용되는 아마이드형 국소마취제이다. 신경세포의 나트륨 채널을 차단하여 신경 흥분의 전도를 억제하며, 심장에서는 활동전위의 탈분극을 억제하여 부정맥을 조절한다. 수의학에서는 국소마취, 정맥주사에 의한 부정맥 치료, 통증 관리, 장 기능 회복 촉진, 위확장-염전(GDV) 등 다양한 상황에 널리 사용된다.

◉ 적응증

리도카인은 국소마취에 사용된다. 수술 중 국소마취나 상처 부위의 통증 완화를 위해 사용된다. 또한, 심장 부정맥 치료에 사용되며, 빈맥, 심실성 부정맥 등의 치료에 효과가 있다. 부정맥이 발생한 동물에게 정맥주사를 통해 투여하여 정상적인 심박수를 회복시킬 수 있다. 상처 치료 시에는 겔 형태로 국소적으로 바르거나, 주사제로 주사 부위에 사용하여 통증을 완화시킬 수 있다. 마취제로 사용될 때는 짧은 작용 시간이 특징이다.

2 호흡기 및 기관지 확장제

(1) 알부테롤(Albuterol)

알부테롤은 선택적 β2-아드레날린 수용체 작용제로, 기관지 평활근을 이완시켜 기관지 확장을 유도하는 약물이며, 영국식 명칭으로는 살부타몰(salbutamol)이라고도 불린다. 주로 급성 기관지 수축(기관지경련)을 완화하기 위해 사용되며, 흡입제, 네뷸라이저, 경구, 주사제 등 다양한 제형이 사용된다. 수의학에서는 특히 고양이 천식, 개의 알레르기성 기관지염, 기관허탈, 폐질환으로 인한 급성 호흡곤란 등에 적용된다.

◉ 적응증

알부테롤은 호흡기 질환으로 인한 기관지 수축을 완화시키기 위해 사용된다. 주로 천식, 만성 폐쇄성 폐질환(COPD), 기관지염 등의 질환에서 기관지 확장 효과를 나타낸다. 호흡 곤란과 기관지 수축을 완화시켜 천식 발작이나 급성 호흡기 증상을 치료하는 데 사용된다. 흡입제로 투여하여 즉각적인 효과를 기대할 수 있으며, 호흡이 어려운 상태에서 빠른 개선을 제공한다. 만성적 호흡기 질환에서 증상 관리용으로도 사용될 수 있다.

(2) 테오필린(Theophylline)

테오필린은 메틸잔틴 계열 약물로, 기관지 평활근 이완, 중추신경 흥분, 심장수축력 증가, 이뇨 작용 등의 효과를 나타낸다. 사람에서는 오래전부터 천식 치료제로 사용되어 왔으며, 수의학에서도 만성 기도 질환 치료, 기관허탈, 만성 기관지염, 심장성 폐수종 보조요법 등에서 널리 활용된다. 알부테롤이 단기적으로 기관지 확장에 집중하는 반면, 테오필린은 전신적인 작용과 경구제 복용이 가능하다는 장점이 있다.

◉ 적응증

테오필린은 기관지 확장을 촉진하기 위해 천식, 만성 폐쇄성 폐질환(COPD) 등의 호흡기 질환 치료에 사용된다. 호흡 곤란, 기침, 호흡 얕음 등의 증상이 동반되는 질환에서 호흡을 개선하는 데 도움을 준다. 또한, 심장 질환과 심박수를 증가시키는 역할을 하여 심부전, 심장 질환에 동반된 호흡 증상 개선에도 사용될 수 있다. 급성 천식 발작 시에도 사용할 수 있으며, 기타 호흡기 질환의 장기 관리 및 예방적 치료에도 사용될 수 있다. 장기 치료나 만성 질환에 적합한 약물로, 주기적인 투여를 통해 호흡 증상 완화를 돕는다.

(3) 독사프람(Doxapram)

독사프람은 중추신경계 각성제로, 연수에 작용하여 호흡중추를 직접 자극함으로써 호흡률과 환기를 증가시키는 약물이다. 마취로 인한 호흡억제 상태에서 호흡 촉진, 신생 동물의 자발 호흡 유도, 급성 호흡부전 보조 등의 응급 상황에서 사용된다. 그러나 기본적인 원인 해결 없이 독사프람만 사용하는 것은 임시방편에 불과하며, 심한 경우 오히려 위험할 수 있다.

⊙ 적응증

독사프람은 호흡 억제나 호흡 저하 상태에서 사용된다. 마취 후 회복 중에 발생하는 호흡 억제를 개선하고, 호흡 수치를 정상 범위로 회복시키는 데 사용된다. 급성 호흡 부전이나 호흡 저하가 있는 동물에서 호흡 자극제로 사용된다. 또한, 마취제 중독이나 호흡기 질환 등으로 호흡이 약해졌을 때 호흡을 자극하여 회복을 돕는다. 저산소혈증, 흡입 마취제에 의한 호흡 억제 등에 적용될 수 있다. 또한 분만 후 신생자의 호흡을 유도하기 위해 신생자의 혀 아래에 떨어뜨려 사용하기도 한다.

3 항경련제 및 신경계 약물

(1) 디아제팜(Diazepam)

디아제팜은 벤조디아제핀 계열 약물로, GABA 수용체에 결합하여 중추신경계의 억제 효과를 나타낸다. 진정제, 항불안제, 근이완제, 항경련제로 널리 사용되며, 수의학에서는 경련 치료, 마취 전 진정제, 근육 이완제, 불안 완화 등의 목적으로 사용된다. 고양이와 소형견에서 경련 치료에 주로 사용되며, 주사제 형태로 빠른 효과를 나타내기 때문에 응급처치에서도 중요한 역할을 한다.

⊙ 적응증

디아제팜은 불안 해소와 진정 효과를 위해 사용된다. 수술 전 진정제로 사용되며, 마취 도입을 돕고, 수술 후 회복 기간 동안 불안을 완화시키는 데 유용하다. 항경련제로 사용되며, 간질 발작 및 기타 경련성 질환의 치료에 쓰인다. 근육 이완제로서, 근육 경련이나 경직을 완화하는 데 사용될 수 있다. 또한, 심리적 스트레스나 불안을 동반한 동물의 행동 문제 개선에도 활용된다. 급성 불안 상태, 발작성 질환, 마취 보조 등 다양한 상황에서 사용되며, 즉각적인 진정 효과가 필요할 때 유용하다.

(2) 미다졸람(Midazolam)

미다졸람은 단시간 작용 벤조디아제핀계 약물로, GABA 수용체를 통해 중추신경계 억제 효과를 유도한다. 디아제팜보다 진정 효과가 빠르고 짧으며, 근이완 작용과 항경련 작용도 우수하다. 디아제팜보다 수용성이 좋아 정맥주사 외 투여 시 조직 자극이 적어 고양이, 소형 동물에서도 더 선호된다.

⊙ 적응증

미다졸람은 주로 진정, 항불안, 항경련, 마취 전 투약 목적으로 사용된다. 벤조디아제핀 계열 약물로 중추신경 억제 작용을 하며, 진정 효과가 빠르게 나타나고 작용 시간이 짧아 소동물을 포함한 다양한 동물에서 안전하게 사용된다. 특히 발작이나 경련 상태에서 신속한 경련 억제를 위해 정맥 또는 직장 투여로 사용되며, 진정이 필요한 검사나 처치 전에도 유용하게 활용된다.

(3) 페노바르비탈(Phenobarbital)

페노바르비탈은 바르비투르산 계열의 항경련제이다. GABA 수용체를 상화하여 신경 세포의 흥분성을 낮추는 작용을 한다. 중추신경계 억제 효과를 기반으로 간질 발작의 예방 및 조절에 사용된다. 지속적인 사용 시 발작 발생 빈도를 감소시킬 수 있는 대표적인 만성 간질 관리 약물이다. 개와 고양이 모두에서 사용되며, 특히 특발성 간질에 1차 선택 약물로 권장된다. 반복적 발작을 장기적으로 조절하고자 할 때 사용되는 유지 치료제이다.

⊙ 적응증

페노바르비탈은 만성 간질(특발성 간질)을 가진 동물의 발작 조절을 목적으로 사용된다. 디아제팜이나 미다졸람과 같은 약물로 조절되지 않는 간헐적 또는 빈발하는 발작의 장기 관리를 위해 처방된다. 급성 발작 치료보다는 장기적 예방 및 빈도 감소를 목적으로 한다. 페노바르비탈은 단독 요법 또는 다른 항경련제(예: 브롬화칼륨)와 병용하여 사용할 수 있다. 약물 농도와 간 기능을 주기적으로 모니터링하며 용량을 조절해야 한다. 간기능 저하 동물에서는 신중한 투여가 요구된다.

(4) 프로포폴(Propofol)

프로포폴은 신속하게 작용하는 비벤조디아제핀계 전신 마취제이다. GABA 수용체를 촉진하여 중추신경계를 억제함으로써 진정 및 마취를 유도한다. 유백색의 정맥 주사용 유제(乳劑)로, 정맥 투여 시 수십 초 내에 작용을 시작한다. 작용 시간이 매우 짧아 수분 내에 깨어나는 것이 특징이다. 빠른 기도 삽관이 필요한 마취 유도나 짧은 처치 마취에 적합하다. 반복 또는 지속 주입 시에도 신속한 회복이 가능하여 회복 시간 조절이 용이하다. 고양이, 개, 소형동물에서 널리 사용되며, 마취 유도 또는 단독 전신마취제로 활용된다.

⦿ 적응증

프로포폴은 전신마취 유도에 사용된다. 짧은 시술(예: 방사선 촬영, 상처 처치, 기관지 삽관 등)에 필요한 단시간 마취제로도 사용된다. 기존에 마취된 환자에서 마취를 유지하기 위해 전정맥 마취(TIVA, total intravenous anesthesia)의 일부로도 사용된다. 경련 또는 발작이 있는 환자에서 진정 및 뇌압 완화를 위해 선택될 수 있다. 기관지 자극이 적고, 회복이 빠르기 때문에 고령, 심혈관 질환 동물에서도 선호되는 경우가 있다. 호흡 억제 가능성이 있어 인공호흡 또는 산소공급이 가능한 환경에서 사용하는 것이 권장된다.

4 진통제 및 마취제

(1) 부토파놀(Butorphanol)

부토파놀은 혼합 작용/길항성 오피오이드 계열의 진통제이다. κ(카파) 수용체에 작용하여 진통을 유도하고, μ(뮤) 수용체에는 부분 작용 또는 길항 작용을 나타낸다. 중등도 이하의 통증을 조절하는 데 효과적이며, 진정 작용도 함께 나타난다. 작용 발현이 빠르고 지속시간은 1~2시간으로 비교적 짧은 편이다. 정맥, 근육, 피하 투여가 모두 가능하며, 다양한 종에서 사용된다. 개와 고양이뿐만 아니라 말, 반추동물 등에서도 진통 및 진정 목적으로 활용된다. 부토파놀은 마약류로 분류되기 때문에 법에 따라 엄격히 관리되어야 한다.

◉ 적응증

부토파놀은 수술 전 진정 및 마취 보조제로 사용된다. 가벼운 통증을 동반한 외과적 처치 또는 단시간 마취 유도 시 사용된다. 급성 호흡기 질환에서 기침 억제제로 사용될 수 있다. 강력한 진통이 필요하지 않은 단기 시술이나 영상 촬영 전 진정에 적합하다. 카파 수용체 작용으로 심혈관 억제 작용이 적어 안전성이 높다. 강한 마약성 진통제에 비해 의존성, 호흡 억제 위험이 상대적으로 낮다. 다른 오피오이드(예: 펜타닐) 투여 후 부작용 완화 또는 역전 목적으로 사용할 수 있다.

(2) 모르핀(Morphine)

모르핀은 대표적인 천연 아편유도체(opioid analgesic)로, μ(뮤) 수용체에 강하게 작용하는 작용제이다. 강력한 진통 효과를 가지며, 특히 중등도에서 심한 통증 완화에 적합한 약물이다. 중추신경계에 작용하여 통증 인식을 감소시키고, 진정 작용도 함께 나타낸다. 작용 발현은 경로에 따라 다르며, 정맥 투여 시 수 분 내에 시작된다. 지속시간은 보통 3~6시간 정도로, 반복 투여 또는 지속 주입이 필요할 수 있다. 개, 고양이, 말, 소 등 다양한 종에서 수술 선후 통증 조절 목적으로 사용된다. 모르핀은 마약류로 분류되기 때문에 법에 따라 엄격히 관리되어야 한다.

◉ 적응증

모르핀은 수술 전 진정, 마취 보조, 수술 후 통증 관리에 사용된다. 심한 외상, 복강 수술, 정형외과 수술 등 강한 진통이 요구되는 상황에서 선택된다. 호흡 곤란이 동반된 폐부종 환자에서 정맥투여 시 불안 완화 및 정맥 확장을 통해 호흡을 보조할 수 있다. 급성 심부전에서 좌심실 전부하를 줄이기 위한 목적에도 제한적으로 사용된다. 고양이에서는 흥분 또는 불안 반응이 나타날 수 있어 용량 조절이 중요하다.

(3) 펜타닐(Fentanyl)

펜타닐은 합성 마약성 진통제로, μ(뮤) 오피오이드 수용체에 작용하는 강력한 작용제이다. 진통 효과는 모르핀보다 더 강력하다. 작용 지속시간은 짧아 지속 주입이나 반복 투여가 필요하다. 정맥 주사, 지속 정맥 주입(CRI), 또는 경피 패치(fentanyl patch) 형태로 사용된다. 전신마취 중 또는 이후의 중등도 이상 통증 조절에 널리 사용된다. 수의학에서는 개, 고양이, 말 등 다양한 종에서 사용된다. 펜타닐은 마약류로 분류되기 때문에 법에 따라 엄격히 관리되어야 한다.

◉ 적응증

펜타닐은 수술 전 진정 및 진통 보조제로 마취 유도 약물과 병용하여 사용된다. 심한 외상, 정형외과 수술, 개복 수술 등 중증 통증이 예상되는 환자에 사용된다. 수술 후 통증 관리에는 정맥 지속주입(CRI)을 통해 일정한 진통 효과를 유지한다. 장기간 진통이 필요한 경우에는 펜타닐 패치를 적용하여 서서히 흡수되도록 한다. 강력한 진통 효과와 짧은 작용 시간 덕분에 마취 중 통증 조절에 이상적이다. 호흡 억제, 서맥, 진정 등 부작용이 있을 수 있어 모니터링이 필요하다. 고양이와 개 모두에서 사용되지만, 종에 따라 용량 차이가 크므로 신중한 투여가 필요하다.

(4) 케타민(Ketamine)

케타민은 비전형적 해리성 마취제로, NMDA 수용체 길항작용을 통해 중추신경계 흥분 상태에서 마취를 유도하는 약물이다. 근이완 작용은 약하지만, 진통 작용과 마취 효과가 동시에 나타나는 것이 특징이다. 정맥, 근육, 피하 투여가 가능하며, 빠르게 작용하고 짧은 지속시간을 가진다. 마취 상태에서도 눈꺼풀이 닫히지 않고 안구 움직임이 유지되는 해리성 마취 양상을 보인다. 단독으로 또는 벤조디아제핀류(예: 미다졸람)나 알파2 작용제와 병용하여 사용된다. 개, 고양이, 소형 포유류, 말 등 다양한 동물에서 사용된다.

◉ 적응증

케타민은 마취 유도제 또는 단시간 수술의 전신마취제로 사용된다. 진정 및 진통을 겸할 수 있어, 비교적 짧은 처치나 진단 시술(예: 방사선 촬영, 상처 드레싱)에 적합하다. 근이완제가 동반되지 않으면 단독 사용 시에는 근육강직이나 경직이 발생할 수 있어 다른 약물과 병용하는 것이 일반적이다. 벤조디아제핀류나 알파2 작용제와 병용 시 마취의 질과 안정성이 증가한다. 심혈관계를 자극하여 심박수와 혈압을 일시적으로 증가시킬 수 있으므로, 저혈압 상태의 환자에서 유리하게 작용할 수 있다. 호흡 억제가 적은 편이나, 고용량 또는 병용 시 억제가 나타날 수 있다. 눈을 감지 않기 때문에 안구 건조를 막기 위한 안연고 사용이 권장된다.

(5) 덱스메데토미딘(Dexmedetomidine)

덱스메데토미딘은 선택적 α2-아드레날린 수용체 작용제로, 진정, 진통, 근이완 효과를 가진 약물이다. 중추신경계에서 노르에피네프린 방출을 억제하여 진정 및 진통을 유도한다. 아토목시틴, 자일라진 등과 같은 α2 작용제 중 가장 선택성이 높고 정제된 형태이다. 주로 정맥 또는 근육 주사로 투여하며, 작용은 투여 후 수 분에서 수십 분 내에 시작되고 수 시간 지속된다. 벤조디아제핀이나 마취제와 병용 시 마취제의 용량을 줄이고 마취의 안정성을 높이는 데 기여한다. 개와 고양이에서 널리 사용되며, 최근에는 말이나 야생동물에서도 활용되고 있다.

◉ 적응증

덱스메데토미딘은 수술 전 진정, 가벼운 처치 전 진정 또는 고정, 마취 보조제로 사용된다. 짧은 진단적 시술이나 방사선 촬영 등에서 동물의 움직임을 줄이기 위해 사용된다. 통증이 동반된 처치나 수술 전후에 진통 목적으로 병용된다. 마취 유도제와 병용 시 마취제의 필요량을 줄여 안전성을 높일 수 있다. α2 작용 특성상 심박수 감소(서맥), 말초 혈압 상승 후 중심성 저혈압, 심박출량 감소가 흔히 나타나므로 심혈관 상태에 주의가 필요하다. 해독제로서 아티파메졸(atipamezole)이 있으며, 과다 진정 또는 부작용 시 역전이 가능하다.

5 항쇼크제 및 수액 관련 약물

(1) 덱사메타손(Dexamethasone)

덱사메타손은 합성 글루코코르티코이드로, 항염증 및 면역 억제 효과가 강한 약물이다. 부신피질 호르몬인 코르티솔의 합성된 형태로, 강력한 항염증 작용과 면역 억제 효과를 나타낸다. 염증을 억제하고 면역반응을 조절하는 데 효과적인 약물이다. 체내에서 천천히 대사되며, 다른 글루코코르티코이드보다 지속적인 효과가 긴 특징이 있다. 경구, 근육 주사, 정맥 주사 등 다양한 경로로 사용할 수 있다. 주로 염증성 질환, 알레르기 반응, 자가면역질환 치료에 사용된다.

◉ 적응증

덱사메타손은 염증성 질환, 알레르기 반응, 자가면역질환 등에서 강력한 항염증 및 면역 억제제로 사용된다. 아토피, 호흡기 질환, 염증성 장질환(IBD), 장기 이식 후 면역 억제, 피부 질환 등 다양한 염증성 질환에서 효과적이다. 또한, 알레르기 반응이 심한 경우에는 두드러기, 알레르기 쇼크 등 급성 반응 치료에 사용된다. 수술 후 염증 관리, 부종, 경련 완화 등에도 사용될 수 있다. 진단적 치료에서 주로 사용되며, 장기적 사용 시에는 부작용을 피하기 위해 신중한 모니터링이 필요하다. 간, 신장, 심혈관계 질환이 있는 동물에서는 사용에 주의가 필요하다.

(2) 프레드니솔론(Prednisolone)

프레드니솔론은 합성 글루코코르티코이드로, 항염증, 면역 억제, 알레르기 반응 완화에 효과적인 약물이다. 프레드니솔론은 프레드니손의 활성형으로, 체내에서 빠르게 활성화된다. 코르티솔의 유사 구조를 가지며, 염증을 감소시키고 면역반응을 억제하는 작용을 한다. 주로 경구용 제제로 사용되며, 주사형 제제도 있다. 글루코코르티코이드의 특성상 장기간 사용 시 여러 부작용이 나타날 수 있으므로, 신중하게 사용해야 한다.

◉ 적응증

프레드니솔론은 염증성 질환, 알레르기 반응, 자가면역질환 치료에 사용된다. 호흡기 질환, 피부염, 장염, 그리고 자가면역질환(예: 전신성 홍반성 루푸스, 자가면역 혈액질환 등)에서 효과적이다. 알레르기 반응에 의한 염증을 감소시키기 위해 사용되며, 아토피와 같은 알레르기성 피부질환에도 활용된다. 수술 후 염증과 부종 완화, 그리고 장기 이식 후 면역 억제에도 사용될 수 있다. 응급 상황에서 급성 염증 반응을 완화하는 데도 유용하다. 부작용을 최소화하기 위해 최소 용량, 단기간 사용이 권장되며, 장기간 사용할 경우 단계적 감량이 필요하다.

(3) 히드로코르티손(Hydrocortisone)

히드로코르티손은 천연 글루코코르티코이드로, 항염증, 면역 억제, 알레르기 반응 완화에 효과적인 약물이다. 체내에서 생성되는 주요 글루코코르티코이드인 코르티솔과 유사한 구조를 가지며, 항염증 및 항알레르기 작용을 한다. 짧은 반감기와 상대적으로 적은 항염증 효과로 인해 단기적인 치료에 적합하다. 주로 경구제와 주사제 형태로 사용되며, 특정 상황에서 피하주사나 근육주사로도 사용할 수 있다.

◉ 적응증

히드로코르티손은 염증성 질환과 알레르기 반응에서 단기적인 염증 완화를 위해 사용된다. 알레르기 반응, 아토피 피부염, 호흡기 질환과 같은 알레르기성 질환에서 흔히 사용된다. 또한, 자가면역질환(예: 피부 자가면역 질환, 혈액 질환 등)에서 면역 억제를 위해 사용될 수 있다. 신경학적 질환이나 급성 염증이 발생한 경우, 특히 위염, 장염 등의 급성 염증 질환에서 사용된다. 히드로코르티손은 프레드니솔론이나 덱사메타손에 비해 약한 항염증 효과를 가지므로, 주로 경미한 염증이나 단기 치료에 사용된다. 장기간 사용 시 부작용이 발생할 수 있으므로, 최소 용량으로 사용하고 가능한 한 짧은 기간에 한정하여 사용하는 것이 권장된다.

6 항히스타민제 및 아나필락시스 치료제

(1) 디펜히드라민(Diphenhydramine)

디펜히드라민은 1세대 항히스타민제로, 히스타민 수용체(H1 수용체)를 차단하여 알레르기 반응과 관련된 증상을 완화하는 약물이다. 진정 효과가 있어 불안, 불면증, 멀미 예방 및 치료에도 사용된다. 또한, 구토, 알레르기성 비염, 피부 알레르기 반응(예: 두드러기) 치료에 널리 사용된다. 콜린작용을 통해 진정, 진통, 근육 이완 효과가 나타날 수 있으며, 일부 동물에서는 수면을 유도하기도 한다. 주로 경구제로 사용되며, 주사제로도 사용이 가능하다.

◉ 적응증

디펜히드라민은 알레르기성 질환에서 항히스타민 효과로 사용된다. 두드러기, 알레르기성 비염, 결막염, 피부염 등 다양한 알레르기성 질환에서 증상 완화를 위해 사용된다. 멀미, 진정제로도 사용되며, 불안 및 초조한 동물에게 진정 효과를 제공할 수 있다. 기타 구토 예방제로도 사용되며, 특히 자동차나 비행기 여행에서 발생할 수 있는 이동성 구토(motion sickness)를 예방하는 데 효과적이다. 진정 효과로 인해 불안한 동물에게 수면을 유도하거나, 마취 전 진정제로 사용될 수 있다. 고양이나 개에서 과다 투여 시 진정 상태가 지속될 수 있으므로, 용량을 적절하게 조절하는 것이 중요하다.

(2) 클로르페니라민(Chlorpheniramine)

클로르페니라민은 1세대 항히스타민제로, H1 수용체를 차단하여 알레르기 반응을 완화하는 약물이다. 주로 알레르기성 비염, 두드러기, 알레르기성 피부염 등에서 사용된다. 디펜히드라민과 비슷한 효과를 가지며, 진정 효과가 있지만 디펜히드라민보다는 진정 작용이 덜하다. 이 약물은 경구용으로 사용되며, 알레르기 반응을 완화하고 구토 예방에도 사용될 수 있다. 대체로 부작용이 적고 비교적 안전한 항히스타민제이다.

⊙ 적응증

클로르페니라민은 알레르기성 질환에서 항히스타민 효과를 통해 증상을 완화하는 데 사용된다. 두드러기, 알레르기성 비염, 피부염, 아토피성 피부염 등의 알레르기 증상을 완화하는 데 사용된다. 구토 예방에도 사용될 수 있으며, 특히 이동성 구토(motion sickness)나 구토 예방을 위한 진정제로 사용된다. 진정 효과가 상대적으로 적고, 고양이나 개에서 가벼운 진정 효과를 나타낼 수 있어, 불안 해소에도 도움이 될 수 있다. 다른 항히스타민제에 비해 부작용이 적은 편이지만, 고용량에서만 사용해야 하며, 사용 후에는 동물의 반응을 모니터링하는 것이 중요하다.

7 해독제

(1) 날록손(Naloxone)

날록손은 오피오이드 수용체 길항제로, 오피오이드의 효과를 차단하거나 역전시키는 약물이다. 주로 오피오이드 중독 치료에 사용되며, 호흡 억제, 진정, 진통 효과를 차단하는 데 효과적이다. μ(뮤) 수용체에 결합하여 오피오이드의 작용을 반전시키며, 호흡 회복 및 의식 회복을 유도할 수 있다. 급성 오피오이드 중독이 발생한 동물에게 주로 사용되며, 정맥 주사, 근육 주사, 피하 주사로 투여가 가능하다. 날록손은 빠르게 작용하고, 짧은 반감기를 가지기 때문에, 중독된 동물의 상태가 개선되지 않으면 반복적인 투여가 필요할 수 있다.

◉ 적응증

날록손은 오피오이드 중독 치료에 사용된다. 오피오이드 진통제(예: 모르핀, 펜타닐, 코데인 등)의 과다 복용으로 인한 호흡 억제, 의식 상실 등의 상태에서 사용된다. 호흡 곤란이나 진정이 과도한 동물에서, 특히 마취 후 회복 과정에서 오피오이드의 영향을 역전시킬 때 유용하다. 진통 효과를 빠르게 차단할 수 있으며, 중독된 동물의 호흡 회복과 각성을 유도한다. 정확한 용량을 사용하지 않으면, 과도한 역전으로 인해 진통 효과가 급격히 사라지거나 불안정해질 수 있다. 따라서 적절한 용량과 투여 시점에 대한 모니터링이 중요하다.

(2) 비타민 K1(Vitamin K1)

비타민 K1은 지용성 비타민으로, 주로 식물에서 유래하며, 혈액 응고와 관련된 중요한 역할을 한다. 특히, 응고 인자 II(프로트롬빈), VII, IX, X의 합성을 촉진하는 데 필수적인 비타민이다. 비타민 K1은 간에서의 혈액 응고 과정에 필요한 효소 작용을 돕는다. 비타민 K 결핍이나 항응고제 중독으로 인한 출혈을 예방하고 치료하는 데 사용된다. 경구제와 주사제 형태로 사용되며, 중독 상황에서는 주사제가 빠르고 효과적으로 작용한다.

◉ 적응증

비타민 K1은 항응고제 중독, 특히 쥐약으로 많이 쓰이는 와파린(warfarin)이나 브로마디올론(bromadiolone)과 같은 비타민 K 의존성 응고인자 억제제로 인한 출혈 치료에 사용된다. 와파린과 같은 항응고제의 과다 투여로 인한 출혈을 방지하고, 이미 발생한 출혈을 치료하는 데 필수적이다. 비타민 K 결핍으로 인한 출혈에도 사용된다. 특히 신생아나 특정 질병(간 질환 등)으로 인해 비타민 K 결핍이 발생한 경우, 적절한 보충이 필요하다. 또한, 고용량 항응고제를 투여하는 치료 중에는 비타민 K1을 보조적으로 사용하여 출혈을 예방할 수 있다.

(3) 포메피졸(Fomepizole)

포메피졸은 항알콜탈수소효소제로, 주로 에틸렌글리콜이나 메탄올 중독의 치료에 사용되는 약물이다. 에틸렌글리콜이나 메탄올은 동물에게 매우 독성이 강하고, 이들이 체내에서 산화되면 산독증과 신장 손상을 일으킬 수 있다. 포메피졸은 알콜탈수소효소(ADH)의 활동을 억제하여, 에틸렌글리콜이나 메탄올의 대사 경로를 차단한다. 따라서 이들 독성 물질이 유해한 대사 산물로 변환되는 것을 방지하여 중독을 예방하거나 치료하는 데 사용된다. 경구제와 정맥 주사 형태로 사용되며, 주사제가 더 흔히 사용된다.

◉ 적응증

포메피졸은 에틸렌글리콜 중독과 메탄올 중독의 치료에 사용된다. 에틸렌글리콜은 부동액으로 흔히 사용되며, 동물이 이를 섭취할 경우 급성 신장 손상과 산독증을 일으킬 수 있다. 메탄올도 중독을 일으킬 수 있으며, 시각 손상, 신경학적 문제를 유발할 수 있다. 포메피졸은 이들 물질이 체내에서 독성 대사물질로 변환되는 것을 차단하여, 신장 손상을 예방하고 중독의 심각성을 낮춘다. 빠른 투여가 중요한데, 중독 발생 후 12시간 이내에 투여할 경우 효과가 가장 좋다. 포메피졸은 에탄올과 비교할 때, 간독성 등의 부작용이 적은 장점이 있다.

IV 수의사처방제

1 수의사처방제의 개요와 목적

동물용의약품의 적정 사용과 동물 건강의 보호, 나아가 국민의 식품안전과 공중보건을 확보하기 위해 한국은 2013년부터 '수의사처방제'를 도입·시행하고 있다. 이 제도는 사람의 처방약 제도와 유사한 방식으로 운영되며, 일정 범위의 동물용의약품을 사용할 때 반드시 수의사의 진료 및 처방을 받도록 규정하고 있다.

수의사처방제는 농림축산식품부의 주관 아래 농림축산검역본부가 실무를 담당하고 있으며, 「수의사법」 및 「동물용의약품등 취급에 관한 규칙」 등 관련 법령에 근거하여 시행된다. 이 제도는 국내 동물용 항생제의 오·남용 문제를 해결하고, 국제적 식품안전 기준에 부합하는 제도적 장치를 마련하려는 취지에서 도입되었다.

이 제도의 핵심은 '처방 대상 동물용의약품'의 사용 시 반드시 수의사의 진단과 처방을 거치도록 의무화한 점이다. 이를 통해 약물의 불필요한 사용을 줄이고, 동물의 정확한 치료와 함께 항생제 내성균의 확산을 방지하는 효과를 거두고자 한다. 특히 식용 동물의 경우, 동물에게 투여된 약물이 육류, 우유, 달걀 등에 잔류할 가능성이 있기 때문에, 수의사의 판단에 따른 적절한 사용은 곧 국민 건강과 직결되는 문제이기도 하다.

2 대상 약물과 적용 기준

처방 대상 동물용의약품은 주로 항생제, 항균제, 항기생충제, 호르몬제, 마취제, 항암제 등의 약물군으로 구성되어 있으며, 2024년 기준으로 140종 이상의 약물이 포함되어 있다. 이러한 약물은 사람의 건강에도 영향을 미칠 수 있는 고위험 약물이거나, 동물의 체내에서 장기간 잔류할 가능성이 있는 약물이다. 수의사는 이러한 의약품을 사용할 때 해당 동물의 상태, 병력, 감염 유형 등을 종합적으로 고려하여 약물을 처방하고, 필요시 직접 투약하거나 처방전을 발급할 수 있다.

처방전은 일반적으로 발급일로부터 7일 이내에 유효하며, 보호자나 농장주는 이 기간 내에 약국이나 동물용의약품 판매업소에서 해당 약물을 구매할 수 있다. 단, 처방이 필요한 약물의 경우 수의사의 진료 없이 임의로 구매하거나 사용하는 것은 불법이다.

수의사처방제는 제도 시행 이후 긍정적인 성과를 보여주고 있다. 농가 내 항생제 사용량이 감소하고, 수의사의 역할이 강조되면서 보다 체계적인 동물 질병 관리가 가능해졌다. 또한 항생제 내성 문제에 대한 사회적 인식이 높아지고, 국제 사회와의 규제 조화에도 기여하고 있다.

그러나 제도의 운영 과정에서 몇 가지 과제도 드러나고 있다. 특히 수의사 접근성이 낮은 농촌이나 도서 지역에서는 처방받기 어려워 실질적인 제도 이행에 어려움을 겪는 사례가 있으며, 일부에서는 제도의 번거로움으로 인해 비공식적인 약물 사용이 시도되기도 한다. 이에 따라 정부는 원격 진료 도입, 수의사 인프라 확대, 교육 프로그램 강화 등을 통해 제도의 실효성을 높이려는 노력을 지속하고 있다.

수의사처방제는 단순히 약물의 유통을 통제하는 제도를 넘어, 동물복지와 인체건강, 그리고 식품 안전을 모두 아우르는 다층적인 공공정책이다. 특히 인수공통감염병의 위협과 항생제 내성 문제에 대한 세계적 경각심이 커지는 지금, 수의사처방제는 시대적 요구에 부합하는 필수적 제도라 할 수 있다.

CHAPTER

03

약물 투여 지원

Ⅰ. 투약 지원 및 보조에 사용되는 도구, 장비 및 소모품

Ⅱ. 약물의 투여 경로 및 투여 방법

Ⅲ. 처방전의 이해

Ⅳ. 약물의 준비

CHAPTER

03 약물 투여 지원

학습목표

- 투약에 사용되는 도구, 장비 및 소모품의 용도와 종류, 사용방법에 대해 알고 있다.
- 약물의 투여 경로 및 투여 방법에 대해 알고 있다.
- 처방전을 이해할 수 있다.
- 약물 관리와 관련된 용어 및 약어를 알고 있다.
- 처방전에 따른 다양한 약물의 준비 과정을 서술할 수 있다.

I 투약 지원 및 보조에 사용되는 도구, 장비 및 소모품

1 주사기(Syringe)와 주사바늘(Needle)

액상 약물의 비경구 투여를 위해서 주사기가 필수적이다. 액상 주사 약물을 준비하기 위해서는 먼저 투여량을 알아야 하고 용량에 맞는 적절한 주사기(1ml, 3ml, 5ml, 10ml, 20ml, 30ml, 50ml)를 선택해야 한다. 특수한 약물(예: 항암제)과 같이 누출되어 접촉하였을 경우에 세포독성을 유발할 수 있는 약물은 일반 주사기보다는 루어락(luer-lock) 방식의 잠금 장치가 있는 주사기를 사용하는 것이 안전하다. 또한 투약하는 약물의 점성과 투여 경로를 고려하여 주사기에 장착하는 바늘의 두께와 길이를 선택한다. 바늘은 대부분 스테인리스 스틸(stainless steel) 재질로 되어 있고, 끝은 예리하게 깎여 있어 피부를 관통하기 쉽게 제조되어 있다. 바늘은 주사기에 이미 장착되어 있거나 필요에 따라 바늘을 교체할 수 있고, 주사기와 연결되는 허브(hub)라고 하는 플라스틱 부위의 색상을 통해 바늘의 굵기(Gauge, 게이지)를 알 수 있다. 주사기 바늘과 주사기가 일체형으로 나오는 인슐린주사기(30IU, 50IU, 100IU)는 내부 부피가 작아 내부에 유입된 공기 방울이 약물의 부피에 영향을 크게 미칠 수 있기 때문에 특히 주의해야 한다.

(1) 다양한 크기의 주사기와 종류

A: 일반 주사기(좌측부터 1ml, 3ml, 5ml, 12ml, 30ml, 60ml)

B: 루어락(luer-lock) 주사기

C: 인슐린 주사기(30IU, 50IU, 100IU)

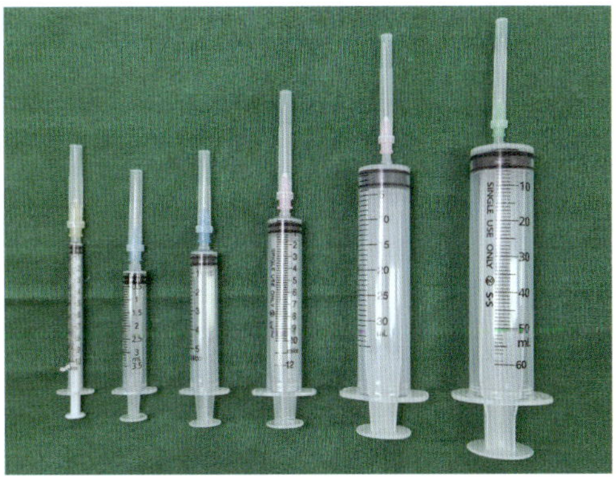

A

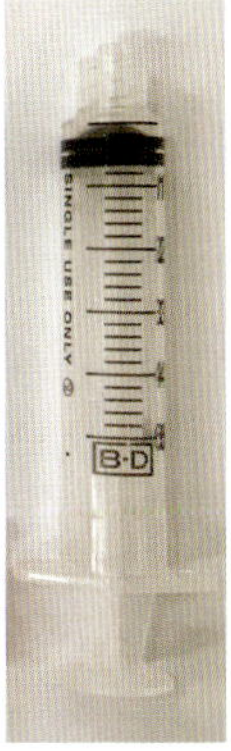

B

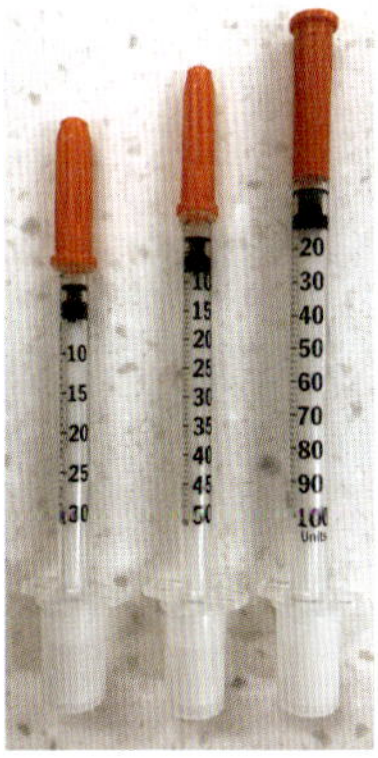

C

(2) 주사기(A)와 주사바늘(B)의 구조

A: 플런저(plunger) - 배럴(barrel) - 팁(tip)

B: 허브(hub) - 샤프트(shaft) - 베벨(bevel)

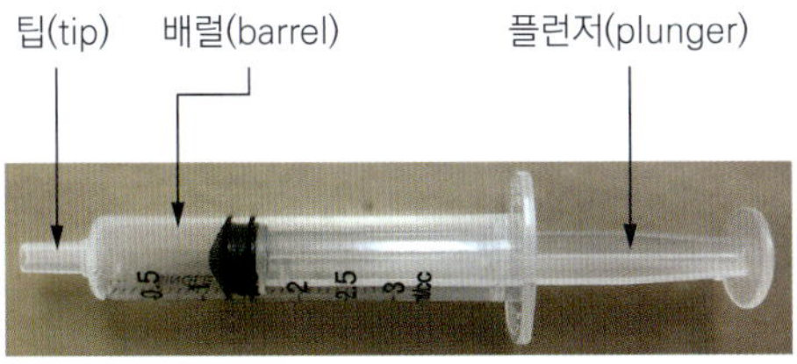

A

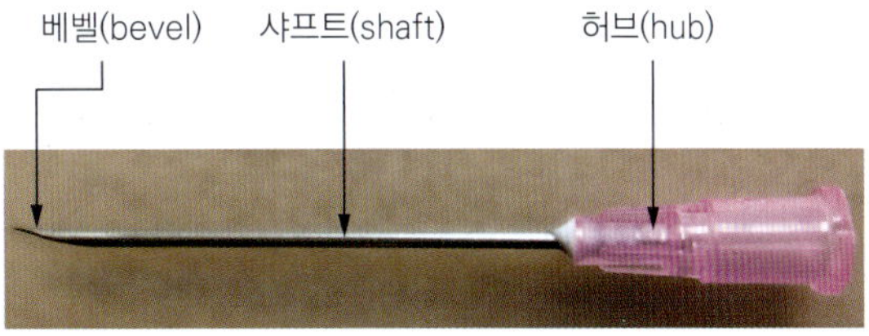

B

(3) 주사기 눈금 읽기

A: 0.27ml

B: 2.2ml

C: 34ml

D: 13IU

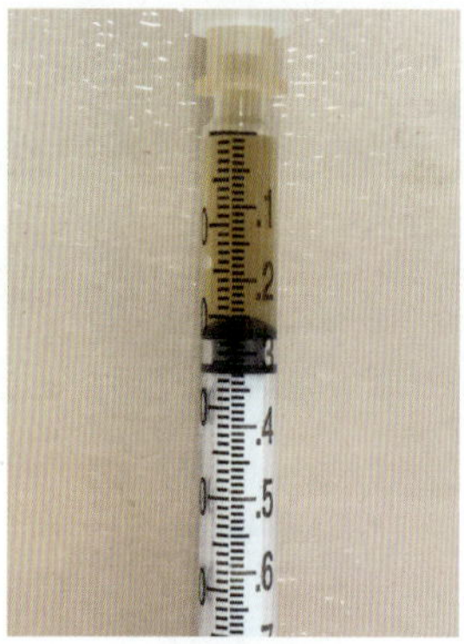

A

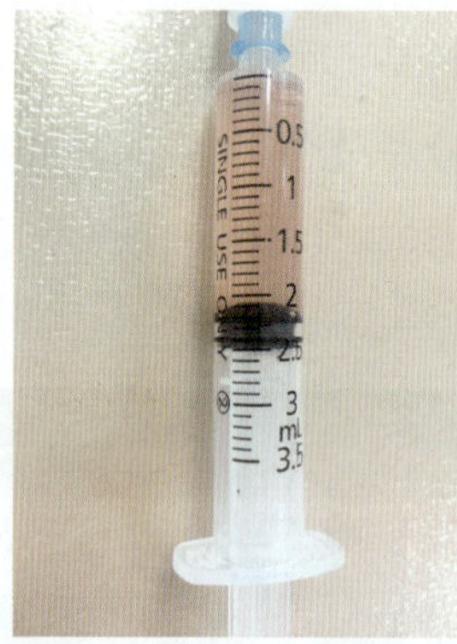

B

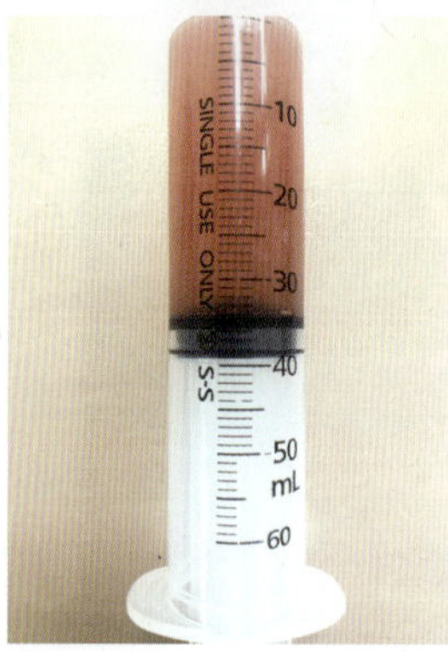

C

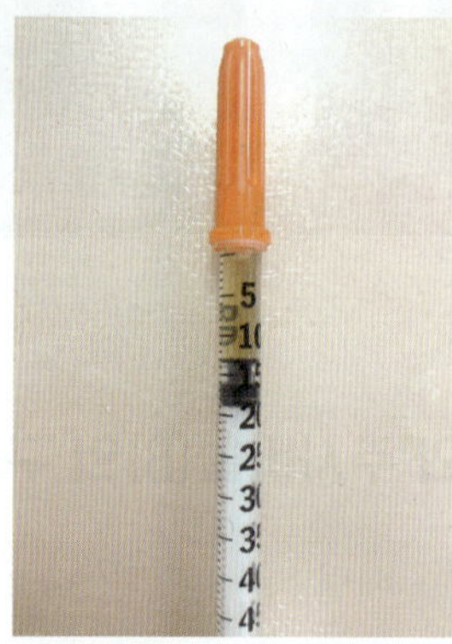

D

(4) 눈금 읽는 각도에 따른 차이

같은 용량이지만 아래(A), 위(B), 눈높이(C)에서 읽는 눈금이 다르다. 눈금은 눈높이에서 확인한다.

A　　B　　C

2 정제 쪼개기(Tablet splitter), 알약 투여기(Pill gun)

액상 또는 가루 약물을 동물환자에게 투여할 때, 음식과 섞어서 동물환자가 약물임을 눈치채지 못하게 하여 비교적 쉽게 투여하는 경우도 있지만, 동물환자가 음식에 약물이 들어있다는 것을 쉽게 인지하여 투약하기 어려운 경우도 많다. 이러한 경우는 큰 정제약의 경우 약을 작게 쪼개어(그림 3-1) 직접 투약할 수밖에 없다. 동물의 기질에 따라 투약하는 사람이 다칠 수 있기 때문에 정제 또는 알약 투여기(그림 3-2)를 사용하기도 한다.

그림 3-1 정제 쪼개기(tablet splitter)

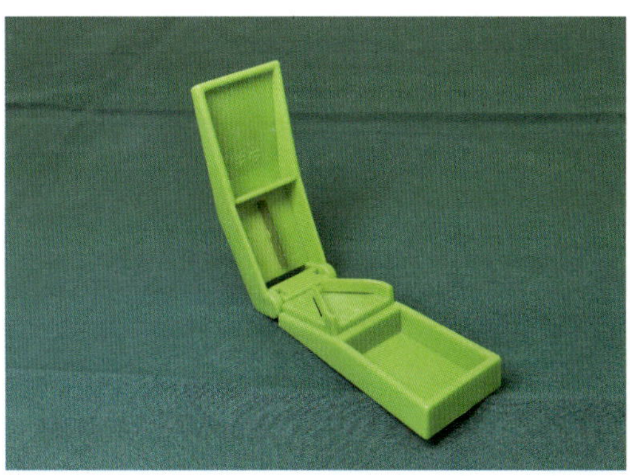

그림 3-2 알약 투여기(pill gun)

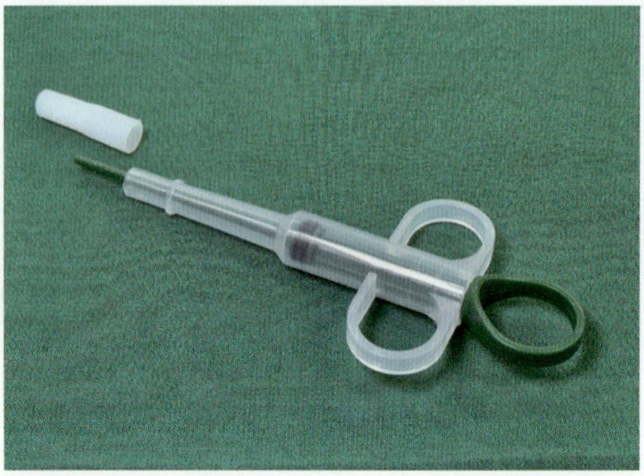

3 정제 분쇄기

알약을 투여할 수 없어 가루로 만들어 음식에 넣거나 물로 녹여서 먹여야 하는 경우에 사용한다. 한꺼번에 너무 많은 알약을 넣으면 제대로 분쇄되지 않을 수 있으니 적정량을 넣고 작동 시간을 조절한다. 사용 후에는 다음 약을 분쇄할 때 약이 섞이는 것을 예방하기 위해 깨끗이 청소하고, 약의 종류와 색상별로 여러 개의 컵을 사용하는 것이 좋다. 내구성을 고려하여 의약품 전용 분쇄기를 사용한다.

그림 3-3 정제 분쇄기(본체, 커터, 용기)

4 가루약 조제 도구

정제 형태의 약을 가루 형태로 만들기 위해 필요한 알약 개수를 약사발에 넣고 약봉을 이용하여 갈아준다. 필요에 따라 정제 분쇄기를 이용할 수 있다. 약봉으로 약을 부술 경우에 과도한 힘으로 약이 주변으로 튀지 않도록 주의한다. 가루형태로 잘 분쇄되는 경우도 있지만 코팅이 되어 있는 정제의 경우 찌꺼기가 많이 남기도 하는데, 이런 경우는 거름망을 이용하여 가루성분만 걸러주어도 좋다. 약스푼을 이용해 가루 형태로 된 약물을 약주걱에 동일하게 분주한다. 한꺼번에 많은 양을 담으면 약물이 균일하게 분포하지 않을 수 있으므로 주의하며 나누는 것이 좋다. 사용한 도구들은 약 잔류물이 남지 않도록 깨끗하게 세척 및 정리정돈하는 것이 좋다.

그림 3-4 약사발과 약봉

그림 3-5 거름망

●●● 그림 3-6 약스푼

●●● 그림 3-7 약주걱

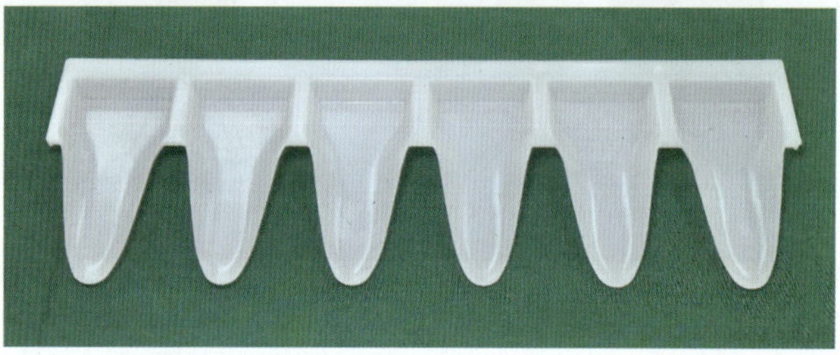

5 약포지와 약봉투

약조제 시 약포지를 약주걱에 미리 장착한 후에 알약 또는 가루약을 분주한다. 분주 후에는 조심스럽게 약주걱을 들어 약을 약포지에 넣고 약포장기로 밀봉한다. 대부분의 약포지는 내부가 비닐 재질로 방수되어 있어 가루약을 물과 섞어 투약할 경우에 물 또는 액체 성분을 넣을 수 있다. 잘 밀봉된 약물은 약봉투에 담고 환자에 대한 정보, 투약 방법, 약물의 용도, 조제일자 등을 기록한다.

그림 3-8 약포지와 약봉투

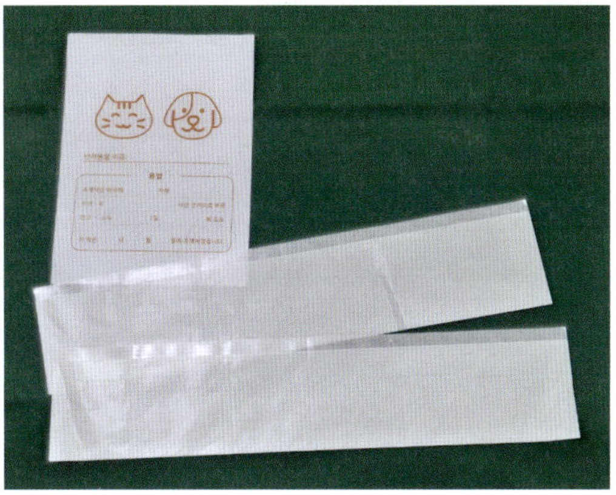

6 수동 약포장기

조제된 내복약을 약포지에 넣고 밀봉할 때 사용하는 기구이다. 보통 한번에 6개짜리 약포지를 밀봉할 수 있으며, 약포지를 선반 위에 올려두고 상판을 누르면 열이 가해서 약포지 내부의 비닐이 녹으면서 접착되는 구조로 되어 있다. 주변 온도 및 사용빈도에 따라 밀봉 시간을 적절하게 설정하여야 한다. 시간을 길게 설정하면 약포지 표면이 타고, 시간을 너무 짧게 설정하면 열전달이 충분하지 않아 밀봉되지 않는다. 밀봉이 다 된 후에는 거꾸로 흔들어서 약이 밖으로 새어나오지 않는지 확인한다. 주기적으로 열판을 점검하고 필요에 따라 세척 또는 교체한다.

●●● 그림 3-9 열로 약포지를 밀봉시키는 수동 약포장기

7 자동 약포장기

정제 또는 가루약을 지정된 투입구에 넣고 컴퓨터에 환자의 이름, 투약방법, 투약일수, 주의사항 등을 입력하면 자동으로 약이 포장되는 기계로 사람이 하는 것보다 더 정확하게 약을 포장할 수 있기 때문에 사용하는 병원이 점점 늘고 있다. 정제는 정해진 칸에 1회분씩 약을 넣어주면 순서대로 포장되고, 가루약으로 조제되는 약은 일정기간 동안 처방된 총량(정제)을 준비 후 사람이 갈아서 기계에 투입하면 자동으로 분주하여 포장한다. 자동 약포장기는 정확하고 편리하다는 장점이 있지만, 가격이 고가이고 정기적인 유지보수가 필수적이다. 사용한 후에는 약 잔류물이 남아 있지 않은지, 포장되어 나오는 약이 정량으로 잘 나오는지, 다른 약과 섞이지 않았는지, 포장상태가 양호한지 확인한다. 다양한 회사의 제품이 시중에 나와 있기 때문에 자세한 작동 방법은 회사의 설명서를 참고한다.

그림 3-10 자동 약포장기

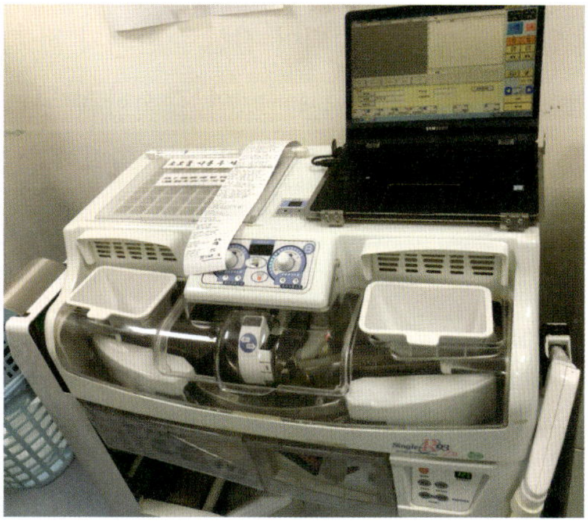

Ⅱ 약물의 투여 경로 및 투여 방법

약물은 투여되는 경로의 특성에 따라 작용 부위에 도달하는 데 걸리는 시간, 약물의 지속 시간, 반감기, 흡수율 등이 변하게 된다. 뿐만 아니라 약물 고유의 특성, 환자의 질병, 환자의 기질과 상태, 약물을 투여할 수 있는 보호자의 능력과 같은 요인을 고려하여 수의사가 투약 경로를 결정한다. 동물보건사는 이러한 투약 경로의 장단점을 알고 있어야 한다. 대표적으로 소화관(경구, 혀밑, 항문)투여와 비소화관(정맥, 근육, 피하, 흡입 등)투여로 구분한다.

1 소화관투여(Enteral administration)

(1) 경구(Per Oral, PO)

가장 경제적이고 안전하며 편리하고 다양한 제형을 사용할 수 있는 방법이지만, 보호자의 능력, 동물환자의 상태, 기질에 따라 투여가 어려울 수 있다. 약물의 특성(지용성)에 따라 흡수율을 높이기 위해 기름기가 있는 음식과 혼합하여 투여하기도 한다. 하지만 위의 낮은

pH와 각종 소화효소에 의해 약물이 파괴되고, 위장관 점막을 자극하여 구토 증상을 유발하기도 한다. 약물의 흡수 속도가 대체로 느리며, 음식물이 약물의 흡수를 방해하기도 하여 흡수되는 정도가 일정하지 않다. 장에서 흡수되어 전신 순환되기 전 간이나 위장관 점막을 거치면서 약물이 대사되어 생체이용률(bioavailability)이 감소하게 되는데, 이를 초회통과효과(first-pass effect)라고 한다. 구토, 경련, 발작 증상이 있거나 의식이 없는 환자에서는 사용하지 않는다.

그림 3-11 구강 알약 투여

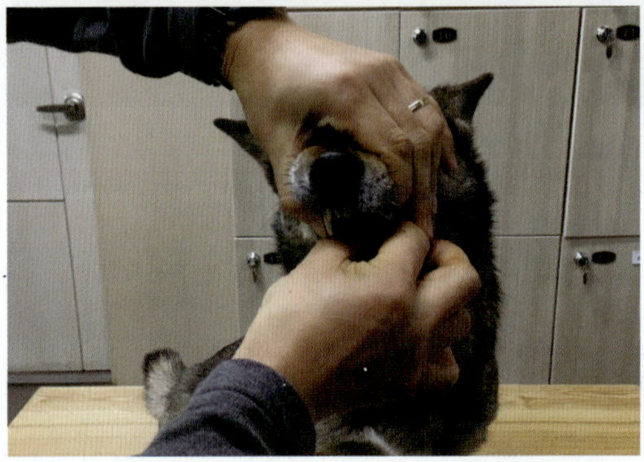

(2) 혀밑(Sublingual)

약물을 혀밑에 놓거나 안쪽 볼 점막과 잇몸 사이에 놓을 수도 있다. 이 부위는 혈관이 잘 발달해있고 침에 의해 약물이 잘 용해되기 때문에 흡수가 쉽다. 약효가 나타나는 시간이 다른 소화관투여 방법보다 짧고 의식이 없거나 구토 증상이 있는 환자에게도 적용 가능하다. 흡수 후 간이나 장점막을 거치지 않기 때문에 초회통과효과도 피할 수 있다. 하지만 이 경로로 투약할 수 있는 약물이 제한적이고, 동물환자가 약물의 맛을 좋아하지 않을 수 있다.

(3) 항문(Rectal)

경구투여와 달리 구토, 경련, 발작 증상이 있거나 의식이 없는 환자에게 집에서 적용할 수 있지만, 흡수 속도가 느리고 흡수율이 일정하지 않다. 설사 증상이 있는 환자에게 사용할 수 없다.

2 비경구투여(Parenteral administration)

비경구투여 방법은 주사로 투여하는 방법을 말하는 경우가 많지만, 그 외에도 흡입을 통해 호흡기로 약물을 투여하는 방법, 피부나 점막을 통해 투여하는 국소투여 방법이 있다. 주사 투여 방법에는 피하(SC), 근육(IM), 정맥(IV) 이외에도 피내(ID), 골내(IO), 복강내(IP), 기관내(intratracheal), 결막하(subconjunctival), 피내(intradermal), 관절내(intraarticular) 등의 방법이 있다.

(1) 피하(Subcutaneous, SC)

상대적으로 느슨한 피부 아래 공간에 약물을 투여하는 것으로 주로 큰 신경과 혈관이 없는 목 뒷덜미 부위를 이용한다. 자극적이지 않은 액상 제제의 약물만 투여할 수 있다. 약물(예: maropitant)에 따라 통증을 유발하기도 하지만 대개 통증이 적은 편이고 다량의 약물을 투여할 수 있는 장점이 있다. 그러나 국소적인 자극이 나타나 부종이나 염증을 유발할 수 있고, 피하조직에 큰 혈관이 없기 때문에 약효가 나타나는 시점이 정맥투여에 비해 30분 이상 늦어지는 단점이 있다.

(2) 근육(Intramuscular, IM)

액체 상태의 약물을 근육내로 주사하는 것으로 통증을 유발하고 소량의 약물만 투여할 수 있는 방법이다. 주로 넙다리네갈래근(quadriceps femoris m.)이나 허리 옆 근육 부위에 신경과 혈관을 피해서 투여한다. 피하투여보다 빠르고 일관성 있게 흡수되며 현탁액 양상의 약물도 투여 가능한 장점이 있다.

(3) 정맥(Intravenous, IV)

정맥 혈관으로 직접 투여하여 빠르게 전신으로 약물을 전달할 수 있으며, 초회통과효과가 없기 때문에 생체이용률이 100%이다. 조직에 투여할 경우 자극성이 강한 약물들은 주로

이 경로로 투여한다. 하지만 다른 투여방법에 비해 시간과 비용이 더 발생하고, 완전히 용해된 액체 약물만 사용할 수 있으며, 국소적인 통증을 유발하는 약물도 있다. 액상제제의 약물을 직접 주사기 바늘을 이용하여 투여하거나 수액을 공급하기 위해 장착해 놓은 정맥 카테터를 이용하여 투여하기도 한다. 주요 주사 부위는 노쪽피부정맥(cephalic v.)이나 외측두렁정맥(lateral saphenous v.)이다.

그림 3-12 자주 사용되는 비경구(parenteral) 약물 투여 경로

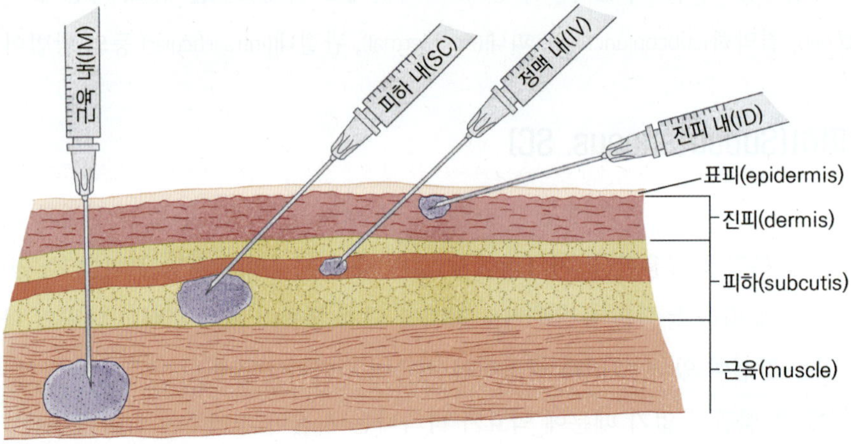

(4) 기타 주사투여

피내(intradermal) 투여는 진피층(dermis)에 매우 소량의 약물만 투여하는 것으로 보통 피부 알레르기 검사 시 사용한다. 골내(intraosseous) 투여는 긴뼈의 골수내로 직접 약물을 주입하는 것으로 정맥 접근이 어렵거나 작은 포유동물, 새, 거북이, 도마뱀 등에게 주사할 때 사용할 수 있다. 투여 시 철저하게 멸균 소독해야 한다. 복강내(intraperitoneal) 투여는 정맥으로의 접근이 제한된 경우 수액이나 약물을 투여할 때 사용하는데, 흡수율이 일정하지 않고, 시술 시 내부 장기에 손상을 줄 우려가 있다. 골수내 투여 시와 마찬가지로 철저한 멸균처치가 필요하다.

(5) 흡입(Inhalational)

특수한 장비(마취기, 흡입기)나 분무치료기(nebulizer)를 통해 약물을 연기나 가스 형태로 만들어 폐를 통해 약물이 흡수된다. 흡수 및 약효가 나타나는 시간이 빠르고, 약물의 투여를 멈추면 그 효과도 빠르게 사라진다. 초회통과효과도 나타나지 않기 때문에 필요한 약물의 양이 적고 그에 따라 부작용이 나타날 확률이 줄어든다. 아이소푸루란(isoflurane)과 같은 호흡마취제나 천식치료에 사용하는 스테로이드성 약물이 대표적인 예이다.

(6) 국소(Topical)

국소투약은 피부, 눈, 코, 귀에 약물을 투여할 때 사용한다. 피부는 동물 신체의 가장 큰 기관이지만 털 때문에 적용이 쉽지 않다. 펜타닐과 같은 약물은 털을 제거한 후, 피부경유(transdermal)투여를 통해 전신 투약할 수 있는 대표적 약물이다. 국소투여 방법은 적용하기 쉽고 침습적이지 않으며 원하는 부위에만 적용할 수 있는 장점이 있지만, 대부분의 약물은 분자량이 크고 수용성인 경우가 많아 흡수 속도가 느리고 피부나 점막을 통해 흡수가 잘 안 되는 특성이 있다. 안약은 눈물 때문에 자주 투약해야 하는 불편함이 있다.

그림 3-13 국소 투약

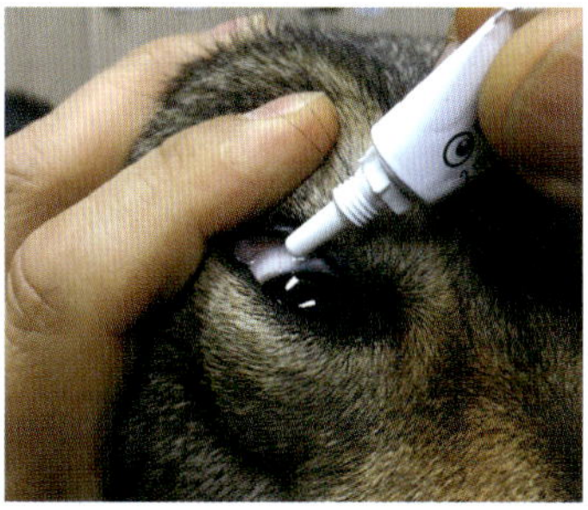

A. 안연고 투여

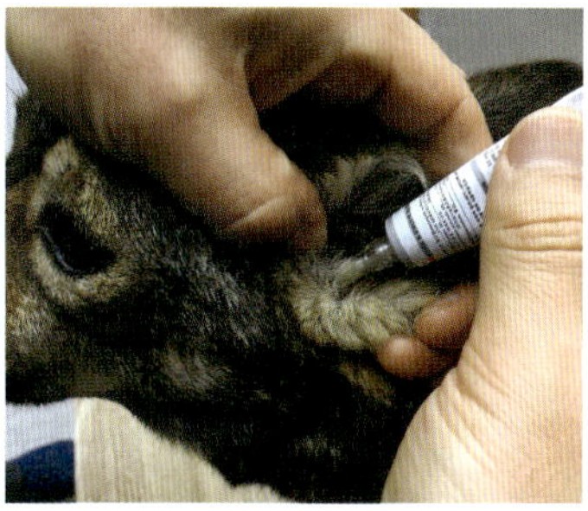

B. 귀약 투여

III 처방전의 이해

1 처방전의 구성

수의사법 시행규칙에 나온 처방식 양식은 그림 3-14와 같다.

●●● 그림 3-14 처방전 양식

■ 수의사법 시행규칙 [별지 제10호서식] <신설 2013.8.2>

처 방 전

※ [ ]에는 해당되는 곳에 √표를 합니다.

발급 연월일	년 월 일	발급 번호	

처방전 유효기간	발급일부터 ( )일간	처방전 유효기간 내에 구매해야 합니다.

개별 처방 [ ]	동물의 이름		동물의 [ ]소유자 [ ]관리인	성명	
	동물의 종류			전화번호	
				생년월일	
	성별/연령/체중 등	암·수/ 세/ kg/ 임신 여부		농장명	
군별 처방 [ ]	축사번호		[ ]동물병원 [ ]축산농장	명칭	
	동물의 종류			전화번호	
	마릿수	총 마리		사업자 등록번호	
처방 수의사		성명 (서명 또는 날인)	수의사 면허번호	제 호	

필/선	성분명	권장 제품명	용량 (1회 투약량)	용법	처방일수 (투약일수)	판매 수량 (포장 단위)	비고

의약품 판매 내용

판매기관	명칭		대표자 성명	
판매 약사	성명	(서명 또는 날인)	면허번호	
판매 연월일			비고	

필/선	판매 제품명(제조사)	규격(포장 단위)	판매량	유통기간	휴약기간	비고

210㎜×297㎜[백상지80g/㎡ 또는 중질지80g/㎡]

출처: 법제처

처방전에는 동물의 정보, 동물의 소유자 또는 보호자의 정보, 처방되는 약물에 대한 정보, 처방전을 발행한 수의사 또는 동물병원의 정보가 포함되어 있다. 동물의 정보에 포함되는 내용에는 동물의 이름(name), 종(species), 품종(breed), 성별(sex), 연령(age), 체중(weight)이 있다. 처방 대상이 가축인 경우에는 개체별로 처방하지 않고 군별로 처방하기도 하는데, 그러한 경우에는 축사번호와 총 마릿수를 기록한다. 처방되는 약물의 정보에는 사용되는 동물용의약품의 성분명, 용량, 용법, 처방일수 등을 기록한다. 처방전을 작성한 수의사와 이름과 면허번호, 발급된 날짜를 기록해야 하며 처방전의 유효기간은 7일이다.

일부 동물병원에서는 동물환자의 의료기록 수기가 아닌 전자의무기록(electronic medical records) 방법을 사용하면서 사용하는 전자차트 프로그램에 따라 자체적으로 사용하는 처방전 양식을 사용하기도 한다(그림 3-15). 동물병원 내에서 사용하는 처방전은 불필요한 정보는 생략하고 약준비와 연관된 중요사항들만 출력하여 이용한다. 또한 전자차트의 설정을 통해 준비하는 데 필요한 약품의 양을 자동으로 계산하여 보다 빠르고 정확하게 준비할 수 있다.

그림 3-15 동물병원에서 사용하는 원내 처방전

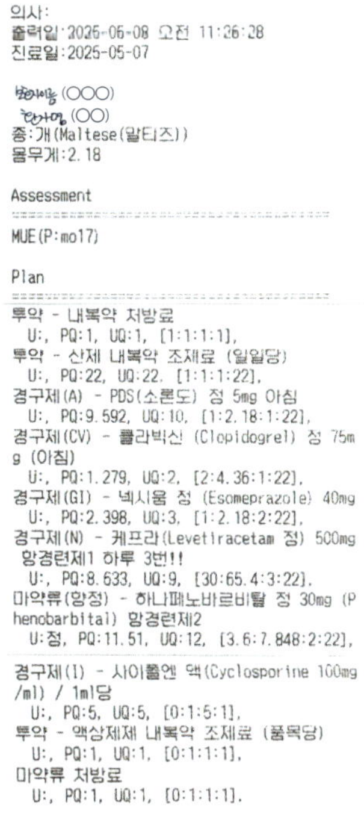
의사:
출력일:2025-06-08 오전 11:26:28
진료일:2025-05-07

보호자이름(○○○)
환자이름(○○)
종:개(Maltese(말티즈))
몸무게:2.18

Assessment

MUE(P:mo17)

Plan

투약 - 내복약 처방료
U:, PQ:1, UQ:1, [1:1:1:1],
투약 - 산제 내복약 조제료 (일일당)
U:, PQ:22, UQ:22. [1:1:1:22],
경구제(A) - PDS(소론도) 정 5mg 아침
U:, PQ:9.592, UQ:10, [1:2.18:1:22],
경구제(CV) - 클라빅신 (Clopidogrel) 정 75mg (아침)
U:, PQ:1.279, UQ:2, [2:4.36:1:22],
경구제(GI) - 넥시움 정 (Esomeprazole) 40mg
U:, PQ:2.398, UQ:3, [1:2.18:2:22],
경구제(N) - 케프라(Levetiracetam 정) 500mg 항경련제1 하루 3번!!
U:, PQ:8.633, UQ:9, [30:65.4:3:22],
마약류(항정) - 하나페노바르비탈 정 30mg (Phenobarbital) 항경련제2
U:정, PQ:11.51, UQ:12, [3.6:7.848:2:22],
경구제(I) - 사이폴엔 액(Cyclosporine 100mg/ml) / 1ml당
U:, PQ:5, UQ:5, [0:1:5:1],
투약 - 액상제제 내복약 조제료 (품목당)
U:, PQ:1, UQ:1, [0:1:1:1],
마약류 처방료
U:, PQ:1, UQ:1, [0:1:1:1].

2 처방과 관련된 용어 및 약어

처방전의 양식은 사용하는 동물병원에 따라 다양하지만 처방전을 기록하는 데 사용하는 용어는 의학분야에서 공통적으로 사용한다. 자주 사용되는 용어는 아래의 표를 참고하여 기억해두는 것이 좋다.

(1) 약물 투약 시 자주 사용되는 투약 경로 약어

약어	풀어쓰기	의미	약어	풀어쓰기	의미
AD	Auris Dexter	오른쪽 귀	OD	Ocular Dexter	오른쪽 눈
AS	Auris Sinister	왼쪽 귀	OS	Ocular Sinister	왼쪽 눈
AU	Auris Uterque	양쪽 귀	OU	Ocular Uterque	양쪽 눈
ID	Intradermal	피내(의)	IM	Intramuscular	근육내(의)
IO	Intraosseous	골내(의)	IP	Intraperitoneal	복강내(의)
IT	Intratracheal	기관내(의)	IV	Intravenous	정맥내(의)
SQ, SC	Subcutaneous	피하(의)	ID	Intradermal	진피내(의)
PO	Per Os	구강으로	PR	Per Rectal	직장으로

(2) 약물 투여 시 시간 또는 횟수에 대한 약어

약어	풀어쓰기	의미	약어	풀어쓰기	의미
a.c., ac	Before meals	식전	p.c., pc	After meals	식후
NPO	Nothing by mouth	경구 투약 금지	*ad lib.*	As desired	원하는 대로, 임의량
PRN	As needed	필요할 때마다	s.i.d., SID	Once daily	하루에 한 번 (=q24h)
b.i.d., BID	Twice daily	하루에 두 번 (=q12h)	t.i.d., TID	3 times daily	하루에 세 번 (=q8h)
q.i.d., QID	4 times daily	하루에 네 번 (=q6h)	q4h	Every 4 hours	매 4시간마다
q.o.d., QOD	Every other day	하루 걸러 한 번 (=q48h)			

3 약품 라벨(Label)

(1) 약품 라벨의 이해

의약품을 정확하게 이해하고 관리하기 위해서는 약에 대한 중요한 정보가 기록된 의약품 라벨에 대해 잘 알고 있어야 한다. 의약품 라벨이란 약의 포장지나 용기에 부착되어 있는 정보를 말하며, 약을 안전하게 사용하고 관리할 수 있도록 돕는 법적으로 필수적인 정보이다. 동물병원에서 사용되는 동물전용의약품뿐만 아니라 인의용의약품에도 모두 적절한 라벨이 부착되어 있어야 한다.

(2) 의약품 라벨의 주요 구성 항목

① 제품명: 약의 이름이며, 일반명 또는 상품명으로 표기된다. 동일한 성분이라도 제조회사에 따라 이름이 다를 수 있으니 주의가 필요하다.

② 주성분 및 함량: 약에 포함된 주요 성분과 그 함량이 내복약은 mg 또는 g과 같은 중량 단위로 표시되고, 주사제는 mg/ml과 같은 농도 단위로 표시된다. 처방된 약물의 양을 계산하는 데 매우 중요한 정보이다.

③ 효능/효과: 해당 의약품이 어떤 질환이나 증상에 효과가 있는지 설명한다.

④ 용법/용량: 복용하는 방법과 횟수, 양이 명시되어 있는데, 인의용의약품은 사람 기준으로 설명되어 있기 때문에 동물에 해당사항이 없다.

⑤ 사용상 주의사항: 부작용이나 다른 약물과의 상호작용, 기타 특정 상태와 연관된 내용들이 포함된다.

⑥ 보관방법: 약을 어떻게 보관하는지에 대해 알려주는데 보통 고온, 직사광선, 습기 등으로부터 보호해야 하는 경우가 많다.

⑦ 제조사 및 유효기한: 제조사 이름, 제조 일자, 유효기한이 표시되어 있다. 유효기한이 지난 약은 효능이 떨어지거나 변질되었을 수도 있기 때문에 반드시 확인해야 한다.

● ● ● 그림 3-16 경구약품의 라벨

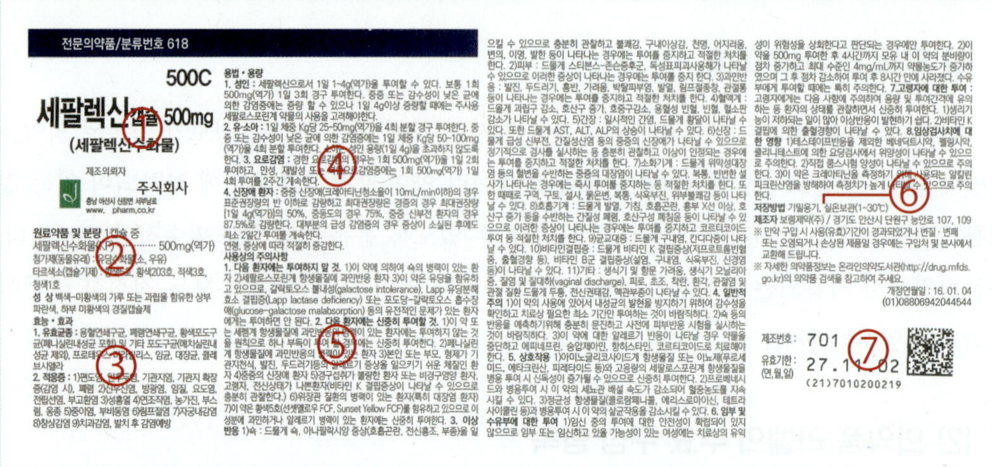

● ● ● 그림 3-17 주사약품의 라벨

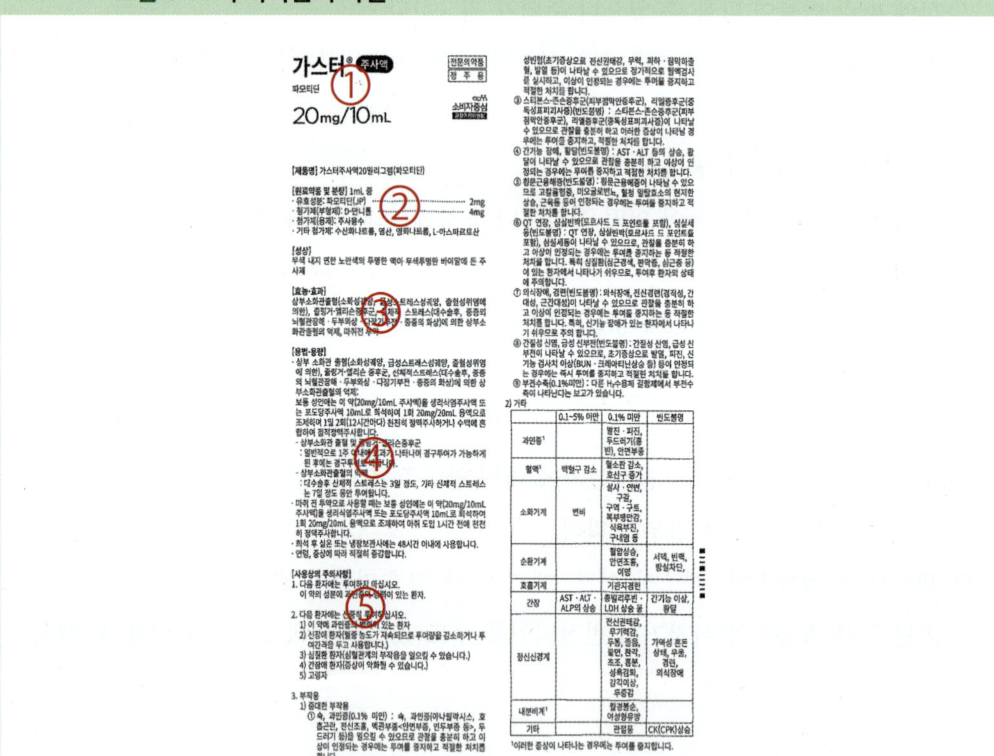

IV 약물의 준비

수의사에 의해 처방된 약을 준비하기 위해서는 처방전의 의미와 처방전에 사용되는 용어를 정확하게 숙지하고 있어야 하고 부피 및 질량 단위의 환산 및 계산과정을 명확하게 이해하고 있어야 한다.

1 약물의 무게 및 농도의 이해

약물 처방에 사용되는 일반적인 무게 및 부피에 대해 잘 이해하고 있어야 하며, 단위 환산을 정확하게 수행할 수 있어야 한다. 환산 요령과 그 의미는 다음과 같다.

약어	풀어쓰기	의미	비고
kg	Kilogram	킬로그램, 1kg=1000g	질량의 단위
g	Gram	그램, 1g=0.001kg, 1kg=1000g	
mg	Milligram	빌리그램, 1mg=0.001g, 1g=1000mg	
mcg	Microgram	마이크로그램, 1mcg=0.001mg, 1mg=1000mcg(㎍)	
L	liter	리터, 1L=1000ml	부피의 단위
dl	Deciliter	데시리터, 1dl=0.1L, 1L=10dl	
ml	Milliliter(=cc)	밀리리터, 1ml=0.001L, 1L=1000ml	
μl	Microliter	마이크로리터, 1μl=0.001ml, 1ml=1000μl	
mg/T	Milligram per tablet	1알(tablet)에 포함된 약물의 질량(mg)	농도의 단위
mg/ml	Milligram per milliliter	액체 1ml에 포함된 약물의 질량(mg)	
%	percent	퍼센트 (예: 3% 3mg의 약물이 100ml 용액에 포함)	

2 경구 약물

경구로 약물을 투약하는 경우 대형 동물은 정제형태의 약을 사용할 수 있으나 체중이 적게 나가는 작은 동물은 체중에 맞게 가루 형태로 만들어 사용한다.

(1) 가루약

약물의 처방전에는 각 약물의 성분(또는 상품명)과 함께 용량(dosage)(예: 10mg/kg)을 함께 기록한다. 동물은 사람과 달리 크기에 따라 체중의 편차가 크기 때문에 체중을 고려해 약을 투약하여 부작용을 줄이고 효능을 증가시키기 위함이다. 따라서 투여량 또는 1회 투여량은 용량과 체중을 곱하여 계산한다.

① 투여량(1회) = 용량(dosage) × 체중(kg)

내복약은 용법에 따라 하루에 투여하는 횟수가 정해져 있기 때문에 일일 투여량은 다음과 같다.

② 투여량(1일) = 투여량(1회) × 용법(예: sid, bid, tid 등)

내복약을 투여할 때에는 환자에 따라 수일치를 한 번에 준비하는 경우가 많은데, 이때에는 내복약이 필요한 날짜(day)만큼 곱한다. 따라서 내복약을 준비하는 데 필요한 총 투여량은 다음과 같이 계산한다.

③ 총 투여량 = 투여량(1일) × 처방일수(일)

= 용량(dosage) × 체중(kg) × 용법 × 처방일수(일)

[예제] 체중이 5kg인 말티즈 환자에게 A약물이 10mg/kg로 하루에 두 번 투약하는 것으로 처방되었다. 일주일치 약을 준비하는 데 필요한 A약물의 양은?

- 총 투여량 = 10mg/kg × 5kg × 2회 × 7일 = 700mg

위의 예에서와 같이 필요한 A약물 700mg만큼 준비하기 위해서는 A약물의 제형을 알고 있어야 한다. 즉, 정제 형태의 약물이라면 1정에 얼마큼의 약물을 함유하고 있는지 알아야 한다. 이러한 내용은 보통 약 포장용기나 설명서(insert)에 잘 기록되어 있다. 만약 A약물이 1정에 100mg을 함유하고 있다면, 위의 예시에서는 700mg ÷ 100mg = 7정의 A약물이 필요하다.

그림 3-18 정제 1정에 포함된 약물의 양을 확인할 수 있는 약 라벨

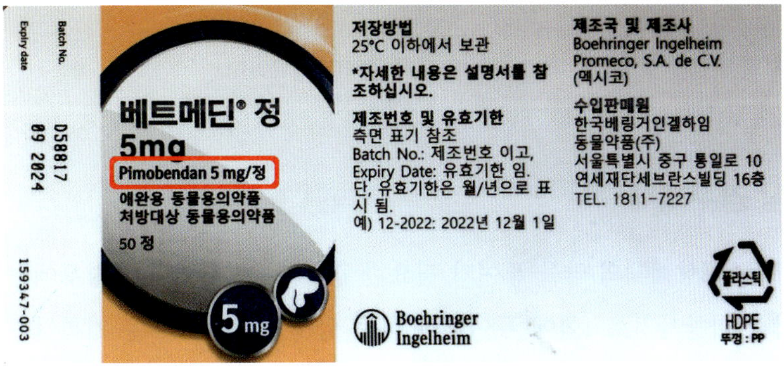

④ 필요한 약물의 개수(정) = 총 투여량 ÷ 1정에 함유된 약물의 양

위의 예제를 비례식을 통해서도 계산할 수 있다.

- 1정 : 100mg = ( )정 : 700mg
  100mg × ( )정 = 1정 × 700mg
  ( )정 = 700 ÷ 100 = 7정

보통 처방전에는 한 가지 이상의 약물이 동시에 처방되는 경우가 많다. 약물 간의 특수한 상호작용이 없다면, 대부분 용법이 같은 약물은 각각의 약물을 따로 준비하지 않고 한꺼번에 준비한다. 즉, 각각의 약물을 위의 계산 과정을 통해 필요한 정제 수량만큼 분쇄기에 한꺼번에 넣어 가루로 만든 후, 수동으로 또는 자동 약포장기를 이용해 필요한 투약 횟수만큼 약을 준비한다.

(2) 정제

대형견과 같이 체중이 많이 나가는 동물의 경우에는 가루 형태보다 정제 형태로 투약하는 것이 보다 용이하고 효율적일 수 있다. 수의사가 처방전 작성 시 체중을 고려하여 투여량(1회)을 개수 단위로 작성한다.

[예제] 체중이 20kg인 리트리버 환자에게 B약물을 1회 2정, 하루에 3번 투약하는 것으로 처방되었다. 5일분 약을 준비하는 데 필요한 B약물의 양은?

- 총 준비량 = 2정/1회 × 하루 3회 × 5일 = 30정
- 즉, 이 환자의 약물을 준비하는 데 B약물 30정의 알약이 필요하다.

(3) 액상 경구제제

종종 경구로 액상제제의 약물 투여가 필요한 경우가 있다. 이러한 경우에는 수의사가 처방전에 알약과 마찬가지로 1회에 투여해야 하는 양(부피의 단위, ml)을 기록하는데, 계산하는 방법은 정제의 경우와 같다.

[예제] 체중이 3kg인 시츄 환자에게 C약물을 1회 2.5ml, 식전 2번 투약하는 것으로 처방되었다. 3일분 약을 준비하는 데 필요한 C약물의 양은?

- 총 준비량 = 2.5ml/1회 × 하루 2회 × 3일 = 15ml
- 즉, 이 환자의 약물을 준비하는 데 15ml의 액상 형태의 C약물이 필요하다.

3 주사제

주사제는 액체 상태로 존재하기 때문에 투약 준비에 필요한 약물의 양은 질량이 아니라 부피 단위로 결정된다. 약물의 종류에 따라 일정 부피에 포함되어 있는 약물의 양이 다르고 주사제는 경구제제와 달리 직접적으로 동물의 체내에 주입되기 때문에 정확하게 계산해야 한다.

(1) 일반 주사제

주사제는 액상 형태로 존재하기 때문에, 환자에게 투여 전 주사기를 이용해 정확한 양(부피)을 준비하게 된다. 그래서 경구제제와 달리 용법이나 필요한 날짜를 고려하지 않고, 1회에 필요한 양만 계산하기 때문에 1회 투여량 기준으로 계산한다. 1회 투여량 계산은 경구 약물 계산 방법과 동일하다.

① 투여량(1회) = 용량(dosage) × 체중(kg)

[예제] 체중이 7kg인 퍼그 환자에게 D약물을 2mg/kg으로 정맥주사 할 경우에 준비해야 하는 D약물의 양(mg)은?
- 투여량(mg) = 2mg/kg × 7kg = 14mg

하지만 주사제의 최종 부피를 계산하는 과정에서는 약물이 액상 용매에 용해되어 있기 때문에 약물의 농도를 알고 있어야 한다. 약물의 농도는 보통 주사제의 겉면에 표기되어 있거나 포장박스 또는 설명서에서 확인할 수 있다.

그림 3-19 mg/ml 단위를 사용하는 주사제

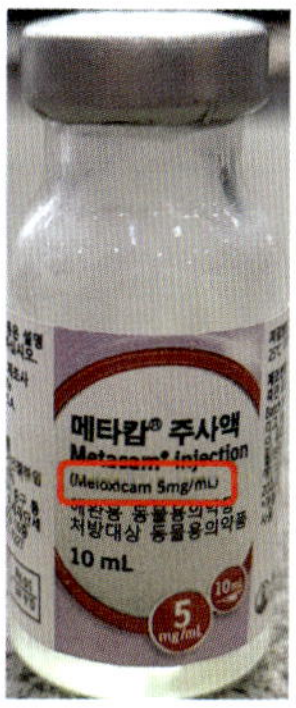

② 필요한 약물의 부피(ml) = 투여량(mg) ÷ 약물의 농도(mg/ml)

[예제] 체중이 7kg인 퍼그 환자에게 D약물을 2mg/kg으로 정맥주사 할 경우에 준비해야 하는 D약물의 양(ml)은? (단, D약물 앰플 표면에 농도가 20mg/ml라고 되어 있다.)
- 투여량(mg) = 2mg/kg × 7kg = 14mg
- 필요한 약물의 부피(ml) = 14mg ÷ 20mg/ml = 0.7ml
  따라서 이 환자의 주사제를 준비하는 데 0.7ml의 D약물이 필요하다.
- 비례식을 이용하는 경우
  14mg : ( )ml = 20mg : 1ml
  ( )ml × 20mg = 14mg × 1ml
  ( )ml = 14 / 20 = 0.7ml

(2) %농도 주사제

일부 주사제는 일반적인 주사제와 달리 약물의 농도가 일정 부피에 대한 질량(예: mg/ml)으로 되어 있지 않고, 퍼센트(%) 농도로 되어 있는 경우가 있다(예: 만니톨 20%). 이러한 경우에는 약병에 농도(mg/ml)가 표기되어 있지 않아서 필요한 약물의 양을 알기 위해서는 퍼센트 농도를 일반적인 농도로 바꾸어줄 필요가 있다. 주사용 약물에서 주로 사용되는 퍼센트 농도는 약물의 질량(g)과 약물이 용해되어 있는 용액의 부피(ml)의 비율을 의미한다. 즉, 10% 액상 약물은 100ml의 용액에 10g(10g/100ml × 100 = 10%)의 약물이 용해되어 있는 것을 의미한다. 이때 주의해야 할 점은 그람(g) 단위는 일반적으로 소동물에서 사용하는 빈도가 적기 때문에 단위를 정확히 확인하고 필요한 경우에는 mg으로 환산해서 사용한다.

●●● 그림 3-20 퍼센트 농도 단위를 사용하는 주사제

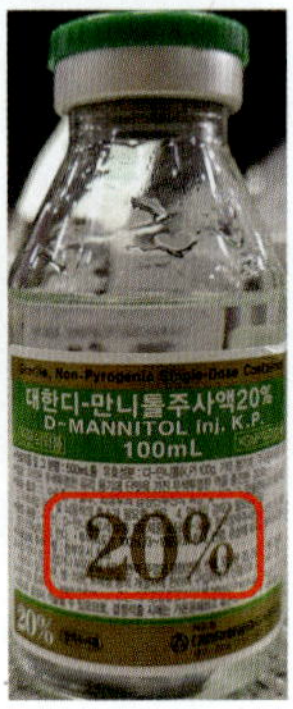

[예제] 체중이 2.4kg인 말티즈 환자에게 E약물을 0.5g/kg으로 정맥주사 할 경우에 준비해야 하는 E약물의 양(ml)은? (단, E약물 병 표면에 농도가 30%라고 되어 있다.)

- 투여량(mg) = 0.5g/kg × 2.4kg = 1.2g
- 퍼센트 농도의 환산: 30%는 100ml에 30g의 약물이 함유
  즉, 30g ÷ 100ml = 0.3g/ml (약물의 농도)
- 필요한 약물의 부피(ml) = 1.2g ÷ 0.3g/ml = 4ml
  따라서 이 환자의 주사제를 준비하는 데 4ml의 E약물이 필요하다.

(3) IU(international unit)를 사용하는 주사제

IU(international units)는 물질의 양을 질량 중심으로 표현한 것이 아니라 생물학적 효능(역가, potency) 중심으로 표현하는 단위로 주로 약리학 분야에서 호르몬, 비타민, 일부 생물학적 제제의 양을 표시할 때 사용한다. 이러한 분야에서는 각각의 약물이 유사한 분자구조를 가지고 있지만 효능이 각각 다르게 나타나는 경우가 많기 때문에, 해당 물질을 SI로 정량화하여 사용하기보다는 효능을 기준(IU)으로 표현한다. 국제단위계(International system of units), 즉 SI는 일반적으로 사용하는 mg, g/l, mg/ml 등과 같은 단위는 물질의 질량이나 부피, 농도 등을 국제적으로 통일하여 표준화하여 나타낸 것이다. IU 단위로 표시(IU/ml)된 약물은 mg/ml로 표시된 약물의 계산법과 동일하다.

그림 3-21 IU 단위를 사용하는 주사제

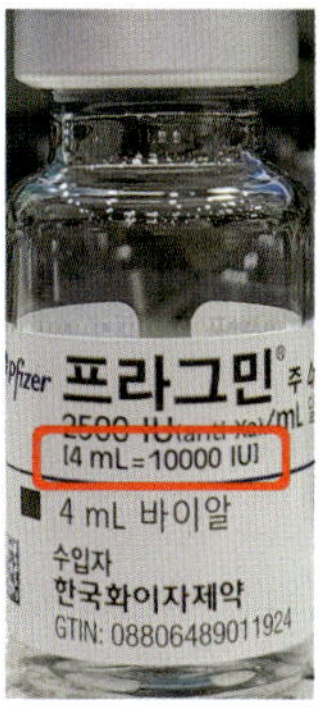

[예제] 체중이 4.5kg인 퍼그 환자에게 F약물을 0.5IU/kg으로 피하주사 할 경우에 준비해야 하는 F약물의 양(ml)은? (단, F약물 앰플 표면에 농도가 100IU/ml이라고 되어 있다.)

- 투여량(IU) = 0.5IU/kg × 4.5kg = 2.25IU
- 필요한 약물의 부피(ml) = 2.25IU ÷ 100IU/ml = 0.0225ml

  따라서 이 환자의 주사제를 준비하는 데 0.0225ml의 F약물이 필요하다.
- 비례식을 이용하는 경우

  2.25IU : ( )ml = 100IU : 1ml

  ( )ml × 100IU = 2.25IU × 1ml

  ( )ml = 2.25 / 100 = 0.0225ml

IU을 사용하는 대표적인 약물은 인슐린인데(insulin), 인슐린의 경우 일반적인 주사기를 사용하지 않고 인슐린 전용 주사기를 사용하기도 한다. 이 주사기는 눈금의 단위가 일반 주사기와 달리 한 눈금이 1IU로 되어 있기 때문에 위 예제의 경우에는 2.25눈금을 준비해야 한다.

그림 3-22 인슐린 주사기의 눈금(11.5IU)

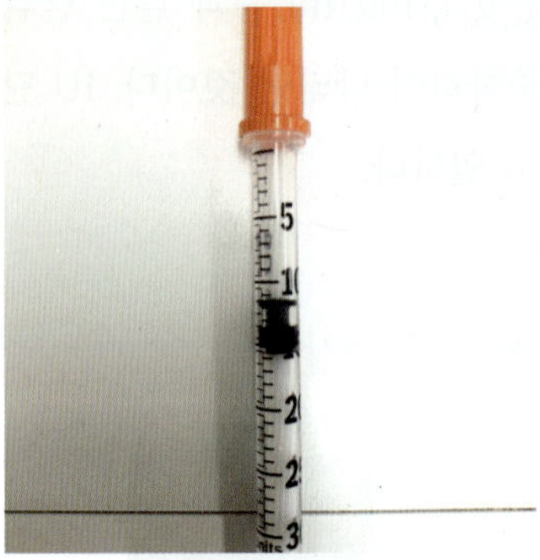

[예제] 500ml 멸균 생리식염수에 5IU/ml의 농도로 G약물 희석액을 준비하려고 할 때 필요한 G약물의 원액은? (단, G약물 앰플 표면에 농도가 25,000IU/5ml이라고 되어 있다.)

- 500ml에 필요한 G약물의 양= 500ml × 5IU/ml = 2,500IU
- G약물의 농도 = 25,000IU ÷ 5ml = 5,000IU/ml
- 필요한 약물의 부피(ml) = 2,500IU ÷ 5,000IU/ml = 0.5ml

  따라서 500ml의 생리식염수에서 0.5ml를 제거하고 0.5ml의 G약물을 넣으면 된다.
- 비례식을 이용하는 경우

  2,500IU : ( )ml = 25,000IU : 5ml

  ( )ml × 25,000IU = 2,500IU × 5ml

  ( )ml = 2,500 × 5 / 25,000 = 0.5ml

4 수액(Fluids)

동물에게 수액처치는 탈수, 전해질 불균형, 쇼크, 질병으로 인한 영양 및 수분 부족 등을 개선하기 위한 필수적인 치료 방법이다. 수액은 체내 수분을 보충하고 순환 혈액량을 유지하며, 신장 기능을 돕고 체내 노폐물 배출을 촉진하는 역할을 하므로, 특히 수술 후 회복기, 고령 동물, 설사·구토 등으로 체액 손실이 있는 환자에게 매우 중요하다. 적절한 수액 치료는 동물의 생명 유지뿐 아니라 회복 속도를 높이고 전신 건강 상태를 안정시키는 핵심 요소이다. 동물보건사는 이러한 수액처치에 사용되는 여러 도구와 장비를 정확하게 이해하고 사용할 수 있어야 하며 유지, 관리에 익숙해야 한다.

(1) 수액처치에 사용되는 도구와 장비

1) 정맥내 카테터(IV catheter)

정맥내 카테터는 수액, 약물, 혈액제제 등을 환자의 정맥내에 안전하게 주입하기 위해 사용하는 도구로 수액처치, 응급처치, 입원치료 시 가장 기본적으로 사용되는 도구이다. 플라스틱 재질의 얇은 관 형태로 되어 있으며, 장착할 때에는 안쪽의 바늘을 이용해 혈관내 삽입한 후 바늘은 제거하고 카테터만 남겨둔다. 주사기와 연결되는 부위인 허브(hub)의 색상으로 카테터 직경의 크기를 알 수 있으며, 숫자가 클수록 직경이 가늘다.

그림 3-23 카테터의 구조

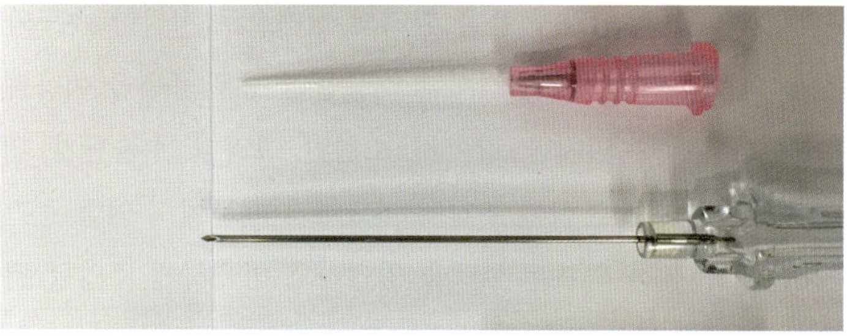

2) 나비침(Butterfly needle)

나비침은 그 생김새 때문에 butterfly needle이라고 하기도 하며, 사용의 용이성 때문에 사람에서는 정맥채혈이나 단기간 내의 정맥주사 시 사용하는 경우가 일반적이지만, 움직임이 많은 동물환자에게 직접 바늘을 사용하는 것은 부적절하다. 동물병원에서는 대부분 수액줄 말단에 연결하여 환자에게 장착된 루어락 캡(Luer lock cap)과 연결시키는 도구로 사용하는 경우가 많다. 경우에 따라서는 나비침을 사용하지 않고, 바늘을 직접 이용하여 연결하기도 한다.

그림 3-24 나비침

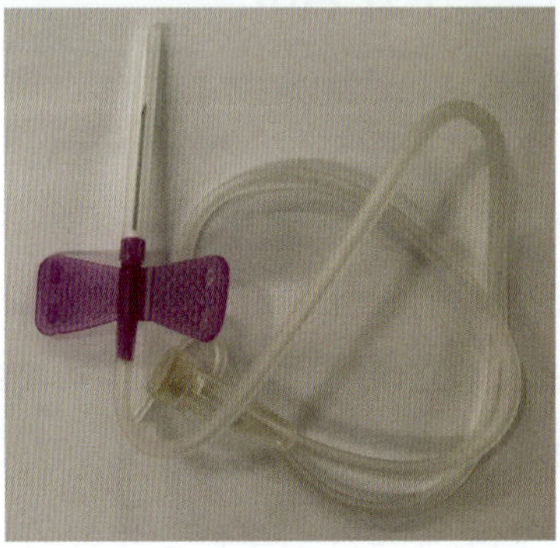

3) 인퓨전 펌프(Infusion pump)

인퓨전 펌프란 수액, 약물, 영양제 등을 환자의 정맥으로 정확한 속도와 용량으로 지속적으로 주입해주는 의료기기이다. 대형견이나 대동물의 경우 중력을 이용해 손으로 주입량을 조절하는 방식을 사용할 수 있지만, 강아지, 소형견, 고양이, 수술환자, 위중한 환자의 경우 기존 방식에 비해 정밀하고 안전한 주입이 필요하기 때문에 수액줄 중간에 인퓨전 펌프를 장착하여 사용한다. 인퓨전 펌프는 수액을 일정하고 미세하게 주입할 뿐만 아니라 수액의 막힘, 공기 혼입, 배터리 부족 등을 감지하여 즉시 경고하는 기능도 함께 가지고 있다. 올바르게 장착하여 주기적으로 모니터링하면 수액투여의 정밀성과 안전성을 크게 향상시키고 치료의 효율성을 극대화할 수 있는 도구이다. 다양한 제품이 나와 있기 때문에 각 제품의 사용법을 숙지할 필요가 있다. 수액 속도가 외부 패널에 표시된 채로 작동하고 있는지 주기적으로 체크하여 교정하여야 하며, 여러 동물환자에게 사용하기 때문에 정기적인 세척 및 소독이 필요하다.

그림 3-25 인퓨전 펌프

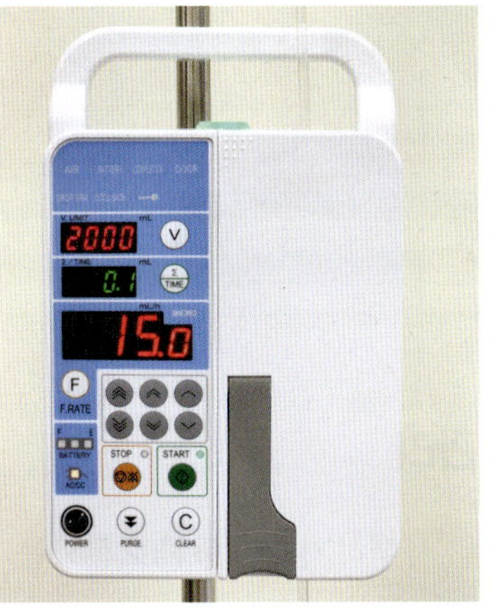

4) 시린지 펌프(Syringe pump)

시린지 펌프는 약물이나 수액을 정해진 속도와 정밀한 용량으로 주입할 수 있도록 설계된 정밀 의료기기이다. 이름 그대로 주사기(syringe)를 장착해 수액 연결관과 연결하여 사용하는데, 특히 체중이 적게 나가는 동물에서 소량의 약물이나 수액을 정해진 시간에 주입하기 위해 사용한다. 인퓨전 펌프와 마찬가지로 수액이나 주사의 막힘, 공기 혼입 시 자동정지 기능, 배터리 부족 경고 등의 기능을 가지고 있다. 시린지 펌프에 주사기를 장착할 때, 자동으로 주사기 용량을 인식하지 못하면, 수동으로 주사기 제조사의 세팅값으로 변경해주어야 한다. 다양한 제품이 나와 있기 때문에 각 제품의 사용법을 숙지할 필요가 있다. 주입 속도가 외부 패널에 표시된 채로 작동하고 있는지 주기적으로 체크하여 교정하여야 하며, 여러 동물환자에게 사용하기 때문에 정기적인 세척 및 소독이 필요하다.

그림 3-26 시린지 펌프

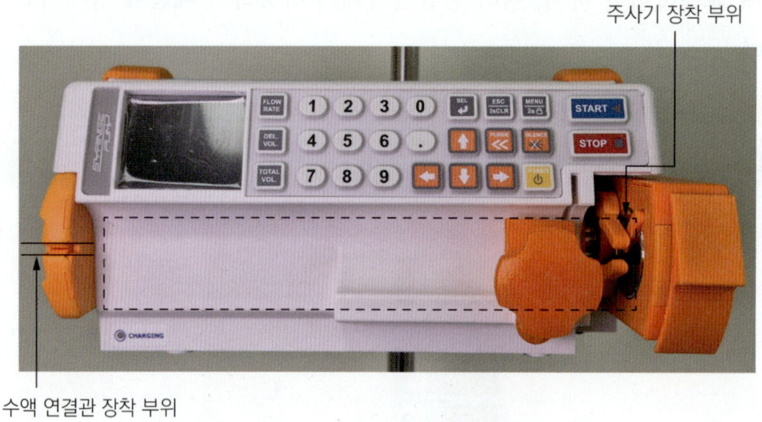

(2) 수액세트 설치 및 관리

동물 환자에게 수액 처치를 시행하기 전, 동물보건사는 정확하고 위생적인 수액세트 준비를 통해 치료의 안전성과 효율성을 높여야 한다. 환자에게 투여해야 할 수액종류, 수액의 주입속도, 첨가해야 할 약물의 유무 등을 확인하고 준비한다. 모든 제품은 일회용이기 때문에 외관상태(변색, 누출 등)와 유효기한을 점검한다. 수액세트의 길이가 충분하지 않다면 연장튜브(extension tube)도 함께 준비한다.

그림 3-27 다양한 수액팩의 개봉 전(우)과 개봉 후(좌)

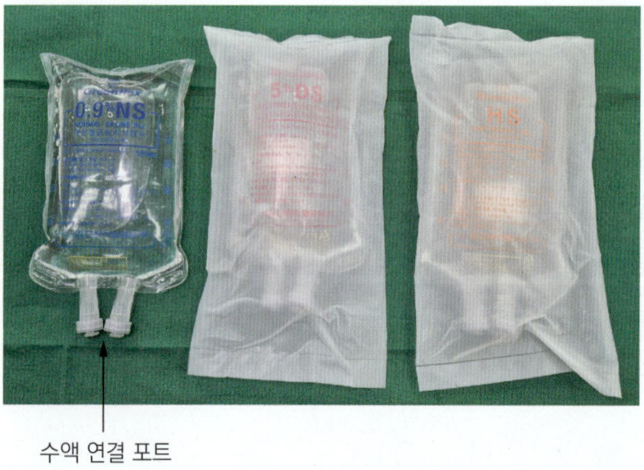

그림 3-28 수액세트

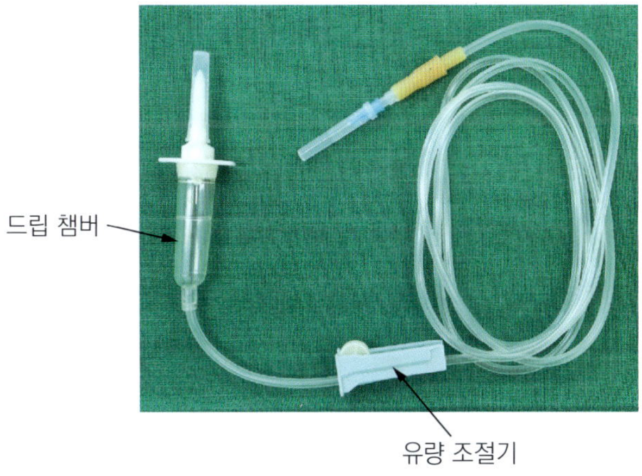

손 소독을 실시하고 필요한 경우 멸균장갑을 착용한 후, 수액세트의 수동 유량조절기를 잠근다. 수액 백의 연결포트와 수액세트의 연결 부위의 덮개를 제거하고 연결한다. 연결 후 챔버(chamber)를 부드럽게 눌러 약 1/2~1/3 정도 수액을 채우고 공기가 수액 줄에 들어가지 않도록 천천히 유량조절기를 열어 수액 줄을 수액으로 채운다. 환자에게 장착되어 있는 IV 카테터에 연결하고 처방된 수액 속도에 맞게 드립 챔버(drip chamber)에서 수액이 떨어지는 속도를 조절한다. 인퓨전 펌프를 사용할 경우에는 펌프에 장착한 후 정확한 수액속도를 설정하고 작동상태를 점검한다.

그림 3-29 수동으로 수액 속도를 조절하는 유량조절기

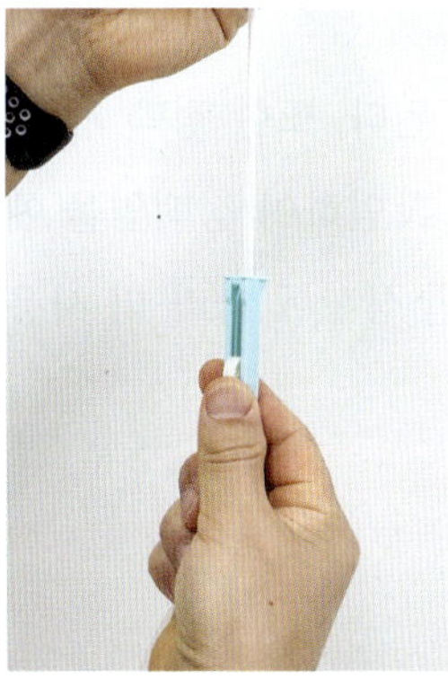

그림 3-30 수액줄을 인퓨전 펌프에 장착

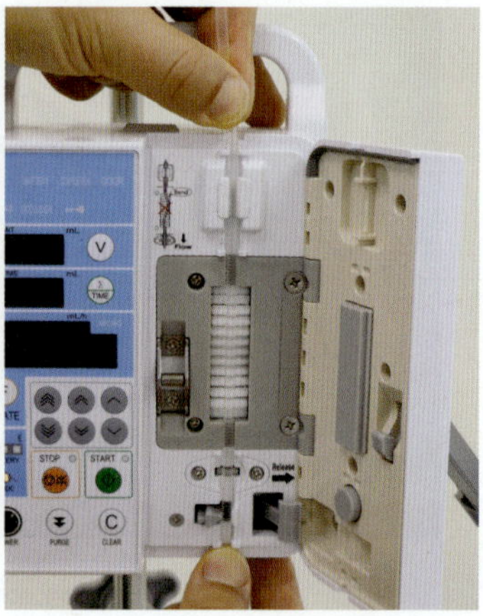

환자에게 연결한 후에는 수액백에 수액의 개봉시간 및 약물 첨가 내용을 명확히 기재한다. 전자차트 또는 종이 기록지에도 수액 시작시점 및 수액종류, 속도를 기록하고 추후 모니터링 계획과 교체 시점을 파악한다. 빛에 민감한 약물이 수액에 첨가되면 수액백을 차광백으로 감싸도록 하고 체온이 낮은 동물이 수액처치를 받고 있다면 수액을 체온 정도로 데워서 사용할 것을 고려한다.

수액 처치를 받는 동물환자에게 계획한 수액량이 정상적으로 들어가고 있는지 혹은 부족하거나 과다하게 투여되는지 지속적으로 관찰할 필요가 있다. 수액이 정상적으로 들어가고 있지 않다면 교정하려고 했던 탈수 징후가 계속 남게 되고 이 상태가 지속되면 저혈압, 빈맥, 체중 감소로 이어지게 된다. 수액이 과도하게 투여되며 얼굴이나 사지에 부기가 발생하고 폐수종에 의해 호흡곤란, 빈호흡 등의 징후가 나타난다. 혈압도 상승하게 되고, 혈액검사 시 PCV나 TP 수치가 낮아지게 된다. 또한 정맥 카테터 상태도 점검하여 주변에 부기, 발적, 누출, 통증 등의 징후가 있는지 확인하여 정맥염을 예방하여야 한다. 정맥 카테터는 보통 3일 간격으로 교체하는 것이 좋지만 상황에 따라 더 사용할 수 있다.

항목	모니터링 빈도
체온, 심박수, 호흡수	4-6시간마다(응급 시 더 자주)
수액량(Input/Output)	매시간 또는 매 4시간
체중	하루 1-2회
혈압	필요 시 자주
혈액검사	12-24시간 간격 또는 수의사의 판단에 따라
카테터 상태	최소 하루 1회 이상

(3) 수액 속도 조절

1) 유량조절기를 통한 설정

국내에서 수액처치 시 사용하는 수액세트는 두 종류가 있는데, 그 표시는 수액세트 포장지 표면에 표시되어 있거나, 드립 챔버(drip chamber)의 모양을 통해 구분할 수 있다. 1ml 투여하는 데 몇 방울이 떨어지는 수액세트인지 정확하게 알고 있어야 유량조절기를 통해 수동으로 정확하게 조절할 수 있다. 예를 들어 30ml/h의 속도로 수액을 세팅(1ml=60방울)하고자 한다면 30ml/h = 30×60방울/시간 = 30×60방울/60분 = 30방울/1분 = 30방울/60초 = 1방울/2초의 계산을 통해 2초에 한 방울씩 떨어지도록 조절하면 된다. 하지만 이런 방법은 사람의 손과 관찰에 의존해서 투여하기 때문에 소형견 환자나 고양이같이 체중이 작은 동물 또는 수액량을 정확하게 투여해야 하는 동물환자에게는 적합하지 않다.

그림 3-31 20방울이 1ml에 해당하는 수액세트(1방울 0.05ml)

2) 인퓨전 펌프를 이용한 설정

수액을 정확하게 투여하기 위해서는 수동으로 유량조절기를 통해 투여하는 것보다 인퓨전 펌프나 시린지 펌프와 같은 기기를 사용하는 것이 바람직하다. 수액백에 수액세트를 연결하여 수액을 수액세트에 채운 후, 인퓨전 펌프에 올바르게 장착한다. 수액세트에 기포가 발생하지 않도록 주의하고, 드립 챔버의 1/2~1/3을 수액으로 채운다. 인퓨전 펌프는 제작 회사에 따라 버튼의 모양이나 위치가 다를 수 있으나 일반적으로 수액속도(flow rate, ml/h), 투여된 수액량(ml) 또는 투여한 시간, 투여할 수액량(ml)을 입력할 수 있다. 처방된 수액속도가 있다면 그 수치를 수액속도에 입력하면 되고, 만약 200ml를 8시간에 투여하도록 처방되었다면, 200ml/8h = 25ml/h를 수액속도에 입력한다. 또는 투여할 수액량과 시간을 입력하면 자동으로 수액속도가 세팅되기도 한다.

그림 3-32 인퓨전 펌프. ①: 투여할 수액량, ②: 투여한 수액량 또는 투여한 시간, ③: 수액 속도

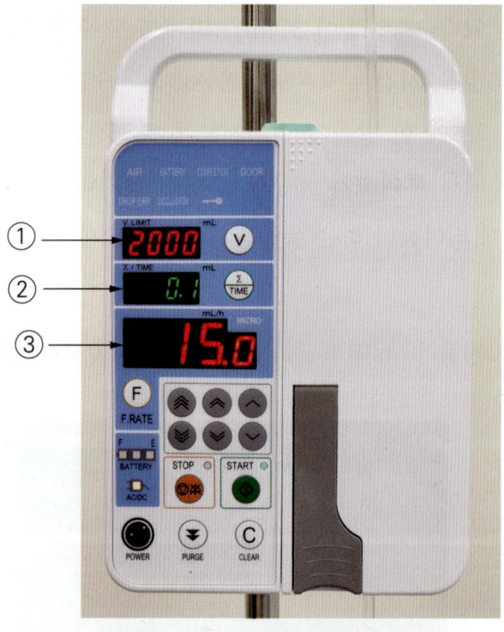

Memo

CHAPTER

04

의약품관리

Ⅰ. 의약품관리

Ⅱ. 마약 및 향정신성의약품 관리

Ⅲ. 항암제 및 호르몬제 취급 관리

Ⅳ. 항암제 및 호르몬제 취급 시 주요 지침

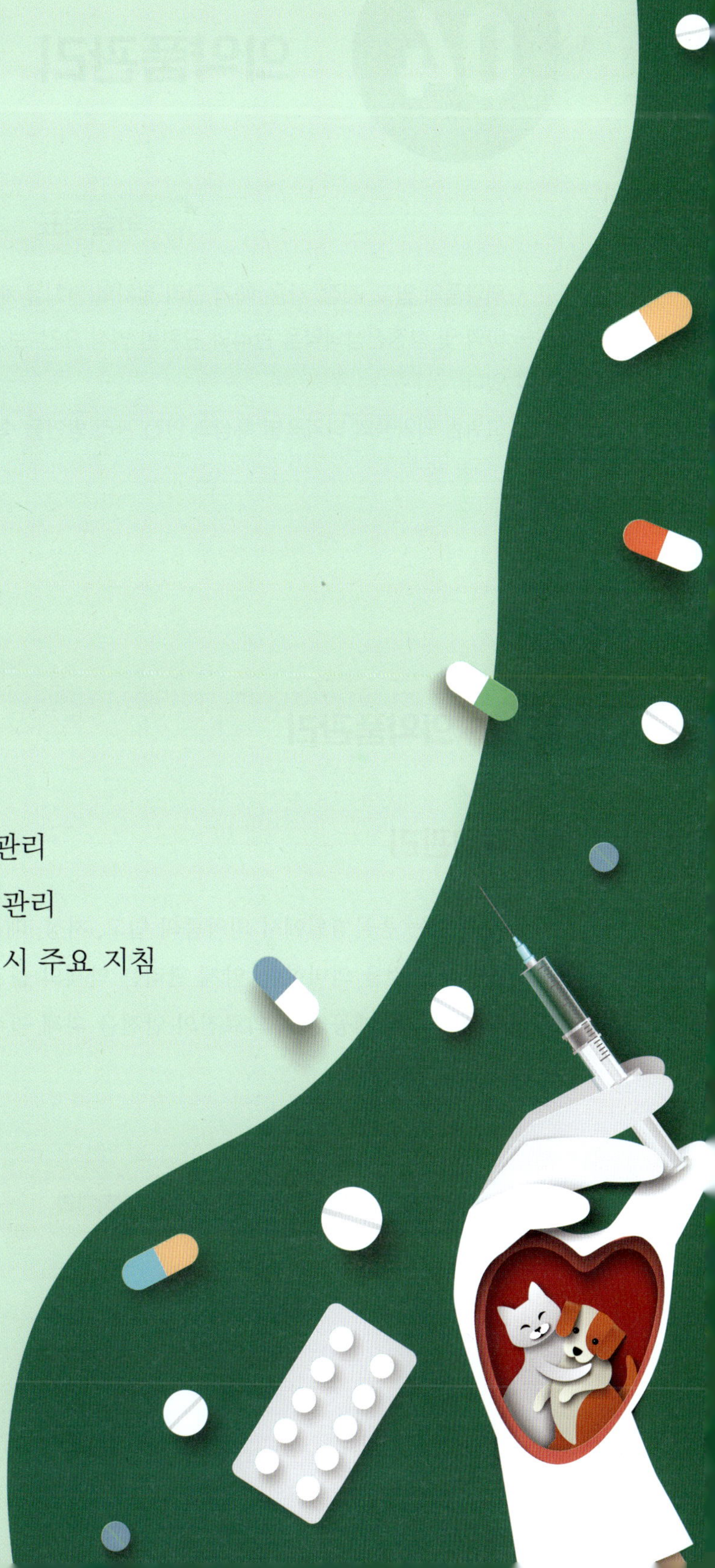

CHAPTER 04

의약품관리

학습목표

- 의약품의 입고, 저장, 사용, 폐기 관리 절차와 원칙을 체계적으로 이해한다.
- 마약 및 향정신성의약품 관리와 관련된 법적 요건, 보고 절차를 이해하고 실무에 적용 할 수 있다.
- 고위험 의약품의 의약품별 특성과 안전 관리 방안을 숙지한다.

I 의약품관리

1 약제관리

약제 관리는 동물병원에서 의약품의 입고, 저장, 배분, 사용, 폐기 등의 전 과정을 체계적으로 관리하는 것을 의미한다. 약제 관리는 약제의 품질을 유지하고, 동물 환자에게 안전하고 적절한 치료를 제공하며, 의료진의 안전을 위해 필수적인 과정이다. 약제 관리는 아래의 주요 과정을 포함한다.

입고관리 — 저장관리 — 폐기관리

(1) 입고관리

1) 공급업체 확인

병원에 약품을 공급하는 업체는 품질 보증이 가능하고, 관련 규정을 준수해야 하며, 병원은 공급업체를 선정하기 위해 정기적으로 평가하여야 한다. 공급업체와의 계약은 교환/반품 정책, 배송 조건, 품질 보증, 긴급 공급 시스템 등의 내용이 포함되어야 한다. 또한, 여러 개의 공급업체로부터 견적을 받아 비교 검토하고 선별하는 과정도 필요하다.

2) 입고검수

① 물리적 검수: 약품의 외부 포장, 혹은 약품 용기가 손상되거나 오염되지 않았는지, 약품 내용물의 이상 여부를 점검한다.

② 약품 정보 확인: 주문한 약품의 이름, 용량(약제역가), 약품의 수량이 입고된 약품과 일치하는지 확인하며, 유효기간을 점검한다. 유효기간이 임박한 경우, 약품의 특성에 따라 입고하지 않거나, 혹은 별도의 공간에 보관하여 기한 내에 사용하도록 관리한다.

③ 고위험군 약품 입고관리: 마약류 및 향정신성의약품, 항암제, 일부 호르몬제와 같은 고위험군 약품의 경우 일반 약품과 별도의 공간에 보관하고, 안전관리 절차를 준수해야 한다.

④ 온도에 민감한 약품 입고관리: 냉장/냉동 약품은 운송과정에서 온도 조건이 약품 보관 기준에 적합했는지 확인하고, 적정 온도가 유지되지 않은 약품은 입고시키지 않는다. 입고된 냉장/냉동 약품은 입고 즉시 적정한 온도의 냉장고나 냉동고에 보관한다.

⑤ 빛에 민감한 약품 입고관리: 빛에 민감한 약품은 입고 시 직사광선을 피하고, 불투명하거나 차광 포장 상태를 유지했는지 확인한다. 입고 후 즉시 차광 조건이 보장된 보관 장소로 이동하며, 검수 과정에서 포장이 손상되거나 노출된 경우, 입고시키지 않는다.

⑥ 바코드 스캔과 RFID 시스템을 활용하여 약품 입고 과정을 자동화함으로써 검수의 정확성과 효율성을 높인다. 바코드 스캔은 의약품 라벨 정보를 신속하고 정확하게 입력할 수 있게 하며, RFID 시스템은 의약품의 실시간 위치와 상태를 추적하여 관리 과정을 단순화한다. 입고 정보가 전자 차트와 연동되면 전산 시스템에 자동 기록되어 데이터의 정확성이 높아지기 때문에, 인적 오류를 줄이며 약품 안전성과 관리 효율성을 극

대화할 수 있다.

(2) 저장관리

약품 저장관리는 입고된 약품을 안전하게 보관하고 품질을 유지하며, 사용 시까지 손상이나 변질을 방지하는 중요한 과정이다. 약품의 종류와 특성에 따라 적절한 환경을 조성하고, 체계적인 관리 절차를 통해 동물 환자와 의료진의 안전을 보장하며, 의약품 사용의 효율성을 극대화한다. 기본적으로 약품은 안전성과 효능을 유지하고, 안전성을 보장하기 위해 초기 포장 상태대로 보관한다.

1) 온도 관리

약품의 보관 온도는 약품의 특성 및 제형에 따라 크게 냉장(2~8℃), 냉동(영하 20℃ 이하), 실온(15~25℃)으로 나뉜다. 냉장 및 냉동 약품은 전용 냉장고와 냉동고에 보관하며, 온도를 주기적으로 확인하여야 한다. 실온 약품은 온도 변화가 적고 서늘하며 건조한, 직사광선에서 벗어난 공간에 보관한다. 일반적으로 약품의 온도 보관조건은 라벨에 기재되어 있다. 적절한 온도에서 보관되지 않은 경우, 약효의 감소 및 오염, 부작용 혹은 독성 유발가능성이 있다.

2) 습도 관리

일반적으로 30~60%의 습도 환경에서 약품을 보관한다. 습도가 높은 환경은 약품의 물리적, 화학적 안정성을 저하시킬 수 있다. 높은 습도에서 정제 약품은 수분을 흡수하여 끈적이게 되고, 가루 형태의 약품은 뭉칠 수 있으며, 곰팡이 등의 미생물 오염이 발생할 수 있다. 고습도 환경의 경우 제습기를 설치하거나, 방습제가 포함된 밀폐 용기를 사용하여 약품이 습기에 노출되지 않도록 한다. 저습 환경에서는 크림, 연고 등이 굳거나, 캡슐제형의 균열 등이 발생할 수 있다.

3) 빛 관리

자외선(UV)이나 가시광선은 약품의 활성 성분에 흡수되어 산화, 광분해 같은 화학 작용을 촉진하여 약품의 효과가 감소하거나, 유해물질이 생성될 위험이 있다. 특히, 비타민 제제, 항생제, 호르몬 제제 등이 빛에 민감한 것으로 알려져 있다. 또한, 직사광선에 노출된 경우, 약품 저장 온도를 상승시켜 물리적, 화학적 변화를 유발할 수 있으며, 크림이나 연고 같은 제형은 성분이 분리되거나 딱딱해지는 물리적인 변화가 나타날 수 있기 때문에 유의해야 한다. 이러한 이유로 약품은 캐비넷, 서랍 같은 빛이 닿지 않는 서늘하고 어두운 장소다. 특히, 갈색병(그림 4-1)에 담긴 약품은 빛에 민감한 약이다. 갈색병은 자외선과 일부 가시광선을 흡수하거나 반사하여 약품을 빛으로부터 보호한다.

그림 4-1 갈색병에 담긴 빛에 민감한 약품의 예

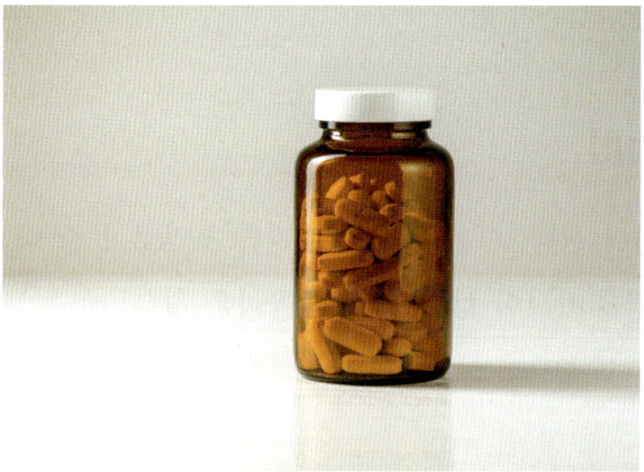

4) 기타

약품 저장 공간은 먼지와 오염 물질이 없는 깨끗한 환경을 유지해야 한다. 공기 정화 시스템과 주기적인 청소를 통해 약품이 오염되지 않도록 관리한다.

(3) 폐기관리

유효기간이 만료되었거나 오염 가능성이 있는 약품은 반드시 관련 지침에 따라 폐기하며, 환경에 미치는 영향을 최소화한다. 의약품은 하수로 배출하거나 토양에 매립해서는 안 되며, 전문 폐기물 처리업체를 통해 성분별 적합한 방법으로 안전하게 처리한다. 또한, 마약류 및 향정신성의약품의 폐기는 「마약류 관리에 관한 법률」에 따라 별도로 관리하며, 법적 요건에 따라 폐기 전 반드시 기록을 남기고 승인 절차를 거쳐야 한다. 이와 같은 철저한 폐기 관리는 약품이 의료 환경과 외부 환경에 미치는 부정적 영향을 줄이고, 안전하고 위생적인 약품 관리를 보장할 수 있다.

2 약제실 재고관리

약제실 재고관리는 동물병원의 약품 운영의 효율성을 높이고, 동물 환자와 의료진의 안전을 위한 핵심 절차이다. 체계적이고 효율적인 약품 재고관리는 약품 부족 또는 과잉의 문제를 방지하며, 유효성(efficacy)과 품질을 유지할 수 있다.

(1) 재고관리 기본 원칙

1) 선입선출(FIFO: First In, First Out)

재고 약품은 입고된 순서대로 사용하여야 한다. 이를 통해 유효기간 초과로 인한 약품 손실을 방지할 수 있다. 단, 입고 과정에서 유효기간이 짧은 약품이 들어온 경우, 해당 약품이 먼저 사용되도록 순서를 조정한다.

2) 유효기관 관리

약품의 유효기간을 주기적으로 점검하며, 유효기간이 임박한 약품은 별도로 표시하여 우선적으로 사용한다. 유효기간 초과 약품은 즉시 폐기 처리한다.

3) 점검 및 재고파악

재고는 주기적으로 점검하여 실물 재고와 전산 기록 간의 일치 여부를 확인한다. 점검 결과를 바탕으로 부족한 약품은 신속히 주문하고, 초과 재고는 조정하여 효율성을 높인다.

(2) 약품 재고 관리

1) 약품 분류

약품은 사용 목적, 보관 조건, 약리 작용 등에 따라 체계적으로 분류한다. 고위험 의약품

(예: 마약류, 항암제)은 별도의 안전 구역에 보관하고, 일반 의약품과 분리한다. 사용 빈도가 높은 의약품은 접근이 용이한 위치에, 사용 빈도가 낮은 의약품은 별도의 저장 공간에 배치한다.

2) 약품 배열

같은 종류의 약품은 유효기간 순서로 배열하며, 약품 상자나 병은 포장이 손상되지 않도록 한다. 또한 사용상의 편의를 위해 약품명 및 라벨이 명확히 보이도록 배치한다.

① 주사제: 주사제는 사용 빈도가 높은 약품으로, 냉장 또는 상온 보관 여부에 따라 분류한다. 주사제는 유리 용기에 담긴 경우가 많아 깨지기 쉬운 특성을 고려하여 충격 방지 패드나 전용 보관함을 사용하여 안전하게 보관한다. 사용 빈도가 높은 주사제는 처치 공간 가까이에 배치하고, 병렬로 배열하여 빠르게 접근할 수 있도록 한다.

② 연고제, 크림: 연고제, 크림 등은 직사광선이 닿지 않는 서늘한 장소에 보관하며, 크기와 종류별로 분류하여 배열한다. 튜브형 연고는 서랍식 보관함을 활용하면 유용하다.

③ 알약(정제 및 캡슐): 정제 및 캡슐은 습기와 빛에 민감하므로 밀폐된 용기에 보관한다. 유효기간이 임박한 약품은 전면에 배치하여 쉽게 확인할 수 있도록 한다.

④ 배열 순서: 약품은 항생제, 항히스타민제 등 계열별로 분류하여 사용 목적과 약리 작용에 따라 배치한다. 이러한 방식은 약품의 신속한 검색과 사용 편의를 제공하는 데 기여한다. 또한, 약품명을 기준으로 ABC 순으로 정렬하는 방법도 있으며, 이는 관리 효율성을 높이고 혼동을 줄이는 데 효과적이다.

3) 고위험 및 특수 의약품 관리

① 마약류와 향정신성의약품: 마약류 관리법에 따라 마약, 향정신성의약품은 법적 규제에 따라 잠금 장치가 설치된 전용 금고에 보관하며, 접근 권한을 제한한다. 입고, 저장 기록, 사용 이력을 전산 시스템에 기록한다.

② 방사성 약품 및 항암제: 방사성 약품은 차폐 용기 및 별도 보관소에 격리 보관하며, 항암제(세포독성 약품)은 전용 밀폐 용기에 보관하며, 취급 시 개인보호장비를 착용하도록 한다.

4) 재고 관리와 실시간 모니터링

① 재고는 정기적으로 점검하여 약품의 부족 또는 필요이상의 초과가 없도록 한다. 가능하다면, 재고 점검은 전산 시스템과 연동하여 확인하고, 유효기간과 보관 상태를 지속적으로 검토한다.

② 응급시 필요한 약품은 별도의 공간에 보관하여, 신속하게 준비할 수 있도록 한다.

5) 교육 및 개선

재고관리와 관련된 직원들은 약품의 특성과 저장 조건에 대한 정기적인 교육을 받아야 하며, 재고관리에서 반복적으로 발생하는 문제를 개선하도록 한다.

II 마약 및 향정신성의약품 관리

마약과 향정신성의약품은 국내 『마약류 관리에 관한 법률』에 따라 철저히 규제되며, 동물병원에서는 안전하고 책임감 있는 관리가 필수적이다. 이들 약품은 오남용 및 중독의 위험이 있으므로, 사용, 보관, 폐기 과정에서 법적 요건을 엄격히 준수해야 한다. 특히, 동물 환자의 치료를 목적으로 사용하는 경우에도 관리자의 철저한 책임과 체계적인 시스템이 뒷받침되어야 한다. 이를 위해 지속적인 교육과 관리 체계가 필요하다.

1 마약류의 분류

『마약류 관리에 관한 법률』에 따라 마약류는 크게 마약, 향정신성의약품(약칭: 향정), 대마로 나뉜다. 동물병원에서는 이 중 마약과 향정신성의약품을 사용한다.

① 마약: 모르핀(morphine), 펜타닐(fentanyl)과 같이 강력한 통증 억제 효과를 가진 의약품으로, 수술 후 관리 및 중증 질환으로 인한 통증 관리에 주로 사용된다.

② 향정신성의약품(향정): 케타민(ketamine), 프로포폴(propofol), 미다졸람(midazolam) 등 신

경 안정, 진정, 또는 항불안, 진통 작용이 필요한 경우에 사용된다.

③ 대마: 대마초 또는 그 수지를 원료로 하여 제조된 제품을 의미한다.

그림 4-2 『마약류 관리에 관한 법률』에 따른 마약류의 구별 및 많이 사용하는 약의 종류. 마약류는 크게 마약, 향정신성의약품, 대마로 나뉘며, 동물병원에서는 이 중 마약과 향정신성의약품을 사용한다.

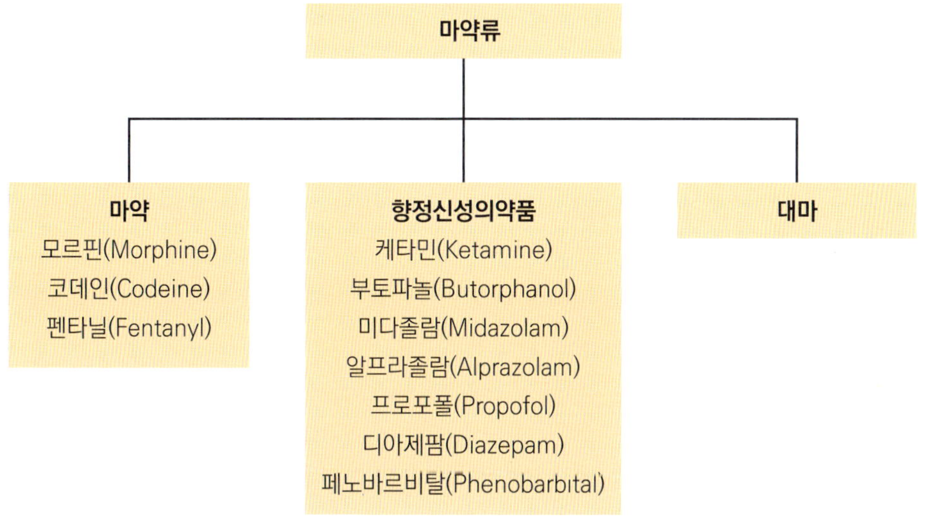

2 마약류 취급자의 분류

『마약류 관리에 관한 법률』에 따르면, 마약류를 사용할 수 있는 사용자는 표 4-1과 같이 분류된다. 동물병원은 이 분류 중 마약류취급의료업자, 즉 수의사법에 따라 동물 진료에 종사하는 수의사로서, 동물 진료를 목적으로 마약 또는 향정신성의약품을 투약하거나 투약하기 위해 제공하거나, 마약 또는 향정신성의약품을 기재한 처방전을 발급하는 등의 목적으로 마약류를 다룰 수 있다.

표 4-1 마약류관리에 관한 법률에 따른 마약류 취급자 분류

분류	설명
마약류수출입업자	마약 또는 향정신성의약품의 수출입을 업으로 하는 자
마약류제조업자	마약 또는 향정신성의약품의 제조(제제 및 소분을 포함)를 업으로 하는 자
마약류원료사용자	한외마약 또는 의약품을 제조할 때 마약 또는 향정신성의약품을 원료로 사용하는 자
대마재배자	섬유 또는 종자를 채취할 목적으로 대마초를 재배하는 자
마약류도매업자	마약류소매업자, 마약류취급의료업자, 마약류관리자 또는 마약류취급학술연구자에게 마약 또는 향정신성의약품을 판매하는 자
마약류관리자	의료법에 따른 의료기관에서 환자에게 투약하거나 제공하기 위한 마약 또는 향정신성의약품을 조제·수수하고 관리하는 책임을 진 약사
마약류취급학술연구자	학술연구를 위하여 마약 또는 향정신성의약품을 사용하거나, 대마초를 재배하거나 대마를 수입하여 사용하는 자
마약류소매업자	약사법에 따른 약국 개설자로서 마약류취급의료업자의 처방전에 따라 마약 또는 향정신성의약품을 조제하여 판매하는 자
마약류취급의료업자	의료기관에서 의료에 종사하는 의사, 치과의사, 한의사 또는 수의사법에 따라 **동물진료에 종사하는 수의사**로서, 의료나 **동물 진료를 목적으로 마약 또는 향정신성의약품을 투약하거나 투약하기 위하여 제공하거나 마약 또는 향정신성의약품을 기재한 처방전을 발급하는 자**

3 마약 및 향정신성의약품 취급 절차

동물병원에서 마약 및 향정신성의약품을 다룰 때는 법적 절차와 안전 관리를 철저히 준수해야 한다. 마약류의 구매, 보관, 사용, 폐기, 그리고 이를 관리하기 위한 보고 절차는 모두 명확하게 정해져 있으며, 이러한 보고와 관리는 **마약류통합관리시스템**(NIMS, Narcotics Information Management System)을 통해 이루어진다(그림 4-3). NIMS는 식품의약품안전처에서 운영하는 플랫폼으로, 병원, 약국, 동물병원 등에서 마약 및 향정신성의약품의 취급 내역을 기록하고 관리하는 데 사용된다. 마약류통합관리시스템(NIMS)의 주요 목적은 마약 및 향정신성의약품의 오남용을 방지하고, 투명한 유통과 사용을 보장하는 것이다. 이 시스템을 통해 의약품이 적절히 사용되었는지 추적할 수 있으며, 의약품 남용이나 불법적인 유통을 효과적으로 예방할 수 있다. 또한, NIMS는 병원과 약국, 정부 간의 데이터를 실시간으로 공유하여 마약류의 구매, 사용, 폐기 내역을 명확히 확인할 수 있게 한다. 이처럼 NIMS는 국가적으로 마약류 관리의 투명성을 높이고, 의약품 사용이 안전하고 합법적으로 이루어질 수 있도록 돕는다.

NIMS는 마약류 취급 절차 전반을 체계적으로 관리한다. 동물병원에서 마약류를 구매하면, 먼저 해당 내역을 NIMS에 등록하여야 한다. 이후 의약품을 사용하거나 폐기할 경우, 정확한 사용 내역(약품명, 수량, 사용 날짜, 대상자 정보 등)을 실시간으로 입력한다. 또한, 유효기간이 지나거나 변질된 의약품을 폐기할 때도 해당 내용을 시스템에 보고해야 한다. 이처럼 NIMS는 구매부터 사용, 폐기까지 모든 과정을 데이터화하여 관리함으로써, 의료기관이 법적 절차를 준수하도록 돕는다(그림 4-4).

NIMS는 마약류와 관련된 문제를 사전에 예방하고, 의약품 사용 현황을 종합적으로 분석할 수 있는 시스템이다. 이를 통해 정부는 마약류의 유통과 사용 패턴을 분석하여 오남용을 방지하는 정책을 수립할 수 있다. 병원과 약국, 동물병원 등 모든 기관은 이 시스템을 활용해 의약품 관리의 투명성을 높이고, 오남용으로 인한 사회적 문제를 예방하는 데 기여할 수 있다.

그림 4-3 마약류통합관리시스템(NIMS)의 사용예시

출처: 마약류통합관리시스템

● ● ● 그림 4-4 마약류 취급내역 보고 흐름도

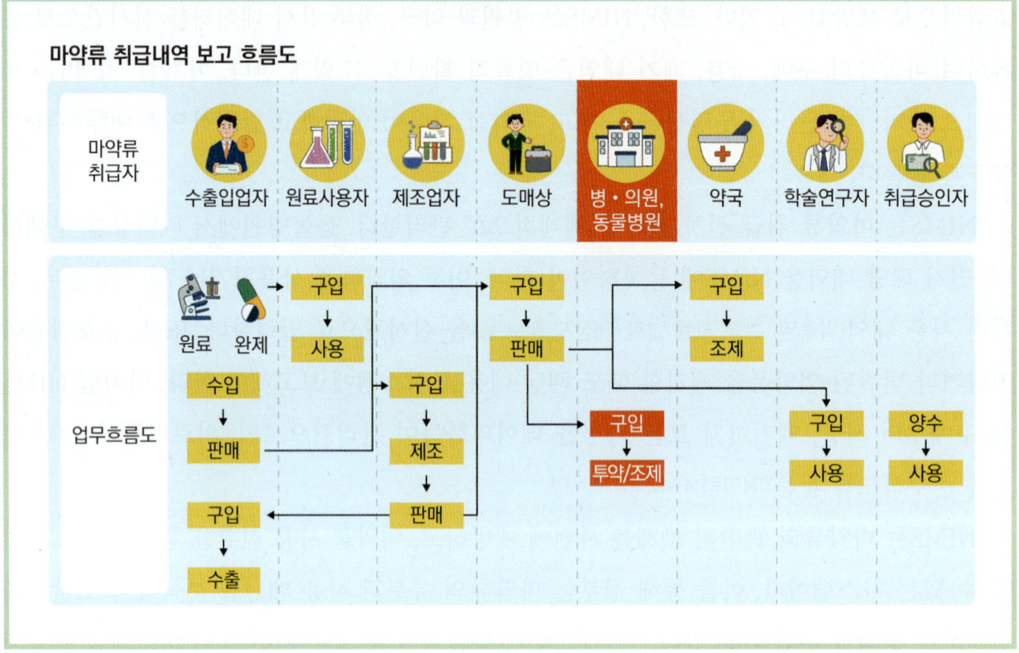

(1) 마약 및 향정신성의약품의 구매 및 보고

1) 구매 절차 및 보고

동물병원에서 마약 및 향정신성의약품을 구매하려면 **허가받은 마약류취급자**가 이를 담당해야 한다. 병원은 반드시 **식품의약품안전처가 승인한 공급처**에서만 마약류를 구매해야 하며, 구매한 의약품은 법적 기준에 따라 철저히 관리된다.

구매한 마약류는 병원에서 사용하기 전, 반드시 NIMS에 등록하여 정해진 기한 내(중점관리대상은 입고일로부터 7일 이내, 일반관리대상은 입고한 달의 다음달 10일까지 구입보고)에 보고해야 한다. 구매보고는 다음과 같은 정보를 입력한다.

① 구매 의약품의 품명과 제조번호

② 구매량 및 재고량

③ 공급처 이름 및 구매일자

④ 구매 허가를 받은 마약류취급자의 허가번호

NIMS는 입력된 데이터를 바탕으로 병원의 재고와 유통 상황을 실시간으로 관리하기 때문에, 보고된 내역이 잘못되거나 누락된 경우 이를 자동으로 알려준다.

2) 구매 시 주의사항

마약 및 향정신성의약품은 승인된 공급처에서만 구매한다. 승인되지 않은 공급처에서의 구매는 처벌 대상이 될 수 있다. 구매한 의약품은 병원 내 마약류 보관 담당자가 인수하며, 실물 재고와 NIMS에 등록된 기록이 일치하는지 확인해야 한다. 마약류는 반드시 허가받은 마약류취급자만이 구매를 진행해야 하며, 승인되지 않은 사람이 관여할 수 없다.

(2) 마약 및 향정신성의약품의 보관 절차

마약 및 향정신성의약품의 보관은 법적 기준에 따라 철저히 관리되어야 하며, 약품의 종류에 따라 보관 기준이 달라진다. 이는 약품의 오남용, 분실, 도난을 방지하기 위한 필수 요건으로, 의약품의 안전성과 법적 준수를 보장하는 데 중요한 역할을 한다.

1) 보관 장소의 요건

① 마약

마약은 이중 잠금장치가 설치된 철제 금고에 보관해야 한다. 금고는 이동할 수 없도록 고정 설치하며, 일반인이 쉽게 접근하거나 발견할 수 없는 장소에 설치해야 한다.

그림 4-5 마약 및 향정신성의약품을 저장하기 위한 잠금장치가 설치된 금고의 예시

② 향정신성의약품

향정신성의약품은 잠금장치가 설치된 장소에 보관해야 한다. 다만, 업무시간 중 원활한 조제를 목적으로 조제대에 비치하는 향정신성의약품은 예외적으로 보관 기준에서 제외된다.

2) 보관 절차의 기록 관리

마약 및 향정신성의약품의 보관 과정에서 필수적인 절차로, 의약품의 투명성과 안전성을 유지하기 위해 철저히 이루어져야 한다. 보관 기록에는 약품명, 제조번호, 유효기간, 보관 장소, 입출고 내역, 점검 결과, 담당자 정보 등이 포함되며, 이를 통해 관리 상태를 명확히 추적할 수 있다. 이러한 기록은 병원 내부 점검뿐만 아니라 감사나 점검 시 중요한 증빙 자료로 사용된다. 특히, NIMS의 의약품 재고량 기록과 실제 보관 상태가 일치하는지 점검하는 과정이 필수적이다. 보관 기록은 최소 2년간 보관해야 하며, 종이 문서나 전자 문서 형태로 유지할 수 있다. 또한, 냉장 보관이 필요한 의약품의 경우 온도 및 습도 관리 상태를 포함한 세부적인 기록이 요구되며, 매일 점검 결과를 누락 없이 작성해야 한다. 기록 관리의 철저한 이행은 의약품 분실, 도난, 변질 등 사고를 예방하고, 필요시 신속히 조치를 취할 수 있도록 하는 기반을 제공한다.

3) 보관 시 주의사항

보관 장소는 허가받은 담당자 외에는 접근할 수 없으며, 금고의 열쇠나 비밀번호는 보관 담당자만 관리하여야 한다. 또한, NIMS에 등록되지 않은 의약품은 보관하지 않으며, 새로운 의약품은 반드시 등록 후 보관한다. 분실, 도난, 변질, 파손 등의 사고가 발생하면 즉시 식품의약품안전처에 보고해야 하며, 보고 내용에는 사고 발생 날짜, 사고 내역, 조치 결과 등이 포함된다.

(3) 마약 및 향정신성의약품 사용 및 취급 보고 절차

마약 및 향정신성의약품의 사용과 취급 보고 또한 「마약류 관리에 관한 법률」 및 「마약류 관리에 관한 법률 시행규칙」에 따라 이루어져야 한다. 의약품이 조제, 투약, 제공, 연구 목적으로 사용되었을 때, 그 내역은 정해진 기한 내에 반드시 보고하여야 한다.

1) 취급 보고 절차

① 법적 근거

「마약류 관리에 관한 법률 시행규칙」 제11조에 따라서, 마약 및 향정신성의약품을 사용하거나 제공한 경우 해당 내역을 반드시 NIMS를 통해 보고해야 한다. 보고 항목에는 투약일, 의약품의 품명, 사용 수량, 사용 목적, 대상 정보 등이 포함된다. 일반관리 대상(예시: 졸레틸(zoletil))은 조제일로부터 다음 달 10일까지 보고해야 하며, 중점관리대상 의약품(예시: 프로포폴(propofol))은 조제일로부터 7일 이내 투약보고를 완료해야 한다.

정확하고 신속한 보고를 통해 마약류 사용의 투명성을 보장하며, 보고 누락이나 지연 시에는 법적 책임이 따를 수 있으므로 철저한 관리와 이행이 요구된다.

② NIMS 보고 절차

사용된 마약 및 향정신성의약품의 품명, 제조번호, 사용량, 사용 날짜, 사용 목적, 대상 정보를 정확히 입력해야 한다. 대상이 동물인 경우, **동물 소유자 또는 관리자의 이름과 주민등록번호**를 입력하고, **동물의 종류 및 진단명(질병명)**도 기재해야 한다. 이를 위해 동물의 소유자 또는 관리자로부터 해당 정보를 수집해야 한다. 유기동물센터 등 관리인이 동반한 동물에게 마약 및 향정신성의약품을 사용한 경우에도 동일하게 보고 대상에 포함된다. 다만, **병원 내에서 투약이 완료된 경우에는 동물 소유주의 주민등록번호를 생략**할 수 있다.

보고된 데이터는 NIMS를 통해 실시간으로 관리되며, 시스템 상의 오류나 누락이 발생하면 이를 즉시 수정해야 한다. 보고 내역이 이상 없이 정상 등록되었는지 확인한다.

투약 변경보고와 양도보고는 마약류 취급 시 변경 사항이나 양도 내역이 발생했을 경우 반드시 수행해야 하는 절차이다. 투약 변경보고는 처방전 변경 등으로 보고된 내용에 수정이 필요한 경우 해당 내용을 수정하고 변경 사유를 기재한 뒤 보고를 완료한다. 양도보고는 마약류를 다른 기관에 반품하거나 양도한 경우에 적용되며, 양도 대상의 정보와 의약품 정보를 입력하여 보고한다. 모든 변경 및 양도 내역은 NIMS를 통해 정해진 기한 내에 제출해야 한다.

(4) 마약 및 향정신성의약품 폐기 보고 절차

마약 및 향정신성의약품의 폐기 또는 사고 발생 시, 이를 적법하게 처리하고 보고해야 한다. 폐기는 관할 허가관청의 승인 또는 자체 폐기 방식으로 진행되며, 관할 허가관청 승인 폐기의 경우 폐기 신청과 공문 승인을 받은 후 NIMS에 폐기 정보를 보고해야 한다. 사용 후 자체 폐기는 투약 후 남은 의약품을 폐기하는 것으로, 투약보고 시 '사용 후 폐기량'을 입력한다. 폐기 보고는 폐기 완료일 기준으로 일반관리약품은 다음 달 10일까지, 중점관리약품은 7일 이내에 보고해야 하며, 보고 항목에는 폐기 날짜, 의약품의 품명, 제조번호, 폐기 수량 등이 포함된다.

한편, 의약품의 파손, 분실, 도난, 변질 등으로 인해 약품이 유실되는 경우, 이는 사고 마약류로 분류된다. 사고 발생 시 즉시 사고 경위서를 작성하고, 사고 발생일, 의약품 정보(품명, 제조번호, 유실량), 사고 사유(예: 앰플 파손)를 NIMS를 통해 보고해야 한다. 파손된 의약품의 잔여물이 있는 경우에는 폐기 절차를 추가로 이행하고 이를 보고해야 한다.

Ⅲ 항암제 및 호르몬제 취급 관리

항암제와 호르몬제는 반려동물의 암과 내분비 질환 치료 및 관리에 필수적인 약품이다.

항암제는 암 치료에서 핵심적인 약품으로, 암세포의 증식을 억제하거나 파괴하는 데 사용된다. 주로 화학요법에서 중요한 역할을 하며, 암세포의 빠른 증식을 표적으로 삼아 치료 효과를 나타낸다. 항암제는 DNA 복제 과정이나 세포 분열 과정에서 작용하여 암세포를 직접적으로 공격하지만, 이 과정에서 정상 세포에도 영향을 미칠 수 있다. 특히 골수세포, 위장관 점막 세포, 모낭 세포와 같이 빠르게 분열하는 정상 세포가 항암제의 영향을 받아 손상될 가능성이 크다. 이러한 손상은 면역력 저하, 점막 손상으로 인한 구강염증과 설사, 그리고 탈모와 같은 부작용으로 나타날 수 있다. 또한, 장기적인 사용이나 고용량 요법의 경우, 환자의 삶의 질에 큰 영향을 미치기 때문에 이러한 부작용을 예방하고 관리하는 것이 항암제 치료의 중요한 부분이다.

항암제는 세포독성 약품으로 분류되며, 의료진이 취급 시 피부 접촉, 흡입, 또는 노출에 따른 위험이 존재한다. 특히 의료진이 항암제를 조제하거나 투여할 때 약품이 외부로 누출되거나, 오염된 기구를 통해 노출되면 알레르기 반응, 생식 독성, 또는 발암성 물질의 축적으로 인해 건강에 심각한 영향을 받을 수 있다. 따라서 항암제를 사용할 때는 안전장치와 보호장비를 철저히 사용하여 약품 노출을 방지하는 것이 중요하다.

호르몬제는 내분비 질환 치료에서 중요한 역할을 하는 약품으로, 호르몬의 작용을 조절하거나 억제하는 데 사용된다. 호르몬제는 강력한 생리 작용을 가지고 있어 장기적으로 사용하거나 잘못 취급하면 생식기능 이상, 내분비계 장애, 그리고 특정 질환의 악화를 초래할 수 있다. 의료진은 호르몬제를 취급할 때 안전장치를 사용하고, 약품이 외부로 유출되지 않도록 철저히 관리하도록 한다.

항암제와 호르몬제는 치료 효과가 매우 뛰어난 약품이지만, 부작용 및 취급 과정에서의 위험성을 고려할 때 전문적인 관리와 안전한 환경이 반드시 필요하다. 이를 통해 치료 효과를 극대화하고, 약품 노출로 인한 취급자의 건강 위험과 환경오염을 최소화한다.

IV 항암제 및 호르몬제 취급 시 주요 지침

1 취급환경 관리

항암제와 호르몬제는 반드시 전용 공간에서 취급하며, 다른 일반 의약품과 분리하여 보관한다. 이러한 약품은 외부로 유출되거나 오염될 위험이 크기 때문에, 전용 작업 공간은 유해 물질의 노출을 차단할 수 있도록 설계되어야 한다.

(1) 생물안전작업대(biological safety cabinet, BSC)

항암제 및 호르몬제 취급 환경은 일정한 온도와 습도가 유지되도록 관리하며, 공기 중 약품 잔여물이 남지 않도록 환기 시스템을 설치한다(그림 4-6). 특히 생물안전작업대(BSC)와 같은 장비를 사용하여 약품이 외부로 누출되지 않도록 해야 한다. 생물안전작업대는 내부 작업공간에서 외부로 유해 물질이 누출되지 않도록 설계되었다. 또한 HEPA(high efficiency particulate air) 필터를 통해 공기를 필터링하여 의료진의 안전과 청결을 유지할 수 있다.

그림 4-6 항암제나 호르몬제를 안전하게 다룰 수 있는 생물안전작업대(BSC)

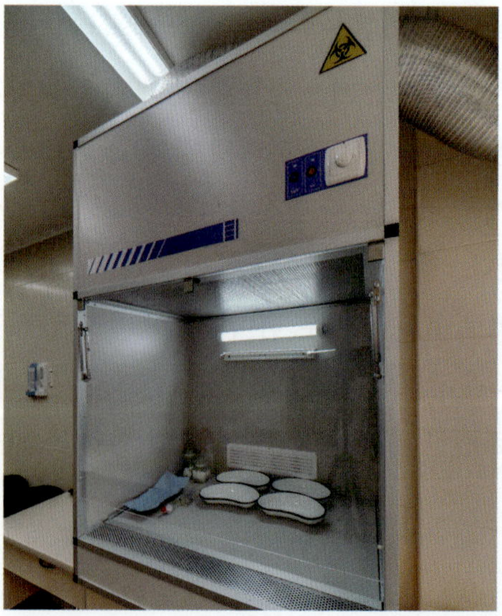

(2) 개인 보호장비(personal protective equipment, PPE)

항암제와 호르몬제를 취급하는 모든 의료진은 개인 보호장비(PPE)를 반드시 착용해야 한다(그림 4-7). 보호장비에는 1회용 장갑, 방수 기능이 있는 보호용 가운, 보호 안경 또는 페이스쉴드, 그리고 마스크 등이 포함된다. 장갑은 약품과 직접 접촉을 방지하며, 방수 가운은 약품이 피부에 닿는 것을 차단한다. 보호 안경이나 페이스쉴드는 약품의 비말이 눈에 튀는 것을 방지하며, 마스크는 약품 입자가 흡입되지 않도록 보호한다. 모든 PPE는 사용 후 즉시 폐기해야 하며, 절대로 재사용하지 않는다. 장갑은 겹쳐 벗어야 하며, 다른 보호 장비를 벗기 전 손 소독제를 사용하여 오염 가능성을 최소화한다.

그림 4-7 항암제나 호르몬제를 취급하는 경우 개인보호장비를 착용한 예시

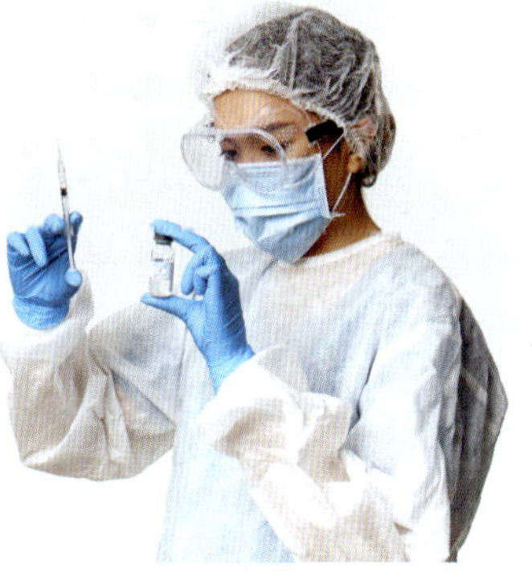

(3) 항암제와 호르몬제의 조제 및 투여: 안전장치와 절차

항암제와 호르몬제의 조제는 앞에서 기술된 것처럼 생물안전작업대(BSC)에서 개인 보호장비(PPE)를 착용 후 진행되어야 한다. 조제 과정에서는 밀폐형 약물 전달 시스템(closed system drug transfer device, CSTD)을 사용하여 약품이 외부로 누출되지 않도록 한다. CSTD는 약물 병과 주사기, 주입 라인 간의 연결부를 밀폐 상태로 유지하여 약품 누출을 차단하며, 조제 중 발생할 수 있는 약품의 비말 또는 증기 노출을 방지한다. 대표적인 제품으로는

PhaSeal®(파실)(그림 4-8)이 있으며, 이는 주사기와 약물 병, 주입 라인 사이의 연결부를 완전히 밀폐하여 의약품의 노출을 최소화한다. OnGuard®는 또 다른 CSTD 제품으로, 약물 누출과 오염을 방지할 수 있다. 조제 시에는 이러한 장치를 활용하여 약품과 작업 환경의 접촉을 최소화하며, 사용 후에는 장치를 안전하게 분리하여 폐기한다.

투여 시에는 환자의 개별 기록에 따라 적정 용량을 확인하며, 약품의 오남용을 방지하기 위해 환자 정보를 다시 한번 확인한다. 투여 중에도 CSTD를 활용하여 약물 누출 가능성을 줄이고, 환자에게 의약품이 안전하게 전달되도록 한다.

약품의 폐기는 전용 폐기 용기를 사용한다. 사용된 주사기, 약물 병, 주입 라인 등은 밀폐설계가 적용된 의약품 폐기 전용 용기에 폐기하여 약품의 유출 가능성을 차단한다. 폐기물은 법적 규정에 따라 지정된 업체를 통해 처리하며, 약품 폐기 과정에서 약품 잔여물이 환경에 노출되지 않도록 주의해야 한다. 필요한 경우 폐기 기록을 작성하여 보관하며, 정기적인 점검 시 이를 활용한다.

조제 또는 투여 과정에서 의약품이 누출되었을 경우, 약물 누출 키트(chemotherapy spill kit)(그림 4-9)를 사용하여 신속히 대응한다. 누출 키트는 흡수 패드, 중화제, 보호 장갑, 마스크, 폐기 용기 등으로 구성되어 있다. 누출된 약물은 흡수 패드를 사용해 제거하고, 적합한 소독제나 중화제를 사용하여 오염된 부위를 처리한다.

항암제와 호르몬제의 취급은 의료진과 환자의 안전을 보장하고 약품의 치료 효과를 극대화하기 위해 까다로운 관리가 요구된다. 생물안전작업대, 밀폐형 약물 전달 시스템(CSTD), 약물 누출 키트, 전용 폐기 용기와 같은 안전장치를 적절히 사용하면, 약품의 유효성과 안전성을 유지하며, 의료진과 동물 환자의 건강을 보호할 수 있다.

그림 4-8 폐쇄형 약물전달장치(CSTD)의 제품 중 하나인 파실(PhaSeal)

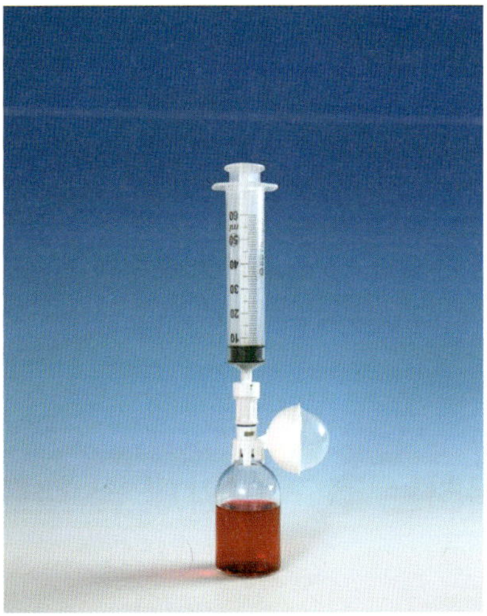

출처: BD phaseal system

그림 4-9 조제 또는 투여 과정에서 약물이 누출되었을 경우, 사용하는 약물 누출 키트 (Chemotherapy Spill Kit)

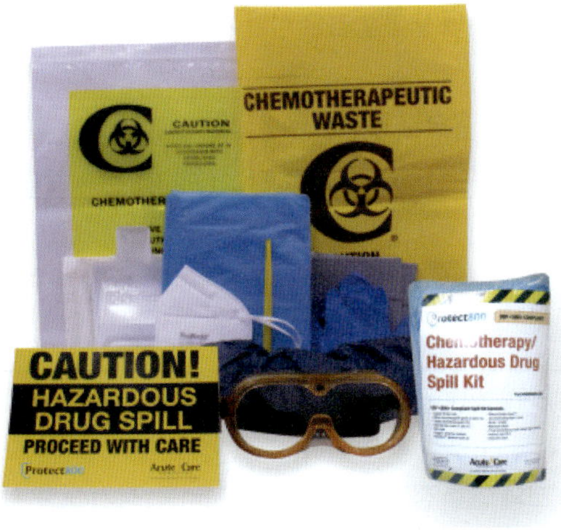

출처: pharma-choice

(4) 약품의 저장 및 관리

항암제와 호르몬제는 잠금 시스템이 적용된 냉장고나 약품 캐비닛에 보관하는 것을 권고한다. 잠금 시스템은 약품의 무단 접근을 방지하기 위한 안전장치로 이용할 수 있다. 보관 시 약품의 유효기간, 배치번호, 사용 예정일 등을 꼼꼼히 기록하고, 체계적으로 관리하도록 한다. 이러한 기록은 약품의 사용 이력을 추적하는 데 필요하며, 약품의 품질을 유지하기 위한 중요한 요소이다. 약품은 보관 온도와 습도 조건을 준수하며, 보관 환경이 적합하지 않을 경우 약품의 효능이 감소하거나 안전성이 저하될 수 있다.

2 동물병원에서 사용하는 주요 항암제 및 호르몬제의 부주의한 취급으로 인한 피해

(1) 항암제

독소루비신(doxorubicin)

의약품특성	DNA와 RNA 합성을 방해하며, 암세포와 정상 세포 모두에 독성을 유발
피해	• 피부 접촉: 심각한 피부 자극, 발적, 화상 유발. 피부 괴사 및 만성적인 피부염 발생 • 흡입: 호흡기 자극, 기침, 호흡 곤란. 장기적 노출 시 폐 섬유화 및 폐 기능 저하 • 점막 접촉: 눈에 들어갈 경우 심한 자극, 통증, 결막염 유발. 장기적 노출 시 시력 손상 위험
환경피해	• 물과 토양에 유출될 경우 생태계 교란 • 수중 생물에게 독성을 일으키며, 잔류성이 높아 환경 복원 어려움

사이클로포스파마이드(cyclophosphamide)

의약품특성	알킬화제 계열 항암제로 DNA 손상을 유도하여 암세포 사멸
피해	• 피부 접촉: 피부염, 물집, 가려움증. 만성 노출 시 발암성으로 인해 피부암 발생 가능 • 흡입: 코와 인후 점막 자극, 두통, 어지러움. 장기 노출 시 호흡기 종양 발생 위험 • 생식 독성: 남성과 여성 모두에서 불임 위험 증가. 임신 중 노출 시 태아 기형 또는 유산
환경피해	• 분해가 어렵고, 오염된 지역에서 암 유발 가능 물질로 작용

빈크리스틴(vincristine)

의약품특성	미세소관 형성을 억제하여 세포 분열을 차단
피해	• 피부 접촉: 약물이 흡수되면 말초 신경 손상으로 감각 이상 유발. 손가락 끝 저림, 피부 통증 • 점막 접촉: 점막 손상으로 인해 궤양 및 감염 발생 • 흡입: 심한 두통, 메스꺼움, 구토 • 장기 노출 시 신경계 종양 유발 가능
환경피해	• 유출 시 미생물 및 토양 생태계 파괴

카보플라틴(carboplatin)

의약품특성	세포 내 DNA 교차 결합을 형성하여 암세포 사멸
피해	• 피부 접촉: 알레르기 반응, 발진, 가려움증. 만성 접촉 시 습진 및 피부 손상 • 흡입: 장기 노출 시 호흡기 점막 손상 및 만성 염증 • 생식 독성: 생식기능 저하, 임신부 노출 시 태아 발달 이상

(2) 호르몬제

트릴로스탄(trilostane)

의약품특성	부신피질 스테로이드 합성을 억제
피해	• 피부 흡수: 독성 스테로이드 영향으로 피부 얇아짐, 발진 • 생식 독성: 임신 중 노출 시 태아 기형 유발. 여성에게 생리 불순 및 호르몬 불균형 초래. 남성의 경우 정자 수 감소 및 생식력 저하 • 점막 접촉: 눈에 들어갈 경우 심한 자극, 통증, 결막염 유발. 장기적 노출 시 시력 손상 위험

레보티록신(levothyroxine)

의약품특성	합성 갑상선호르몬(T_4)으로 갑상선기능저하증 치료에 사용 대사되어 활성형 T_3로 전환되어 세포 대사율 조절
피해	• 과량 노출(흡입, 섭취): 갑상선기능항진 증상 유발 가능(심계항진, 두통, 불안, 체중 감소 등) • 단순 접촉: 경미한 자극 가능성

메티마졸(methimazole)

의약품특성	티로신 잔기의 요오드화 과정을 억제하여 갑상선호르몬 합성을 억제
피해	• 단순 접촉: 피부나 점막 자극 가능성 • 반복 노출: 갑상선기능저하, 면역계 영향, 간 기능 이상 가능성
환경피해	• 대량 유출 시 하수로 유입되면 일부 생태계 교란 가능성

플루드로코르티손(fludrocortisone)

의약품특성	합성 미네랄코르티코이드로 애디슨병 및 부신피질 기능 저하증 치료에 사용
피해	• 과량 노출: 고혈압, 부종, 저칼륨혈증 등 전해질 이상 초래 가능 • 반복 노출: 장기적으로 면역 억제 및 내분비계 이상 가능
환경피해	• 스테로이드성 호르몬으로 대량 유출 시 환경 호르몬 역할 가능성 • 수생 생물의 생식 및 성장에 미치는 영향 가능성

프레드니솔론(prednisolone)

의약품특성	합성 글루코코르티코이드로 염증, 알레르기, 면역 질환 등에 사용
피해	• 반복 노출: 면역 억제, 혈당 상승, 위장관 장애 등 전신 부작용 가능
환경피해	• 대량 유출 시 수생 생물에 영향을 미쳐 성장 및 생식 장애 가능성 • 환경 호르몬 역할로 생태계 교란 가능

Memo

CHAPTER

05

주요 화학요법제

Ⅰ. 화학요법제
Ⅱ. 항균 화학요법제
Ⅲ. 항진균제
Ⅳ. 항바이러스제
Ⅴ. 항기생충제
Ⅵ. 항암제

CHAPTER 05

주요 화학요법제

학습목표

- 화학요법제의 정의 및 분류에 대해 학습한다.
- 항균제로 쓰이는 약물에 대해 학습하고, 임상에 응용할 수 있다.
- 항진균제로 쓰이는 약물에 대해 학습하고, 임상에 응용할 수 있다.
- 항바이러스제로 쓰이는 약물에 대해 학습하고, 임상에 응용할 수 있다.
- 항기생충제로 쓰이는 약물에 대해 학습하고, 임상에 응용할 수 있다.
- 항암제로 쓰이는 약물에 대해 학습하고, 임상에 응용할 수 있다.

I 화학요법제

1 화학요법제의 정의 및 분류

화학요법제(chemotherapeutic agent)는 동물에게 독성을 별로 나타내지 않으면서 병원 미생물의 사멸 또는 증식억제 목적으로 투여하는 화학약품을 의미한다. 화학요법이라는 말은 감염(세균, 진균, 바이러스, 기생충 등), 악성종양, 자가 면역 질환의 치료에 사용될 수 있으며 근본적인 병인은 다르지만 선택적으로 독성을 나타낼 수 있는 약물을 선택해야 한다는 치료 원칙은 유사하다.

화학요법제는 크게 항균제(antimicrobial drugs), 항진균제(antifungal agents). 항바이러스제(antiviral drugs), 항기생충제(antiparasitic drugs) 및 항암제(anticancer drugs)로 분류할 수 있다.

Ⅱ 항균 화학요법제

1 항균 화학요법제

(1) 항균 화학요법제의 개요

항균 화학요법은 미생물과 포유동물 사이에 존재하는 생화학적 차이를 이용한다. 항균제는 세균에 작용하는 항균 물질의 한 종류로서 세균의 감염과 싸우는 데 가장 중요한 역할을 한다. 항균제는 포유동물에는 손상을 최소화하고 침입한 세균에는 손상을 최대화하는 선택적 독성을 나타내는 약물을 선택해야 한다.

1) 세균의 정의 및 분류

세균(bacteria)은 생태계에서 중요한 역할을 하며 포유동물의 건강에 중대한 영향을 미치는 단세포 원핵생물이다.

세균은 모양에 따라 둥근 모양의 구균(coccus), 길쭉한 막대 모양의 간균(bacillus), 그리고 나선형의 나선균(spirillum)으로 구분할 수 있다.

그림 5-1 세균의 모양에 따른 분류

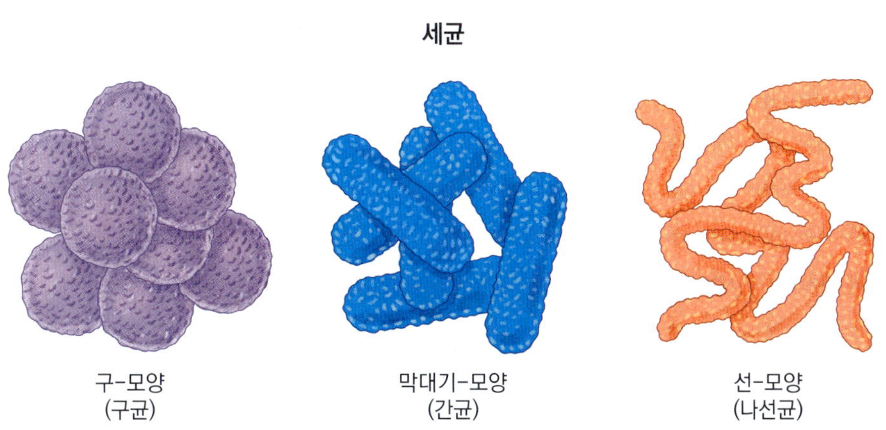

또한 세균은 생존하고 성장하는 데 산소가 필요하다는 기준에 따라서도 분류할 수도 있다. 산소가 필요한 세균을 호기성 세균(aerobes)이라고 하며, 산소가 있을 때 살거나 성장할 수 없는 세균을 혐기성 세균(anaerobes)이라고 한다.

두꺼운 세포벽을 가진 세균은 특수한 화학물질(염색제)을 적용하여 염색할 수 있는데 대표적인 염색은 그람염색이다. 세균은 그람염색 양상에 따라 분류할 수 있다. 그람 양성균은 세포벽이 보라색으로 염색되며 그람 음성균은 붉은색으로 염색된다. 그람 양성균과 그람 음성균은 특정 유형의 항생제에 다르게 반응하기 때문에 그람 염색을 통한 세균의 분류는 항균요법의 치료 방향을 결정하는 데 도움을 줄 수 있다.

그림 5-2 그람염색에 따른 세균의 분류

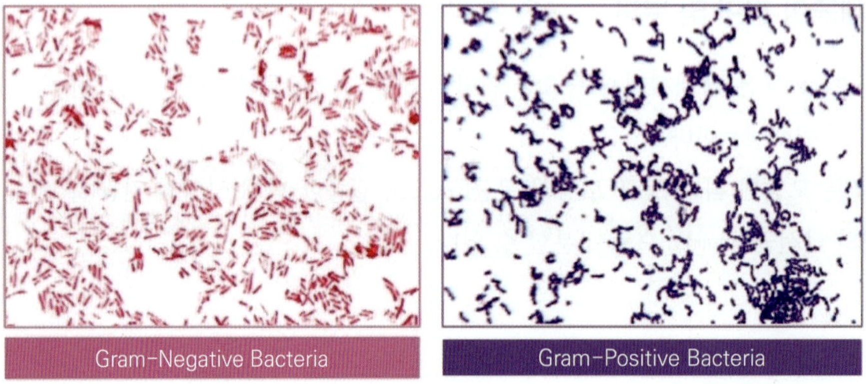

출처: old-ib.bioninja.com.au

2) 기본개념

항균범위(antibacterial spectrum)는 항균제가 효과적인 세균의 범위와 그 작용강도를 의미한다. 광범위(broad-spectrum) 항균제는 비교적 여러 종류의 미생물 번식을 억제하거나 죽이는 약물을 뜻하며, 다양한 그람양성균과 그람음성균 둘 다에 효과를 나타낸다. 반면, 비교적 국한된 세균에만 효과를 나타내는 약물은 좁은범위(narrow-spectrum) 항균제라고 한다.

항균제는 세균에 미치는 영향에 따라 살균(bacteriocidal) 작용과 정균(bacteriostatic) 작용의 두 가지로 나눌 수 있다. 살균 작용은 세균을 직접 죽이는 것이고, 정균 작용은 세균의 성장과 번식을 못하도록 억제하는 것이다.

항균효력(antibacterial potency)는 항균제의 mg당 항균작용을 표시하는 것이며 항균제의 효력평가 기준에는 MIC와 MBC가 있다. 항균제의 최소억제농도(minimal inhibitory concentration, MIC)는 세균의 증식을 억제하는 데 필요한 항균제의 최소농도로서, 이 MIC 이상으로 농도를 유지하면 세균의 증식을 억제하기 때문에 더 이상 세균수가 증가하지 않고 멈추게 된다. MIC는 특정 항균제의 특정 농도에 대한 미생물의 감수성 정도를 나타내며, MIC 미만의 농도는 효과가 없다. 최소살균농도(minimal bactericidal concentration, MBC)는 세균을 직접 사멸하는 데 필요한 항균제의 최소농도로서, 이 농도 이상이 되면 세균의 성장이 억제될 뿐만 아니라 사멸되기 때문에 세균의 개체수가 줄어들게 된다.

3) 세균의 저항성

세균의 저항성(resistance)은 세균이 특정 항균제에 노출되어도 저항하여 생존할 수 있는 능력을 말하며, 항생제 내성(antimicrobial resistance)는 세균이나 다른 미생물이 이전에 효과적이었던 약물에 더 이상 반응하지 않는 것을 뜻한다.

세균의 항생제에 대한 저항성은 세균의 돌연변이 등에 의한 유전적 기전, 세균 간 유전자 전달, 항생제 오남용 또는 부적절한 항생제의 사용 등으로 인하여 나타날 수 있다. 항생제 내성균에 의한 감염은 치료를 어렵게 만들 수 있으며, 일부 감염은 통제가 되지 않아서 사망률을 증가시킬 수 있다. 따라서 감염을 효과적으로 치료하려면 약물 투여 전 세균의 감수성 검사를 통하여 항균제의 MIC를 확인하여 적절한 항생제를 투여하는 것이 추천되며, 반드시 필요한 경우에만 수의사의 처방에 따라 정확한 용법과 용량으로 사용해야 한다.

2 항균화학요법제의 분류 및 주요약물

(1) 항균화학요법제의 분류

항균 화학요법제는 작용기전에 따라 다음과 같이 분류될 수 있다.

1) 세포벽 합성 억제

세균은 포유동물에는 없는 세포벽이라는 구조로 둘러싸여 있어 이를 억제하면 세균이 삼투압을 견디지 못하고 터지게 된다. 세균의 세포벽 합성을 억제하는 항균제에는 베타락탐(β-lactams) 계열인 페니실린(penicillins), 세팔로스포린(cephalosporins), 카바페넴(cabapenams), 모노박탐(monobactams) 등과 글라이코펩타이드(gycopeptide)인 반코마이신(vancomycin)이 있다. 이 종류의 항균제는 주로 증식 중인 세균에 대해서만 항균작용을 나타낸다.

2) 세포막 기능 억제

세포막은 투과 장벽으로 세균의 세포막을 손상시키면 투과성을 변화시켜 세포 내, 외부의 균형을 잃게 하여 세포를 죽인다. 세포막의 기능을 억제하는 항균제에는 폴리믹신 B(polymixin B)가 있다.

3) 단백질 합성 억제

세균이 증식하려면 필요한 단백질이 세포질 내 리보솜에서 합성되어야 하는데, 항균 약물이 리보솜에 결합하여 대사를 방해하여 세균의 성장을 억제하거나 세포를 죽인다. 리보솜에 작용하여 단백질 합성을 억제하는 항균제에는 아미노글리코사이드(aminoglycosides), 테트라사이클린(tetracyclines), 니트로푸란토인(nitrofurantoin), 마크로라이드(macrolide), 린코사마이드(lincosamide), 클로람페니콜(chloramphenicol)이 있다.

4) 핵산 합성 억제

세균 증식에 필요한 과정인 DNA의 전사 및 RNA 합성을 방해하여 항균작용을 나타낸다. 핵산 합성을 억제하는 항균제에는 플루오로퀴놀론(fluoroquinolones), 리팜핀(rifampin), 메트로니다졸(metronidazole)이 있다.

5) 엽산 합성 억제

엽산은 핵산 합성의 중요한 전구물질인데 세균 생존에 필수 과정인 엽산 합성 과정을 방해하여 항균력을 보인다. 설폰아마이드(sulfonamide)와 트리메토프림(trimethoprim)을 같이 사용하면 엽산 합성 과정 중 각기 다른 단계에서 억제하는 작용을 하여 상승효과가 있다.

그림 5-3 항균화학요법제의 작용기전

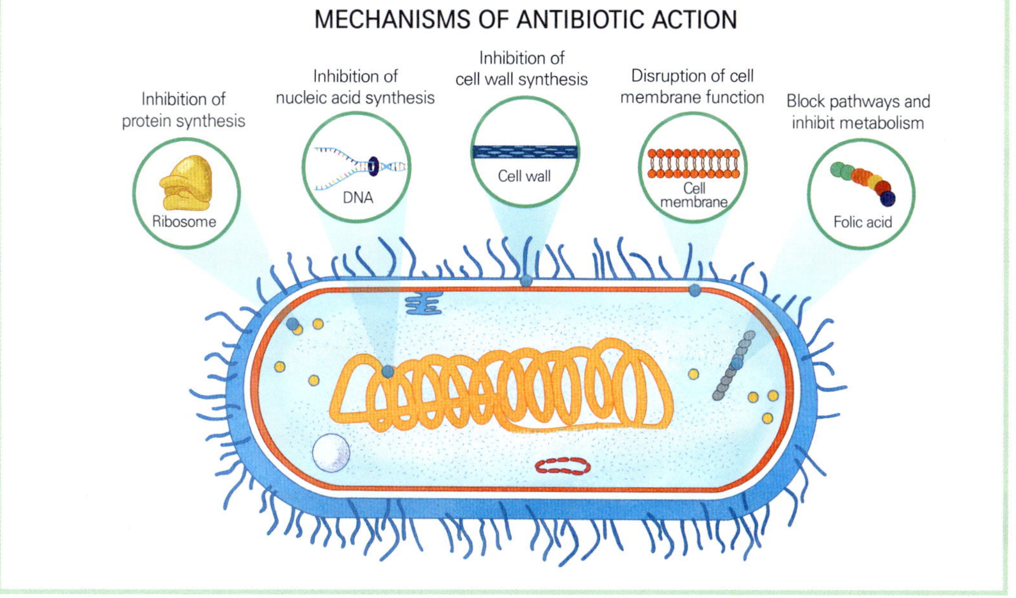

(2) 주요 항균 화학요법제

1) 세포벽 합성 억제제

그림 5-4 베타-락탐계 항생제의 구조적 특징

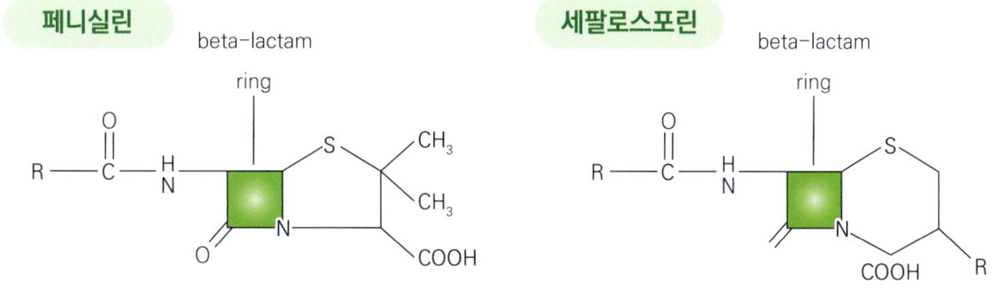

① 페니실린(Penicillin)

페니실린은 구조에 베타-락탐 고리를 가지고 있으며 베타-락탐 고리는 항생제의 항균 작용에 필수적인 구조이다. 이 계열의 항생제는 세균의 세포벽 합성에 필수 요소인 페니실린 결합단백질이라는 효소에 결합하여 이 효소의 작용을 억제하여 세균의 세포벽 합성을 방해하여 사멸하게 한다. 하지만 세균 중에는 베타-락탐 고리를 파괴할 수 있는 베타-락탐 분해효소를 분비하여 항생제에 내성을 나타내는 경우가 있다. 이러한 내성을 극복하기 위해 분해효소 억제제인 클라불란산(calvulanic acid)이나 타조박탐(tazobactam)과 함께 사용하여 효력을 증강시킨다.

페니실린은 항균범위에 따라 천연 페니실린, 페니실린분해효소-저항성 페니실린, 광범위 페니실린으로 나뉠 수 있다.

페니실린 분류	약물 성분명	특징
천연 페니실린	• 페니실린 G(Penicillin G) • 페니실린 V(Penicillin V)	그람양성균 및 일부 그람음성균에 항균효과
분해효소 저항성 페니실린	• 메티실린(Methicillin) • 옥사실린(Oxacillin) • 클록사실린(Cloxacillin)	• 황색포도상구균 치료에 항균효과 좋음 • 그람음성균에 항균효과 낮음
광범위 페니실린	• 암피실린(Ampicillin) • 아목시실린(Amoxicliin)	그람양성균뿐만 아니라 많은 그람음성균에도 항균효과
	• 카베니실린(Cabenicillin) • 티카실린(Ticarcillin) • 피페라실린(Piperacillin)	슈도모나스와 그람음성균에 항균효과

많은 페니실린 중 페니실린 G, 메치실린과 티카실린은 위산에 의해서 파괴되어 경구 투여 시 흡수가 잘 일어나지 않아 주사제로 이용한다. 위산에 의해서 파괴되지 않는 페니실린 V, 암피실린, 아목시실린, 옥사실린, 클록사실린 및 카베실린은 경구 투여 시 흡수가 잘 된다. 아목시실린은 암피실린과 항균력은 유사하나 위장관에서 더 흡수가 잘 되어 경구 투여 시 암피실린보다 더 높은 혈중 농도 유지 가능하다.

페니실린은 독성이 매우 적은 안전한 약물에 속하며, 부작용은 알레르기 반응이다. 알레르기 증상으로는 피부 발적, 부종, 아나필락시스가 나타날 수 있다.

② 세팔로스포린(Cephalosporins)

베타-락탐계 항균제로서 페니실린과 비슷한 화학구조와 기능을 가진 살균성 항균제이다. 개발 순서와 항균 범위에 따라 1세대~5세대까지 분류되며, 세대별로 효과적인 항균영역이 다르다.

세팔로스포린은 가장 안전한 항생제로 간주되나 장기간 또는 다량 사용 시 골수를 억제하여 빈혈을 유발할 수 있으며, 과민반응과 알레르기 증상을 보일 수 있다.

세팔로스포린	약물 성분명	특징
1세대	• 세팔렉신(Cephalexin): 경구 • 세파드록실(Cefadroxil): 경구 • 세프라딘(Cephradine): 경구/비경구 • 세파졸린(Cefazolin): 비경구	그람양성균에 항균효과
2세대	• 세파클로르(Cefaclor): 경구 • 세폭시틴(Cefoxitin): 비경구	• 항균영역은 1세대보다 광범위함 • 그람음성균에 항균효과 있으나 3세대보다 훨씬 낮음
3세대	• 세픽심(Cefixime): 경구 • 세포탁심(Cefotaxime): 비경구 • 세포베신(Cefovecin): 비경구	그람음성균에 항균효과 훨씬 좋으나 그람양성균에 대한 항균효과는 1세대보다 낮음
4세대	세페핌(Cefepime): 비경구	• 3세대보다 항균력이 아주 강함 • 다른 세팔로스포린에 저항을 보이는 세균(특히 슈도모나스)에도 항균효과
5세대	세프타롤린(Ceftaroline): 비경구	최근에 개발된 약물로 MRSA(메치실린 내성 황색포도상구균)을 포함한 여러 그람양성균에도 항균효과

③ 카바페넴(Carbapenems)

광범위한 항균력을 가진 베타 락탐계 항생제로 그람양성균, 그람음성균, 혐기성균 등 모두에 우수한 항균력을 나타낸다. 이미페넴(imipenem)과 메로페넴(meropenem)이 이 그룹에 속하며 부작용으로는 식욕부진, 구토, 설사, 신경증상, 과민반응을 나타낼 수 있다.

④ 모노박탐(Monobactams)

아즈트레오남(aztreonam)이 이 그룹에 속하며, 그람음성균에 대한 항균효과가 우수하나 그람양성균이나 혐기성세균에 대해서는 항균력이 거의 없다. 부작용으로는 과민반응을 보일 수 있다.

⑤ 반코마이신(Vancomycin)

그람양성균에 항균효과를 갖는 살균성 항균제이다. 메치실린 저항성 황색포도상구균(MRSA)의 치료제로 사용되며 고용량 사용 시나 장기간 사용 시, 신장독성과 귀독성이 발생할 수 있다. 식육을 생산하기 위한 동물에서 사용금기이다.

2) 세포막 기능 억제제

① 폴리믹신 B(Polymixin B): 그람음성균에 살균성 항균제이며, 피부, 눈, 귀의 그람음성균 치료에 국소적으로 사용된다.

3) 단백질 합성 억제제

① 아미노글리코사이드(Aminoglycosides)

단백질 합성을 억제하는 살균성 항균제이다. 호기성 그람음성균에 살균성이며, 베타-락탐계 항균제와 병용 시 상승효과를 나타내게 하여 그람양성균에도 효과적이다. 아미노글리코사이드에 속하는 약물은 -mycin으로 끝나는 경우가 많으며, 네오마이신(neomycin), 겐타마이신(gentamycin), 토브라마이신(tobramycin), 카나마이신(kanamycin), 아미카신(amikacin) 등이 있다.

다른 항생제와 비교하여 독성이 강한 약물이나 초기에 투여를 중지하면 회복된다. 신장독성, 귀독성, 신경독성 등이 나타날 수 있다.

② 테트라사이클린(Tetracyclines)

단백질 합성을 억제하며 광범위한 정균작용을 나타낸다.

독시사이클린(doxycycline), 미노사이클린(minocycline), 테트라사이클린(tetracycline)은 개와 고양이의 호흡기, 요로 감염증 치료에 사용되며, 보렐리아(*Borellia*), 렙토스피라(*Leptospira*), 바토넬라(*Bartonella*), 마이코플라즈마(*Mycoplasma*) 치료에도 사용된다.

테트라사이클린은 경구투여 후 잘 흡수되며 태반을 통과하여 태아순환으로 들어가 우유로 분비될 수 있다. 또한 골격형성이 완전히 이루어지지 않은 어린 동물의 이나 뼈에 침착되어 색깔 변화를 나타낼 수 있다.

③ 마크로라이드(Macrolides)

단백질 합성을 억제하며 광범위한 정균작용을 나타낸다. 주로 그람양성균과 마이코플라즈마 감염증 치료 시 유효하다. 대표적인 약물은 에리트로마이신(erythromycin), 아지트로마이신(azithromycin), 클라리트로마이신(clarithromycin), 툴라트로마이신(tulathromycin), 타이로신(tylosin)이 있다. 부작용은 비교적 적은 편이며 경구 투여 시, 가벼운 소화기 장애, 근육 주사 시 주사 부위 자극 또는 통증을 유발할 수 있다.

④ 린코사마이드(Lincosamides)

단백질 합성을 억제하는 광범위 항생제로서 주로 정균작용을 한다. 대표적인 약물인 클린다마이신(clindamycin)은 연쇄상구균, 포도상구균 등의 호기성 그람양성균이나 혐기성 세균 및 톡소플라즈마 감염증 치료에 사용된다. 클린다마이신은 음식이나 물 없이 투여할 때 고양이에게 위장 장애와 식도협착을 유발할 수 있으며 경구 투여 후 과다한 유연증상을 보일 수 있다.

⑤ 클로람페니콜(Chrolamphenicol)

단백질 합성을 억제하며 혐기성 세균에 의한 감염을 치료하는 데 주로 사용된다. 개와 고양이의 호흡기, 중추신경계, 눈의 국소나 전신감염에 사용하며 혐기성균과 살모넬라 감염 시에도 사용된다. 클로람페니콜은 사람에서 재생불량성빈혈을 유발할 수 있으며 잔류독성이 있으므로 식용동물에서의 사용은 금지하고 있다.

⑥ 니트로푸란토인(Nitrofurantoin)

단백질 합성을 억제하며 개와 고양이의 요로감염 치료에 사용된다. 부작용은 드물지만 경구 투여 시 오심, 구토, 설사가 유발될 수 있다.

4) 핵산 합성 억제제

① 플루오로퀴놀론(Fluoroquinolones)

DNA 꼬임을 조절하는 효소인 DNA gyrase를 억제하여 작용을 하는 살균성 항균제이다. 광범위하고 강력한 항균력을 가지나 혐기성 균은 저항하는 경향이 있으며, 내성 세균이 문제가 된다. 경구 투여 후 잘 흡수되며, 중추신경, 뼈, 전립샘을 포함하여 몸 전체에 광범위하게 분포한다. 퀴놀론은 신장 및 비신장 경로에 의해서 신체에서 배설된다.

플루오로퀴놀론의 독성은 성장기의 어린 동물에서 관절 연골의 이상을 유발할 수 있으며 특히 많은 양을 14일 이상 사용 시, 나타날 수 있다.

플루오로퀴놀론	주요 약물	특징
2세대	Enrofloxacin, Ciprofloxacin, Ofloxacin	• 그람음성균에 강함 • 일부 그람양성균에도 효과
3세대	Levofloxacin	호흡기감염, 일부 다제내성균에도 효과
4세대	Moxifloxacin, Gatifloxacin	호흡기감염 및 혐기성균에도 효과

㉠ 엔로플록사신(Enrofloxacin): 개와 고양이에서 피부, 호흡기와 요로 계통 감염의 치료에 사용되며 혐기성 세균에 대해서는 효과적이지 않다. 연골이상을 유발할 수 있기 때문에 성장기 동물에서는 사용이 금지된다.

㉡ 시프로플록사신(Ciprofloxacin): 개와 고양이에서 피부, 호흡기 및 요로 계통의 그람음성균에 의한 감염증에 대한 효과가 있으며 많은 양의 정맥주사제가 필요할 때 사용할 수 있다. 연골이상을 유발할 수 있기 때문에 성장기 동물에서는 사용을 금한다.

㉢ 오플록사신(Ofloxacin): 그람 양성균과 음성균 모두 효과적이며 주로 점안액으로 사용되어 광범위한 세균성 결막염, 각막염, 안검염 치료에 사용되고 있다.

㉣ 기타약물: 레보플록사신(levofloxacin), 목시플록사신(moxifloxacin), 가티플록사신(gatifloxacin)은 개와 고양이의 세균성 결막염의 치료에 사용되고 있다.

② 리팜핀(Rifampin)

RNA 합성을 저해하여 마이코박테리아와 그람양성균에 대하여 살균 효과를 나타내며,

세포 내 감염증에도 유효하다. 개와 고양이에서 항진균제와 함께 사용하여 아스퍼질러스증과 히스토플라즈마증 치료에 사용할 수 있다.

③ 메트로니다졸(Metronidazole): 개와 고양이에서 지알디아증 치료에 사용된다.

5) 엽산 합성 억제제

① 설폰아마이드(Sulfonamides)

설폰아마이드는 세포 성장에 필요한 퓨린과 DNA 합성을 방해하여 세포의 성장을 멈추게 하는 정균성 항균제이다. 국소 또는 전신성 질병의 예방 또는 치료에 광범위하게 사용되며 경구투여 시 잘 흡수되고 조직에 잘 분포된다.

설폰아마이드의 효능을 강화하기 위해서 트리메토프림(trimethoprim) 혹은 오메토프림(ormetoprim)과 함께 병용하면 엽산 합성을 단계마다 억제하여 상승 효과가 나타난다.

설폰아마이드가 중성 또는 산성인 오줌에 노출되면 신장에서 침전되어 결정체가 형성될 수 있는데 많은 양 혹은 장기간 사용하거나 탈수 시 발생할 수 있다.

그림 5-5 설폰아마이드와 트리메토프림의 엽산 합성 작용기전

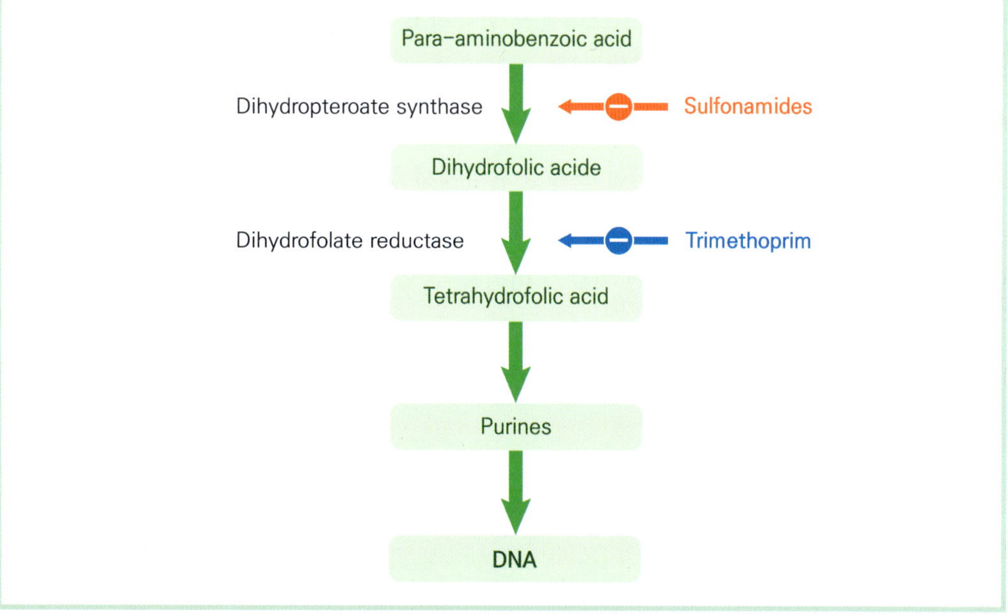

㉠ 설파메톡사졸/트리메토프림(Sulfamethoxazole/trimethoprim): 소동물에서 요로 감염의 치료에 사용되며, 잘 녹고 배설이 빨리 된다. 전립선 감염 및 메티실린 내성 포도상구균의 많은 균주로 인한 감염치료에 효과적이다. 부작용으로 건성각결막염, 과민증, 구토, 식욕부진, 설사, 발열, 안면부종, 결정뇨, 혈뇨, 갑상선기능저하증, 빈혈, 혈소판감소증, 과립구무형성증 등을 보일 수 있다.

㉡ 설파다이메톡신/오메토프림(Sulfadimethoxine/ormetoprim): *S.aureus* 와 *E.coli*로 인한 개의 피부감염 및 연부조직감염 치료 시 사용된다.

㉢ 설파살라진(Sulfasalazine): 개와 고양이의 결장염과 염증성 장염 치료에 사용된다.

Ⅲ 항진균제

1 항진균제의 개요

진균은 세균과 달리 진핵생물이다. 펩티도글리칸으로 구성된 세포벽을 가진 세균과 달리 진균은 키틴으로 구성된 견고한 세포벽을 가지고 있다. 또한 진균의 세포막은 콜레스테롤을 함유한 포유동물과는 다르게 에르고스테롤을 함유하고 있는 특징을 가진다. 수의학에서 쓰이는 대부분의 항균제는 균류 세포막을 구성하는 데 필수적인 에르고스테롤을 표적으로 한다. 대부분의 진균은 일반적인 항균제에 저항성을 나타낸다.

진균 감염증은 피부에만 침범하는 표재성 감염에서 생명을 위협하는 전신성 감염까지 다양하게 나타날 수 있다. 특히 면역력이 저하된 동물, 기저질환을 가지고 있는 동물, 어린/노령의 동물 환자가 진균 감염이 되면 치료가 어려울 수 있다.

●●● 그림 5-6 항진균제의 작용기전

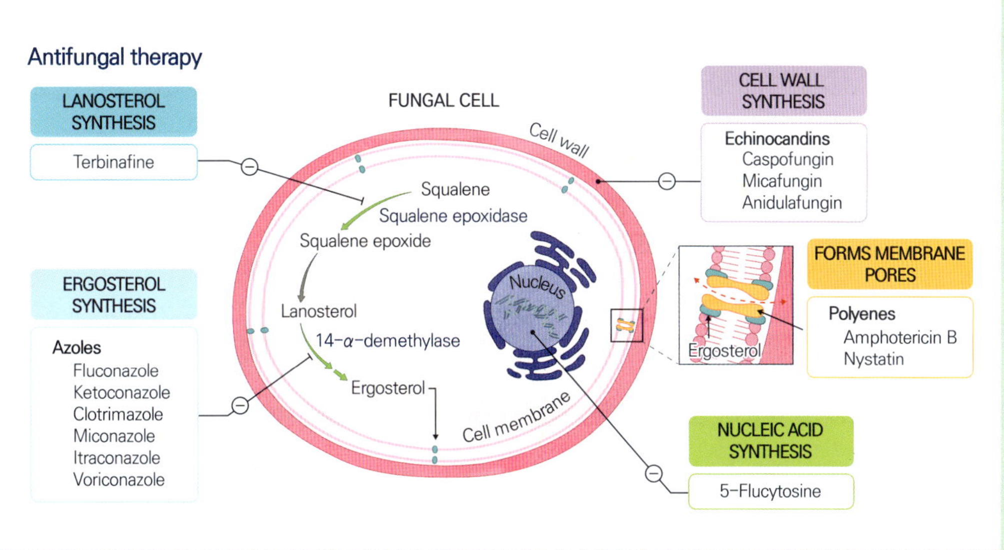

2 주요 항진균제

(1) 니스타틴(Nystatin)

Streptomyces spp.로부터 추출된 폴리엔 항생제이다. 개, 고양이에서 칸디다(Candida) 감염증에 사용된다. 주사제로 사용 시에는 독성이 높으므로 눈, 귀, 피부의 곰팡이 감염증에 연고, 또는 크림 형태로 국소적으로 사용된다.

(2) 아졸류(Azoles)

아졸류의 항진균제는 전신감염증 및 피부사상균증 치료 시 국소적으로 사용된다. 대표적인 아졸류로는 전신 감염증에 사용되는 ketoconazole, itraconazole, fluconazole과 국소적으로 사용되는 miconazole, clotrimazole, posaconaszole 등이 있다.

1) 케토코나졸(Ketoconazole)

개, 고양이 및 기타 작은 종의 전신성 곰팡이 감염증과 심한 효모 감염증 치료 시 사용된다. 개에서 부신피질기능항진증 시 고용량으로 사용할 수 있다. 부작용으로는 식욕부진, 구토, 설사 등의 위장관장애 및 간독성을 유발할 수 있다.

2) 이트라코나졸(Itraconazole)

전신성 감염증 치료에 사용될 수 있으며, 케토코나졸보다 긴 반감기를 가지고 고효능을 가져서 효과적이지만 비싼 단점이 있다. 개에서 식욕부진과 간부전을 유발할 수 있으나 케토코나졸에 비해 부작용이 적다.

3) 플루코나졸(Fluconazole)

전신성 감염증 치료에 유용하나 일부 부작용으로는 식욕부진, 구토 및 설사가 있을 수 있다.

(3) 암포테리신 B(Amphotericin B)

개와 고양이의 대부분의 전신성 곰팡이 감염증에 사용된다. 장관내로 흡수되지 않아 정맥으로 투여해야 한다. 신장 독성이 심각하여 치료 기간 동안 BUN을 매주 확인하여야 한다.

(4) 터비나핀(Terbinafine)

개와 고양이의 피부사상균 감염증 치료를 위해서 경구나 국소투여한다. 동물에서 내성이 잘 나타나는 부작용이 있다.

(5) 그리세오풀빈(Griseofulvin)

개와 고양이에서 피부사상균 감염 치료에 사용된다. 식욕부진, 구토 및 설사 등의 소화기 증상과 빈혈, 백혈구감소증, 혈소판감소증, 간독성 등의 부작용이 있으며, 특히 새끼고양이에서 백혈구 감소증과 빈혈이 특이적으로 발생하여 사망에 이르게 하고, 임신한 고양이에서는 최기형성을 발생시킨다.

IV 항바이러스제

1 항바이러스제의 개요

항바이러스제(antiviral agents)는 바이러스 감염을 치료하기 위해 사용하는 특화된 의약품이다. 항바이러스제는 바이러스의 부착 및 침투 그리고 증식과 같은 복제 주기의 여러 단계에서 이를 차단함으로써 작용하는 약물로 오직 복제하는 바이러스에만 효과적이고 휴지기의 바이러스에는 효과가 없다. 항바이러스 치료의 목적은 질병의 지속 기간을 단축하고 증상과 감염성을 최소화하는 것이다.

2 주요 항바이러스제

(1) 아시클로버(Acyclovir)

다양한 조류와 각막 또는 공막의 허피스 감염을 가진 고양이의 치료에 사용될 수 있다. 고양이 눈과 호흡기의 herpes virus 1 감염 시, 다른 새로운 항바이러스제들(예: ganciclovir, cidofovir, penciclovir)와 비교하여 상대적으로 낮은 활성과 생체이용률 그리고 잠재적인 독성을 가지므로 이용에 문제를 가진다.

(2) 팜시클로버(Famciclovir)

고양이 허피스 감염 치료에 효과적이다. 3주 이내로 투여 시 고양이에서 내성이 생기지 않으며 부작용이 많이 보고되지 않았다.

(3) 지도부딘(Zidovudine, AZT)

고양이의 면역결핍바이러스(FIV) 또는 고양이 백혈병바이러스(FeLV)의 치료에 쓰인다. 고양이에서 빈혈과 헤모글로빈 감소와 설사, 쇠약이 나타날 수 있다.

(4) 오셀타미비르(Oseltamivir, Tamiflu®)

개의 파보 바이러스 감염 치료에 쓰인다. 체중감소와 백혈구 감소를 완화하며 동물에서의 부작용은 알려지지 않았다.

(5) 고양이 오메가 인터페론(Cat omega interferon, Virbagen®)

인터페론은 바이러스를 직접적으로 공격하는 것이 아니고 숙주 세포막을 변형시켜서 바이러스 공격을 방어하는 단백질을 만들어내어 바이러스의 복제를 억제한다. 항바이러스, 항증식 및 면역조절효과가 있다. 고양이 칼리시바이러스(Calici virus), 고양이 백혈병바이러스(FeLV), 고양이 면역결핍바이러스(FIV)와 같은 고양이 바이러스 감염증과 개의 파보바이러스 감염증에 사용할 수 있다. 고양이에서 일시적인 식욕저하와 체중감소가 일어나며, 많은 양을 비경구적으로 투여하면 발열, 골수억압, 근육 통증이 발생한다.

V 항기생충제

1 항기생충제 개요

(1) 서론

기생충은 숙주 체내에서 살아가는 생물이며, 이를 제거하거나 성장을 억제하는 약물을 항기생충제(antiparasitics)라고 한다. 이상적인 항기생충제는 일회 투여로 효과를 나타내야 하며, 넓은 치료계수(therapeutic index, TI)를 가지고 투여가 용이하면서 가격이 저렴하고, 체내에 잔류되지 않아야 한다.

일부 기생충은 인수공통감염원으로 동물에서 사람으로 전염되어 감염을 일으켜 공중 보건에 심각한 영향을 미칠 수 있다. 따라서 동물보건사는 이러한 기생충의 종류와 전파경로 등을 이해하여야 한다. 인수공통감염성이 있는 기생충의 대표적인 예로는 개조충, 개십이지장충, 개회충, 고양이회충, 선모충 등이 있다.

(2) 작용기전과 분류

항기생충제의 주요 작용기전은 크게 세 가지로 분류할 수 있다. 첫 번째 작용기전은 신경전달물질의 작용을 모방함으로써 기생충의 마비를 유도한다. 두 번째 작용기전은 대사과정을 변화시키는 것인데 기생충의 생존에 필요한 효소나 물질을 억제하여 기생충의 생존을 억제한다. 세 번째 작용기전은 복제나 충란 생산 억제를 유도하여 기생충 번식을 변화시킬 수 있다.

항기생충제는 크게 내부기생충을 제거하는 데 사용되는 구충제와 항원충제, 심장사상충증 예방약과 치료제, 외부기생충제로 구분할 수 있다.

2 내부기생충

●●● 그림 5-7 동물병원에서 주로 사용되는 구충제들
(왼쪽부터 파나쿠어®, 드론탈플러스®, 안텔민정®(킹, 뽀삐))

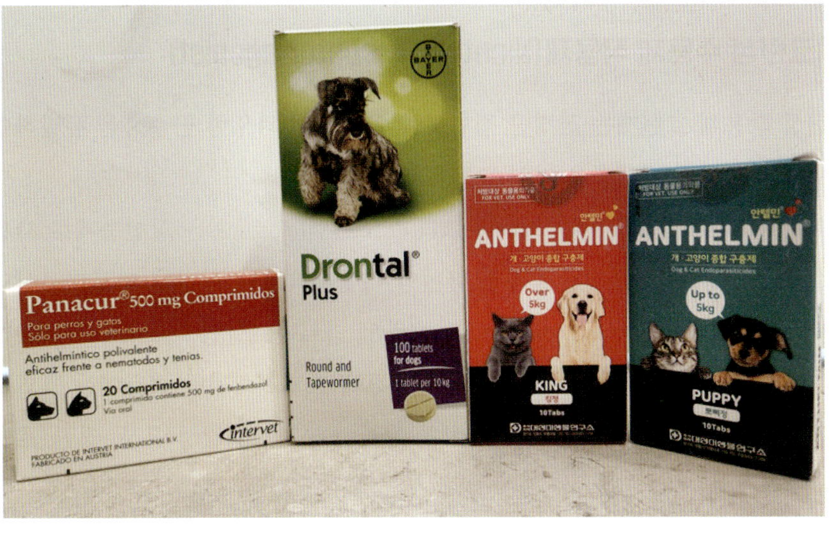

(1) 항선충제

항선충제(antinematodal drugs)는 개회충이나 고양이회충과 같은 선충(nematodes) 감염을 치료하기 위해 사용된다.

1) 벤지마졸계(Benzimidazoles, BZDs)

선충류 세포에서 베타-튜불린에 결합하여 미세소관 합성을 억제하여 영양분 섭취를 차단한다. 그 결과 기생충의 사멸을 유도한다. BZD에 속하는 약물에는 옥시벤다졸(oxibendazole), 펜벤다졸(fenbendazole), 알벤다졸(albendazole), 메벤다졸(mebendazole), 페반텔(febantel) 등이 있다.

개와 고양이에서 펜벤다졸과 페반텔은 회충류, 십이지장충(hookworm), 편충(whipworms)의 성충과 유충에 모두 효과적으로 작용한다.

이들 약물들은 일반적으로 안전한 편이나, 알벤다졸이 최기형성(teratogenic)과 배아독성(embryotoxic)이 나타날 수 있으므로 소동물에게 사용해서는 안 된다.

2) 니코틴성 수용제 작용제(Nicotinic receptor agonist)

니코틴성 수용체 효현제는 신경근 접합부를 차단하여 과도한 근수축을 유발하여 기생충을 마비시키고, 마비된 기생충은 자연스럽게 배출된다.

레바미솔(levamisol)과 피란텔(pyrantel), 그리고 모란텔(morantel)은 살선충제로 사용되는 니코틴성 수용제 작용제이다. 피란텔과 모란텔의 약물제제로는 피란텔 타르타르산염(Pyrantel tartrate), 피란텔 파모산염(Pyrantel pamoate)와 모란텔 타르타르산염(Porantel tartrate)이 있다.

개와 고양이에서 피란텔은 모든 위장관 선충류에 효과적이지만 편충에는 효과가 제한적이다. 적정용량 사용 시, 부작용은 일반적이지 않으나 부교감신경성 홍분, 경련, 호흡근의 마비가 유발될 수 있다.

3) 거대환 락톤계(Macrocyclic lactones, MLs)

이 계열은 방선균 유래의 항생제로 선충류와 절족류를 죽이는 광범위 활성을 갖는다.

아베르멕틴(avermectin)과 밀베마이신(milbemycins)의 두 그룹이 있다.

아베르멕틴 그룹에는 이버멕틴(ivermectin). 도라멕틴(doramectin), 셀라멕틴(selamectin)이 속하며, 밀베마이신 그룹에는 밀베마이신(milbemycin)과 목시덱틴(moxidectin)이 속한다.

① 이버멕틴(Ivermectin): 하트가드 플러스(Heartgard Plus®), 고양이 하트가드(Heartgard for Cats®), 이보멕(Ivomec®)

경구로 0.2mg/kg 투여 시 회충, 십이지장충 그리고 편충에 효과적이다. 하지만 이 용량에서는 일부 종(예: 콜리종, 세퍼드종, 휘핏종, 쉽독종 등)에서 안전하지 않을 수 있다.

이버멕틴과 다른 거대환 락톤약물(셀라멕틴, 밀베마이신, 목시덴틴)은 심장사상충 예방약으로 사용하고, 개와 고양이에서 한 달에 한 번 경구투여한다.

② 셀라멕틴(Selemectin): 레볼루션(Revolution®)

6주령 이상의 개와 고양이에서 국소적(6mg/kg, 한 달에 한 번) 적용한다. 고양이에서 셀라멕틴은 심장사상충을 예방하고 회충, 십이지장충, 벼룩, 그리고 귀진드기를 치료한다. 개에서 셀라멕틴은 심장사상충을 예방하고, 벼룩, 옴진드기, 귀진드기, 그리고 큰진드기를 치료하나 생체이용률이 고양이에서보다 낮은 편이라 살선충제로 사용되지 않는다.

셀라멕틴은 임신동물과 이버멕틴에 민감한 콜리종에서도 안전한 편이다.

③ 밀베마이신(Milbemycin): 넥스가드 스펙트라(NexGard spectra®)

밀베마이신은 개에서만 사용이 승인되었고 경구로 0.5 mg/kg 투여 시 십이지장충, 편충, 회충의 감염성 유충에 효과적이며 심장사상충 예방약으로도 사용된다. 콜리종을 포함한 모든 개에서 사용될 수 있으며, 임신한 개에서도 안전하다.

④ 목시덱틴(Moxidectin): 애드보킷(Advocate®)

개와 고양이에서 심장사상충 예방을 위해 한 달에 한 번 사용하며, 회충, 십이지장충, 편충, 귀진드기에 대해서 효과적이다. 목시덱틴은 이버멕틴보다 더 지질친화적이어서 조직에서 농도가 이버멕틴보다 높게 유지된다.

4) GABA 수용체 작용제 - 피페라진(Piperazine)

피페라진은 GABA 수용제 작용제로 선충의 근육을 과탈분극시켜 이완성 마비를 유발하여 분변을 통해 배출하는 작용을 한다. 피페라진은 안전한 약물이지만 고용량 투여 시 구토, 설사와 보행실조를 유발할 수 있다.

5) 에모뎁사이드(Emodepside)

에모뎁사이드는 8주령 이상의 고양이에서 선충의 구제를 위해 항촌충제인 프라지콴텔과 함께 국소적으로 사용한다. 에모뎁사이드는 회충과 십이지장충에 효과적이다. 스팟온 제품으로 사용 시, 약물의 적용부위에서 탈모가 발생할 수 있으며 약물 적용부위를 핥는 경우 유연과 구토를 보일 수 있다.

(2) 항조충제

항조충제(anticestodal drugs)는 조충(tapeworm) 감염을 치료하기 위해 사용된다. 개와 고양이에 감염된 촌충은 인수공통감염원이 될 수 있으므로 반드시 치료해야 한다.

1) 프라지콴텔(Praziquantel)

모든 종류의 촌충에 효과적이며, 성충과 유충단계의 촌충을 모두 죽인다. 개와 고양이에서 태니아(*Taenia*) 및 에키노코쿠스(*Echinococcus*) 모두에 효과적이다. 가장 안전한 살조충제(taeniacides)이며, 과량투여로 인해 식욕부진, 구토, 유연, 설사와 무기력을 보일 수 있다.

2) 에프시프란텔(Epsiprantel)

프라지콴텔 유사체로 개와 고양이에서 태니아(*Taenia*)와 디필리디움(*Dipylidium*) 감염을 치료하기 위해 사용된다.

(3) 항흡충제

항흡충제(antitrematodal drugs)는 개와 고양이에서 폐흡충(*Paragonimus*), 간흡충(*Fasciola*)과 같

은 흡충류(flukes) 감염을 치료하기 위해 사용된다.

1) 알벤다졸(Albendazole)

알벤다졸은 소와 양에서 간흡충 감염 치료에 사용된다. 27일간의 휴약기간을 필요로 하며, 기형발생물질(teratogen)이기 때문에 처음 임신한 후 45일간 혹은 번식적령기의 암컷 젖소, 수유 중인 염소에서도 사용할 수 없다.

2) 클로르술론(Clorsulon)

클로르술론은 소에서 성숙/8주 이상의 미성숙 간흡충 모두를 죽이는 가장 효과적인 약물이나 간 손상을 일으키는 8주 미만의 간흡충에는 효과가 없어서 제한적인 용도로 사용된다. 부작용은 드물며, 임신동물과 종축에 안전하다.

3) 프라지콴텔(Praziquantel)

개와 고양이의 폐흡충과 간흡충에도 효과적이다. 과량투여 시, 부작용이 발생할 수 있다.

(4) 항원충제

항원충제(antiprotozoal drugs)는 원충(protozoa) 감염을 치료하는 약물이다. 원충은 진핵생물 중에서도 가장 원시적인 단세포 생물로 운동성을 가지고 있으며 동물체내에서 발견된다. 콕시디아(*Coccidia*), 크립토스포리디움(*Cryptosporidium*), 지알디아(*Giardia*), 톡소플라즈마(*Toxoplasma*) 및 바베시아(*Babesia*) 감염이 주된 원충 감염증이다. 원충 감염은 오염된 물이나 음식 섭취, 진드기, 모기 등을 통해 전파될 수 있다. 따라서 이를 예방하기 위해서는 주변 환경을 깨끗하게 유지하고 오염되지 않은 신선한 물과 사료를 공급하는 것이 추천된다.

1) 지알디아증(Giardiasis) 치료를 위한 약물

① 메트로니다졸(Metronidazole)

지알디아뿐만 아니라 트리코모나스, 바베시아, 아메바, 히스토모나스 등의 치료에도 사용되는 광범위 항원생동물약물이다. 고용량 혹은 장기간의 투여는 식욕부진, 구토, 설사, 간독성, 운동실조, 강직 등을 유발할 수 있으며 최기형성, 발암성에 영향을 줄 수도 있다.

② 알벤다졸(Albendazole)과 펜벤다졸(Fenbendazole)

개, 고양이에서 감염 시 효과적이다. 알벤다졸은 간과 골수에 독성을 나타낼 수 있고, 최기형성 물질이다.

2) 톡소플라즈마증(Toxoplasmosis) 치료를 위한 약물

① 트리메토프림/설파다이아진

② 피리메타민/설파다이아진

③ 클린다마이신

3) 바베시아증(Babesiosis) 치료를 위한 약물

① 아토바쿠온(Atobaquone)

개 바베시아(*Babesia gibsoni*) 감염증 치료에 효과적이며, 아지트로마이신과 병용하여 치료에 사용할 수 있다. 국내에서는 아쿠바쿠온 단일제제가 없어서 아토바쿠온과 염산프로구아닐 합제인 말라론을 처방한다. 식욕부진, 구토, 설사 등을 유발할 수 있다.

② 이미도카브 디프로피네이트(Imidocarb dipropinate)

이미도카브는 DNA에 결합하여 기생충의 복제를 방해하여 효과를 나타낸다. 근육주사로 단회 투여 시, *Babasia canis*에 효과적이다. 확실한 효과를 위해서는 2주 뒤 다시 투여한다. 고양이의 바베시아증에는 효과적이지 않다. 주사 부위 통증을 유발하고, 유연, 콧물, 구토 등의 콜린성 흥분증상을 유발할 수 있다.

3 심장사상충

(1) 심장사상충증(Heartworm disease)

심장사상충(*Dirofilaria immitis*)은 식육목(Carnivora) 동물을 숙주로 삼는 심장 질환을 일으키는 선충(nematode)이다. 심장사상충은 모기를 매개로 하여 전염되며 미세심장사상충을 가진 개를 흡혈할 때 감염이 이루어진다. 고유숙주는 개이지만, 고양이, 늑대, 여우, 너구리, 코요테, 아주 드물게 사람에게도 감염될 수 있다.

1) 심장사상충 생활사

개와 고양이 모두 심장사상충에 감염될 수 있으며, 심장사상충의 중간숙주는 모기이다. 모기가 미세사상충(microfilaria)을 가진 동물을 흡혈하면 약 2주(10~14일) 동안 모기의 체내에서 1기 유충(L1)에서 감염성 유충(L3)으로 성장한다. 감염된 모기가 개를 흡혈하면 L3은 3~4일이 지나면 L4로 성장하고, L4는 2~3개월이 지나면 미성숙 또는 성충의 심장사상충이 된다. 성충이 된 심장사상충은 오른심실과 허파동맥에 거주하며 감염된 지 6~7개월이 지나면 성충들은 생식능력을 갖게 되어 미세사상충을 생산하게 된다. 성충은 개에서는 5~7년, 고양이에서는 2~4년 정도 생존한다.

고양이 또한 심장사상충에 감염될 수 있는 숙주이나, 자연숙주가 아니므로 모기에 물렸을 때 감염된 유충은 고양이 체내에서 거의 생존하지 못하여 개보다 심장사상충 감염에 강한 편이다. 따라서 감염되더라도 생존한 성충이 6마리 미만(보통 1~2마리)인 경우가 많고, 개와 달리 혈액에서 미세사상충도 잘 발견되지 않는다. 하지만, 고양이가 개보다 심장사상충에 덜 감염되고 성충 숫자가 적다고 하더라도 한 마리의 심장사상충 성충의 감염에 의해서 폐의 염증, 급성 폐손상, 혈전색전증, 심지어 사망에 이를 수 있기 때문에 예방이 특히 중요하다.

그림 5-8 심장사상충 생활사

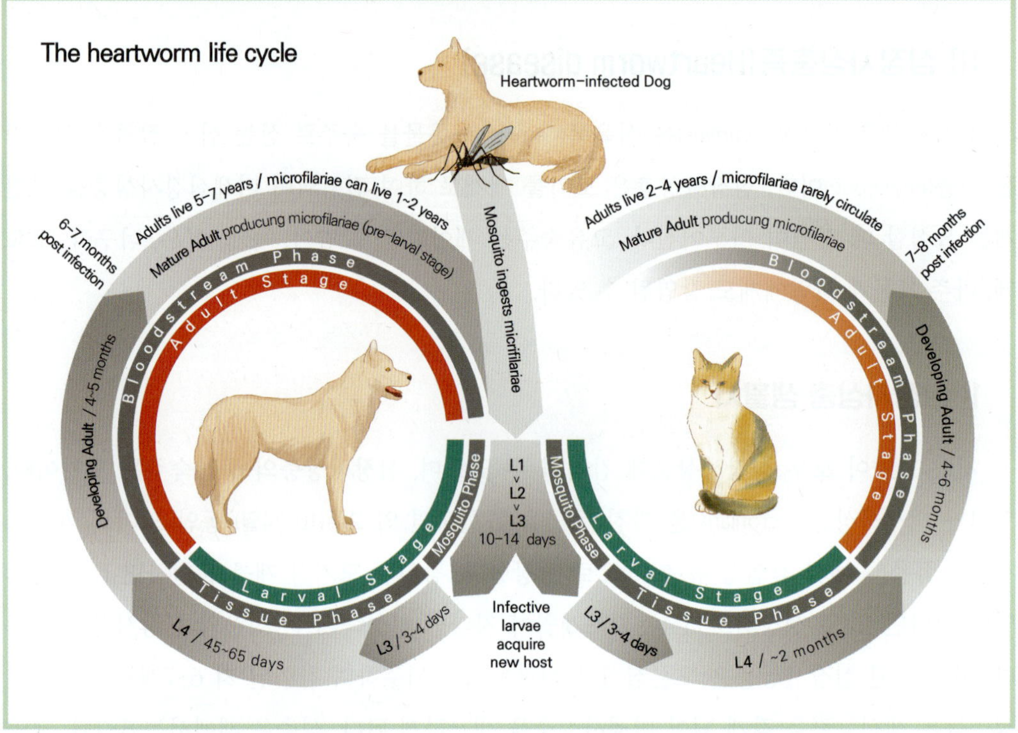

2) 심장사상충의 예방과 치료

심장사상충의 예방과 치료는 세 가지 범주로 나누어볼 수 있다.

첫 번째로, 성충의 제거를 위해서는 살성충제(adulticides)가 필요하다. 살성충제는 미성숙(L5)과 성충 심장사상충 모두를 제거하며, 살심장사상충제인 멜라소민(melarsomine)은 개에서만 사용된다. 고양이의 경우 멜라소민을 사용하지 않으며, 심장사상충이 죽으면서 심각한 부작용을 나타내기 때문이다.

두 번째로, 심장사상충 생활사의 차단에는 살미세사상충제(microfilaricides)가 필요하다.

세 번째로, 심장사상충의 예방을 위해서는 살유충제(larvicides)가 필요하다. 거대환 락톤계 약물들이 여기에 속하며, L3과 L4 모두를 죽인다.

3) 미국 심장사상충학회(American Heartworm Society, AHS)

AHS는 3년마다 열리는 심포지움을 통해 새로운 연구와 추가적인 임상 경험을 바탕으로 심장사상충에 대한 유효한 정보들을 주기적으로 개정하여(가장 최근 업데이트는 2024년이다) 가이드라인을 제시하고 있다. 국내에서도 AHS가 권장한 심장사상충 감염의 예방, 진단 및 관리 프로토콜을 참고하여 적용하고 있다.

(2) 주요 심장사상충 관련 제제

1) 심장사상충 성충제거제(Adulticides)

① 멜라소민(Melarsomine) - 이미티사이드(Immiticide®)

멜라소민은 유일하게 개에서 사용 승인을 받은 약이며, 요추에 근육 주사한다. AHS는 증상이 있거나 없는 개의 심장사상충 치료를 위해서 멜라소민 3회 투여요법 1개월 전에 독시사이클린과 거대환 락톤계(ML) 약물을 사용할 것을 권장한다. 이는 심장사상충(*D.immitis*)과 공생관계인 볼바키아(*Wolbachia*)를 죽인다. 또한 미성숙 심장사상충뿐만 아니라 심장사상충 성충의 개체수도 줄여줄 수 있다. 멜라소민은 중증 심장사상충 감염증(4단계)에서는 금기이다.

부작용으로는 주사 부위에 경도의 국소부종과 통증이 있을 수 있으며, 기침, 오심, 무기력, 식욕부진, 구토 등을 나타낼 수 있다.

2) 미세심장사상충 제거제(Microfilaricides)

마지막 살성충제를 투여한 후에도 미세사상충검사상, 확인이 된다면 미세사상충 제거제를 약 4주간 투약해야 한다. 거대환 락톤계(ML) 약물인 이버멕틴과 밀베마이신은 살미세사상충제로 사용되는 extra-label 약물이다. 미세사상충의 숫자가 더 많을수록 부작용이 발생할 확률이 높기 때문에 글루코코르티코이드의 사용으로 이러한 부작용을 예방 혹은 치료할 수 있다.

●●● 그림 5-9 대표적인 심장사상충 예방약: 하트가드 플러스
(왼쪽부터 블루(~11kg), 브라운(22~45kg), 그린(12~22kg))

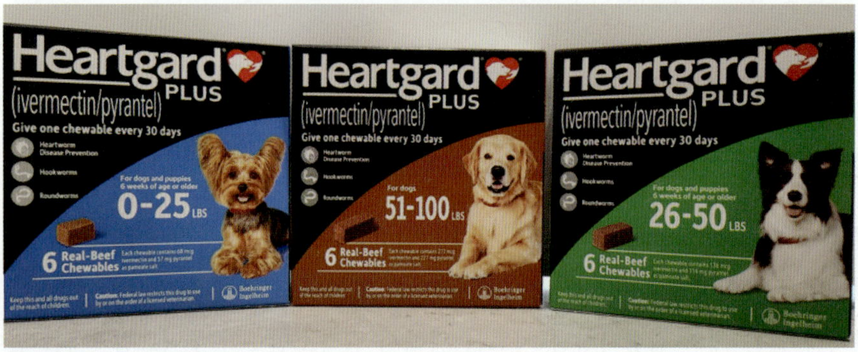

3) 심장사상충 예방약(Preventives)

① 이버멕틴(Ivermectin): 하트가드 플러스(Heartgard Plus®), 고양이 하트가드(Heartgard for Cats®), 이보멕(Ivomec®)

조직 기생 단계의 심장사상충 유충을 제거한다. 개와 고양이에서 매달 심장사상충 예방약, 구충 제거를 위한 치료약으로 사용한다.

② 셀라멕틴(Selemectin): 레볼루션(Revolution®)

개와 고양이에서 매달 예방약으로 사용하며, 국소 투여용 용액으로 사용한다.

③ 밀베마이신(Milbemycin): 넥스가드 스펙트라(NexGard® spectra), 크레델리오 플러스(Credelio™Plus)

개에서 매달 심장사상충 예방 및 십이지장충, 편충, 회충의 감염성 유충에 효과적으로도 사용된다.

●●● 그림 5-10 넥스가드 스펙트라(왼쪽), 크레델리오 플러스(오른쪽)

④ 목시덱틴(Moxidectin): 애드보킷(Advocate®)

개와 고양이에서 심장사상충 예방을 위해 한 달에 한 번 사용하며, 회충, 십이지장충, 편충, 귀진드기에 대해서 효과적이다.

4 외부기생충

(1) 외부기생충 개요

외부기생충은 개와 고양이의 피부나 눈, 귀 등에 기생하는 기생충으로 귀진드기, 진드기, 안충, 개선충, 모낭충, 벼룩 등이 있다. 대부분의 외부기생충은 주위 환경 어디에나 존재할 수 있으므로 외부기생충을 완벽하게 통제하기는 어렵다. 외부기생충에 감염되면 가려움증, 발진, 탈모, 피부염 등의 피부 질환뿐만 아니라 진드기에 의한 혈소판 감소증, 빈혈, 고열, 관절염, 황달 등이 유발될 수도 있다. 또한 일부 벼룩 및 진드기의 경우 사람에게도 전파될 수 있어서 보호자의 건강을 위협할 수도 있다. 따라서 동물보건사들은 외부기생충을 제거하고 예방하는 데 사용되는 제품들에 대해서 인지하고 있어야 하며, 보호자들에게 예방의 중요성을 알려줄 수 있어야 한다.

1) 약물타입

약물의 제형은 독성의 강도, 작용지속시간, 적용의 편리성에 영향을 줄 수 있다.

① 파우더

분제는 대규모 환경에 적용 가능하나 반려동물에게는 사용 불가한 단점이 있다. 가축을 대상으로 사용하며 진드기, 벼룩, 파리 등을 제거하기 위해 사용한다.

② 담금액(Dips)

농축액을 물에 희석하여 사용하는 제품으로 주로 샴푸 후에 사용하며, 잔류하는 특성이 있다. 사용 후 헹궈내지 않아야 가장 효과적이다.

③ 샴푸: 엑토닐샴푸

이 제품에는 살충제나 의약품이 들어있다. 일부 샴푸는 농축액으로 나와 희석용량으로 사용해야 한다. 대부분의 약욕 샴푸는 5분 정도 피모에 골고루 마사지하여 거품을 낸 뒤 물로 씻어낸다. 샴푸는 대체로 잘 헹궈내면 잔류하지 않으나, 잘 헹궈내지 않으면 피부에 발적이 생길 수도 있다.

④ 스프레이제

이 제품들은 생활환경에 사용하는 용도로 만들어진 것들이며, 주로 개집 및 사육장에 사용된다. 생활환경에 잔류할 수 있다.

2) 외부기생충제 부작용

부작용은 개체마다 차이를 보일 수 있으며, 다양한 반응을 보일 수 있다. 부작용에 영향을 주는 요인에는 나이, 환경, 건강상태, 종 등이 포함되며, 보통 어린 동물은 대부분 감수성이 있으므로 약물마다 사용할 수 있는 최소연령을 반드시 확인해야 한다. 건강한 동물은 부작용이 나타날 가능성이 적으며, 극도로 덥거나 습한 날씨조건은 살충제의 독성을 증가시킬 수 있다.

(2) 외부기생충제(Ectoparasiticides, 살충제)

1) 살충제(Insecticides)

① 유기인제(Organophosphates, OPs)

유기인제는 아세틸콜린에스터라제(ChE)를 불가역적으로 억제하는 살충제이다. 아세틸콜린의 분해를 억제하여 기생충의 신경전달이 차단되어 움직일 수 없게 한다. 유기인제는 대사물질이 뇨로 배설되기 때문에 잔류 문제를 일으키지 않으나 독성이 매우 높아 사람이나 동물에 대량 노출되는 경우 문제를 일으킬 수 있다. 유기인제는 스프레이제, 담금액으로 국소적으로 투여하거나 경구투여한다.

부작용으로는 SLUDDE(과다유연(Salivation), 유루증(Lacrimation), 배뇨(Urination), 배변(Defecation), 호흡곤란(Dyspnea), 구토(Emesis)), 섬유다발성연축, 운동실조, 경련이 있다. 따라서 발작소인이 있는 동물에서는 사용해서는 안 된다. 치료제로는 오염 제거와 아트로핀 투여를 한다. 프랄리독심 메티오다이드(pralidoxime methiodide, 2-PAM)를 아트로핀과 함께 투여할 수 있다.

② 카바메이트(Carbamates)

카바메이트는 소동물에서 파우더, 스프레이제, 샴푸, 칼라 제형으로 외부기생충 치료에 사용한다. ChE를 억제하는 살충제로 카바네이트 중독은 유기인제 급성중독과 유사하다. 아트로핀이 효과적인 해독제이다.

③ 피레트로이드(Pyrethroids)

합성 피레트로이드는 Na+ 채널의 개방을 지속함으로써 탈분극을 일으켜 외부기생충의 신경 흥분성을 증가시켜 절지류의 마비를 유발한다. 잔류활성이 거의 없고 안전하며 빠른 살충효과를 가지며 일부는 제한적으로 잔류효과가 있다. 피레트로이드는 일반적으로 안전하나 국소자극, 과다유연, 오심, 구토, 설사, 심부정맥 등을 유발할 수 있고, 개와 고양이는 특히 피레트로이드-유도의 중추신경장애에 민감하다. 고양이에서의 사용은 금지되어 있다.

④ 거대환 락톤계(Macrocyclic lactones)

거대환 락톤계 약물은 유충, 응애, 이, 진드기 등의 외부기생충 대부분에 대해서 효과가 있으나 셀라멕틴을 제외한 대부분의 약물들은 개와 고양이에서 국소적으로 적용 시 벼룩에 대한 효과는 없다.

이버멕틴(ivermectin)은 외부기생충과 일부 연충 감염을 관리하는 데 사용된다. 개선충(sarcoptic mange) 감염과 모낭충증(demodicosis) 치료를 위해 extra-label 약물로 사용할 수 있다. 이보멕(Ivomac®) 1% 주사제를 사용한다.

⑤ 아미트라즈(Amitraz)

기생충의 신경전달을 억제시켜 이완성마비를 유발한다. 개에서 진드기, 벼룩, 이 등의 외부기생충을 조절하기 위해 사용하며 에멀젼 형태로 국소적용하거나, 진드기 칼라, 그리고 스팟온 제제로 사용된다. 아미트라즈는 알파2-아드레날린 수용체를 활성화시켜 진정, 서맥, 저혈압, 구토, 설사, 운동실조 등의 부작용을 나타낼 수 있다.

⑥ 해충의 니코틴성 수용제 작용제(Nicotinic receptor agonist): 이 그룹의 약물은 동물이 아닌 기생충의 니코틴성 수용체만을 선택적으로 활성화시키기 때문에 안전하다.

㉠ 니테피람(Nitepyram) - 캡스타(Capstar®): 벼룩을 단기적으로 통제하기 위해 개와 고양이에서 경구투여하며, 1회 투여로 1~2일간 예방할 수 있다. 투여 후 30분 이내 성충 벼룩을 죽일 수 있으며 임신 중이거나 수유 중인 개와 고양이에서도 안전하다.

㉡ 이미다클로프리드(Imidacloprid) - 어드밴틱스(Advantix®), 애드보킷(Advocate®): 니코틴성 수용체 작용제에 속하며, 소동물에서 성충 벼룩을 죽이는 데 사용한다. 한 달에 한 번 국소적으로 spot-on 제제로 4주령 이상의 개와 고양이에 적용한다. 동물에 매우 안전한 살충제에 속하며 성충 벼룩의 약 100%가 적용 후 12시간 이내에 제거되고 살벼룩 효과가 30일간 지속된다. 이미다클로프리드는 페르메트린(permethrin)과 파이리프록시펜(pyriproxyfen)과와 혼합물 형태로 개의 외부기생충제로 사용하고, 심장사상충 예방과 개와 고양이에서 위장관 선충류를 사멸하기 위하여 목시덱틴(moxidectin)과 함께 사용한다.

㉢ 스피노사드(Spinosad): 한 달에 한 번 경구투여한다. 경구투여 후에 위장관에서 주로 흡수되며 부작용은 거의 없으나 구토를 유발할 수 있다. 이버멕틴과 동시에 사용하지 말아야 한다.

⑦ 피프로닐(Fipronil)

피프로닐은 벼룩, 진드기와 같은 외부기생충의 GABA 수용체와 결합하여 염소매개 이온 채널에 길항작용을 하여 과분극시켜 탈락시킨다. 8주령 이상의 개와 12주령 이상의 고양이에서 국소적용 시, 벼룩과 진드기를 제거할 수 있는 안전한 살충제이며 spot-on 제품으로 4주에 한 번 적용한다. 피프로닐은 국소적 자극과 과다유연이 보고되기는 하나, 사용지시에 따르면 안전하다.

그림 5-11 외부기생충 구제약 (왼쪽: 브라벡토, 오른쪽: 프론트라인)

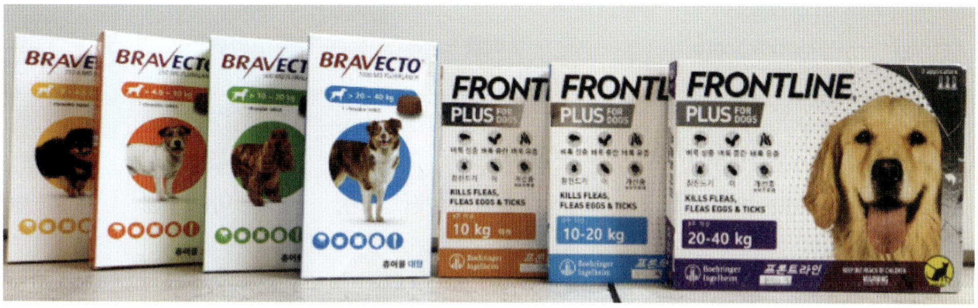

⑧ 인독사카브(Indoxacarb): 엑티빌(Activyl®)

인독사카브는 곤충의 체내에서 대사를 거쳐 활성화하는 전구살충제로 8주 이상의 개와 고양이에서 벼룩을 죽이기 위해 사용한다. spot-on 적용으로 사용하며 4~6주 간격으로 적용한다. 치료용량으로 사용 시, 안전하다.

⑨ 플루랄라너(Fluralaner): 브라벡토(Bravecto®)츄어블, 브라벡토(Bravecto®)플러스 캣

플루랄라너는 벼룩과 진드기, 귀진드기 구제를 위해 12주마다 적용하는 살충제로 개에서는 츄어블 제품과 고양이에서는 spot-on 제품이 있다. 고양이용 브라벡토 플러스는 플루랄라너(fluralaner)와 목시덱틴(moxidectin)이 함유되어 진드기와 벼룩, 모낭충, 옴진드기와 같은 외부기생충과 심장사상충, 구충 및 회충까지 치료 및 예방약으로 사용된다. 12주마다 국소적용하면 된다.

⑩ 로틸라너(Lotilaner): 크레델리오(Credelio™)플러스

로틸라너는 벼룩과 진드기를 구제하기 위하여 사용하며, 크레델리오 플러스는 로틸라너(lotilaner)와 밀베마이신 옥심(milbemycin oxime)이 함유되어 진드기, 심장사상충, 구충, 회충 편충의 치료 및 예방약으로 사용된다.

2) 주기적으로 사용하는 외부기생충 예방약

표 5-1

상품명	주요성분	구충 범위	사용연령	사용횟수사 용방법
Activyl®	Indoxacarb	벼룩	개, 고양이: 8주령	매월 spot-on
Advantage multi®	Imidacloprid, Moxidectin	• 개: 심장사상충, 회충, 구충, 편충, 옴진드기 • 고양이: 심장사상충, 회충, 구충, 귀진드기	• 개: 7주령 • 고양이: 9주령	매월 spot-on
Advocate®	Imidacloprid, Moxidectin	• 개: 심장사상충, 회충, 구충, 편충, 옴진드기 • 고양이: 심장사상충, 회충, 구충, 귀진드기	• 개: 7주령 • 고양이: 9주령	매월 spot-on
Advantix®	Imidacloprid, Permethrin, Pyriproxifen	개: 진드기, 벼룩	개: 7주령	매월 spot-on
Bravecto® chew	Fluralaner	개: 진드기, 벼룩, 모낭충	개: 8주령	12주마다 경구투여
Bravecto® plus cat	Fluralaner, Moxidectin	고양이: 벼룩, 진드기, 귀진드기, 모낭충, 심장사상충, 구충, 회충	고양이: 9주령	12주마다 spot-on
Broadline® for cat	Fipronil, (S)-Methoprene Eprinomectine, Praziquantel	고양이: 벼룩, 진드기, 귀진드기, 모낭충, 심장사상충, 구충, 회충	고양이: 7주령	매월 spot-on

Capstar®	Nitepyram	개, 고양이: 벼룩	개, 고양이: 4주령	필요시 경구투여
Credelio®	Lotilaner, Milbemycin, oxime	개: 진드기, 심장사상충, 회충, 편충	개: 8주령	매월 경구투여
Frontline® plus	Fipronil, (S)-Methoprene	개: 진드기, 벼룩, 이	개: 8주령	매월 spot-on
NexGard® spectra	Afoxolaner, Milbemycin oxime	개: 벼룩, 진드기, 모낭충, 심장사상충, 회충, 구충, 편충	개: 8주령	매월 경구투여
NexGard® combo	Afoxolaner, Eprinomectin, Praziquantel	고양이: 벼룩, 진드기, 구충, 회충, 심장사상충, 조충	고양이: 8주령	매월 spot-on
Revolution®	Selamectin	• 개: 벼룩, 심장사상충, 귀진드기, 옴진드기 • 고양이: 벼룩, 심장사상충, 회충, 구충, 귀진드기	• 개: 6주령 • 고양이: 8주령	매월 spot-on
Revolution® Plus	Selamectin, Sarolaner	고양이: 벼룩, 진드기, 귀진드기, 심장사상충, 회충	고양이: 8주령	매월 spot-on
Seresto®	Imidacloprid, Flumethrine	• 개: 진드기, 벼룩, 이 • 고양이: 진드기, 벼룩	• 개: 7주령 • 고양이: 10주령	8개월마다 목걸이형

VI 항암제

1 항암제 개요

(1) 항암 화학요법의 정의

암은 개와 고양이의 주요한 질환이며 대략 4마리의 개 혹은 고양이 중 1마리가 암 또는 암과 연관된 질병으로 사망한다고 여겨진다.

항암제를 사용하여 암을 치료하는 것을 항암 화학요법(chemotherapy)이라고 하며, 수의 종양의학에서 가장 널리 쓰이는 치료법 중 하나이다. 화학요법을 단독으로 쓰거나, 수술과 방사선 요법과 새로운 치료제 등과 병용하는 방법들이 계속적으로 연구 중에 있다.

지금도 매년 새로운 항암제가 개발되고 있으며 화학요법의 성공적인 적용을 위하여 항암제에 대한 이해와 그로 인한 부작용에 대해서 잘 알고 있어야 한다.

(2) 항암 화학요법의 기본 개념

1) 정상세포와 암세포

정상세포는 세포 내 조절기능에 의해 분열하며 성장하고 죽어 없어지기도 하여 일정한 수와 기능을 유지한다. 하지만 암세포의 성장은 몸의 요구와는 상관없이 세포의 성장과 분열의 일련의 복잡한 과정이 조절되지 않은 채로 계속 분열하고 증식한다. 암세포 증식은 억제되지 않으며, 새로운 세포에 대한 필요와는 독립적으로 일어나고 세포의 분화 과정이 손상되어 있어 암세포는 미성숙한 특징을 가진다. 이러한 암세포의 특징으로 인해 암세포가 원래의 위치에서 벗어나 혈액이나 림프계를 통해 새로운 장소에 정착하고 주변 조직에 침습하여 성장을 하게 되어 전이암이 발생하게 된다.

그림 5-12 정상세포와 암세포의 비교

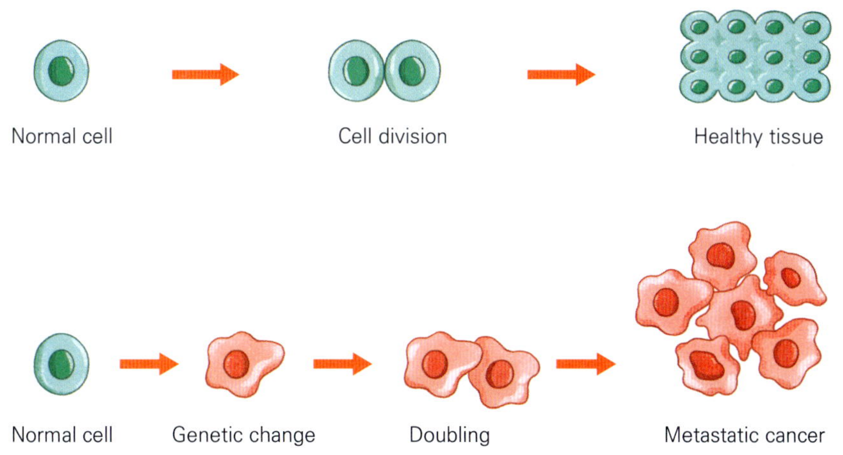

2) 세포주기

세포독성이 있는 전통적인 항암제는 암세포뿐만 아니라 빠르게 분화하는 암세포가 아닌 세포도 사멸시킨다. 따라서 세포주기에 대한 지식은 항암제 작용의 이해에 필수적이며 세포의 종류에 따라 세포 분열에 걸리는 시간은 다르지만 세포주기는 일반적으로 다음과 같이 나눌 수 있다.

① 합성전기(Presynthetic phase, G1 phase): DNA 복제에 필요한 단백질(효소)과 RNA 합성이 일어나는 시기이다. 이 시기의 기간은 세포의 종류에 따라 수 시간에서 수 일로 다양하다.

② 합성기(Synthetic phase, S phase): DNA 합성이 일어나 두 배의 DNA가 합성된다. 많은 약물이 이 시기에 작용한다.

③ 합성후기(Postsynthetic phase, G2 phase): 체세포 분열에 필요한 단백질과 RNA 합성이 일어난다.

④ 유사분열(Mitosis phase, M phase): 체세포분열이 일어나 두 개의 딸세포가 만들어진다.

⑤ 휴지기(Resting phase, G0 phage): 대부분의 정상세포는 이 시기에서 관찰되며 세포의 종류에 따라 수 시간에서 수 주로 다양하다.

(3) 항암 화학요법의 원리

항암제는 세포주기의 M기나 S기 같은 특정시기에 작용하거나 혹은 세포주기에 비특이적으로 작용할 수 있다. 대부분의 항암제는 빠르게 증식하고 성장하는 암에서 가장 효과적으로 작용하며 암세포뿐만 아니라 정상세포에도 영향을 줄 수 있다. 골수, 소화기관, 모낭, 생식기관처럼 빠르게 분열되는 모든 세포는 항암제에 의해 영향을 받고 부작용이 나타날 수 있다. 오심과 구토, 설사, 골수억압(백혈구 감소증, 혈소판 감소증)은 항암제의 일반적인 부작용이다. 탈모는 수의학에서는 드물지만 푸들이나 일부 테리어, 올드 잉글리쉬 쉽독처럼 꾸준히 털이 자라는 개에서는 탈모가 일어나기도 하며 고양이에서는 수염이나 보호털을 잃기도 한다.

1) 항암제에 대한 내성

항암제에 대한 내성의 발달은 세균의 항생제 내성에서 관찰되는 것과 유사하며 어떻게 극복하느냐에 따라 항암 화학요법의 성공여부가 달라질 수 있다. 시간이 지날수록 약물의 내성이 증가하여 암세포의 증식 및 확산을 막기 어렵다. 내성이 생기는 원인은 다양하나 암세포는 항암제에 노출된 적이 없다고 하더라도 진단 시점에 내성을 가질 수 있는 높은 자발적인 돌연변이 속도를 가지고 있으므로 가능한 질환 초기에 복합적이고 다중적인 치료가 중요하다.

2) 용량

대부분의 항암제는 항암제의 치료지수가 좁아 체표면적(body surface area[BSA])을 기준으로 하여 복용량이 정해진다. 항암제의 용량은 환자가 견딜 수 있는 독성 내에서 최고 효과를 낼 수 있는 용량을 선택하게 되는데 복용량 계산 시 BSA 방법은 10kg 이하의 작은 개와 고양이에서 대사율을 과대평가하기 때문에 독성이 증가된다. 따라서 10kg 이하의 작은 동물에서 독소루비신(doxorubicin)과 같은 몇몇 약물은 mg/kg로 용량을 투여하게 될 수 있다.

3) 항암제의 안전한 취급법

수의 분야에서 항암제의 사용이 증가함에 따라 이를 취급하는 동물보건사, 수의사, 기타 직원 및 동물의 보호자와 그 가족들이 화학요법의 약물에 노출되지 않도록 주의를 기울여야 한다. 항암제와 같이 세포독성을 유발하는 약물은 유전자 변이성과 발암성 및 기형발생을 유발시킬 수 있기 때문이다.

항암제를 다루는 데 있어 세포독성약물 유출을 대비한 준비물과 세포독성 약물을 투여받는 동물의 간호법에 대하여 표 5-2과 표 5-3에 기술하였다.

표 5-2 세포독성약물 유출에 대비한 준비물

- 일회용 보호가운 2세트
- 일회용 화학요법용 장갑 2세트
- 일회용 신발 커버 2세트
- 얼굴 보호용 필터마스크
- 밀봉 가능한 플라스틱 백
- 폐쇄시스템(PhaSeal®)
- 흡수성이 있는 일회용 타월
- Chemosorb™ 패드

표 5-3 세포독성약물을 투여 받는 동물의 간호법

- 항암제를 투여 받는 동물을 위한 병실이나 케이지가 마련되어 있어야 한다.
- 위험기간 동안 환자가 입원해 있을 때, 간호 시 개인 보호 가운을 착용하고 환자를 다루어야 한다.
- 환자와 접촉한 모든 물질은 오염되어 있다고 간주하고 다루어야 한다.
- 모든 쓰레기 및 배설물은 독성 폐기물로 처분한다.

2 주요 항암 화학요법제

(1) 알킬화제(Alkylating agents)

알킬화제는 DNA의 복제와 전사를 방해하는 세포 주기 비특이적(cell cycle-nonspecific) 약물이다.

림프세망종양, 유선종양, 그 외 상피성 암(calcinoma), 연부조직육종, 다발성 골수종, 비만세포 종양의 치료 프로토콜에서 사용되며 특정 면역 매개 질환 치료에서 면역억제를 위해 사용된다.

대표적인 약물로는 사이클로포스파마이드(cyclophosphamide), 클로람부실(chlorambucil),

멜팔란(melphalan), 메클로에타민 HCl(mechlorethamine HCl), 아이포스파마이드(ifosphamide), 로무스틴(lomustine[CCNU]), 카무스틴(carmustine), 스트렙토조신(streptozocin), 프로카바진(procarbazine), 디카바진(dacarbazine) 및 히드록시우레아(hydroxyurea)가 있다.

메스꺼움과 구토가 가장 일반적인 급성 독성이며, 만성 독성으로 골수억제, 신독성, 출혈성 방광염을 포함할 수 있다.

(2) 백금 결합제(Platinating agents)

DNA를 교차 결합시키고 복제를 막는 작용을 하며, 세포 주기 비특이적(cell cycle -nonspecific) 약물로서 유선종, 갑상선 및 기타 육종, 특히 골육종의 치료 프로토콜에서 병용 사용된다.

대표적인 약물로 시스플라틴(cisplatin)과 카보플라틴(carboplatin)이 있다.

메스꺼움과 구토가 가장 일반적인 급성 독성이며, 만성 독성으로 골수억제, 신독성이 일반적인 부작용이다. 시스플라틴은 고양이에서 치명적인 폐독성을 일으키므로 어떤 경로로도 사용해서는 안 된다.

(3) 항대사제(Antimetabolites)

항대사제는 DNA 합성을 억제하고 주로 S 단계에 특이적이다. 림프종, 소화기계, 간 및 유선의 상피성 종양의 치료에 이용된다. 메토트렉세이트(methotrexate), 5-플루오로우라실(5-fluorouracil[5-FU]) 및 사이토신 아라비노사이드(cytosine arabinoside, Cytarabine)가 대표적이며, 부작용으로는 식욕부진, 메스꺼움, 구토, 설사, 골수억제, 간독성과 신경독성을 보일 수 있다.

(4) 유사분열 방추체 억제제(Mitotic spindle inhibitors)

식물 알칼로이드는 유사분열을 억제하고, 세포사멸을 유발하는 M 단계에 작용하는 세포 주기 특이적인 물질이다. 이 범주의 대표적인 약물에는 빈크리스틴(vincristine)과 빈블라스틴(vinblastine)이 있으며 빈크리스틴은 개와 고양이의 림프세망 종양, 상피성 암, 육종 그리고 개의 전이성 생식기 종양(TVT)의 치료에 사용된다. 빈블라스틴은 개와 고양이에서 림프종과 비만세포 종양의 치료에 사용된다. 부작용으로는 위장염, 골수억제 등이 있으며 혈관 외 용출은 심각한 조직 괴사를 유발한다.

(5) 세포독성 항생제

이 범주의 약물의 항암효과는 세포주기 비특이적이다. 수의학에서 가장 흔하게 사용되는 약물은 독소루비신(doxobubicin)으로 안트라사이이클린계(anthracycline) 항생제이다. 독소루비신 외에도 블레오마이신(bleomycin), 악티노마이신(actinomycin D), 미톡산트론(mitoxantrone)이 대표적인 약물이며 림프종과 다양한 암종과 육종의 치료에 이용된다.

가장 많이 발생하는 독성은 골수억제, 심장독성(심근증), 소화기 장애이다.

(6) 호르몬(Hormone)

글루코코르티코이드는 G1 단계 세포를 억제하여 림프구의 유사분열을 억제하여 세포자살을 유도한다. 이 범주의 약물들은 모두 세포주기 비특이적이며, 개와 고양이에서 림프종은 글루코코르티코이드에 반응한다. 이 약물들은 환자의 복지와 식욕의 증진을 가져와 다른 항종양 약물들과 병용하는 프로토콜에 사용된다.

(7) 효소

L-아스파라기나제(L-Asparaginase)는 암세포 성장에 필요한 아미노산인 아스파라긴(asparagine)의 분해를 촉진하는 촉매제로 작용하여 단백질 합성을 억제하는 효소이다. G1 주기 특이적인 약물로 개와 고양이의 급성 림프구성 백혈병, 다발성 림프종의 치료에 사용된다. 부작용으로는 아나필라틱 반응과 위장장애가 나타날 수 있다.

(8) 기타 제제(Miscellaneous Agents)

1) Cox-2 inhibitors - 피록시캄(Piroxicam)

비스테로이드성 항염증제로 개의 방광 이행상피암(transitional cell carcinoma)과 편평상피세포암(squamous cell carcinoma), 개의 유선종양의 치료에 단일제 또는 보조 요법으로 사용될 수 있다. 부작용으로는 소화기계 자극과 신장독성이 있을 수 있다.

2) Targeted Therapy - Tyrosine kinase inhibitors

토세라닙(toceranib)과 마시티닙(masitinib)이 대표적이며, 피부 비만세포종에서 사용된다.

3) 미토탄(Mitotane)

부신 피질의 세포에 선택적으로 독성을 나타내는 염화 탄화수소이다.

화학요법제 주요 약물 정리 표

성분명	상품명	주요 작용	비고(주의사항 및 부작용)
Ampicillin	박타신®, 펜브렉스®	페니실린 항생제	• 위장관 장애 • 알레르기 반응
Amoxicillin	아목시실린®, 아목사펜®		
Amoxicillin -Clavulanate	클라바목스®, 크라목신®, 아모크라®		
Cephalexin	유파신®, 세파셉틴®	세팔로스포린 항생제(1st)	• 위장관 장애 • 알레르기 반응
Cephradine	세프라딘®		
Cefazolin	세파졸린®		
Cefixime	세픽심®, Suprax®	세팔로스포린 항생제 (3rd)	
Cefotaxime	세포탁심®		
Cefovecin	컨베니아® (Convenia®)		14일 동안 효과
Doxycycline	Doxytab®, Vibramycin®	테트라사이클린 항생제	
Minocycline	Dentomycin®, 미노신®		치과치료 시, 항생연고
Tyrosin tartrate	티어젠®	마크로라이드 항생제	
Azithromycin	지스로맥스®		
Clarithromycin	클래리정®		

Enrofloxain	바이트릴®	플루오르퀴놀론 항생제	• 위장장애 • 중추신경계 자극 • 연골이상 유발가능(어린동물 사용금지)
Ciprofloxacin	시프로플록사신®		
Marbofloxacin	마보실®		
Impenem	이미페넴®	카바페넴 항생제	위장장애
Meropenem	메로페넴®주		
Sulfamethoxazole /trimethoprim	셉트린®	설폰아마이드 항생제	• 건성각결막염 • 결정뇨, 혈뇨
Ketoconazole	케토코나졸®	아졸계 항진균제	• 위장장애 • 간독성
Itraconazole	이트라®, 이코나졸®		
Famciclovir	팜시클로비르®	항바이러스제	
Metronidazole	후라시닐®	항생 및 항원충제	위장장애
Cyclophosphamide	엔독산®주, 알키록산®정	알킬화제 항암제	• 오심, 구토 • 골수억압 • 출혈성 방광염
Cytosine arabinoside	시타라빈®주, 싸이토사유®주	항대사제 항암제	• 오심, 구토 • 골수억압
Vinblastine	빈크리스틴황산염®, 빈크란®주	유사분열 방추체억제제 항암제	• 위장염 • 골수억압
Vincristine	벨바스틴주®		
Doxorubicin	아드리아마이신®, 독소루비신®주	세포독성 항암제	• 골수억압 • 심장독성 • 혈관 외 유출 시, 조직괴사
Mitoxantrone	미트론®주		
Carboplatin	카보플라틴®주	백금결합제 항암제	• 오심, 구토, 설사 • 골수억압
Cisplatin	유니스틴®주, 씨스푸란®주		
L-Asparaginase	로이나제®주	효소 항암제	오심, 구토
Toceranib	팔라디아® (Palladia®)	티로신키나제 억제제	• 위장장애 • 간장애 • 골수억압
Masitinib	마시벳® (Masivet®)		

CHAPTER

06

위장관계 주요 약물

Ⅰ. 위장관계 개요

Ⅱ. 위장관계와 관련된 주요 약물

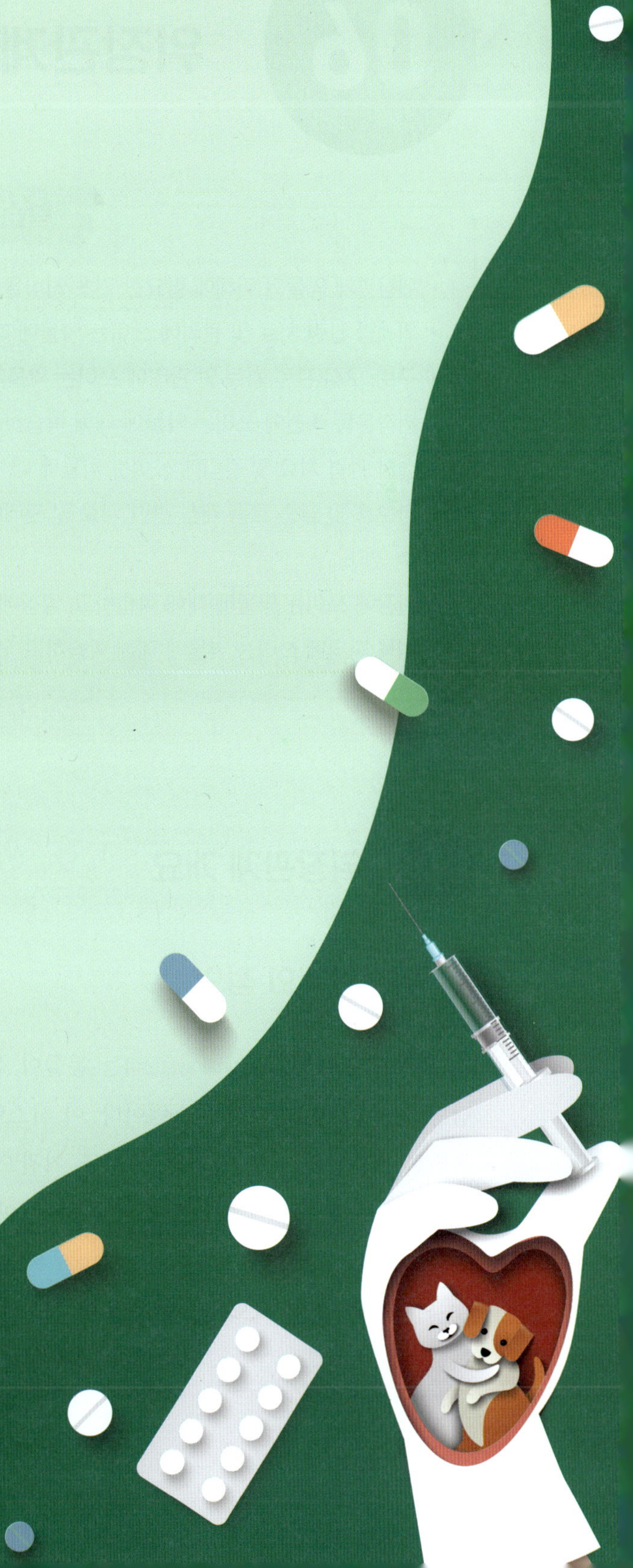

CHAPTER

06 위장관계 주요 약물

학습목표

- 위장관계 약물의 이해에 필요한 기초 지식을 학습한다.
- 위궤양 관련 치료 및 관리에 쓰이는 약물에 대해 학습하고, 임상에 응용할 수 있다.
- 구토, 오심 관련 치료 및 관리에 쓰이는 약물에 대해 학습하고, 임상에 응용할 수 있다.
- 위장운동 촉진에 쓰이는 약물에 대해 학습하고, 임상에 응용할 수 있다.
- 설사 관련 치료 및 관리에 쓰이는 약물에 대해 학습하고, 임상에 응용할 수 있다.
- 간보호 및 담즙 흐름 개선 관련 치료 및 관리에 쓰이는 약물에 대해 학습하고, 임상에 응용할 수 있다.
- 관장에 쓰이는 약물에 대해 학습하고, 임상에 응용할 수 있다.
- 식욕 자극에 쓰이는 약물에 대해 학습하고, 임상에 응용할 수 있다.

I 위장관계 개요

1 위장관계의 정의

위장관계(gastrointestinal system)는 동물이 섭취한 음식물을 소화, 흡수, 배설하는 과정을 담당하는 중요한 생리적 시스템이다. 이 시스템은 구강에서 시작하여 항문으로 끝나는 길고 복잡한 소화관과 이를 지원하는 보조 기관으로 구성된다. 위장관계는 음식물을 물리적, 화학적으로 분해하여 영양소로 전환하고, 이를 통해 신체의 에너지원과 필수 물질을 제공한다.

위장관은 구강, 식도, 위, 작은창자(샘창자, 빈창자, 돌창자), 큰창자(잘록창자, 곧창자), 항문으로 이루어진 주요 소화기관과 간, 쓸개, 이자 등 보조 기관으로 구성된다. 이러한 구조는 음식물이 적절히 소화되고 흡수되도록 조화롭게 작용하며, 소화되지 않은 찌꺼기와 신체 노폐물을 배설하는 기능을 수행한다. 또한 위장관 내부에는 장내미생물 군이 존재하여 소화를 돕고, 면역 체계를 강화하며, 병원성 미생물로부터 신체를 보호한다.

위장관계는 단순 소화와 배설 기능에 그치지 않고, 동물의 전반적인 건강 유지와 면역 방어에 중요한 역할을 한다. 위장관계와 관련된 구토, 설사, 변비, 식욕부진 등의 질환은 빈번히 발생하며, 이러한 문제는 정확한 진단과 치료를 요구한다.

2 위장관계의 구조

위장관계는 음식물의 소화, 흡수, 배설을 수행하기 위한 다양한 기관들로 구성된 시스템이다. 이러한 구조는 부위별로 특화된 기능을 수행한다. 위장관계는 주로 소화관과 소화 보조 기관으로 나뉜다.

(1) 소화관

소화관은 음식이 처음 들어가서 처리 및 배출되기까지의 경로로, 다음과 같은 주요 구조를 포함한다.

1) 입(구강, oral cavity)

음식물이 소화관으로 들어가는 첫 시작으로, 치아를 사용해 음식물을 물리적으로 분쇄하며, 타액이 분비되어 음식물을 부드럽게 하고 소화 효소(예: 아밀라아제(amylase))가 탄수화물을 분해하기 시작한다.

2) 식도(esophagus)

구강과 위를 연결하는 관성 구조물로, 음식물이 연동운동(peristalsis)을 통해 위로 이동한다. 점막으로 덮여 있으며, 이는 음식물의 이동을 매끄럽게 돕는다.

3) 위(위장, stomach)

음식물이 저장되고, 위산(HCl)과 소화 효소(펩신)가 분비되어 단백질 소화가 시작된다. 위벽의 근육층이 음식물을 물리적으로 섞고 부드럽게 만든 후, 작은창자로 이동시킨다.

4) 작은창자(소장, small intestine)

소화와 흡수의 핵심 기관으로, 길고 꼬불꼬불한 구조를 가진다.

① 샘창자(십이지장, duodenum): 이자에서 분비된 효소와 쓸개즙이 음식물과 섞여 소화가 진행된다.

② 빈창자(공장, jejunum): 많은 영양소가 흡수된다.

③ 돌창자(회장, ileum)

5) 큰창자(대장, large intestine)

소화되지 않은 음식물에서 수분과 전해질을 흡수하며, 남은 찌꺼기를 배설한다.

① 막창자(맹장, cecum): 소장에서 넘어온 음식물을 임시 저장하며 일부 미생물이 소화를 돕는다.

② 잘록창자(결장, colon): 수분을 재흡수하여 대변을 형성한다. 이는 위치에 따라 오름창자(ascending colon), 가로창자(transverse colon), 내림창자(descending colon), 구불창자(sigmoid colon)로 나뉜다.

③ 곧창자(직장, rectum): 대변을 임시 저장하며 배출 준비를 한다.

6) 항문(anus)

대변이 외부로 배출되는 통로로, 항문 조임근에 의해 조절된다.

(2) 소화 보조 기관

보조 기관은 소화관의 외부에 위치하며 다양한 물질(효소, 호르몬 등)을 저장 및 분비하여 소화를 돕는 역할을 한다.

1) 간

쓸개즙(담즙)을 생성하여 샘창자로 분비한다. 쓸개즙은 지방을 유화시켜 효소의 작용을 돕는다. 이외에도 대사 조절, 해독, 비타민과 철 저장 등 여러 대사 역할을 수행한다.

2) 쓸개(담낭)

간에서 생성된 쓸개즙을 저장하며, 음식물이 샘창자로 들어갈 때 쓸개즙을 분비한다.

3) 이자(췌장)

외분비 기능으로 소화 효소(아밀라아제, 리파아제, 트립신 등)와 중탄산염을 분비하여 음식물의 소화를 돕고, 내분비 기능으로 혈당 조절 호르몬(인슐린, 글루카곤)을 분비하여 대사를 조절한다.

그림 6-1 동물에서의 위장관계 모식도

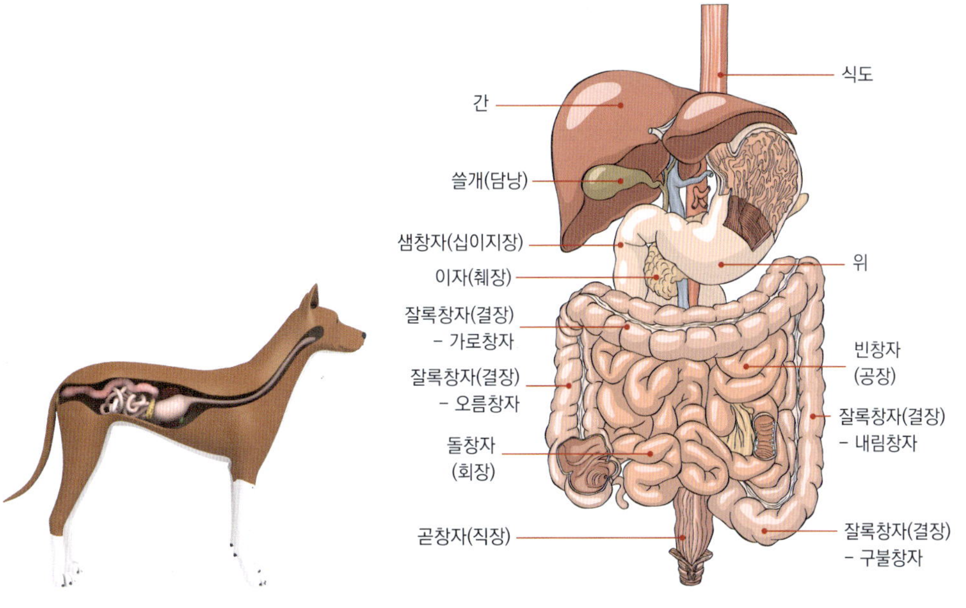

(3) 위장관계의 층 구조

위장관의 벽은 다음과 같은 층 구조로 이루어져 있다:

① 점막층(mucosa): 가장 안쪽 층으로, 소화 효소와 점액을 분비하며 흡수 기능을 수행한다.

② 점막하층(submucosa): 혈관과 신경이 위치하며, 점막을 지지한다.

③ 근육층(muscularis): 위장관의 운동(연동운동 및 세분화 운동)을 조절한다.

④ 장막층(serosa): 위장관을 외부로부터 보호하는 얇은 결합 조직층이다.

3 위장관계의 기능

위장관계는 음식물의 소화, 흡수, 배설 과정을 조율하며, 이를 통해 생명 유지와 건강을 지원하는 핵심적인 역할을 수행한다. 이러한 기능은 장운동, 위산 분비, 장내미생물 조절 등 여러 상호작용적 기전에 의해 체계적으로 이루어진다.

장운동은 음식물이 위장관 내에서 이동하고 처리되도록 돕는 중요한 과정이다. 장운동은 주로 연동운동(peristalsis)과 세분화 운동(segmentation)으로 구분된다. 연동운동은 소화관 평활근의 규칙적인 수축을 통해 음식물을 위장관의 끝으로 이동시키며, 특히 소화 후 배출 단계에서 활성화된다. 반면, 세분화 운동은 음식물을 분할하고 소화액과 섞이게 하여 효율적인 소화와 영양소 흡수를 돕는다. 이러한 운동은 자율신경계와 장신경계의 복합적 조절에 따라 이루어진다.

위산 분비는 소화 과정을 최적화하고 병원성 미생물을 제거하는 데 중요한 역할을 한다. 벽세포에서 분비되는 위산(HCl)은 단백질을 분해하는 효소인 펩신의 활성화를 돕고, 음식물 내 세균이나 바이러스를 제거하는 살균 작용을 한다. 위산 분비는 히스타민(H_2), 아세틸콜린, 가스트린과 같은 자극 인자에 의해 촉진되며, 소마토스타틴과 프로스타글란딘에 의해 억제된다. 위산의 분비가 과도할 경우 궤양과 같은 소화기 장애를 초래할 수 있으며, 부족할 경우 영양소 흡수가 저해되어 전신에 영향을 미칠 수 있다.

장내미생물의 조절은 위장관계 기능에서 필수적인 역할을 한다. 장내 미생물군은 음식물 소화를 돕고 비타민을 합성하며, 병원성 미생물의 증식을 억제하여 장벽의 면역 기능을 강화한다. 장내미생물의 균형이 깨지면 설사, 변비, 염증성 장 질환(IBD)과 같은 다양한 소화기

질환이 발생할 수 있다. 특히, 장내미생물은 장-뇌 축(gut-brain axis)을 통해 신경계와 상호작용하며, 심리적 안정과 면역 반응에도 영향을 미친다.

위장관계는 단순한 소화기관을 넘어 전신 건강과 밀접하게 연관된 복합적인 기능을 수행한다. 이를 이해하는 것은 소화기 질환의 예방과 치료뿐만 아니라, 동물의 전반적인 건강을 관리하는 데 필수적이다.

II 위장관계와 관련된 주요 약물

1 위궤양과 관련된 약물

(1) 위궤양 관리의 개요

위산 분비는 위 점막의 벽세포에서 생성되는 강한 염산(HCl)으로, 음식물 소화와 병원균 제거에 중요한 역할을 한다. 위산은 단백질 소화를 돕는 펩신(pepsin)의 활성화를 촉진하며, 음식물이 장으로 이동하기 전 적절히 분해될 수 있도록 한다. 정상적인 위는 점액과 중탄산염을 분비하여 위산으로부터 점막을 보호하며, 점막 세포 재생과 혈류 공급을 통해 손상된 조직을 회복하는 능력을 갖추고 있다. 그러나 위산 분비가 과도하거나, 점막을 보호하는 방어 기전이 약화될 경우 위 점막이 손상되면서 위궤양이 발생할 수 있다.

위산 분비는 자율신경계와 호르몬, 그리고 국소적인 자극으로 조절된다. 히스타민(H_2), 아세틸콜린, 가스트린과 같은 신호 분자는 벽세포를 활성화하여 위산 분비를 자극하며, 이 중 히스타민은 위산 분비를 강력히 촉진하는 주요 매개체로 작용한다. 반대로 프로스타글란딘은 위산 분비를 억제하고, 점막 보호를 강화함으로써 위장관의 균형을 유지한다. 위산 분비의 최종 단계는 벽세포의 세포막에 있는 프로톤 펌프(H^+/K^+ ATPase, proton pump)의 활성화로 이루어진다. 프로톤 펌프는 수소 이온(H^+)을 위 내부로 분비하고 칼륨 이온(K^+)을 세포 내로 끌어들이며, 이 과정에서 위산 생성이 완료된다(그림 6-2).

위궤양은 위산과 펩신에 의해 위 점막이 침식되어 손상이 점막층 아래의 조직까지 확장된 상태를 말한다(그림 6-3). 정상적인 위는 방어와 공격 요인 사이에서 균형을 유지하지만,

이 균형이 깨질 때 위궤양이 발생한다. 위산 과다 분비, 비스테로이드성 소염제(NSAIDs) 장기 사용, 헬리코박터 파일로리균(*H. pylori*) 감염, 심한 스트레스, 또는 불규칙한 식습관 등이 위궤양의 주요 원인으로 작용한다. 또한, 간질환이나 콩팥질환과 같은 전신적인 건강 문제도 위점막 방어를 약화해 위궤양을 유발할 수 있다. 위궤양은 식욕부진, 구토, 복부 불편감, 체중감소와 같은 일반적인 증상을 보이며, 심한 경우 흑색변이나 위 출혈, 천공과 같은 합병증이 동반될 수 있다. 이러한 증상은 동물의 삶의 질에 영향을 미칠 뿐 아니라, 적절히 치료하지 않을 경우 생명을 위협할 수 있다. 위궤양의 진단은 병력 확인과 신체검사, 내시경 검사를 통해 이루어지며, 치료는 위산 분비를 억제하고 점막을 보호하며, 원인을 제거하는 데 초점을 맞춘다.

그림 6-2 위벽에서의 위산 분비기전

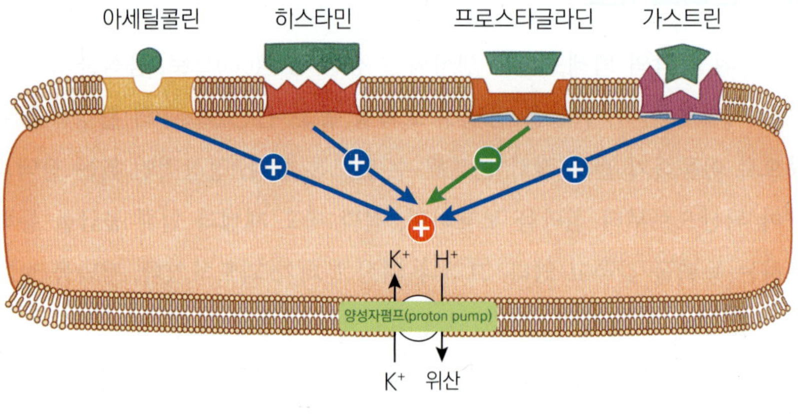

● ● ● 그림 6-3

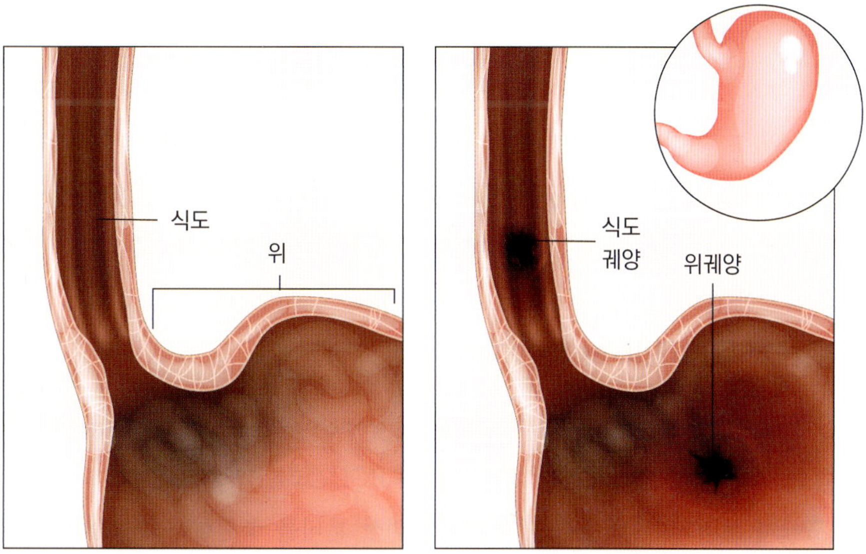

정상 위염

(2) 위궤양 관리에 쓰이는 약물

위궤양 치료는 위산 분비를 조절하고, 점막 손상을 복구하며, 궤양의 원인을 제거하는 것을 목표로 한다. 이를 위해 다양한 약물이 사용되며, 각각의 약물은 특정 작용 기전을 통해 위산 분비 억제, 점막 보호, 또는 병원균 제거 등의 역할을 수행한다.

1) 프로톤 펌프 억제제(Proton pump inhibitors, PPIs)

프로톤 펌프 억제제(PPIs)는 위산 분비 억제에 가장 강력한 효과를 가진 약물로, 위궤양 치료에서 핵심적인 역할을 한다. 이 약물은 벽세포(parietal cell)에서 위치한 프로톤 펌프(H^+/K^+ ATPase)를 억제한다. 프로톤 펌프는 위산 생성의 최종 단계에서 수소 이온(H^+)을 위 안으로 분비하고 칼륨 이온(K^+)을 세포 내로 흡수하는 역할을 한다. 프로톤 펌프 억제제는 이 효소의 작용을 차단하여 위산 농도를 급격히 낮추고, 궤양의 치유를 촉진한다.

프로톤 펌프 억제제는 일반적으로 식사 전 약 30분에서 1시간 전에 복용해야 최대 효과를 발휘한다. 이 약물은 주로 만성 위궤양, NSAIDs 유발 궤양, 역류성 식도염 등의 치료에 사용된다.

프로톤 펌프 억제제는 강력한 효과로 인해 궤양 치유와 재발 방지에 효과적이지만, 장기 사용 시 일부 부작용이 보고된다. 예를 들어, 장내 세균 과증식(SIBO), 칼슘과 마그네슘 흡수 저하로 인한 골밀도 감소, 감염 위험 증가 등이 있다. 따라서 장기 사용 시 주의가 필요하다.

오메프라졸(omeprazole)은 주로 공복 상태에서 경구투여(PO)하며, 개, 고양이에서 주로 1일 1회 투약한다. 에스오메프라졸은 경구투여(PO), 정맥주사(IV) 등으로 투여한다.

2) H_2 수용체 길항제(H_2 antagonist)

H_2 수용체 길항제(H_2 antagonist)는 히스타민(histamine)이 벽세포의 H_2 수용체에 결합하는 것을 차단하여 위산 분비를 억제한다. 히스타민은 ECL(장크롬친화성 유사 세포, enterochromaffin-like cell) 세포에서 분비되며, 벽세포를 자극하여 위산 분비를 촉진한다. 따라서 H_2 수용체를 차단하면 위산 생성을 효과적으로 줄일 수 있다. H_2 수용체 길항제는 PPI보다 효과가 약하지만, 작용이 빠르고 비교적 부작용이 적어 단기 치료나 가벼운 위장관 질환, 혹은 위장장애를 일으키는 약에서 부작용을 줄이기 위한 목적으로 유용하게 사용된다. 장기 사용 시 내성이 발생할 가능성이 있으며, 효과가 감소할 수 있다. 부작용으로 경미한 소화기 증상, 위 내 산도 저하로 인한 소화불량 유발, 피로, 어지러움, 두통과 같은 증상이 나타날 수 있다.

시메티딘(cimetidine), 파모티딘(famotidine), 니자티딘(nizatidine), 라니티딘(ranitidine)은 모두 H_2 수용체 길항제로, 히스타민이 벽세포의 H_2 수용체에 결합하는 것을 차단하여 위산 분비를 억제한다. 시메티딘은 최초로 개발된 H_2 길항제로, 약효가 짧고 CYP450 효소를 억제하여 다른 약물의 대사에 영향을 미칠 수 있는 단점이 있다. 또한, 개에서 사람과 유사하게 프로락틴 증가 및 항안드로젠 효과 가능성이 있다고 보고되어 있으므로, 사용에 유의해야 한다. 반면, 파모티딘은 시메티딘에 비해 약효가 강하고 지속 시간이 길며, 약물 대사 효소와의 상호작용이 적어 비교적 안전하게 사용된다. 라니티딘은 시메티딘보다 약효와 안전성이 개선된 약물로 널리 사용되었으나, 일부 제품에서 발암 가능 물질인 NDMA(N-Nitrosodimethylamine) 오염이 발견되어 현재는 사용이 제한되거나 중단되었다. H_2 수용체 길항제는 모두 위산 분비 억제 효과를 가지지만, 현재는 부작용과 효능의 차이를 고려해 파모티딘이 가장 선호된다.

3) 점막 보호제(Mucosal protectants)

점막 보호제는 위 점막 손상을 복구하고 보호하는 데 사용된다.

대표적인 점막 보호제 미소프로스톨(misoprostol)은 프로스타글란딘 유도체로, NSAIDs(비스테로이드성 소염제)로 인한 위궤양 예방과 치료 등에 사용한다. 미소프로스톨은 첫째, 점액과 중탄산염 분비를 증가시켜 위 점막을 덮는 보호층을 강화한다. 이를 통해 위산과 펩신으로부터 점막이 손상되는 것을 방지한다. 둘째, 벽세포의 위산 분비를 억제하여 위산 과다로 인한 점막 손상을 줄인다. 셋째, 위 점막 혈류를 증가시켜 점막 세포의 재생과 손상 회복을 돕는다. 이러한 기전을 통해 약화된 점막 방어 체계를 복구하고 유지하는 데 효과적이다.

미소프로스톨은 주로 경구투여로 사용되며, 체중과 상태에 따라 적절한 용량이 조정되며, NSAIDs를 지속해서 사용해야 하는 환자에서 위 점막 손상을 예방하는 데 유용하다. 그러나 미소프로스톨은 자궁 수축을 유발할 수 있어 임신한 동물에게는 금기이다. 또한, 흔한 부작용으로 설사, 복통, 복부 경련이 보고되었으며, 이러한 증상은 복용 초기 단계에서 두드러지지만, 시간이 지나면서 완화되는 경우가 많다.

4) 제산제(Antacids)

제산제는 위 내에서 염산(HCl)과 화학적으로 반응하여 중화 작용을 한다. 이에 따라 위산의 산도가 낮아져 점막 자극이 줄어들 수 있다. 또한, 일부 제산제는 보호막을 형성하여 위 점막을 직접적으로 보호하는 작용도 겸한다. 이러한 약물은 즉각적인 효과를 제공하며, 주로 경미한 위장관 증상(속쓰림, 위산 역류, 소화불량)의 단기 치료에 사용된다.

알루미늄 제제는 대표적으로 알루미늄 하이드록사이드(aluminum hydroxide)가 있으며, 이는 위산을 천천히 중화하며 변비를 유발할 수 있다. 마그네슘 제제는 빠르게 위산을 중화하나 설사를 유발할 수 있으며, 마그네슘 하이드록사이드(magnesium hydroxide) 형태로 사용된다. 칼슘 제제는 빠르고 강력한 중화 효과와 칼슘 보충 역할을 하나 고칼슘혈증, 변비, 산 반동 현상(acid rebound)을 유발할 수 있다. 칼슘 카보네이트(calcium carbonate)가 대표적이다. 복합 제제는 알루미늄과 마그네슘 등을 조합하여 부작용을 상쇄하며, 대표적인 성분인 알마게이트(almagate)는 알루미늄과 마그네슘의 복합 산화물로, 알루미늄의 변비 유발 효과와 마그네슘의 설사 유발 효과를 상쇄하여 부작용을 최소화하는 특징을 가진다. 제산제는 증상 발생 시 즉시 복용하며, 음식 섭취 후나 취침 전에 복용하면 효과적이다. 장기 사용은 적합하지 않으며, 위 내 pH 변화를 통해 약물 흡수를 방해할 수 있으므로 복용 간격을 두는 것이 중요하다. 콩팥 기능 저하 동물에서 전해질 불균형 발생 가능성 등의 부작용에 주의해야 한다. 또한 제산제는 다른 약물과 함께 복용 시 흡수를 저해할 수 있으므로, 복용 간격을 최소 2시간 이상 두어야 한다. 특히 테트라사이클린, 퀴놀론 계열 항생제, 철분제, 항진균제, 디곡신 등은 제산제와의 상호작용으로 약효가 감소할 수 있으므로 주의해야 한다.

2 구토, 오심 증상과 관련된 약물

(1) 구토, 오심 관리의 개요

구토(vomiting)와 오심(nausea)은 위장관계와 중추신경계의 복합적인 상호작용으로 발생하는 증상으로, 신체의 방어 기전 중 하나이다. 구토는 위 내용물을 구강으로 강제적으로 배출하는 과정이며, 오심은 구토 직전에 느껴지는 불쾌한 감각으로, 실제 구토로 이어질 수도 있고 그렇지 않을 수도 있다. 이러한 증상은 위장관, 전정기관, 미주신경, 화학물질, 심리적 요인 등 다양한 원인에 의해 유발되며, 발생 과정은 연수에 있는 구토 중추와 화학수용기 방아쇠 구역(CRTZ: chemoreceptor trigger zone)의 활성화로 조절된다. 구토 중추는 신경학적 및 체액성 신호를 통합하여 구토 반응을 조절하며, CRTZ는 혈액과 뇌척수액의 화학물질(약물, 독소 등)에 민감하게 반응하여 구토 중추로 신호를 전달한다. 구토는 위장관 자극(독소, 감염, 위장 확장), 전정기관의 움직임 변화(멀미), 약물이나 대사산물(항암제, 요독증) 등의 자극을 통해 발생하며, 불안, 공포와 같은 심리적 요인도 대뇌 피질을 통해 구토를 촉발할 수 있다. 생리적으로 구토는 오심, 타액 분비 증가와 같은 전구 증상을 시작으로, 위와 장의 근육 수축, 식도괄약근 이완, 횡격막과 복근의 수축을 거쳐 위 내용물이 구강으로 배출되는 일련의 과정으로 이루어진다. 구토와 오심은 급성 및 만성 질환, 약물 부작용, 감염, 대사 장애 등 다양한 원인으로 발생하며, 지속적이거나 반복적으로 나타날 때 탈수, 전해질 불균형, 영양 결핍, 점막 손상과 같은 합병증을 유발할 수 있다. 따라서 구토의 원인과 기전을 정확히 이해하고 분석하는 것은 증상 관리 및 적절한 치료 약물 선택에 있어 매우 중요하다.

●●● 그림 6-4 구토, 오심 기전

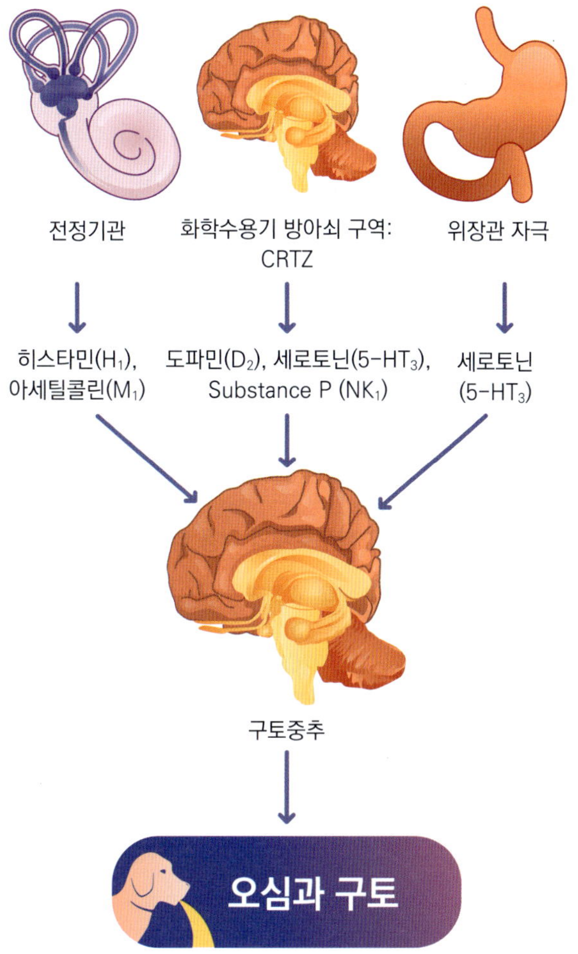

(2) 항구토를 목적으로 사용하는 약물(Antiemetics)

항구토제는 구토와 오심을 예방하거나 완화하는 데 사용되는 약물로, 원인에 따라 다양한 작용 기전을 가진 약물이 선택적으로 사용된다. 동물에서는 수술 후 구토, 항암치료로 인한 구토, 멀미, 전정기관 질환, 위장관 장애 등 여러 원인으로 구토가 발생할 수 있으며, 항구토제의 선택은 기저 질환과 증상에 따라 결정된다.

메토클로프라마이드(metoclopramide)는 도파민 D_2 수용체 길항제로 작용하여 CRTZ의 자극을 억제함으로써 오심과 구토를 완화한다. 주로 위장관 운동 저하로 인한 구토와 항암화학요법 유발 구토에 사용된다. 온단세트론(ondansetron)은 세로토닌 5-HT_3 수용체 길항제로, CRTZ와 구토 중추에서 신호 전달을 차단해 항암화학요법, 방사선 치료, 수술 후 구토를 예방하는 데 효과적이다. 개와 고양이에서 안전성이 높으나 변비, 그리고 드물게 심박수 변화가 발생할 수 있다. 마로피탄트(maropitant)는 뉴로키닌-1(NK_1) 수용체 길항제로, substance P의 작용을 차단하여 급성 및 만성 구토, 멀미, 항암화학요법 유발 구토를 효과적으로 억제하며, 장기간 사용 시 간 기능 모니터링이 필요하다. 스코폴아민(scopolamine)은 무스카린 M1 수용체 길항제로, 전정기관 이상으로 인한 구토 및 멀미 예방에 사용되고 구강 건조, 시야 흐림과 같은 항콜린성 부작용에 주의해야 한다.

그림 6-5 항구토제의 기전

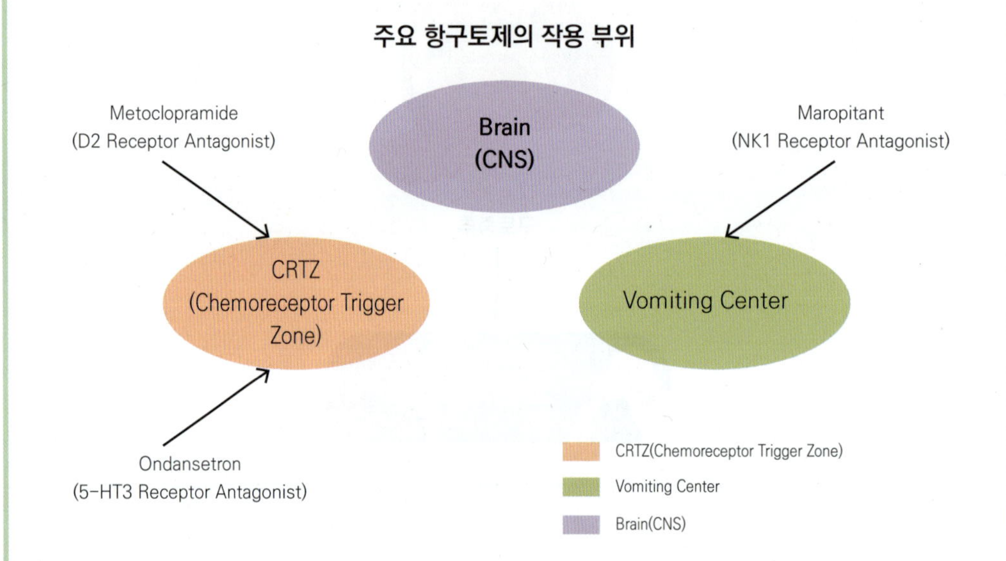

(3) 구토제(Emetics)

구토제(emetics)는 독소나 유해 물질을 섭취한 동물에서 이를 제거하기 위해 의도적으로 사용하는 약물로, 구토 중추(vomiting center) 또는 화학수용기 방아쇠 구역(CRTZ)을 자극하여 구토를 유발한다. 구토제는 독소나 유해 물질 섭취 후 신속히 사용해야 하며, 부식성 물질이나 날카로운 물체를 삼킨 경우에는 금기된다.

대표적인 구토제로는 아포모르핀(apomorphine)과 자일라진(xylazine)이 있다. 아포모르핀은 도파민 D_2 수용체를 자극하여 개에서 효과적으로 구토를 유발하며, 점막 또는 피하 주사로 투여된다. 자일라진은 α2-아드레날린 수용체 작용제로, 주로 고양이에서 사용되며 진정 효과를 동반한다. 과거에는 가정에서 과산화수소(hydrogen Peroxide)를 구토 유발제로 사용하기도 했으나, 점막 자극 및 위염과 같은 부작용이 발생할 수 있어 현재는 권장되지 않는다.

트라넥삼산(tranexamic acid)은 플라스미노겐의 활성화를 억제하여 섬유소 용해를 막고 출혈을 감소시키는 항섬유소용해제로, 본래는 출혈 억제 목적으로 사용되지만, 현재는 구토 유발제로도 임상 현장에서 사용되고 있다. 구토 유발의 명확한 기전은 밝혀지지 않았으나 위장관 또는 중추신경계 자극 가능성이 제기되고 있다. 다만, 콩팥 기능 저하 동물에서는 체내 축적 위험이 있고, 드물게 혈전 생성 부작용이 보고된 바 있어, 반드시 적응증과 금기사항을 고려한 신중한 투약이 요구된다.

3 위장운동 촉진과 관련된 약물

위장운동 촉진제(prokinetics)는 위장관 평활근의 수축을 유도하거나 신경전달을 조절하여 위와 장의 연동운동을 강화하는 약물로, 위정체(gastroparesis), 장운동 저하, 변비 등 다양한 소화기 질환의 보조 치료에 사용된다. 작용 기전은 약물에 따라 도파민 수용체 차단, 세로토닌 수용체 자극, 콜린성 수용체 자극 등으로 구분된다. 수의 임상에서는 주로 수술 후 장운동 저하, 만성 위정체, 장 무력증 등에서 활용된다.

메토클로프라미드(metoclopramide)는 도파민 D_2 수용체 길항제로 작용하여 위 배출을 촉진하고, 하부식도괄약근 압력을 증가시켜 역류를 방지한다. 또한 5-HT_4 수용체를 자극하여 위·소장 운동을 강화하며, 중추에서는 구토중추 자극을 억제하여 항구토 작용도 나타낸다. 모사프라이드(mosapride)는 세로토닌 5-HT_4 수용체를 자극하여 위·소장의 연동운동을 촉진한다. 또한 위 배출 촉진 효과가 뛰어나며, 심혈관계 부작용 위험이 낮아 비교적 안전하게 사용할 수 있다. 시사프라이드(cisapride)는 모사프라이드와 기전이 유사하지만, 사람에서는 부정맥 부작용으로 사용이 제한되었고, 수의학에서는 적절한 모니터링 하에 사용된다. 베타네콜(bethanechol)은 무스카린성 콜린 수용체를 직접 자극하여 위장관 평활근 수축을 촉진한다. 위·소장 무력증이나 방광 무력증에 사용되고 있다.

4 설사 증상과 관련된 약물

지사제는 설사를 완화하거나 멈추게 하는 약물로, 증상의 원인에 따라 적절한 약물을 선택한다. 지사제는 작용 기전에 따라 흡착제 및 보호제, 장운동 억제제, 항분비제, 항균제, 프로바이오틱스 및 프리바이오틱스로 분류된다.

흡착제 및 보호제는 장 내 유해 물질을 흡착하고 장벽을 보호하여 설사를 완화하는 역할을 하며, 대표적으로 활성탄(charcoal), 카올린-펙틴(kaolin-pectin), 스멕타이트(smectite, 스멕타®)가 사용된다. 활성탄은 독소 및 장 내 유해 물질을 흡착하여 설사 증상을 완화하며, 카올린-펙틴은 장 내 독소를 흡착하고 대변의 점도를 증가시켜 증상을 완화한다. 스멕타이트는 장 점막 보호 기능을 하며, 장 내 독소 및 세균 흡착 작용을 통해 설사를 줄이는 효과가 있다. 또한 장 내 수분 균형을 조절하여 대변의 점도를 증가시키고, 급성 및 만성 설사 치료에 널리 사용된다. 활성탄, 카올린-펙틴, 스멕타이트는 강한 흡착 작용을 가지고 있어, 다른 약물의 흡수를 방해할 수 있으므로 최소 1~2시간 이상의 복용 간격을 두는 것이 필요하다. 특히 활성탄은 약물과 결합하여 효과를 감소시킬 수 있으므로, 응급 상황이 아닌 경우 다른 약물과 함께 복용하지 않도록 주의해야 한다.

감염성 설사의 경우 항균제를 사용할 수 있다. 대표적으로 메트로니다졸(metronidazole), 설파살라진(sulfasalazine), 플루오로퀴놀론 계열(fluoroquinolone class)의 항균제가 사용된다.

프로바이오틱스 및 프리바이오틱스는 장내미생물 균형을 조절하여 설사를 완화하는 데 도움을 주며, 대표적으로 락토바실러스(*Lactobacillus*)와 비피도박테리움(*Bifidobacterium*) 같은 유익균(beneficial bacteria)이 포함되며 프리바이오틱스로 프락토올리고당(fructooligosaccharides, FOS)과 이눌린(inulin) 등이 사용된다.

지사제를 사용할 때는 설사의 원인을 감별하는 것이 중요하며, 단순한 식이 변화(dietary change)로 인한 설사인지 감염성 설사인지 또는 대사성 질환(metabolic disorder)으로 인한 설사인지에 따라 적절한 치료법을 선택해야 한다. 감염성 설사의 경우 과도하게 장운동을 억제하는 경우 병원균의 배출이 지연될 수 있으므로, 신중하게 사용해야 한다.

5 간 보호 및 담즙 흐름 개선과 관련된 약물

간보호제 및 담즙 흐름 개선제는 간 기능을 보호하고 담즙 흐름을 원활하게 하며, 간세포의 회복을 돕는 약물로, 주로 만성 간질환, 담즙 정체(cholestasis), 간 손상 예방 및 치료에 사용된다. 간은 체내 독소를 해독하고 영양소 대사를 조절하는 중요한 기관이지만, 염증, 독성물질, 감염, 대사 이상 등으로 인해 기능이 저하될 수 있다. 이러한 간 손상을 완화하고 회복을 돕기 위해 담즙 조절제와 간보호제가 임상적으로 활용된다.

담즙 조절제는 담즙의 분비를 촉진하여 담즙 정체를 해소하고, 간세포를 보호하는 역할을 한다. 대표적인 약물로 우르소데옥시콜산(ursodeoxycholic acid, UDCA)가 있으며, 이는 친수성 담즙산으로 간에서 생성되는 독성 담즙산을 희석해 간세포의 손상을 줄인다. 또한, 담즙의 흐름을 원활하게 하여 담즙 정체로 인해 발생하는 간 손상과 황달을 예방하고, 항염증 작용을 통해 간 섬유화(fibrosis)와 간경화 진행을 억제하는 효과가 있다. UDCA는 주로 만성 간염, 담즙 정체성 간질환, 간경화 초기 단계에서 사용되며, 일반적으로 장기간 투여가 필요하다.

간보호제는 간세포의 재생과 해독 기능을 돕고, 산화 스트레스로부터 간을 보호하는 역할을 한다. 대표적인 간보호제에는 S-아데노실메티오닌(S-adenosylmethionine, SAMe)과 실리마린(silymarin, 밀크씨슬 추출물)이 있다. SAMe는 간에서 자연적으로 생성되는 물질로, 글루타티온(glutathione) 합성을 촉진하여 항산화 작용을 강화하고, 간세포의 해독 기능을 증가시킨다. SAMe는 약물 또는 독성 물질로 인한 간 손상, 노령 동물의 간 기능 저하, 간지방증 치료에 유용하게 사용된다. 실리마린은 밀크씨슬(silybum marianum)에서 추출된 천연 성분으로, 강력한 항산화 및 항염증 작용을 통해 간세포를 보호하고 재생을 촉진한다. 실리마린은 독성 간염, 만성 간질환, 항생제 및 화학물질로 인한 간 손상 예방 등에 사용된다.

담즙 및 간보호제는 단독으로 사용되기도 하지만, 간질환의 원인과 진행 상태에 따라 식이요법, 수액 요법, 기타 간 보호 치료와 함께 병행하여 사용하면 더욱 효과적이다.

6 췌장 기능 부전과 관련된 약물

췌장 효소제는 췌장의 외분비 기능 부전(exocrine pancreatic insufficiency, EPI)으로 인해 소화

가 원활하지 않은 경우 이를 보완하기 위해 사용되는 약물이다. 췌장 외분비 기능 부전은 췌장에서 소화 효소가 충분히 생성되지 않아 지방, 탄수화물, 단백질의 소화 및 흡수가 어렵게 되는 질환으로, 체중 감소, 설사, 영양 결핍 등의 증상을 유발한다. 췌장은 정상적으로 소화 효소를 분비하여 음식물 속의 영양소를 분해하지만, 외분비 기능이 저하되면 이러한 효소가 충분히 생성되지 않아 지방, 탄수화물, 단백질과 같은 영양소의 소화 및 흡수가 어려워진다.

췌장 효소제에는 리파아제(lipase), 아밀라아제(amylase), 프로테아제(protease)와 같은 소화 효소가 포함된다. 리파아제는 지방을 지방산과 글리세롤로 분해하여 흡수를 돕고, 아밀라아제는 탄수화물을 단당류로 변환하여 에너지원으로 활용할 수 있도록 한다. 또한, 프로테아제는 단백질을 아미노산으로 분해하여 체내에서 이용될 수 있도록 한다.

이러한 효소들은 개와 고양이에서 췌장 외분비 기능 부전(EPI) 외에도 만성 췌장염, 기타 소화기 질환의 관리 및 치료에 활용된다. 일반적으로 경구 투여하며, 식사와 함께 복용할 것을 권장한다. 효소가 음식물과 잘 섞이면 영양소의 분해가 더욱 원활해지며, 체내 흡수율도 높아진다. 그러나 췌장 효소제를 과량으로 사용하면 구강 점막 자극, 구강 궤양, 위장관 불편감 등의 부작용이 나타날 수 있다.

7 관장과 관련된 약물

관장은 직장 내로 약물을 주입하여 변비 해소, 고암모니아혈증(hyperammonemia), 기타 목적으로 대장을 비워야 할 때 시행하는 방법으로, 개와 고양이를 비롯한 다양한 동물에서 활용된다. 관장제는 작용 기전에 따라 삼투성 관장제와 윤활성 관장제로 나뉘며, 각각 변을 부드럽게 하거나 장 내 수분을 증가시켜 배변을 촉진하는 역할을 한다. 대표적인 성분으로는 락툴로스(lactulose) 등의 삼투성 성분과 미네랄 오일, 글리세린 등의 윤활성 성분이 있으며, 필요에 따라 장을 자극하지 않으면서 변을 원활하게 배출할 수 있도록 한다. 특히 락툴로스 관장은 장 내 pH를 낮춰 암모니아를 이온화된 형태로 전환해 장에서의 재흡수를 방지함으로써 간부전이나 간성뇌증(hepatic encephalopathy) 관리에 도움을 줄 수 있다. 관장을 시행할 때는 적절한 용량을 유지하고, 기존 질환이 있는 경우 신중히 사용해야 하며, 특히 삼투성 관장제는 탈수를 유발할 수 있어 수액 공급이 필요하기도 하다. 장기간 반복적인 관장제 사용은 장의 자율적인 운동을 저하할 수 있으므로 근본적인 원인을 해결하는 것이 중요하다.

8 식욕 자극과 관련된 약물

식욕 자극제는 식욕부진이 있는 동물에서 영양 상태를 개선하고 회복을 촉진하기 위해 사용된다. 대표적인 약물로 디아제팜(diazepam), 사이프로헵타딘(cyproheptadine), 미르타자핀(mirtazapine)이 있다. 디아제팜은 벤조디아제핀 계열 약물로, GABA 수용체를 작용시켜 항불안 효과와 함께 단기적인 식욕 자극 효과를 나타내며, 특히 고양이에서 빠른 식욕 증가가 보고되었다. 사이프로헵타딘은 항히스타민제이면서 세로토닌 길항제로 작용하여 식욕을 증가시키며, 고양이에서 주로 사용된다. 미르타자핀은 세로토닌 및 노르에피네프린 조절을 통해 항우울 작용과 함께 강력한 식욕 자극 효과를 가지며, 개와 고양이에서 식욕부진 치료에 널리 사용된다. 이들 약물은 개별 동물의 상태에 따라 적절한 용량과 빈도로 투여해야 하며, 부작용과 약물 상호작용을 고려하여 신중하게 사용해야 한다.

위장관계 주요 약물 정리 표

성분명	상품명	작용	비고(주의 사항 및 부작용)
오메프라졸 (Omeprazole)	오메드정®, 오엠피정®	위산분비억제제 (프로톤 펌프 억제제(PPIs))	아침 식전 복용 권장
에스오메프라졸 (Esomeprazole)			
판토프라졸 (Pantoprazole)			
파모티딘 (Famotidine)	파모티딘정®	위산분비억제제 (H_2 수용체 길항제)	
시메티딘 (Cimetidine)			
니자티딘 (Nizatidine)			
미소프로스톨 (Misoprostol)		점막 보호제(프로스타글란딘 유도체)	자궁 수축

<table>
<tr><td>알루미늄 하이드록사이드
(aluminum hydroxide)</td><td rowspan="2">겔포스®(알루미늄 하이드록사이드와 마그네슘 하이드록사이드의 합제)</td><td rowspan="4">제산제</td><td></td></tr>
<tr><td>마그네슘 하이드록사이드
(magnesium hydroxide)</td><td></td></tr>
<tr><td>칼슘 카보네이트
(Calcium carbonate)</td><td></td><td></td></tr>
<tr><td>알마게이트
(Almagate)</td><td>알마겔®</td><td>알루미늄과 마그네슘의 복합 산화물</td></tr>
<tr><td>메토클로프라마이드
(Metoclopramide)</td><td>맥페란정®, 멕쿨주®</td><td>항구토효과,
위배출 촉진</td><td>장폐색 시 금기</td></tr>
<tr><td>온단세트론
(Ondansetron)</td><td>조프란주®, 조프란정®,
온세란주®, 온단트정®</td><td rowspan="2">항구토효과</td><td></td></tr>
<tr><td>마로피탄트
(Maropitant)</td><td>세레니아®</td><td></td></tr>
<tr><td>아포모르핀
(Apomorphine)</td><td></td><td rowspan="3">구토 유발 효과</td><td></td></tr>
<tr><td>자일라진
(Xylazine)</td><td>럼푼®</td><td>α2-아드레날린 수용체를 자극함으로써, 노르에피네프린 방출 억제(진정 및 마취 보조억제제)</td></tr>
<tr><td>트라넥삼산
(Tranexamic acid)</td><td></td><td>플라스민노겐 활성화를 억제하여 출혈 억제</td></tr>
<tr><td>모사프라이드
(Mosapride)</td><td>가스모틴®</td><td rowspan="3">위장관 연동운동 촉진</td><td>장폐색 시 금기</td></tr>
<tr><td>시사프라이드
(Cisapride)</td><td></td><td>사람에서 심혈관계 부작용 보고</td></tr>
<tr><td>베타네콜
(Bethanechol)</td><td></td><td></td></tr>
<tr><td>활성탄(charcoal)</td><td></td><td rowspan="3">흡착제 및 보호제</td><td rowspan="3">다른 약물과 결합하여 흡수를 저해하므로, 다른 약과의 복약시간을 겹치지 않게 하여야 함</td></tr>
<tr><td>카올린-펙틴
(kaolin-pectin)</td><td></td></tr>
<tr><td>스멕타이트
(Smectite)</td><td>포타겔현탁액®,
스타빅현탁액®</td></tr>
</table>

우르소데옥시콜산 (Ursodeoxycholic Acid, UDCA)	우루사정®	담즙 흐름 개선제	
S-아데노실메티오닌 (S-adenosylmethionine, SAMe)		간보호제	
실리마린(Silymarin, 밀크씨슬 추출물)			
락툴로스		삼투성 관장제	
미네랄오일		윤활성 관장제	
글리세린			
디아제팜 (Diazepam)		식욕자극제	
사이프로헵타딘 (Cyproheptadine)	트레스탄츄정®, 트레스탄캡슐®		
미르타자핀(Mirtazapine)	레메론정®		

CHAPTER

07

심혈관계 주요 약물

Ⅰ. 심혈관계 개요

Ⅱ. 심장과 관련된 주요 약물

Ⅲ. 혈관과 관련된 주요 약물

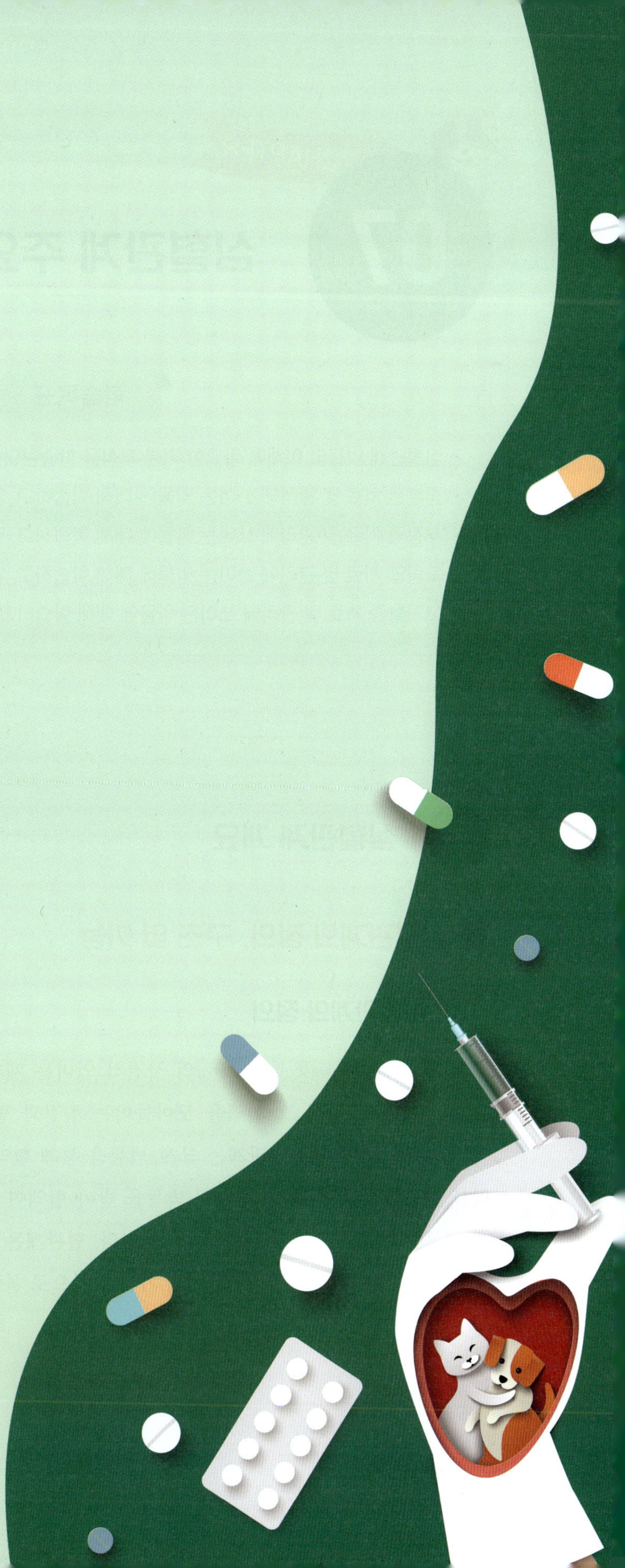

CHAPTER 07

심혈관계 주요 약물

학습목표

- 심혈관계 약물의 이해에 필요한 기본 지식을 학습한다.
- 심부전 치료 및 관리에 쓰이는 약물에 대해 학습하고, 임상에 응용할 수 있다.
- 부정맥 치료 및 관리에 쓰이는 약물에 대해 학습하고, 임상에 응용할 수 있다.
- 고혈압 치료 및 관리에 쓰이는 약물에 대해 학습하고, 임상에 응용할 수 있다.
- 고지혈증 치료 및 관리에 쓰이는 약물에 대해 학습하고, 임상에 응용할 수 있다.

I 심혈관계 개요

1 심혈관계의 정의, 구조 및 기능

(1) 심혈관계의 정의

심혈관계(cardiovascular system)의 사전적 의미는 체내의 혈액을 온몸의 장기, 조직 세포 등으로 보내고, 다시 그 혈액을 모아들이는 심장과 혈관으로 구성되어 있는 하나의 계통(system)을 의미한다. 심혈관계는 크게, 박동을 통해 혈액을 온몸으로 보낼 수 있게 하는 원동력을 제공해 주는 심장과, 심장의 박동을 받아 혈액이 장기 및 조직으로 흘러갈 수 있게 길을 제공해 주는 혈관계로 나누어 볼 수 있다. 혈관계는 다시 동맥, 모세혈관, 정맥 등으로 나누어 볼 수 있으며, 크기에 따라 여러 가지 이름으로 불린다.

그림 7-1 개의 심혈관계 모식도

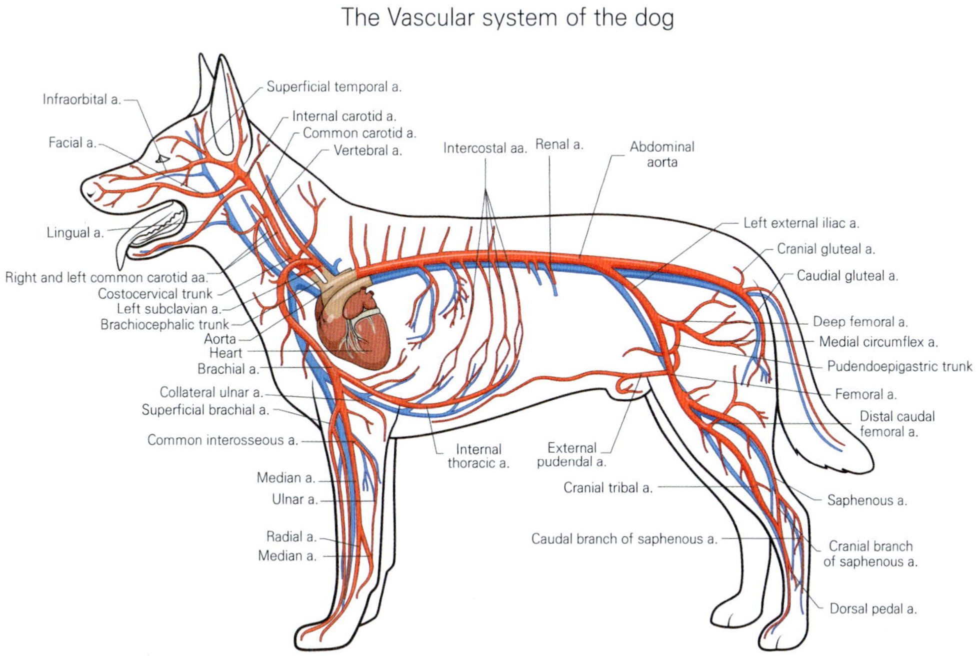

(2) 심혈관계의 구조 및 기능

심혈관계는 혈액을 박출하는 심장과 혈액이 전신으로 이동할 수 있는 혈관으로 이루어져 있다. 혈관계는 심장과 이어진 폐쇄 순환 구조를 이루며 이로 인해, 심장과 혈관의 문제는 항상 연관되어 있는 특성이 있다.

혈액 순환은 심장 박동에 의해 이루어지며, 이러한 심장박동은 혈액을 순환시켜 우리 몸의 세포에 산소와 영양분을 공급하게 된다. 세포는 혈액과 세포간질액에 둘러싸여 있으며, 혈액은 세포 사이에 있는 액체인 간질액(사이질액)으로부터 노폐물을 받아서 제거하며, 산소와 영양분을 조직액에 공급하여 세포의 생명을 유지하는 중요한 기능을 수행한다. 이와 더불어 면역세포를 운반하여 인체를 감염으로부터 보호하며, 온도, pH, 수분, 전해질 농도 조절에도 관여하여 생명을 유지시키는 필수적인 역할을 한다.

●●● 그림 7-2 체내 순환을 통한 산소 운반

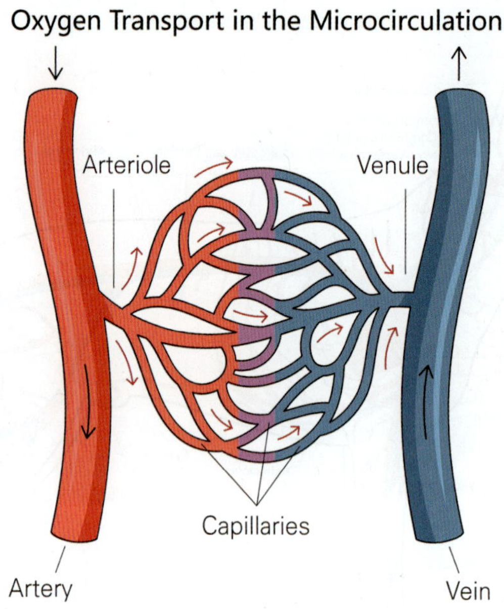

2 심장 및 혈관의 작용 기전

(1) 심장의 작동 원리

심장은 하나의 세포에서 만들어진 전기적인 신호에 의해 일사분란하게 작동하도록 설계되어 있다. 이러한 활동 전위 신호를 만드는 세포를 박동조율기 세포라고 한다. 굴심방결절(SA node)에 위치한 박동조율기 세포에서 만들어진 신호가 심방, 방실결절, 다발갈래, 푸르키네 섬유를 거치면서 심실에 전기적인 자극을 통해 심장이 뛰는 원리를 가지고 있다. 이러한 전기적인 신호는 틈새이음을 통해 심장 세포 내의 세포질에서 다른 심장 세포의 세포질로 이온이 빠르게 이동할 수 있는 통로 역할을 하여 빠르게 이웃한 세포들을 전기적으로 자극할 수 있다. 이로 인해 심장 근육층 전체는 마치 하나의 세포처럼 활동할 수 있으며, 이러한 심장의 전기적 신호 주기는 1초 이내에 하나의 주기가 완성된다.

몇 개의 세포가 모여 하나의 세포처럼 작용하는 것을 융합체(syncytium)라고 하며, 수많은 세포가 모여 심장을 구성하지만 마치 하나의 단위처럼 일사불란하게 수축과 이완을 반복할 수 있어 심근을 기능적 융합체라고 할 수 있다.

●●● **그림 7-3 심장의 전기 전도 체계(Cardiac conduction system)**

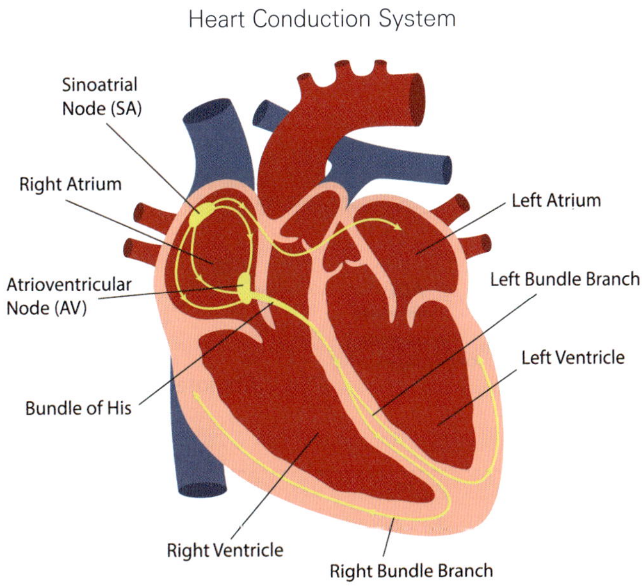

(2) 혈관의 혈압 조절 원리

일반적으로 말하는 혈압은 동맥혈압을 말한다. 이러한 동맥 혈압을 결정하는 두 가지 요인은 심박출량과 말초혈관 저항이다. 혈압은 단기적 조절과 장기적 조절로 나뉠 수 있다.

단기적인 조절 기전에는 압수용체와 교감신경계가 중요한 역할을 하며, 장기적인 혈압의 조절은 레닌-안지오텐신-알도스테론계에 의해 우리 몸의 혈액량과 혈압이 조절된다.

단기적인 혈압의 조절은, 혈압이 떨어지면 교감신경계의 활성이 증가하게 되며, 심장의 베타-1 수용체를 활성화하여 심박출량을 증가시킴과 동시에 혈관 평활근의 알파1 수용체 활성화를 통해 소동맥과 정맥의 수축을 유발한다. 이는 말초 저항의 증가와 심장으로 되돌아가는 혈액(정맥환류량)의 증가를 유발하여 혈압을 상승하게 된다.

장기적인 혈압의 조절은, 교감신경계 활성 증가로 신장의 베타-1 수용체가 항진되면 신장의 사구체옆장치에서 만들어지는 레닌의 유리가 증가하며, 이러한 레닌은 안지오텐시노겐을 안지오텐신 I 으로 전환한다. 안지오텐신 I 은 안지오텐신 전환효소에 의해 안지오텐신 II 로 전환되며, 이러한 안지오텐신 II 는 두 가지 작용을 일으킨다.

첫 번째는 강력한 혈관 수축작용으로 말초혈관 저항을 증가시키며, 두 번째는 부신피질에서 알도스테론 분비를 증가시키는 작용을 한다. 알도스테론은 호르몬의 일종으로 신장에서 나트륨과 수분의 재흡수를 증가시켜 혈액량을 늘리게 된다.

그림 7-4 체내 혈압 조절 기전

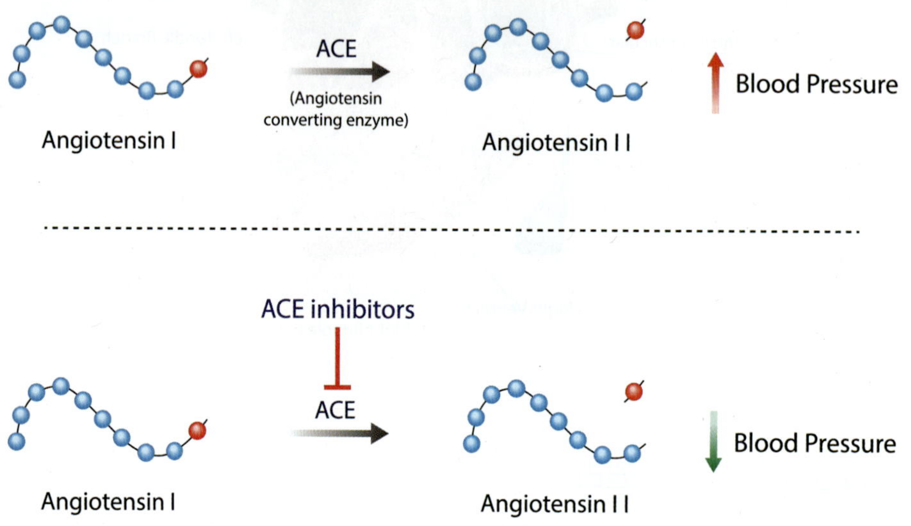

Ⅱ 심장과 관련된 주요 약물

1 심부전과 관련된 약물

(1) 심부전 관리의 개요

심장은 우리 몸의 모든 기관에 혈액을 공급하는 중요한 기관이다. 온몸에 혈액을 보내는 심장의 펌프 기능에 문제가 생겨 몸의 기관에 혈액을 충분히 공급하지 못하는 상태를 심부전이라고 한다. 심장은 펌프와 같이 혈액을 온몸으로 순환하는 물리적 기능과 전기 신호로 움직이는 전기적 전도 기능을 동시에 수행하는데, 기계적인 기능에 문제가 생기게 되면 각 장기에는 원하는 만큼의 혈액이 공급되지 않고, 이와 함께 혈액이 돌아오지 못하고 정체되는 문제가 발생한다. 원인은 심장 근육 자체의 문제, 판막의 문제 등 다양하다. 원인을 확인하고, 이러한 심장 상태에 맞춰 적절한 약물을 처방해야 한다.

(2) 심부전 관리에 쓰이는 약물

1) 심근 수축력 증가제(positive inotropic drugs)

양성 심근 수축성 약물이라고도 하며 세포질 내 칼슘 이온 농도를 증가시켜 효과를 나타낸다. 심부전 환자에서 무분별하게 사용되는 수축성 약물은 오히려 생존기간을 감소시킬 수 있어, 판막기능부전이나 확장성 심근병증 등의 울혈성 심부전의 치료에 효과적이다.

① 심장 배당체(cardiac glycosides)

강심제라고도 불리며, 디지탈리스(digitalis)라는 생약에서 추출된 생리활성물질로 체내에서 심장의 수축력과 박출량을 증가시키며, 미주신경에 작용하여 심박수를 조금 감소시키며, 심방, 심실의 근육을 활성화하는 작용을 한다. 심장 배당체의 대표적인 약물로는 디곡신(digoxin)이 있다.

② 포스포디에스테라아제 억제제(phosphodiesterase inhibitors)

심장 세포내로 칼슘 이동을 도와주거나 근육 세포질세망 내 칼슘 저장량을 증가시킴으로 인해 심근 수축력을 강화시켜 심박출량을 증가시킨다. 또한, 혈관 평활근을 직접 이완시킴으로써 말초혈관 저항과 심장으로 돌아오는 혈액 양을 감소시키는 역할을 한다. 대표적인 약물로 개의 이첨판 폐쇄 부전 시 B2단계부터 처방이 추천되는 피모벤단(pimobendan)이 있다.

③ 베타 작용제(beta adrenergic agonists)

베타 작용제는 베타 아드레날린 작용성 수용체에 결합하여 이를 활성화하는 약물을 말한다. 베타-1 수용체는 심장에 다수 존재하여, 심장 박동수와 심근 수축력을 증가시키며, 베타-2 수용체는 혈관이나 기관지 평활근 이완 기능이 있다. 베타-1, 베타-2 선택적으로 작용하는 선택적 베타 작용제와, 두 수용체 모두 작용하는 비선택적 베타 작용제로 나뉜다. 그중, 베타-1 수용체 작용 약물이 심근 수축력을 증가시키는 약물에 해당하며 대표적인 선택적 베타-1 작용제는 도부타민(dobutamine)이 있다.

수축력 증가제 분류	약물 성분명	대표적 상품명
심장 배당체	Digoxin	디지텍®(Digitek®), 라녹시캡스®(Lanoxicaps®)
포스포디에스테라아제 억제제	Pimobendan	베트메딘®(Vetmedin®)
	Amrinone	인암리논®(Inamrinone®)
	Milrinone	프리마코®(Primacor®)
선택적 베타-1 작용제	Dobutamine	도부트렉스®(Dobutrex®)

2) 이뇨제(Diuretics)

이뇨제는 소변의 생산량을 증가시키는 이뇨를 촉진하는 물질을 모두 통칭한다. 각 유형에 따라 다른 방법으로 이뇨 효과를 가지며, 심부전 관리에 사용되는 이뇨제의 경우 아래 이뇨제들이 주로 사용되며 순환혈액 양을 감소시켜, 만성심부전에서 발생되는 삼출과 부종을 줄이기 위해 사용된다.

① 고리 이뇨제(Loop diuretics)

나트륨-칼륨-염소 공동 수송체에 작용하여 나트륨 재흡수를 차단하여 이뇨 작용을 나타낸다. 이뇨제 중 가장 강력한 이뇨 작용을 보인다. 따라서 울혈성 심부전 치료약으로 일차적으로 사용되는 경우가 많다. 대표적인 부작용으로는 수분과 전해질의 과도한 손실이 있으며, 과용량 사용 시 내이독성을 나타낼 수 있다. 대표적인 약물로는 퓨로세마이드(furosemide), 토르세마이드(torsemide) 등이 있다.

② 포타슘 보존성 이뇨제(K+ sparing agents)

다른 이뇨제에 비해 정상적인 개나 고양이에서는 이뇨 효과가 적지만 치료 불응성 만성 심부전 환자에서는 유용하게 보조요법으로 사용할 수 있다. 신장에서 작용하여 나트륨과 체액을 소변으로 배출하고 포타슘이 배출되는 것을 막는 이뇨제이므로 ACE 억제제 또는 포타슘 보충을 받는 환자에서는 반드시 주의하여 사용하며, 고포타슘혈증이 있는 경우 사용하지 않아야 한다. 대표적인 약물로는 포타슘 보존성 이뇨제 중 알도스테론 길항 작용을 하는 스피로노락톤(spironolactone)이 있다.

③ 원위세뇨관 이뇨제(Thiazide diuretics)

원위 세뇨관에서 소듐(Na+), 염소(Cl-)의 재흡수를 억제하여 물의 재흡수를 억제하는 기전으로 이뇨 작용을 나타낸다. 이뇨제 중 중간 정도의 이뇨 효과를 가지고 있으며, 신장혈류량을 감소시키므로 질소혈증이 존재할 때 사용 시 주의가 필요하다. 대표적인 약물로는 클로르티아지드(chlorothiazide), 하이드로클로로티아지드(hydrochlorothiazide)가 있으며, 치료 저항성 만성심부전에서 루프이뇨제 또는 다른 이뇨제와 병용 요법으로 자주 사용된다.

④ 근위세뇨관 이뇨제(Carbonic anhydrase inhibitor)

나트륨의 재흡수를 담당하는 탄산수소효소를 억제하여 수소이온을 만들지 못하게 함으로써 줄어든 수소이온과 소듐이온의 교환 능력을 줄어들게 함으로써 신장 혈류 및 사구체여과를 감소시켜 낮은 이뇨 작용을 나타낸다. 다른 이뇨제와 비교 시, 이뇨 효과는 다른 이뇨제에 비해 미약한 편이다. 개와 고양이에서는 만성 녹내장 및 이차성 녹내장에서 안압을 줄이기 위해 많이 사용되지만, 간질, 대사성 산증, 울혈성 심부전을 치료하는 데도 사용된다. 대표적인 근위세뇨관 이뇨제로는 아세타졸아마이드(acetazolamide)가 있다.

이뇨제 분류	약물 성분명	대표적 상품명
고리 이뇨제	Furosemide	라식스®(Lasix®)
	Torsemide	데마덱스®(Demadex®), 소안즈®(Soaanz®)
포타슘보존성 이뇨제	Spironolactone	알닥톤®(Aldactone®)
원위세뇨관 이뇨제	Chlorothiazide	디우릴®(Diuril®)
	Hydrochlorothiazide	마이크로자이드®(Microzide®)
근위세뇨관 이뇨제	Acetazolamide	디아목스®(Diamox®), 다자마이드®(Dazamide®)

그림 7-5 신장에서 서로 다른 이뇨제의 작용 위치

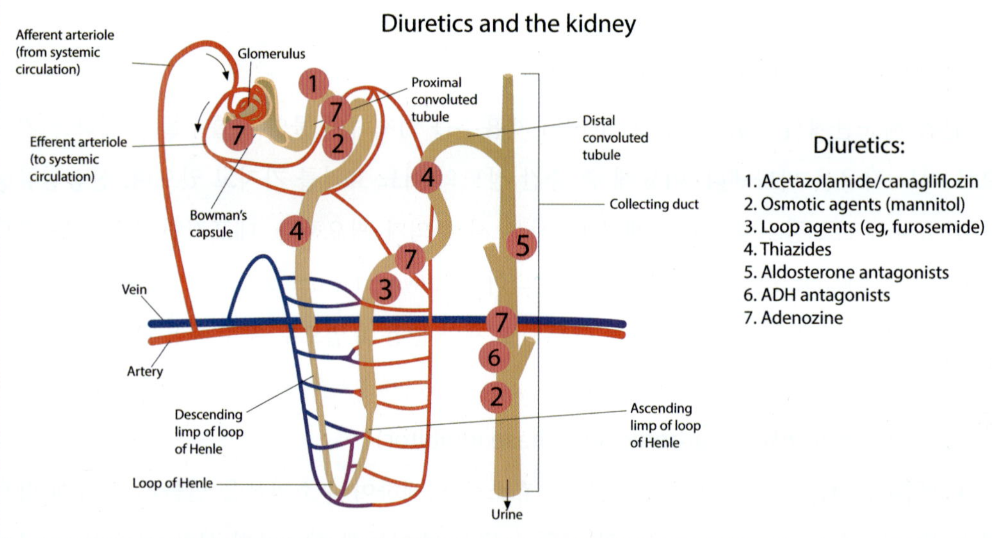

3) 안지오텐신 전환효소 억제제(ACE inhibitor)

안지오텐신 전환효소 억제제(ACE inhibitor)는 Angiotensin Converting Enzyme inhibitor의 약자로, 체내의 주요 혈압 조절 체계인 RAAS(Renin-angiotensin-aldosterone system)를 억제하는 펩타이드 물질을 말한다. 신장에서 분비되는 호르몬인 레닌에 의해 활성화되는 안지오텐신Ⅰ은 안지오텐신 전환효소(ACE, Angiotensin converting enzyme)에 의해 안지오텐신Ⅱ로 전환되며 안지오텐신Ⅱ는 혈관 수축 작용과 신장에서 소듐 재흡수 및 알도스테론 분비를 촉진하여 혈압을 상승시키는 안지오텐신Ⅱ의 생성을 감소시킴으로써 혈압을 감소시킨다. ACE 억제제의 이뇨 작용은 중등도 정도이며, 울혈성 심부전에서 유발되는 비정상적인 심혈관 형태 변화를 지연시킬 수 있다. 이를 통해 고혈압과 심부전 치료에 주로 사용된다. 대표적인 ACE 억제제로는 신부전이 있는 동물에서는 신장기능 악화를 지연시키고 고혈압을 완화시켜주는 베나제프릴(benazepril)이 있으며, 이외에는 음식에 영향을 받지 않고 생체이용률이 높은 에날라프릴(enalapril)이 있다.

분류	약물 성분명	대표적 상품명
ACE 억제제	Benazepril	로텐신®(Lotensin®)
	Enalapril	에날라프릴라트®(Enalaprilat®), 바소텍®(Vasotec®)
	Ramipril	알타스®(Altace®)
	Imidapril	타나트릴®(Tanatril®)
	Captopril	카포텐®(Capoten®)
	Lisinopril	제스토레틱®(Zestoretic®), 제스트릴®(Zestril®)

4) 기타 심부전 약물

심부전의 원인 중 위에서 설명한 일반적인 심부전(울혈성 심부전)에 사용되는 약물 이외 사용 빈도가 낮은 약물이다.

① 베타 차단제(beta blocker)

교감신경의 β 수용체를 차단하여 심근 수축력과 심장 박동수, 심근의 산소소비량을 감소시키는 약물이다. 혈압을 낮추고 심장의 부담을 줄여주므로 고혈압, 관상동맥질환, 심부전, 부정맥 등의 치료에 사용된다. 심부전에서는 증상을 감소시키고 생존 기간을 연장시키는 효과가 확인되나, 심장질환이 없는 고혈압 환자의 경우 효과가 떨어져 일반적으로 사용하지 않는다. β1(심장), β2(혈관) 수용체 차단과 양쪽 모두를 차단하는 비선택적 β 차단제로 나뉘며, 그중 심부전 약물로는 β1 수용체 차단 또는 비선택성 β 차단제가 선호된다.

② 칼슘 유입 차단제(Ca^{2+} blocker)

근육 수축은 칼슘 채널을 통한 칼슘의 흐름에 의해 조절되는데 약물에 의해 유입을 차단하여 혈관의 근육긴장도를 줄이고, 심근의 수축력을 낮추는 약물이 이에 해당한다. 심장근육이 안으로 비대해지는 비대성 심근증이 있는 고양이에게 가끔 사용하며 심근 이완을 강화시키고 심근의 산소요구량을 줄여주며, 심방세동이 있는 경우 심박수를 감소시켜주는 역할을 한다. 일반적으로 위에서 설명한 베타 차단제와 함께 사용하지 않도록 해야 한다.

분류	약물 성분명	대표적 상품명
베타-1 차단제(선택성)	Atenolol	테놀민®(Tenormin®)
	Metoprolol	로프레서®(Lopressor®)
베타 차단제(비선택성)	Propranolol	아블로카르딜®(Avlocardyl®)
칼슘 유입 차단제	Diltiazem	카디젬®(Cardizem®), 티아작®(Tiazac®)

2 부정맥과 관련된 약물

(1) 부정맥 개요

심장 박동이 규칙적이지 않거나 그 횟수나 리듬이 정상과 달라지는 경우, 이를 부정맥이라고 한다. 위에서 설명한 대로, 심장은 심근세포의 전기적 신호로부터 리듬이 만들어지게 되고, 심근세포는 두 가지 유형의 세포로 구분된다. 하나는 활동 전위를 스스로 만들어낼 수 없는 세포이며, 다른 하나는 활동 전위를 스스로 만들어낼 수 있는 세포이다. 활동 전위를 스스로 만들어 낼 수 있는 세포를 심박조율기 세포(Cardiac pacemaker cell)라 부르며, 이러한 세포들은 스스로 흥분하여 심장박동을 일으킬 수 있으며, 굴심방결절, 방실결절, 히스색, 푸르키네 섬유 등 심실전도계에서 발견된다. 이러한 심박 조율기 세포에 문제가 생기거나, 심박 조율기 세포가 만든 전기 신호가 전도되는 경로에 문제가 생기는 등의 문제로 부정맥은 발생할 수 있다. 항부정맥제는 심장의 비정상적인 리듬인 부정맥을 억제하기 위해 사용하는 약물들의 5가지 그룹(본 윌리엄스, 1970)을 말하며, 부정맥의 종류는 심방세동, 심방조동, 심실빈맥, 심실세동 등이 있으며, 이를 치료하기 위한 약물 또한 부정맥의 종류만큼 다양하다.

(2) 부정맥 관리에 쓰이는 약물

1) 소듐(나트륨) 채널 억제제(Class I)

클래스 I으로 분류되며, 소듐 통로를 차단하는 역할을 한다. 심근세포의 소듐 통로를 차단하여 제0기 탈분극을 억제하는 작용을 보이는 약물을 말한다. 소듐 통로의 차단 정도에 따라 Ia, Ib, Ic로 세분화할 수 있으며, 현저한 소듐 통로 차단 작용을 보이는 클래스 Ic, 중간 정도의 소듐 통로 차단 작용을 보이는 클래스 Ia, 가장 약한 정도의 소듐 통로 차단 작용을 보이는 클래스Ib로 나뉜다. 세포막 안정 효과에 의해 전도를 느리게 하고, 자동성과 흥분성을 감소시켜 준다. 대표적인 약물로는 프로카인아마이드(procainamide)(Ia), 리도카인(lidocaine)(Ib), 플레카이나이드(flecainide)(Ic)가 있다.

2) 베타 차단제(Class II)

클래스 II는 베타 차단제를 의미한다. β1 아드레날린 수용체에서 카테콜아민의 작용을 차단시켜, 심장에 미치는 교감신경의 활성을 감소시키고 이것은 세포 내 cAMP의 농도를 낮춤으로써 칼슘(Ca^{2+}) 유입을 감소시킨다. 이러한 효과를 통해 특히 심장 윗부분의 부적절한 전기활동으로 심방에서 발생하는 빈맥인 상심실성 빈맥(supraventricular tachycardia)에 효과적이며, 대표적인 약물로는 프로프라놀롤(propranolol), 메토프로놀롤(metoprolol), 에스몰롤(esmolol) 등이 있다.

3) 포타슘 통로 차단제(Class III)

클래스 III는 포타슘 통로 차단제를 의미한다. 활동 전위에서 포타슘 통로는 재분극기와 연관되며, 이러한 약물들은 재분극을 억제하여 활동 전위 기간을 연장하는 작용이 있다. 대표적인 약물로는 부정맥 치료제로 널리 알려진 아미오다론(amiodarone)이 있다.

4) 칼슘 통로 차단제(Class IV)

클래스 Ⅳ는 칼슘 통로 차단제를 의미한다. 칼슘 통로 차단제는 특히 동방결절(SA node)과 방실결절(AV node)에 작용하는 약물로 동방결절과 방실결절은 탈분극이 Na^{+}이 아닌 Ca^{2+}

에 의해 유발되기 때문이다. 활동 전위를 서서히 상승하게 하여 동방결절의 흥분성을 줄이고 방실결절에서는 전도 속도를 감소시키는 효과가 있다. 대표적인 약물로는 베라파밀(verapamil)과 딜티아젬(diltiazem)이 있다.

5) 기타 약물(Class V)

기존 네 가지 분류에 속하지 않지만, 부정맥 치료에 효과가 있음이 알려진 약물들을 말한다. 방실결절을 통한 전도를 차단하여 상심실성 빈맥에 많이 사용되는 아데노신(adenosine), 신부전 환자에게 강심제로 많이 사용되는 디곡신(digoxin), 마그네슘(Mg^{2+}) 등이 이 그룹에 속한 약물이다.

분류		약물 성분명
Class I	Ia	Procainamide, Disopyramide, Quinidine
	Ib	Lidocaine, Mexiletine
	Ic	Flecainide, Propafenone
Class II		Propranolol, Metoprolol, Esmolol
Class III		Amiodarone, Sotalol, Ibutilide
Class IV		Verapamil, Diltiazem
Class V		Adenosine, Digoxin, Magnesium ion

●●● 그림 7-6 항부정맥제의 약리학적 메커니즘

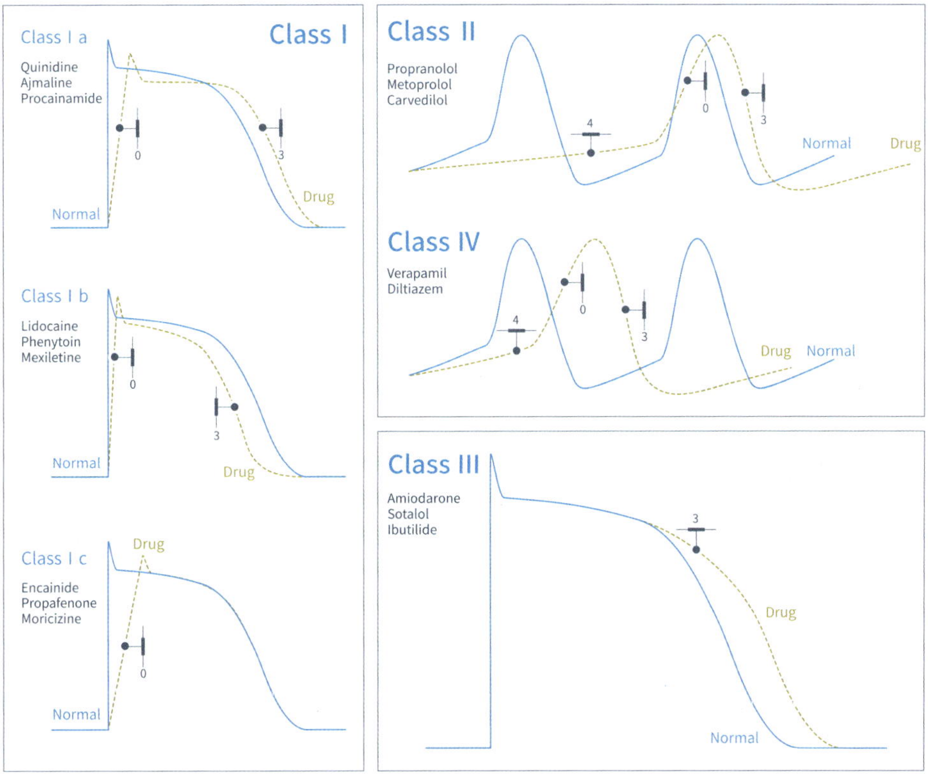

Pharmacological mechanism of antiarrhythmic drugs

aDifferent types of antiarrhythmic drugs act on different parts of myocardial action potential

III 혈관과 관련된 주요 약물

1 고혈압과 관련된 약물

(1) 고혈압 개요

고혈압은 체내에서 혈류가 몸 구석구석 도달할 수 있도록 하는 힘인 혈압이 비정상적으로 높은 상태를 말한다. 고혈압은 크게 두 가지로 구분할 수 있다. 뚜렷한 원인을 알 수 없는 일차성(본태성) 고혈압과, 심혈관계의 문제, 호르몬 이상, 약물의 부작용, 신장이나 부신의 이상 등으로 인해 발생하는 고혈압은 이차성(속발성) 고혈압으로 분류한다. 혈압이 정상보다 높다고 하여 반드시 증상을 나타내는 것은 아니지만, 오랫동안 높은 혈압이 유지될 경우 심장병, 뇌졸중, 심부전, 신부전 등의 원인이 될 수 있어 고혈압의 조기 진단 및 적절한 치료는 고혈압으로 인한 질병 이환율과 사망률의 감소에 큰 도움이 된다. 반려동물에서는 여러 날짜에 걸쳐 여러 번 반복측정을 하거나 고혈압이 추정되는 임상 징후가 동반되었을 때 고혈압을 확진해야 하며, 정상 혈압이지만 병원 내 흥분으로 인해 일시적으로 혈압이 상승한 경우 고혈압으로 오진하지 않도록 주의해야 한다.

(2) 고혈압 관리에 쓰이는 약물

1) 이뇨제(Diuretics)

이뇨제는 심부전관리뿐만 아니라 고혈압의 일차 치료제로 분류된다. 저용량의 이뇨제를 지속적으로 투여하면 신장에서 염분과 체내 수분 저류량을 낮추어 혈액량을 줄이고 심박출량을 감소시켜 효과적으로 고혈압을 감소시킬 수 있다. 대표적인 고혈압 관리에 사용되는 이뇨제로는 원위세뇨관 이뇨제 중 하이드로클로르티아지드(hydrochlorothiazide)가 있으며, 장기간 사용 시 말초혈관 저항이 감소하여 혈관 확장 효과도 확인할 수 있다. 이 외에도 고리 이뇨제, 포타슘 보존성 이뇨제 등도 사용할 수 있다.

2) 베타 차단제(beta blocker)

베타 차단제는 심부전 같은 동반 질환이 있는 환자에서 일차 치료제로 사용할 수 있는 고혈압 치료제이다. 심장과 신장에 있는 β1 수용체를 차단하여 혈압을 낮추게 된다. 대표적인 베타 차단제로는 프로프라놀롤(propranolol), 메토프롤롤(metoprolol), 아테놀롤(atenolol) 등이 있다.

3) 알파 차단제(alpha blocker)

알파 차단제는 α1 수용체를 선택적으로 차단하여 혈압을 낮추는 약물을 말한다. 동맥과 정맥의 혈관 평활근 수축을 억제하여 말초혈관 저항을 감소시키고 동맥압의 저하를 일으킨다. 대표적인 알파 차단제로는 프라조신(prazosin), 독사조신(doxazosin), 테라조신(terazosin)

등이 있다.

4) 안지오텐신 전환효소 억제제(ACE inhibitor)

심장동맥질환, 심부전, 만성 신장질환의 위험성이 높은 환자의 고혈압 치료에 사용하는 일차 치료제이다. 안지오텐신 II의 전환을 막아 결과적으로 작용이 감소하게 되어 교감신경 활성의 감소, 혈관 평활근의 이완, 염분과 수분 저류 감소 작용이 나타나며, 혈압이 감소하게 된다. 뿐만 아니라, 안지오텐신 전환효소 억제제는 혈관 확장을 유도하는 브래디키닌(bradykinin)의 농도를 증가시키는 작용도 가지고 있다. 브래디키닌은 강력한 혈관 확장 작용을 하는 물질로 농도를 증가시킴으로 혈압 하강효과가 나타나게 된다.

5) 안지오텐신 수용체 차단제(Angiotensin II receptor blocker, ARB)

최근 도입되었으며 안지오텐신 II가 수용체에 결합하여 작용하는 것을 직접 억제하는 약물을 말한다. 안지오텐신 전환효소 억제제와 비슷한 작용을 하나, 안지오텐신 전환효소와는 관련이 없어 브래디키닌 농도에는 관여하지 않는다는 차이가 있다. 대표적인 약물로는 텔미사르탄(telmisartan), 로사르탄(losartan), 발사르탄(valsartan) 등이 있다.

그림 7-7 레닌-안지오텐신-알도스테론 시스템

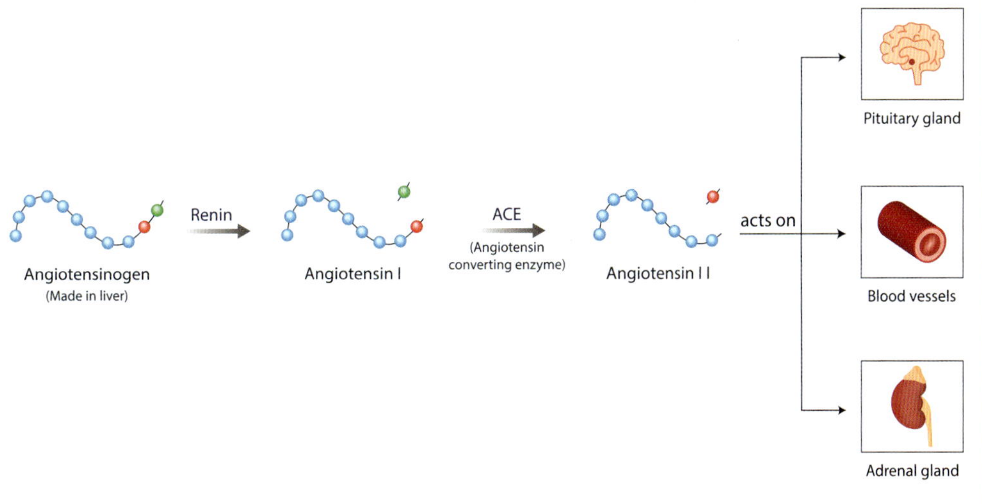

6) 칼슘 통로 차단제(Ca^{2+} channel blocker, CCB)

칼슘 통로 차단제는 칼슘 농도를 낮추어 혈관 평활근의 이완 효과를 보이는 약물이다. 칼슘 통로 차단제 중 암로디핀(amlodipine)은 고양이에서 갑상선 기능 항진증이 아닌 고혈압일 때 일차적으로 선택되는 약물이며, 개에서는 칼슘 통로 차단제보다 일차적으로 안지오텐신 전환효소억제제를 우선 사용한다. 일반적으로 반려동물에서 칼슘 통로 차단제를 혈압약으로 사용하는 경우는 선호하는 약물을 사용할 수 없거나, 효과가 없을 때 많이 사용한다. 중요한 칼슘 통로 차단제로는 암로디핀(amlodipine), 딜티아젬(diltiazem), 베라파밀(verapamil), 니페디핀(nifedipine) 등이 있다.

7) 기타 약물

고혈압 치료에 사용할 수 있는 기타 약물로는 혈관 확장 작용을 통해 빠르게 혈압을 낮추어주는 하이드랄라진(hydralazine), 나이트로프루시드(nitroprusside) 등이 있으며 수의학에서는 고혈압이 확인될 때 혈압을 낮추기 위한 응급 약물로 많이 사용한다. 이외에도 α1 수용체와 β 수용체를 동시에 차단하는 라베탈롤(labetalol)과 카베딜롤(carvedilol)도 사용할 수 있다.

고혈압제제 분류	약물 성분명
이뇨제(Diuretics)	Hydrochlorothiazide, Furosemide
베타 차단제(β blocker)	Propranolol, Atenolol, Metoprolol
알파 차단제(α blocker)	Prazosin, Doxazosin, Terazosin
안지오텐신 전환효소 억제제(ACE inhibitor)	Benazepril, Enalapril, Captopril, Lisinopril
안지오텐신 II 수용체 차단제(ARB)	Telmisartan, Losartan
칼슘 통로 차단제(CCB)	Amlodipine, Diltiazem, Verapamil, Nifedipine
혈관확장제	Hydralazine, Nitroprusside

2 고지혈증과 관련된 약물

(1) 고지혈증 개요

고지혈증은 콜레스테롤과 중성지방이 혈액 내에 증가된 상태를 말한다. 혈장 내 중성지방과 콜레스테롤은 단백질과 복합체를 이룬 지단백질의 형태로 존재하여 고지혈증을 고지단백혈증이라고도 한다. 지단백질은 지질 성분의 비율에 따라 초저밀도지단백질(VLDL), 저밀도지단백질(LDL), 중밀도지단백질(IDL), 고밀도지단백질(HDL) 등으로 구분된다. 개와 고양이는 대부분의 콜레스테롤을 사람과 달리 고밀도지단백질(HDL)로 운반한다는 특징이 있다. 반려동물에서 고지혈증의 대표적인 원인으로는 식후 일시적 고지혈증, 스테로이드 등으로 인한 약물 유발 고지혈증, 특정 종(미니어처 슈나우저, 셔틀랜드 쉽독, 비글, 콜리)에서 유래되는 유전성 고지혈증, 다른 질병(당뇨, 갑상선 기능 저하증, 쿠싱, 췌장염 등)에 의해 유발된 이차성(속발성) 고지혈증 등이 있다. 반려동물에서 중성지방이 매우 높은 경우 발작이나 행동 변화를 유발할 수 있지만 대부분의 경우 고지혈증은 겉으로 드러나지 않으며, 혈액검사를 실시하였을 때 발견되는 경우가 많다. 고지혈증이 혈액검사로 확인될 경우 12시간 이상 공복 이후 재검사를 실시하며, 스테로이드 등의 약물 복용 여부, 기저질환 여부, 품종 소인 등을 우선 확인해야 한다. 근본적인 원인이 확인되지 않는 경우 저지방, 고섬유질 식단과 함께 필요시, 약물이나 보충제 등을 추가 투약하는 것을 고려해 볼 수 있다. 개, 고양이의 고지혈증의 경우 LDL로 운반하는 사람과 달리 대부분의 콜레스테롤을 HDL로 운반하여 심각한 합병증인 죽상동맥경화증의 위험은 낮으며, 반려동물과 약물의 부작용에 관련된 연구 결과가 많지 않아 식단 관리가 우선 추천된다.

●●● 그림 7-8 정상 혈관과 콜레스테롤이 채워진 혈관

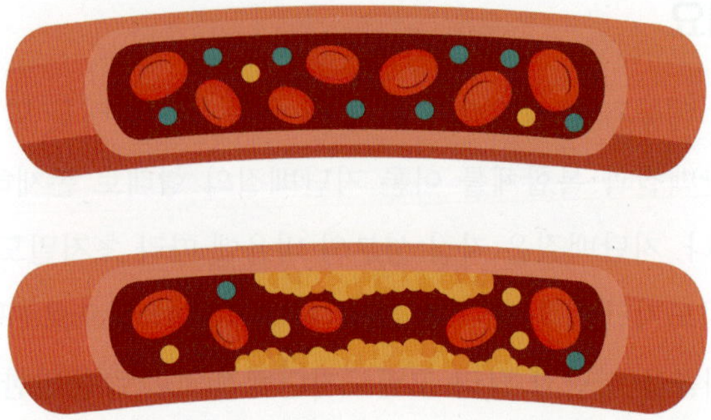

(2) 고지혈증 관리 및 치료에 쓰이는 약물

1) HMG CoA 환원효소 억제제

HMG CoA 환원효소는 콜레스테롤 생합성 과정의 속도 조절 효소이다. 이러한 효소를 억제함으로써 세포 내 콜레스테롤을 감소시키는 효과를 나타내게 된다. 이는 세포 내 LDL(저밀도 지단백, low density lipoprotein) 수용체 합성의 증가로 이어지고, 세포 표면의 LDL 수용체 수가 증가하게 된다. LDL 수용체는 혈액 내 LDL-콜레스테롤과 결합해서 LDL을 세포 내로 이동시키는 역할을 담당한다. 따라서, 혈액 내 LDL-콜레스테롤의 농도는 감소하게 된다. 또한, 세포 내 콜레스테롤의 감소는 VLDL(초저밀도 지단백질, very low density lipoprotein)-콜레스테롤의 분비도 감소시키게 된다. 개와 고양이에서 사용되는 대표적 약물로는 심바스타틴(simvastatin), 로바스타틴(lovastatin)이 있다. 작용 기전을 고려했을 때, 개와 고양이에서는 대부분의 콜레스테롤이 HDL(고밀도 지단백, high density lipoprotein)로 운반되기 때문에 HMG CoA 환원효소가 효과적인 치료법인지는 입증되지 않았다. 또한, 개와 고양이에서는 장기간 사용 시 사람에서처럼 근육병증이나 간독성의 위험성이 있어 투약 기간 중 지속적인 혈액검사 및 모니터링이 필요하다. 피브레이트 약물과 함께 병용하는 경우 간질환이나 근육병증의 위험성이 높아질 수 있다는 것도 인지해야 한다.

2) 피브레이트(Fibrate)

중성지방을 낮추고 HDL-콜레스테롤을 높이는 작용을 지닌 약물이다. 작용 기전은 유전자 전사를 조절하는 PPAR과의 상호작용에 의한 것으로 추정하고 있다. 피브레이트는 PPAR α와 결합하여 지방산의 산화를 촉진하고 지단백질지방분해효소의 생성을 증가시키는 작용을 나타낸다. 결과적으로 LDL-콜레스테롤은 감소시키고 HDL-콜레스테롤은 증가시킨다. 피브레이트 또한, 개와 고양이에서는 효능이나 위험성에 대한 연구가 충분하지 않다.

분류	약물 성분명	대표적 상품명
HMG CoA 환원효소 억제제 (HMG CoA reductase inhibitors)	Atorvastatin	리피토®(Lipitor®)
	Lovastatin	알토코®(Altocor®), 메바코®(Mevacor®)
피브레이트(Fibrates)	Gemfibrozil	로피드®(Lopid®)
	Bezafibrate	베자립®(Bezalip®)
	Fenofibrate	트리코®(Tricor®), 트리글라이드®(Triglide®)

심혈관계 주요 약물 정리 표

성분명	상품명	주요 작용	비고(주의사항 및 부작용)
Digoxin	디지텍®(Digitek®), 라녹시캡스®(Lanoxicaps®)	심장 배당체: 심근 수축력 증가	• 신경 증상, 오심, 구토 • 치명적인 부정맥 유발 가능성(digoxin 독성)
Pimobendan	베트메딘®(Vetmedin®)	포스포디에스테라아제 억제제: 심근 수축력 증가	
Dobutamine	도부트렉스®(Dobutrex®)	선택적 베타-1 작용제: 심근 수축력 증가	
Furosemide	라식스®(Lasix®)	고리 이뇨제: 체내 수분 저류량 감소	• 탈수 • 전해질 불균형
Torsemide	드마덱스®(Demadex®), 소안즈®(Soaanz®)		

Spironolactone	알닥톤®(Aldactone®)	포타슘 보존성 이뇨제: 체내 수분 저류량 감소	고칼륨혈증
Chlorothiazide	디우릴®(Diuril®)	원위 세뇨관 이뇨제: 체내 수분 저류량 감소	저칼륨혈증
Hydrochlorothiazide	마이크로자이드®(Microzide®)		
Acetazolamide	디아목스®(Diamox®), 다자마이드®(Dazamide®)	근위 세뇨관 이뇨제: 체내 수분 저류량 감소	
prazosin	미니프레스®(Minipress®)	알파 차단제: 정맥 및 세동맥 혈관 확장 및 혈압 감소	
Telmisartan	미카르디스®(Micardis®)	안지오텐신 수용체 차단제: 안지오텐신 2의 혈관 수축작용 및 알도스테론 분비작용을 억제하여 혈압을 감소	• 위장점막의 손상 • 신장 손상 • 고칼륨혈증
Losartan	코자®(Cozaar®)		
Benazepril	로텐신®(Lotensin®)	안지오텐신 전환효소 억제제(ACE 억제제): 교감신경 활성 감소, 혈관 평활근 이완, 염분과 수분 저류 감소 작용이 나타나며, 혈압이 감소	• 신장 손상 • 고칼륨혈증
Enalapril	에날라프릴라트®(Enalaprilat®), 바소텍®(Vasotec®)		
Ramipril	알타스®(Altace®)		
Imidapril	타나트릴®(Tanatril®)		
Captopril	카포텐®(Capoten®)		
Lisinopril	제스토레틱®(Zestoretic®), 제스트릴®(Zestril®)		
Atenolol	테노르민®(Tenormin®)	베타 차단제: 심장과 신장에 있는 β1 수용체를 차단하여 혈압을 낮춤	
Propranolol	알보카르딜®(Avlocardyl®)		

Diltiazem	카르디젬®(Cardizem®), 티아작®(Tiazac®)	칼슘 통로 차단제: 혈관 평활근을 이완하여 혈압을 낮춤	
Amlodipine	노바스크®(Norvasc®), 암로딥®(Amodip®)		
Verapamil	칼란®(Calan®), 칼란 에스알®(Calan SR®)		
Hydralazine	아프레솔린®(Apresoline®)	혈관 확장제: 혈관 확장을 통해 혈압을 낮춤	
Nitroprusside	나이트로프레스® (Nitropress®)	혈관 확장제: 산화질소의 방출에 의한 혈관확장 및 혈압을 낮춤	• 울혈성 심부전 등의 고혈압 응급 상황에서만 사용 추천 • 지속적으로 사용 시, 독성 대사산물(시안화물)이 체내에 축적
Lovastatin	알토코®(Altocor®), 메바코®(Mevacor®)	콜레스테롤 생합성 속도 조절 효소를 억제하여 혈액 내 저밀도 콜레스테롤 감소	• 근육병증, 간독성 • 수의학에서 검증 불충분
Bezafibrate	베자립®(Bezalip®)	피브레이트: 혈 중 중성지방, 저밀도 콜레스테롤 감소	수의학에서 검증 불충분
Gemfibrozil	로피드®(Lopid®)		

CHAPTER

08

비뇨기계 주요 약물

Ⅰ. 비뇨기계의 정의, 구조 및 기능

Ⅱ. 비뇨기계에 작용하는 주요 약물

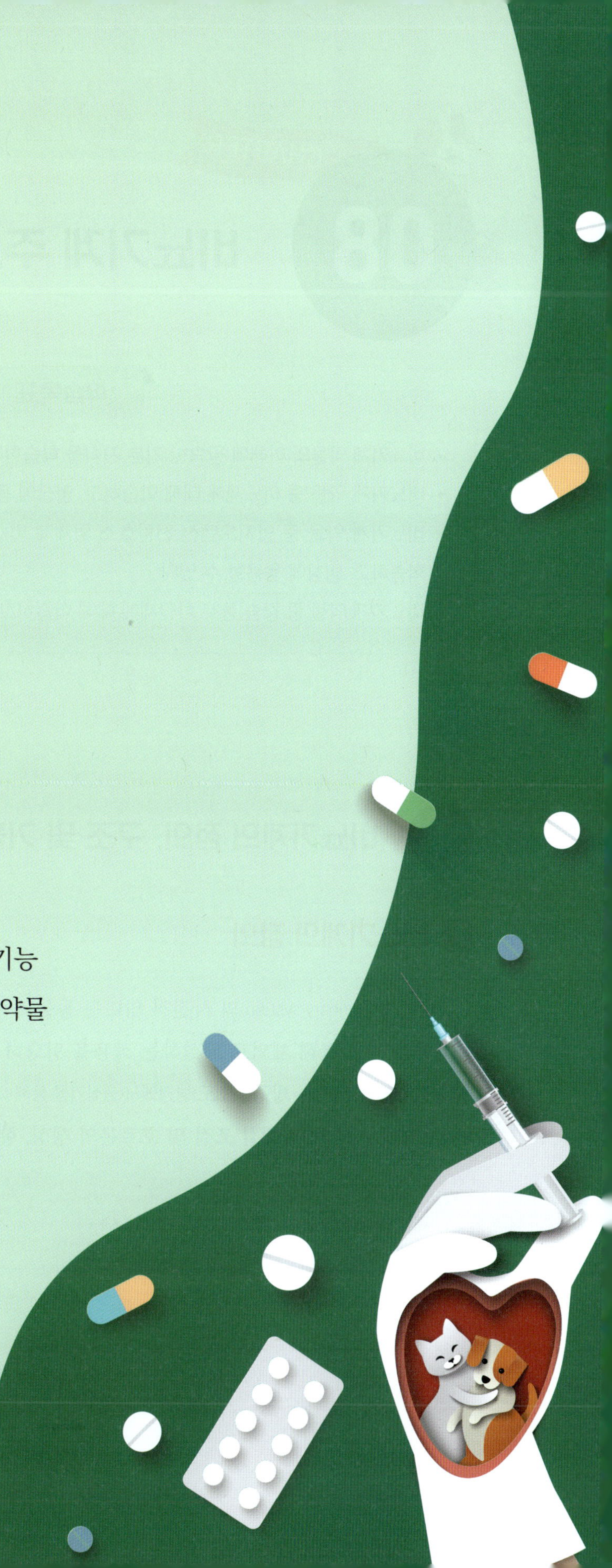

CHAPTER

08 비뇨기계 주요 약물

학습목표

- 비뇨기계 약물의 이해에 필요한 기본 지식을 학습한다.
- 비뇨기계 약물 중 이뇨제에 대해 학습하고, 임상에 응용할 수 있다.
- 비뇨기계 약물 중 안지오텐신 전환효소 억제제 및 안지오텐신 수용체 차단제 약물에 대해 학습하고, 임상에 응용할 수 있다.
- 비뇨기계 약물 중 칼슘 통로 차단제에 대해 학습하고, 임상에 응용할 수 있다.

I 비뇨기계의 정의, 구조 및 기능

1 비뇨기계의 정의

비뇨기계(urinary system)의 사전적 의미는 동물의 체내 대사 활동의 결과물로 생성된 각종 노폐물을 뇨를 통해 체외로 배설하는 작용을 담당하는 기관 전체를 의미한다. 신장(콩팥), 요관(신장과 방광을 연결), 방광, 요도(방광에서 생식기를 통해 외부로 연결)로 이루어져 있으며, 노폐물의 배설, 체내 수분 및 전해질 조절 및 호르몬의 생성, 항상성 유지에 관여한다.

그림 8-1 암컷 개의 비뇨기계 모식도

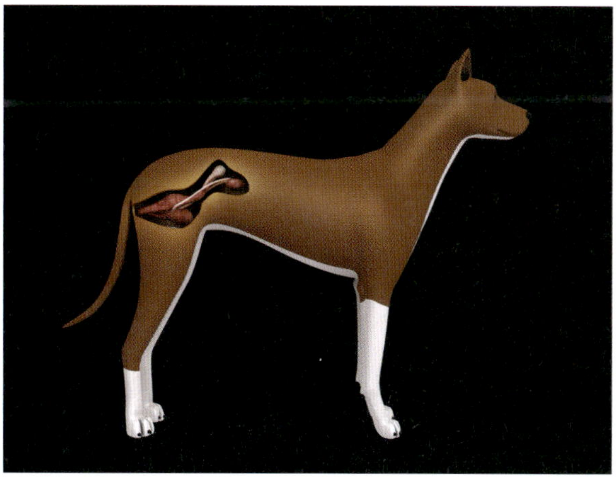

2 비뇨기계의 구조 및 기능

비뇨기계는 크게 신장, 요관, 방광, 요도로 구분할 수 있다.

(1) 신장

콩팥이라고도 부르며, 개와 고양이의 등쪽 후복벽에 밀착해 있는 신체 장기이다. 크기는 개나 고양이의 품종에 따라 차이가 나는 편이며, 안쪽 중앙 부위가 움푹 들어간 형태를 하고 있다. 이곳으로 혈관이 드나들고, 요관이 나오기 때문에 이 부분을 신장의 출입구라는 뜻에서 신문이라고 부른다. 신장의 상부 또는 안쪽에는 콩이나 삼각형의 작은 장기가 위치하고 있으며, 이를 부신이라고 한다. 부신은 내분비기관으로 비뇨기계에 포함되는 장기는 아니며, 부신에서 분비되는 호르몬은 신장의 기능 조절에 관여한다. 신장 내부에는 네프론이라는 신단위가 밀집되어 있는 구조로 이루어져 있으며, 개는 각 신장 당 40만 개, 고양이는 20만 개, 사람은 100 만개의 네프론으로 구성되어 있다. 또한, 네프론은 사구체와 세뇨관으로 구성되어 있다. 사구체는 작은 모세혈관이 뭉쳐있는 것을 말하며, 노폐물을 걸러주는 역할을 한다. 사구체에서 걸러진 수분과 노폐물은 세뇨관을 통과하게 되는데, 세뇨관을 통과하면서 필요한 성분은 다시 몸속으로 재흡수되며, 나머지는 농축되어 최종적인 소변이 만들어지게 된다.

특히, 신장은 비뇨기계 장기 중 가장 복잡한 구조이며 가장 중요한 기관으로 미세한 혈관 조직이 합쳐진 형태로 구성되어 있는 특징이 있다. 혈류량과 혈압에 민감한 장기로 한번 손상이 있는 경우 일반적으로 재생되지 않고, 현재까지는 직접적으로 신장세포를 되돌리는 약이나 치료법은 없기 때문에 평소 건강한 상태를 오래 유지하는 것이 중요하다.

그림 8-2 신장의 횡단면 구조

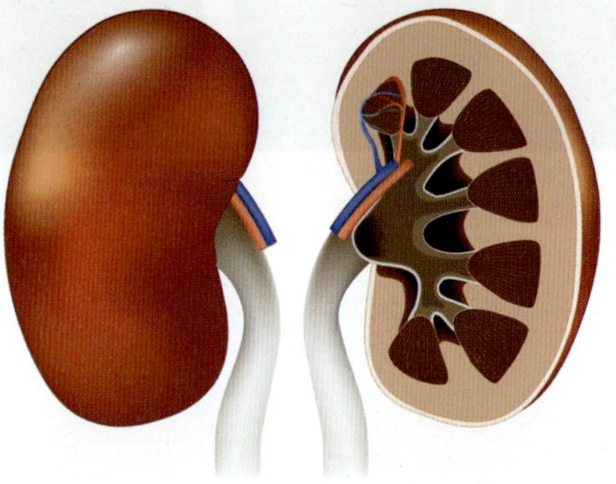

(2) 요관

콩팥이 배출한 소변을 방광까지 운반하는 관을 요관이라고 한다. 요관은 위에서 설명한 신문 내부에서 시작되며, 그곳은 상당히 넓은 방처럼 되어 있어 신반 또는 신우라고 한다. 양측 신문에서 출발한 요관의 직경은 개 3-5mm, 고양이 0.3-0.4mm으로 고양이가 훨씬 좁다. 이후 신문을 나와 후복벽을 따라 각각 뒤쪽으로 주행하며 방광 아래쪽으로 이어져 있다. 요관도 소화관 등과 마찬가지로 가장 안쪽 층에 점막, 근육층, 바깥층은 결합조직으로 된 막이 있다. 점막은 이행상피라고 하는 세포로 구성되어 있으며, 요관과 방광에서만 볼 수 있는 특수한 세포구조를 가지고 있다. 이 점막에는 소화관과는 달리 세로 주름이 발달해 있다. 근육층에 있는 근육의 적극적인 작용에 의해 소변은 방광으로 보내진다.

신장은 체내 대사산물의 노폐물을 제거하며, 체내의 수분과 염분의 양을 조절하고, 그 결과 체액 양 조절과 레닌 호르몬을 분비하여 혈압 조절에 관여한다. 이외에도 혈액과 체액의 전해질 및 산염기 균형을 유지하는 역할을 하며, 비타민 D를 활성화시켜 인체의 칼슘 섭취와 작용에 영향을 주기도 하며, 적혈구 형성을 자극하는 호르몬을 분비하여 조혈작용을 돕는 역할도 한다.

(3) 방광

방광은 개, 고양이 모두 골반강의 안쪽 또는 앞쪽에 위치하고 있으며, 소변을 저장하고 배설하는 주머니 모양의 기관이다. 신장에서 왼쪽, 오른쪽 요관을 통해 방광으로 소변이 들어오면, 요도를 통해 바깥으로 배출하게 된다. 방광의 등쪽 부분에 두 개의 요관이 접해 있으며, 중앙에서 생식기 방향으로 하나의 요도가 나가는 구조를 가지고 있다. 방광바닥 부위를 내부에서 보면 요관과 요도의 개구부가 삼각형 위치로 벌어져 있으며 이를 방광 삼각(trigone)이라고 한다. 방광벽은 점막, 근육층, 외막의 3층으로 구성되어 있다. 점막은 요관과 같은 이행상피로 구성되어 있으며 끊임없이 확장과 수축을 반복하는 구조를 가지고 있다. 근육층은 방광 바닥의 요도로 나가는 부분이 특히 두꺼우며 잘 발달해 있어 이를 방광 괄약근이라고 하며, 요관의 경우 방광벽에 비스듬한 형태로 닿아 있어 방광이 확장될 경우 자연히 닫혀 오줌이 역류하는 것을 방지하는 구조로 이루어져 있다.

방광은 소변을 저장하고 배설하는 기능을 한다. 신장에서 만들어진 소변은 요관을 통해 방광으로 들어와 저장되었다가 요도를 통해 몸 밖으로 배설된다.

(4) 요도

요도는 방광에 모인 오줌을 몸 밖으로 배출하는 기관이다. 개 고양이 모두 서로 다른 길이 및 형태의 구조를 가지고 있다. 암컷 개 고양이의 경우 요도는 방광에서 직선에 가까운 형태로 뒤쪽으로 질 전정을 통해 연결되어 생식기를 통해 밖으로 배출되는 구조로 이루어져 있으며, 수컷의 경우 생식기가 앞쪽을 향해 있으므로 암컷보다 요도의 길이가 길며 한 바퀴 돌아서 나가는 구조를 가지고 있다. 암컷 개의 요도는 수컷 개의 요도보다 짧고 넓으며 상대적으로 더 많은 결합조직을 포함하고 있다. 암컷 고양이의 요도 길이는 암컷 개와 비슷하며, 요도 내강의 크기는 암컷 개보다 작은 편이다. 수컷 개의 요도 평균 길이는 16-22cm로 비교적 수컷 고양이에 비해 길며, 요도근육의 두께는 수컷 고양이가 수컷 개보다 상대적으로 두꺼운 편이다.

●●● 그림 8-3 수컷 개의 비뇨기계 모식도

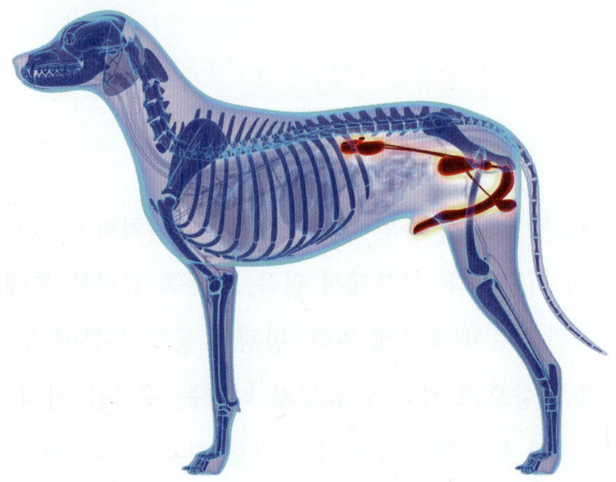

Ⅱ 비뇨기계에 작용하는 주요 약물

비뇨기계에 사용되는 약물은 대부분 신장에 작용하는 약물로 구성되어 있다. 신장은 혈류량이 많기 때문에 적정 혈압을 유지하는 것이 신장의 손상을 예방하는 데 중요하다. 또한 신장은 레닌이라는 호르몬을 분비하여 레닌-안지오텐신-알도스테론 계를 조절하여 혈압조절이라는 역할도 하기 때문에, 7장 심혈관계에서 혈관에 작용하는 약물과 동일하다. 이번 장에서는 비뇨기계에 작용하는 부분에 초점을 맞춰 설명하고자 한다.

1 이뇨제

(1) 이뇨제 개요

소변량과 소변의 배출 빈도를 증가시키는 것을 이뇨라고 하며, 이러한 이뇨효과를 목적으로 만들어진 약을 이뇨제라고 한다. 이뇨제는 보통 신장의 세뇨관에서 소듐 이온의 재흡수를 줄이고, 소변 속으로 소듐 이온의 배출을 증가시키는 약물이다. 고혈압, 울혈성 심부전,

부종 등의 몸의 혈액량이 많아서 생기는 문제의 경우 이뇨제를 사용하여 소변량을 증가시키면 순환 혈액량이 줄어들면서 혈압이 떨어지며 문제를 해결할 수 있다. 다만, 이뇨제는 과용량 또는 장기간 치료 목적으로 사용 시 전해질 불균형이 유발되거나 신장 기능에 부담을 주어 손상이 발생할 수 있음을 인지하고 사용해야 한다. 특히, 신장의 손상이 있는 환자의 경우 정기적으로 신장수치를 모니터링하는 것은 필수적이다. 이처럼, 치료 목적의 이뇨제 사용이라 하더라도, 이뇨제의 사용으로 얻는 이득과 신장 손상 등 이뇨제의 사용으로 발생할 수 있는 손실을 고려하여 주기적으로 신장의 기능을 평가하고, 그 결과에 맞추어 약물의 용량을 조절하여야 한다.

(2) 이뇨 효과를 위해 쓰이는 약물

1) 고리 이뇨제(Loop diuretics)

나트륨-칼륨-염소 공동 수송체에 작용하여 신장의 헨리 고리에서 나트륨 재흡수를 차단하여 이뇨 작용을 나타낸다. 이뇨제 중 가장 강력한 이뇨 작용을 보인다. 비스테로이드성 진통소염제와 함께 사용 시, 이뇨작용이 줄어들 수 있으며, 대표적인 부작용으로는 수분과 전해질의 과도한 손실이 있으며, 과용량 사용 시 내이독성을 나타낼 수 있다. 대표적인 약물로는 퓨로세마이드(furosemide), 토르세마이드(torsemide) 등이 있다.

2) 포타슘 보존성 이뇨제(K+ sparing agents)

다른 이뇨제에 비해 정상적인 개나 고양이에서는 이뇨 효과가 적은 이뇨제이다. 신장의 집합관에서 주로 작용하여, 나트륨 통로에 작용하여 농도 경사에 의해 나트륨의 재흡수를 억제하거나, 알도스테론의 활성을 억제함으로써 나트륨과 체액을 소변으로 배출하고 포타슘이 배출되는 것을 막는 이뇨제이다. 신장의 기능이 떨어져 있는 경우 혈중 칼륨 수치가 높아 사망에 이를 수 있으므로 고포타슘혈증이 있는 경우 사용을 제한하여야 한다. 대표적인 포타슘 보존성 이뇨제 약물로는 스피로노락톤(spironolactone)이 있다.

3) 원위세뇨관 이뇨제(Thiazide diuretics)

원위 세뇨관에서 소듐(Na+), 염소(Cl-)의 재흡수를 억제하여 물의 재흡수를 억제하는 기전으로 이뇨 작용을 나타낸다. 소듐과 염소의 재흡수가 억제되면 보상작용으로 칼슘을 재흡수하게 되며, 이로 인해 고칼슘혈증이 유발될 수 있다. 이뇨제 중 중간 정도의 이뇨 효과를 가지고 있으며, 신장혈류량을 감소시키므로 질소혈증이 존재할 때 사용 시 주의가 필요하다. 대표적인 약물로는 클로로티아지드(chlorothiazide), 하이드로클로로티아지드(hydrochlorothiazide)가 있으며, 치료 저항성 만성심부전에서 루프이뇨제 또는 다른 이뇨제와 병용 요법으로 자주 사용된다.

4) 삼투성 이뇨제

신장 사구체에서 여과되지만, 재흡수되거나 분비되지 않는 약물로, 세뇨관 내부와 외부의 삼투압차를 이용하여 물과 나트륨의 배설을 촉진하는 약물이다. 대표적인 약물로는 만니톨(mannitol)이 있다.

5) 근위세뇨관 이뇨제(Carbonic anhydrase inhibitor)

나트륨의 재흡수를 담당하는 탄산수소효소를 억제하여 수소이온을 만들지 못하게 함으로써 줄어든 수소이온과 소듐이온의 교환 능력을 줄어들게 하여 신장 혈류 및 사구체 여과를 감소시켜 낮은 이뇨 작용을 나타낸다. 다른 이뇨제와 비교 시, 이뇨 효과는 다른 이뇨제에 비해 미약한 편이다. 개와 고양이에서는 만성 녹내장 및 이차성 녹내장에서 안압을 줄이기 위해 많이 사용되지만, 간질, 대사성 산증, 울혈성 심부전을 치료하는 데도 사용된다. 대표적인 근위세뇨관 이뇨제로는 아세타졸아마이드(acetazolamide)가 있다.

6) 항이뇨호르몬 길항제

소변량을 줄여주는 항이뇨 호르몬인 바소프레신에 대항하는 약물을 말한다. 신장의 바소프레신 수용체를 차단하여 물의 재흡수를 억제하게 되며, 다른 이뇨제와는 달리 나트륨의 재흡수를 억제하지 않고 물의 재흡수만 억제하므로, 좁은 범위의 이뇨제에는 포함되지 않고, 수분 배설 촉진제로 일반 이뇨제와 다른 형태로 구분하기도 한다.

2 안지오텐신 전환효소 억제제(ACE inhibitor)

(1) 안지오텐신 전환효소 억제제 개요

앞 장 심혈관계에서 설명한 것처럼 레닌-안지오텐신-알도스테론 시스템(RAAS, 신장, 폐, 간, 부신 등 체내 여러 기관이 협동하여 작용하는 혈압조절기구)에서 안지오텐신 변환 효소를 저해하여 안지오텐신 I에서 안지오텐신 II으로 전환되는 것을 차단하는 약물이다. 이러한 결과로 알도스테론을 차단하여 혈관 확장으로 인한 혈압 강하 및 나트륨 및 수분 배출을 유도하는 작용을 한다.

안지오텐신 전환효소 억제제는 비뇨기계에서 혈압을 조절하는 기능 이외에도 다음과 같은 레닌-안지오텐신-알도스테론 시스템을 억제하여 직접적으로 신장 자체의 기능을 조절하기도 한다. 레닌-안지오텐신-알도스테론 시스템을 통해 신장 수질의 염류 농도가 낮아지면 신장에서 일어나는 재흡수 작용이 영향을 받는다. 이때, 원뇨의 염류농도도 감소하게 되므로 원래는 레닌이 분비되어 결국 안지오텐신 II의 농도가 증가하게 되고, 안지오텐신은 신장 속질을 통해 흐르는 직행혈류의 양을 줄이고 소듐의 재흡수를 돕는 알도스테론의 분비를 촉진하여 신장속질의 높은 염 농도를 유지하도록 하는 기전이 발생하게 되며, 안지오텐신 전환효소 억제제는 이 과정 중에서 안지오텐신 II 농도 증가를 억제하여 신장 자체의 기능에 영향을 주게 된다. 적정 혈압 유지 및 신장기능 조절을 위해 안지오텐신 전환효소 억제제를 사용하게 된다.

이러한 효과를 이용하여 수의 임상에서는 비뇨기계에서 혈압조절 및 단백뇨의 치료 등에서 일차적인 치료제로 많이 사용된다.

●●● 그림 8-4 레닌-안지오텐신-알도스테론 시스템

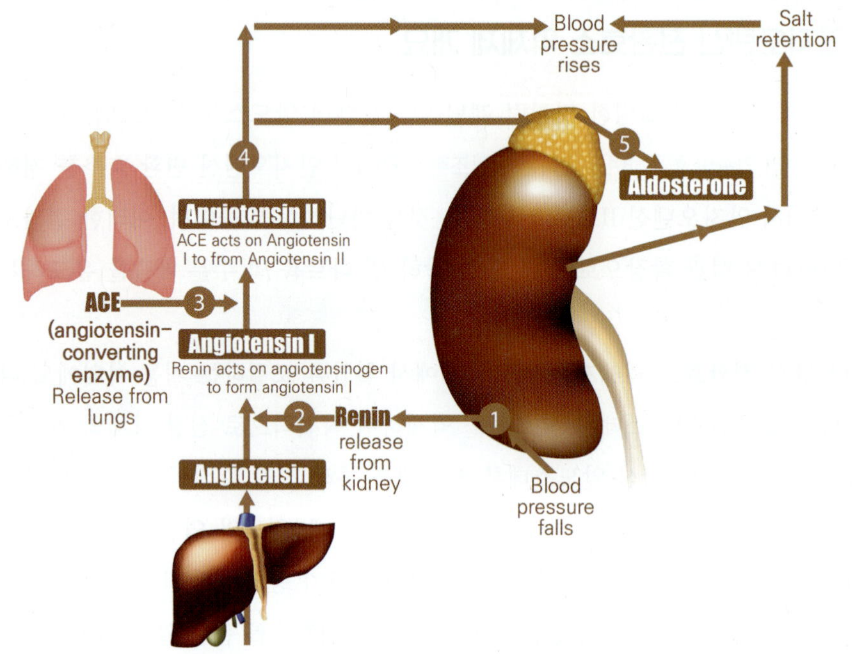

(2) 안지오텐신 전환효소 억제 효과를 위해 쓰이는 약물

안지오텐신 전환효소 억제제 약물은 기전이 동일하며, 수의학에서 사용되는 대표적인 약물로는 베나제프릴(benazepril), 에날라프릴(enalapril), 리시노프릴(lisinopril) 등이 있다.

3 안지오텐신 수용체 차단제(angiotensin II receptor blocker, ARB)

(1) 안지오텐신 수용체 차단제

안지오텐신 전환효소 억제제와 함께 레닌-안지오텐신 계를 조절하여 신장 기능을 조절하게 된다. 주로 수의학에서는 단백뇨 또는 고혈압을 치료하기 위한 목적으로 사용한다. 안지오텐신 II의 생성은 되나 이후 수용체와 결합을 차단해 안지오텐신 II의 기능을 막기 때문에, 브래디키닌과 같은 키닌류 화합물의 분해를 억제하지는 못하므로, 안지오텐신 전환효소 억제제 사용 시 부작용인 마른 기침과 혈관 부종의 부작용은 없는 약으로 볼 수 있다. 다만 수의학에서는 개와 고양이에게 마른 기침이나 혈관 부종은 명확하게 증명된 부작용은 아니며, 혈관 확장에 따른 혈압 따라서 약리와 부작용 주의사항 등은 안지오텐신 전환효소 억제제와 유사하다. 품종이나 병의 증상에 따라 생체이용률, 대사율 등의 차이가 있을 수 있어 안지오텐신 전환효소 억제제를 사용하더라도 레닌-안지오텐신-알도스테론 계 억제 효과가 떨어지는 경우 사용해 볼 수 있다.

(2) 안지오텐신 수용체 차단 효과를 위해 쓰이는 약물

안지오텐신 수용체 차단제 약물은 기전이 동일하며, 수의학에서 사용되는 대표적인 약물로는 텔미사르탄(telmisartan), 로사르탄(losartan) 등이 있다.

4 칼슘 통로 차단제

(1) 칼슘 통로 차단제의 개요

안지오텐신 전환효소 억제제와 같이 혈압을 조절하는 약으로 주로 사용된다. 신체 조직에서 칼슘 이온의 농도는 일반적으로 세포 외부가 세포 내부 농도보다 높다. 일부 세포의 막에는 칼슘 통로가 존재하며, 이 세포가 특정 신호를 받으면 통로가 열리고 칼슘이 세포내로 유입된다. 결과적으로 세포 내 칼슘의 증가는 세포 유형에 따라 다른 효과를 나타내게 된다. 혈관 평활근에 작용하여 동맥의 수축을 줄이고 동맥 직경 증가를 통한 혈관 확장을 유발하며, 심장근육에 작용하여 심장 수축력을 감소시키며, 심장 내에서 전기 활동의 전도를 늦춤으로써 심장 박동을 느리게 하는 역할은 앞의 7장에서 알아보았다.

비뇨기계에 작용하는 칼슘 통로 차단제의 직접적인 역할은 안지오텐신 전환효소 억제제와 같이 신장에 작용한다. 부신 피질 세포의 칼슘 신호를 차단함으로써 혈압을 높이는 알도스테론 생성을 직접적으로 감소시켜 결과적으로 레닌-안지오텐신-알도스테론 작용을 저해하는 방식으로 작동하게 된다.

●●● 그림 8-5 칼슘 이온 통로 모식도

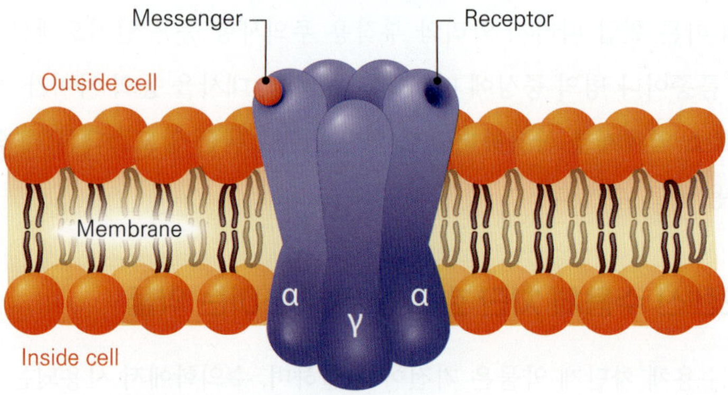

(2) 칼슘 통로 차단 효과를 위해 쓰이는 약물

칼슘 통로 차단제 약물은 기전이 동일하지만, 수의학에서는 약물의 종류에 따라 심장에 대해 더 선택적으로 작용하는 베라파밀(verapamil)과 심장보다는 혈관 평활근에 더 선택적으로 작용하는 디하이드로피리딘 계열의 암로디핀(amlodipine), 니페디핀(nifedipine), 심장과 혈관 두 가지 모두에 작용하는 딜티아젬(diltiazem)으로 나눌 수 있다. 고혈압의 치료 목적인지, 부정맥의 치료 목적인지에 따라 선택하여 사용한다.

비뇨기계 주요 약물 정리 표 ●●●

성분명	상품명	주요 작용	비고(주의사항 및 부작용)
Furosemide	라식스®(Lasix®)	고리 이뇨제: 체내 수분 저류량 감소	• 탈수 • 전해질 불균형
Torsemide	데마덱스®(Demadex®), 소안즈®(Soaanz®)		
Spironolactone	알닥톤®(Aldactone®)	포타슘 보존성 이뇨제: 체내 수분 저류량 감소	고칼륨혈증

<table>
<tr><td>Chlorothiazide</td><td>디우릴®(Diuril®)</td><td rowspan="2">원위 세뇨관 이뇨제: 체내 수분 저류량 감소</td><td rowspan="2">저칼륨혈증</td></tr>
<tr><td>Hydrochlorothiazide</td><td>마이크로자이드®(Microzide®)</td></tr>
<tr><td>Acetazolamide</td><td>디아목스®(Diamox®),
다자마이드®(Dazamide®)</td><td>근위 세뇨관 이뇨제: 체내 수분 저류량 감소</td><td></td></tr>
<tr><td>Telmisartan</td><td>미카르디스®(Micardis®)</td><td rowspan="2">안지오텐신 수용체 차단제: 안지오텐신 2의 혈관 수축작용 및 알도스테론 분비작용을 억제하여 혈압을 감소</td><td rowspan="2">• 위장점막의 손상
• 신장 손상
• 고칼륨혈증</td></tr>
<tr><td>Losartan</td><td>코자®(Cozaar®)</td></tr>
<tr><td>Benazepril</td><td>로텐신®(Lotensin®)</td><td rowspan="6">안지오텐신 전환효소 억제제(ACE 억제제): 교감신경 활성 감소, 혈관 평활근 이완, 염분과 수분 저류 감소 작용이 나타나며, 혈압이 감소</td><td rowspan="6">• 신장 손상
• 고칼륨혈증</td></tr>
<tr><td>Enalapril</td><td>에넬라프릴라트®(Enalaprilat®),
바소텍®(Vasotec®)</td></tr>
<tr><td>Ramipril</td><td>알타스®(Altace®)</td></tr>
<tr><td>Imidapril</td><td>타나트릴®(Tanatril®)</td></tr>
<tr><td>Captopril</td><td>캅토텐®(Capoten®)</td></tr>
<tr><td>Lisinopril</td><td>제스토레딕®(Zestoretic®),
제스트릴®(Zestril®)</td></tr>
<tr><td>Diltiazem</td><td>카디젬®(Cardizem®),
티아작®(Tiazac®)</td><td rowspan="3">칼슘 통로 차단제: 혈관 평활근을 이완하여 혈압을 낮춤</td><td rowspan="3"></td></tr>
<tr><td>Amlodipine</td><td>노바스크®(Norvasc®),
암로딥®(Amodip®)</td></tr>
<tr><td>Verapamil</td><td>칼란®(Calan®),
칼란 에스알®(Calan SR®)</td></tr>
</table>

CHAPTER

09

호흡기계 주요 약물

Ⅰ. 호흡기계의 정의, 구조 및 기능
Ⅱ. 호흡기계에 작용하는 주요 약물

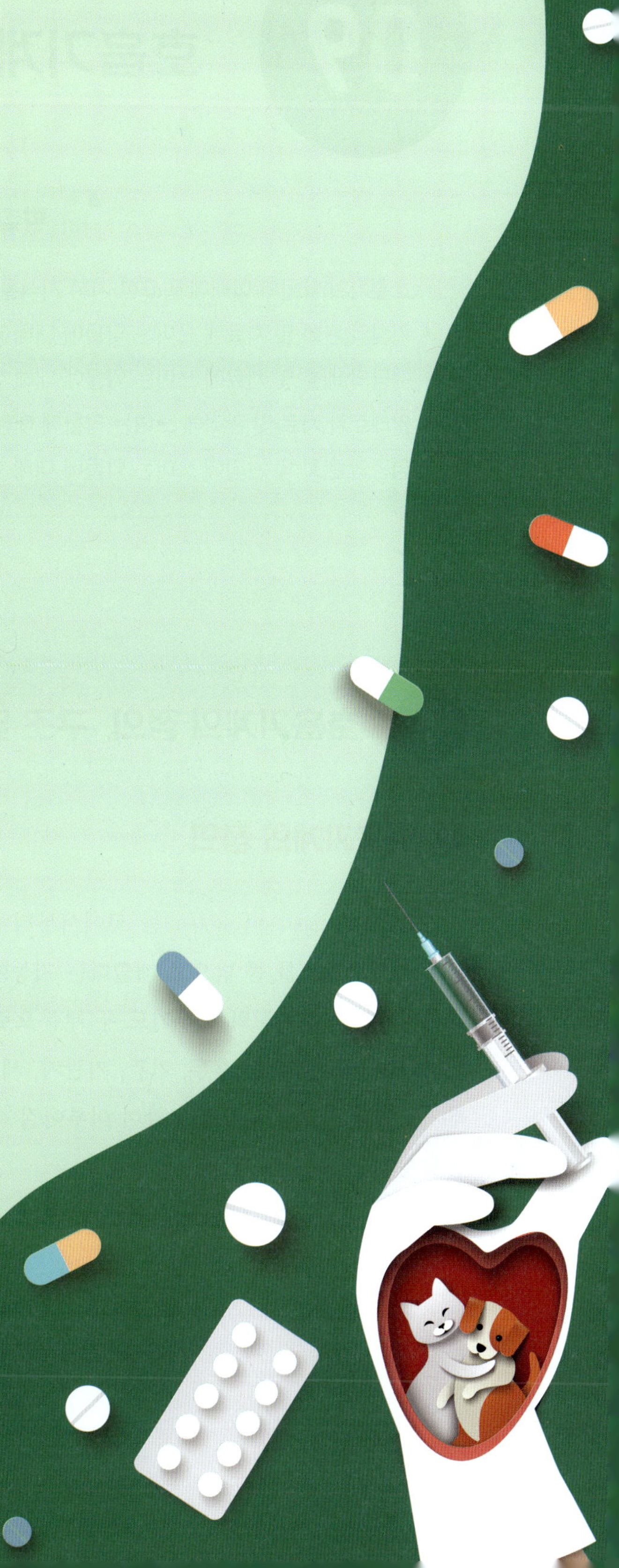

CHAPTER

09 호흡기계 주요 약물

학습목표

- 호흡기계 약물의 이해에 필요한 기본 지식을 학습한다.
- 기침의 완화 및 치료에 쓰이는 약물에 대해 학습하고, 임상에 응용할 수 있다.
- 객담의 배출 및 치료에 쓰이는 약물에 대해 학습하고, 임상에 응용할 수 있다.
- 알레르기 치료 및 관리에 쓰이는 약물에 대해 학습하고, 임상에 응용할 수 있다.
- 염증의 완화 및 관리에 쓰이는 약물에 대해 학습하고, 임상에 응용할 수 있다.

I 호흡기계의 정의, 구조 및 기능

1 호흡기계의 정의

호흡기계(respiratory system)는 코에서부터 폐포 말단까지 체내의 산소를 몸 속으로 운반하며 이산화탄소를 몸 밖으로 배출하는 기능에 관여하는 기관 전체를 의미한다. 기능적으로 호흡기계는 상부기도와 하부기도 두 부분으로 크게 나눌 수 있다. 상부기도는 비강, 인두를 의미하며, 하부기도는 후두, 기관, 기관지, 세기관지, 폐포가 이에 해당한다. 상부기도는 하부기도에서 원활하게 가스 교환이 이루어질 수 있도록 공기를 걸러주고 따뜻하게 해주는 역할을 한다.

2 호흡기계의 구조 및 기능

(1) 상부 호흡기

비강, 부비동, 인두 등이 상부 호흡기에 해당한다. 코를 통과한 공기가 폐포로 들어가는 첫 관문이 비강으로 인두와 연결되어 가온, 가습, 이물질 제거에 관여하여 하부 호흡기를 보호한다. 코로 들어온 공기는 코털이 있는 사람과 달리 개와 고양이는 얇은 점막으로 덮여 있다. 여기서 자라는 매우 가늘고 짧은 섬모가 외부에서 들어오는 이물질이나 세균 등의 침입을 막고, 공기가 지나가는 과정에서 가온 가습 과정을 거쳐 인두를 지나 하부 호흡기로 내려가게 된다.

(2) 하부 호흡기

하부호흡기는 후두, 기관, 기관지, 세기관지, 폐포 등이 해당한다. 후두는 항상 열려있지 않고 개폐를 조절하는 연골로 된 후두 덮개가 있어 숨을 쉴 때는 열리고 음식이 넘어갈 때 닫혀 음식이 기도로 들어가는 것을 막아준다. 이렇게 들어간 공기는 기관, 기관지, 세기관지를 지나 폐포에서 산소와 이산화탄소가 교환, 노폐물 제거 등이 이루어지게 된다.

그림 9-1 개의 호흡기계 모식도

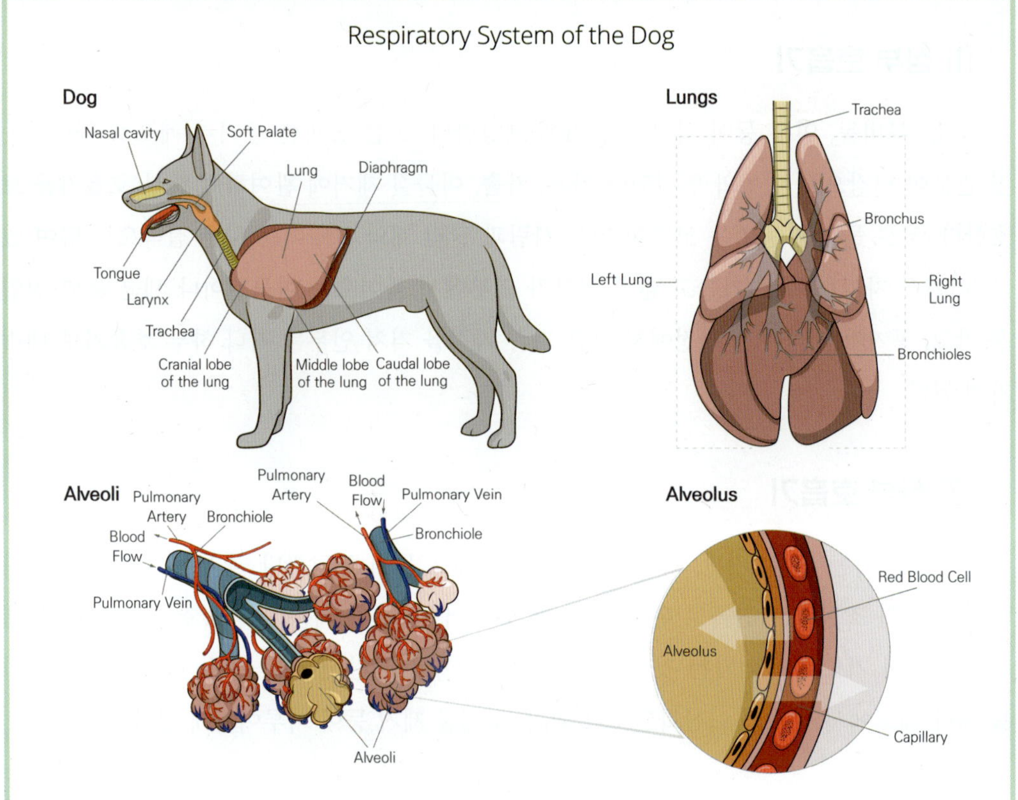

II 호흡기계에 작용하는 주요 약물

1 진해제

(1) 진해제 개요

진해제는 기침을 완화시키거나 억제하는 약물이다. 기침은 기도에서 물질을 제거하는 공기배출로서 흡입된 입자로부터 폐와 기도를 보호하는 방법이다. 기침의 원인으로는 기도내 이물이나 분비물에 의한 기계적 및 화학적 자극에 의하는 경우와 기도 점막의 건조, 염증, 궤양 등의 자극에 따라 기침이 발생되는 경우, 심장사상충 등의 질병으로 인한 경우 세 가지로 나뉠 수 있다. 어느 경우에 해당하는지에 따라 치료의 방법이 달라지게 된다. 기침의 원인이 있는 경우 원인을 제거하는 것이 치료의 일차적인 목표가 되며, 이때에는 외과적인 수단, 아래에서 나오는 거담제, 항염증약, 습도를 높임 등의 치료 방법을 사용할 수 있으며, 원인이 불명확한 경우 기침 증상 자체 진정이 필요한 경우, 대증 치료약을 사용해 볼 수 있다. 이러한 대증 치료약으로써 진해제의 사용은 원인을 치료하는 것이 아닌 보조적인 치료로 볼 수 있다. 이번 장에서는 증상을 완화시켜주는 대증 치료약으로써 초점을 맞추어 관련 내용을 알아보고자 한다. 진해제의 대증 치료약으로는 기침 억제 기전에 따라 뇌의 기침 중추를 억제하는 중추성 진해제와 기관지나 목, 점막 등 말초조직의 기침 수용체를 방해하여 기침을 억제하는 말초성 진해제로 나눌 수 있다.

(2) 진해 효과를 위해 쓰이는 약물

1) 중추성 진해제(Central antitussive)

기침 중추에 직접 작용하며, 코데인과 같은 마약성 중추성 진해제와 신체적 의존성이 낮은 비마약성 중추성 진해제로 분류된다.

① 마약성 중추성 진해제

아편에서 유래되거나 합성된 코데인(codein)과 모르핀(morphine)이 대표적인 약물이다. 두 종류의 약물 모두 기침 억제뿐만 아니라 진통 효과도 함께 가지고 있다. 개와 고양이에서 모르핀(morphine)은 중독 및 부작용을 고려했을 때, 개, 고양이에서 단순히 기침을 줄이는 목적으로 사용 시, 부작용이 더 크기 때문에 일반적으로 진해제로 사용되지는 않는다. 심한 기침 발작의 진정에 일시적으로 사용될 수 있다. 코데인(codein)은 모르핀(morphine)보다 진통 효과는 낮으나, 부작용이 적고 기침 억제 효과가 커서 주로 진해제로 사용된다. 마약성 중추성 진해제의 부작용은 흥분, 근육 경련, 경련, 호흡억제, 진정 및 변비 등이 있으며, 코데인은 장 운동성에 미치는 영향으로 인해 위장관 수술 후에 사용하면 안 된다. 이외에도 같은 계열의 아편유사제 진통제로 통증관리에 주로 사용되는 약물인 하이드로코돈(hydrocodone), 부토파놀(butorphanol) 등이 있다.

② 비마약성 중추성 진해제

덱사메토판(dextromethorphan)은 코데인과 화학구조와 기침 억제 효과가 비슷하지만 의존성이 적고, 가래가 없는 마른 기침 억제에 주로 사용된다. 개 고양이 모두에게 사용할 수 있으며, 고양이의 경우 마약성 중추성 진해제의 위험성이 높아 비마약성 중추성 진해제의 사용이 더 추천된다. 이외에도 항구토제로 많이 사용하는 NK-1 수용체 길항제인 마로피탄트(maropitant)도 중추성 진해 효과를 위해 개와 고양이에서 진해의 목적으로 적용해 볼 수 있다.

2) 말초성 진해제(peripheral antitussive)

말초 조직의 기침 수용체에 직접 작용하여 기침을 억제하는 약물을 말한다. 사람에서는 레보드로프로피진(levodropropizine), 벤조나테이트(benzonatate), 테오브로민(theobromine) 등의 말초성 진해제가 있으나, 수의학에서는 아직 충분한 효능 및 부작용이 검증되지 않아 추천되지 않는다.

2 거담제

(1) 거담제 개요

거담제의 사전적인 의미는 가래의 배출을 도와주는 약물을 의미한다. 넓은 의미로는 가래의 성상과 양, 배출에 영향을 미치는 점액 작용제를 포함하기도 한다. 가래는 몸 속에 있을 때에는 기관지나 폐의 분비물로 객담이라고도 부르며, 여러 가지 폐 질환으로 인해 객담 분비량과 배출량이 증가하면 기침을 하게 되고, 동시에 가래의 배출도 증가하게 된다. 거담제란 이러한 가래의 배출을 도와주는 역할을 하게 된다. 약리 작용에 따라 점액용해제, 객담배출제, 점액조절제, 점액활성제로 나눌 수 있으며, 거담제 사용 시, 개 고양이에게 수분을 충분히 섭취하게 하는 것도 도움이 된다. 개와 고양이에서는 이론적으로는 사람과 동일하게 점성이 적은 기관지 분비물을 만들 수 있으나 효능은 완전히 밝혀지지 않았다.

(2) 거담 효과를 위해 쓰이는 약물

대표적인 개에서 사용이 추천되는 점액용해제는 아세틸시스테인(acetylcystein-흡입제), 개 고양이 모두 적용할 수 있는 객담배출제 구아이페네신(guaifenesin), 개에서 사용이 추천되는 점액활성제 암브록솔(ambroxol), 브롬헥신(bromhexine)이 있다.

그림 9-2 개, 고양이를 위한 다양한 형태의 흡입기

3 기관지 확장제

(1) 기관지 확장제의 개요

기관지 확장제는 기관지를 둘러싸고 있는 평활근을 이완시켜 기관지 내경을 확장시키는 약물이다. 기관지 수축으로 인해 호흡곤란을 일으키는 질환으로는 천식과 만성 폐쇄성 폐질환이 있다. 천식은 기관지의 만성적인 염증이 특징적인 질환이며, 알레르기 유발물질에 의해 염증반응이 일어나면 점액이 분비되며 기관지 벽이 두꺼워진다. 그 결과 개와 고양이들은 기관지가 좁아지면서 숨쉬기가 힘들어지며, 쌕쌕거리는 호흡음과 지속적인 기침 등의 증상이 나타나게 된다. 만성 폐쇄성 폐질환은 염증이 지속되고 기관지의 구조가 변형됨으로써 기도 폐색과 폐 기능의 저하가 나타나는 질환이다. 기관지 확장제를 개와 고양이에게 투약하게 되면 과도하게 기관지가 수축하여 공기 흐름에 대한 저항이 발생하는 것을 줄여줌으로써 호흡을 원활하게 해주며, 증상을 완화하고 악화를 방지하는 데 중요한 역할을 한다.

●●● 그림 9-3 개, 고양이의 기관지 천식 모식도

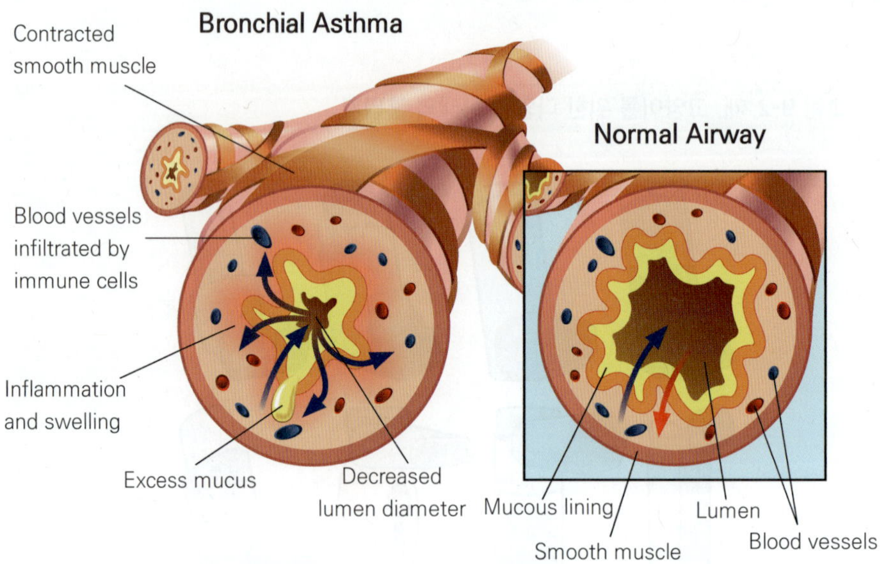

(2) 기관지 확장 효과를 위해 쓰이는 약물

주로 사용되는 기관지 확장제의 종류에는 베타효능제, 항콜린성 기관지확장제, 잔틴 유도제로 나뉠 수 있다.

1) 베타효능제

교감신경의 수용체 중에서 기관지 확장 작용을 나타내는 베타2-수용체에 선택적으로 작용하는 약물을 베타2-선택성 효능제 또는 베타효능제라고 한다. 작용시간에 따라 단시간형(속효성)과 장시간형(지속성) 약물로 구분할 수 있다.

단시간형 베타효능제는 작용시간이 대개 6시간 이하로 짧으며 주로 급성 증상을 완화하기 위해서 신속한 기관지 확장이 필요할 때 상비약으로 사용되며, 장시간형 베타효능제는 작용시간이 12시간-24시간으로 비교적 긴 약물로 지속적으로 개와 고양이에게 투약하기 적합하다.

대표적인 베타효능제 약물로는 개와 고양이 모두에게 사용하는 살부타몰(salbutamol), 고양이에게 많이 사용하는 터부탈린(terbutaline) 등이 있다. 기저질환으로 심장질환, 당뇨병, 고혈압, 경련을 가지고 있거나 디곡신(digoxin), 삼환계 항우울제(TCA), 모노아민 산화효소 억제제(MAOI)로 치료받는 동물에서는 주의하여 사용하여야 한다.

2) 항콜린성 기관지 확장제

기도 평활근에서 기관지를 수축시키는 부교감신경전달 물질인 아세틸콜린의 작용을 차단함으로써 기관지 확장을 일으킨다. 베타효능제와 달리 심혈관계 부작용이 적어 심장질환이 있는 환자에게 추천되는 약물이다. 하지만 위장관 연동운동의 감소, 점막 건조, 빈맥, 방광이완 등의 부작용이 있을 수 있어 항콜린성 기관지 확장제의 경우 개와 고양이에서는 장기적 사용보다는 주사용 또는 흡입 분무용으로 많이 사용한다. 대표적인 약물로는 서맥을 예방하고 기도 분비를 줄이기 위한 마취 전처치제로 많이 사용되는 아트로핀(atropine-주사용), 글라이코피롤레이트(glycopyrrolate-주사용), 이프라트로피움(ipratropium-분무용)이 있다.

3) 잔틴 유도제

포스포디에스테라제의 작용을 억제함으로써 카테콜아민과 에피네프린의 분비를 촉진시켜 기관지 확장, 중추 및 심장의 자극과 위산 분비를 유도하는 약물이다. 기관지 확장제로써 수의학에서 개 고양이의 호흡기 질환을 치료하기 위해 오랫동안 사용되어온 대표적인 기관지 확장제이다.

대표적인 잔틴 유도제 약물로는 테오필린(theophylline-경구용), 아미노필린(aminophylline-주사용, 경구용)이 있다.

4 항히스타민제

(1) 항히스타민제의 개요

항히스타민제는 히스타민 수용체에 길항하여 억제하거나 히스티딘에서 히스타민으로 변환을 촉진하는 히스티딘탈카르복실화효소를 억제하는 약물을 모두 의미한다. 항히스타민제는 신경, 혈관평활근, 샘조직, 내피, 비만 세포 등에 존재하는 히스타민 수용체를 차단하여 히스타민 작용으로 인한 피부 발적, 혈관 팽창 등을 억제하게 되어 히스타민에 반대되는 작용을 하여 항히스타민제로 불린다. 사람에서와 같이 개와 고양이에서도 단백질에 대한 생체의 과잉 반응으로 인해 나타나는 다양한 알레르기 증상을 완화하기 위해 사용한다. 다만, 사람에서는 히스타민이 체내에 분비되면 혈관의 투과성을 높여 체액이 모세혈관에서 조직으로 빠져나오게 되는데, 이러한 증상으로 인해 눈물, 콧물과 같은 대표적인 알레르기 증상을 나타내게 되지만 개와 고양이는 일반적으로 피부 발적과 팽만, 가려움증 등의 증상이 더 확연하게 보이는 것은 차이점이라 할 수 있다. 항히스타민제를 개와 고양이에게 투약할 경우, 일반적으로 안전하지만, 진정과 졸음을 유발할 수 있음을 인지해야 한다.

(2) 항히스타민 효과를 위해 쓰이는 약물

항히스타민제로 개와 고양이에서 많이 사용되는 대표적인 약물은 디펜히드라민(diphenhydramine), 세트리진(cetrizine), 클로르페니라민(chlorpheniramine), 고양이의 천식에서 세로토닌의 역할을 차단하여 기관지 수축을 감소시켜주는 사이프로헵타딘(cyproheptadine) 등이 있다.

그림 9-4 항히스타민제로 사용되는 디펜히드라민

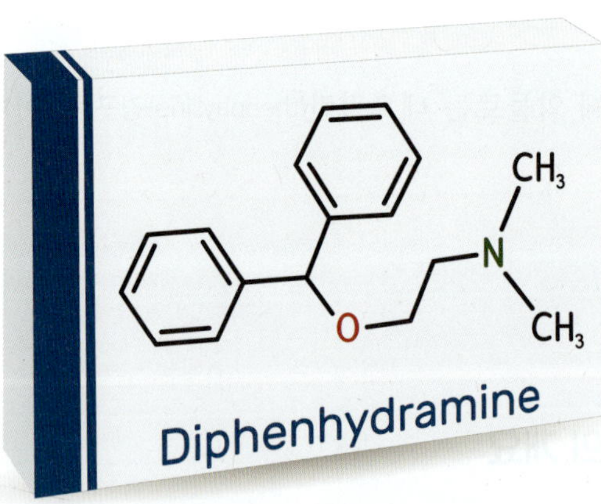

5 항염증제

(1) 항염증제의 개요

염증을 줄여주는 약물 전체를 의미한다. 유해한 자극에 대한 체내 면역반응에 의해 면역세포, 혈관, 염증 매개체들이 관여하는 보호반응을 염증이라고 한다. 염증의 목적은 세포 손상을 초기 단계에 억제하고 상처 부분의 파괴된 조직 및 괴사된 세포를 제거하며 조직을 재생하는 것으로 보호 기능을 가지지만, 동시에 염증의 결과로 조직의 손상이나 질병이 유발될 수 있으며, 호흡기계에서는 염증으로 인한 부종 및 기능저하로 인해 생명에 직접적인 위험을 유발할 수 있어 적절한 시기에 항염증제를 사용하여 염증을 줄여주는 것이 호흡기계 치료에 도움이 될 수 있다.

(2) 항염증 효과를 위해 쓰이는 약물

항염증제로 개와 고양이에서 많이 사용되는 대표적인 약물은 비감염성 질환 또는 급성 면역반응이나 프로스타글란딘, 류코트리엔, 혈소판 활성화 인자의 합성을 감소시켜 호흡기 염증을 억제하는 데 탁월한 효과를 가진 글루코코르티코이드 계열의 경구제 프레드니솔론(prednisolone), 플루티카손(fluticasone-흡입제)이 있으며, 류코트리엔 억제제 계열의 몬테루카스트(montelukast)를 천식치료의 목적으로 기관지 경련을 감소시키며 폐의 기능을 향상시키기 위해 사용하기도 한다. 이외에도 사람에서는 비만세포 안정제를 사용하기도 하나 개와 고양이에게는 효능이 충분히 검증되지 않았다.

호흡기계 주요 약물 정리 표

성분명	상품명	주요 작용	비고(주의사항 및 부작용)
Codein	코데인 콘틴® (Codeine Contin®)	진해제: 마약성 중추성 진해제	• 호흡억제 • 진정 • 변비
hydrocodone	비코딘®(Vicodin®)		
butorphanol	스타돌®(Stadol®), 토부트롤®(Torbutrol®)		

maropitant	세레니아®(cerenia®)	진해제: 비마약성 중추성 진해제	항구토제로 주로 사용
dextromethorphan	로비투신®(Robitussin®)		고양이에게 추천
acetylcystein	뮤코미스트®(Mucomyst®)	거담제: 점액용해제	흡입제(점액 용해 시)
guaifenesin	뮤시넥스®(Mucinex®)	거담제: 객담배출제	
ambroxol	뮤코솔반®(Mucosolvan®)	거담제: 점액활성제	
bromhexine	아크로브론치올®(Acrobronquiol®)		
salbutamol	벤토린®(Ventolin®)	기관지 확장제: 베타 효능제	흡입제
terbutaline	브리카닐®(Bricanyl®), 마렉스®(Marex®)		주사제, 경구제
albuterol	벤토린 HFA®(Ventolin HFA®)		경구제, 흡입제
atropine	아트로펜®(Atropen®)	기관지 확장제: 항콜린성 기관지 확장제	주사제(다른 약과 합제로 경구제 사용 가능)
glycopyrrolate	쿠포사®(Cuvposa®)		주사제
ipratropium	아트로벤트®(Atrovent®)		흡입제
theophylline	유니필®(Uniphyl®)	기관지 확장제: 잔틴 유도제	심장 질환이 있는 개, 고양이에게는 주의하여 사용
aminophylline	노르필®(Norphyl®)		
dephenhydramine	베나드릴®(Benadryl®)	항히스타민제	개와 고양이에서 효능 연구 불충분
cetrizine	지르텍®(Zyrtec®)		액상제제에는 고양이에게 위험한 프로필렌 글리콜, 경구제제에는 개에게 위험한 자일리톨이 있을 수 있어 약품 선정 시 주의 필요
chlorpheniramine	클로르 트리메톤®(Chlor trimeton®)		

cyproheptadine	페리악틴®(Periactin®)	항히스타민, 세로토닌 억제제	임신, 수유 중인 개, 고양이에게는 안전성 검증 부족
prednisolone	페디아프레드®(Pediapred®)	항염증제: 글루코코르티코이드제	감염성 질병에 사용시 주의
fluticasone	플로벤트®(Flovent®)		흡입제로 사용
montelukast	싱귤레어®(Singulair®)	항염증제: 류코트리엔 억제제	

CHAPTER

10

신경계 주요 약물

Ⅰ. 서론
Ⅱ. 자율신경계 약물
Ⅲ. 중추신경계 약물
Ⅳ. 행동교정 약물
Ⅴ. 전신마취제

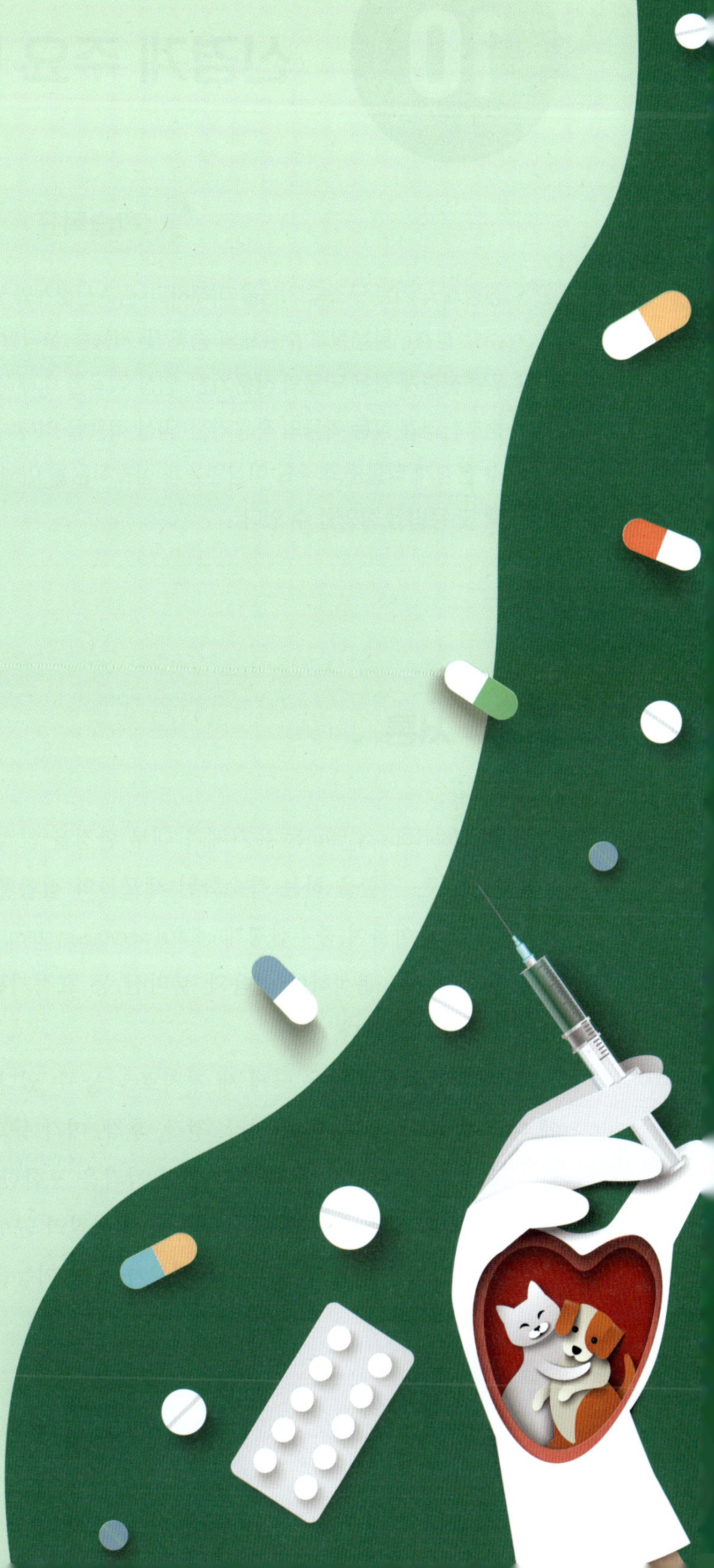

CHAPTER 10

신경계 주요 약물

학습목표

- 신경계의 기본 구조와 기능을 이해하고, 중추신경계와 말초신경계의 차이점을 설명할 수 있다.
- 주요 신경전달물질과 수용체의 종류 및 기능을 설명할 수 있다.
- 말초신경계 작용 약물의 작용기전, 임상 적용을 이해하고 비교할 수 있다.
- 중추신경계 작용 약물의 작용기전, 임상 적용을 이해하고 비교할 수 있다.
- 각 신경계 약물군의 주요 이상반응과 상호작용을 이해하고, 임상 상황에서의 적절한 약물 선택 및 용법을 설명할 수 있다.

I 서론

신경계(nervous system)는 유기체가 내부 환경을 안정적으로 유지하고 외부 환경과 상호작용을 조절하는 역할을 하는 특수화된 세포들의 집합체이다. 이 시스템은 환경의 변화를 수용기로부터 받아들여 중추신경계(central nervous system, CNS)로 전달하고, 중추신경계는 이 정보를 종합적으로 분석하여 근육과 분비선 등 표적기관(효과기, 작용기)으로 신호를 전달하여 몸의 반응을 조절한다.

신경계의 주요 기능은 크게 세 가지로 나눌 수 있다. 첫째, 감각기능은 외부 환경의 변화에 대해 반응하는 기능으로, 시각, 청각, 후각, 미각 등과 같은 특수감각뿐만 아니라 촉각, 통각, 온도감각, 압력감각 등 다양한 일반 감각을 포함한다. 또한, 체내 환경의 변화를 감지하여 체온, 혈압, 산소 요구량, 탈수 정도와 전해질의 균형 등과 같은 내부 변화에도 반응한다. 둘째, 운동기능은 신체의 조직이나 세포가 특정 기능을 수행할 수 있도록 조정하고 촉발하는 기능으로, 대표적으로 근육을 수축시켜 운동을 유발하는 역할을 한다. 셋째, 조정기능은 신경계가 여러 기관이나 신체 부위 간의 활동을 적절히 조율하여 서로 조화롭게 기능할 수 있도록 돕는 기능이다.

신경계는 신경세포, 즉 뉴런(neuron)으로 구성된다. 뉴런은 신경계의 기본 단위로, 물리적 자극에 반응하고 자극을 전달하는 전도성을 갖춘 기능적 단위이다. 뉴런은 위에서 언급한 신경계의 기능과 연관하여 감각뉴런, 운동뉴런, 연합뉴런으로 구분할 수 있다. 감각뉴런은 수용기로부터 받은 자극을 중추신경계로 전달하고, 운동뉴런은 중추신경계에서 발생한 신호를 근육이나 말초조직으로 전달하여 운동을 유도한다. 연합뉴런은 다른 뉴런들과 연결되어 서로 정보를 전달하며, 이들 뉴런은 시냅스(synapse)를 통해 연결된다. 뉴런은 기본적으로 신경세포체(cell body)와 그로부터 뻗어 나온 두 가지 주요 돌기로 구성되는데, 하나는 수상돌기(dendrite)로 길이가 짧지만 여러 개의 가지를 뻗어 다른 뉴런과 연결된다. 다른 하나인 축삭돌기(axon)는 긴 신경섬유 형태로 자극을 다른 뉴런이나 표적기관으로 전달한다. 축삭돌기는 수초(myelin sheat)라는 물질로 덮여 있을 수 있으며, 수초가 있는 유수신경섬유(myelinated neuron)는 자극 전달 속도가 빠른 반면 수초가 없는 무수신경섬유(unmyelinated neuron)는 상대적으로 느린 속도로 자극을 전달한다. 축삭의 종말부분에서는 신경전달물질(neurotransmitter)이라는 화학물질이 방출되어 연접한 뉴런이나 표적기관에 신경신호를 전달한다.

TIP

- 뉴런(neuron): 신경계를 구성하는 세포, 신경계 모든 가지와 분류의 기본 단위
- 시냅스(synapse): 한 신경세포에서 다음 신경세포로 신경자극이 뛰어넘는 간격, 신경자극이 시냅스를 지나 전달되려면 자극을 시냅스까지 전달한 신경세포의 축삭종말에서 신경전달물질을 분비해야 함
- 신경절(ganglion): 중추신경계(뇌, 척수) 바깥에 모여있는 신경세포들의 작은 무리
- 신경전달물질(neurotransmitters): 신경세포 간 신호를 전달하는 화학물질. 신경세포에서 방출되어 다른 신경세포나 표적기관 세포의 수용체와 결합하여 신경신호를 전달(대표적인 신경전달물질 - 아세틸콜린, 노르에피네프린, 도파민 등)
- 수용체(receptor): 세포 표면이나 내부에 위치한 단백질로 신경전달물질이나 호르몬과 같은 화학물질을 인식하고 결합하는 역할. 신경전달물질이 수용체에 결합하면 신경신호가 전달되거나 세포의 활동이 조절됨

●●● 그림 10-1 뉴런과 시냅스

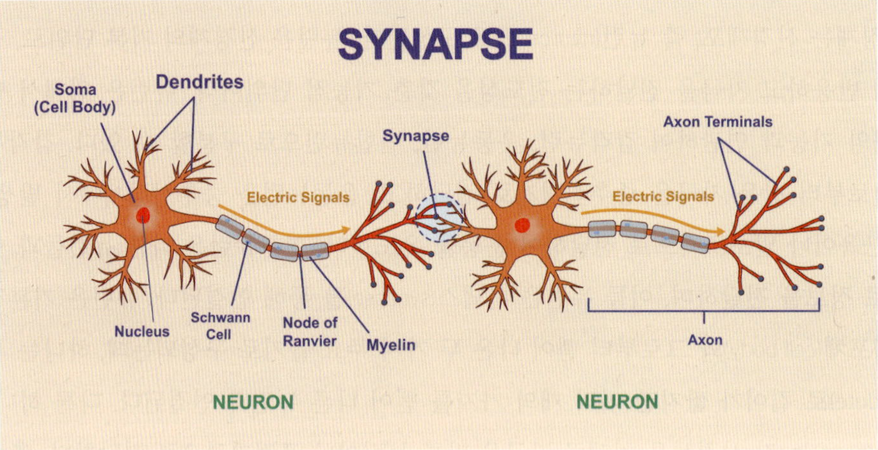

●●● 그림 10-2 신경전달물질 유리와 수용체

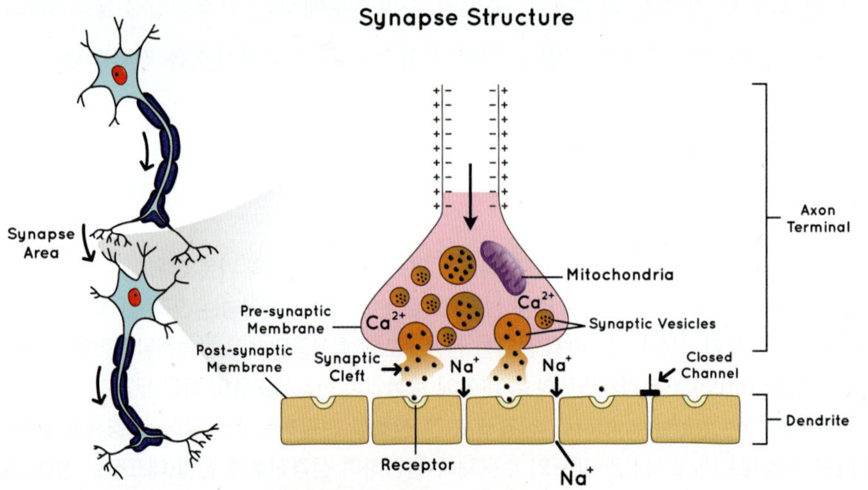

- Dendrite(수상돌기)
- Cell body(신경세포체)
- Axon(축삭): 세포체에서 뻗어나와 신경자극을 세포체로부터 멀리 전달
- Axon terminals(축삭종말)

1 중추신경계(Central nervous system(CNS))

척추동물의 신경계는 중추신경계(CNS, central nervous system)와 말초신경계(PNS, peripheral nervous system)라는 부분으로 구분된다. 중추신경계는 두개골 안에 위치한 뇌(brain)와 뇌에서 이어지는 척수(spinal cord)를 포함하며, 전체 신경계의 제어센터로서 말초신경계와 함께 동물의 행동과 신체 기능을 조절한다. 뇌는 대뇌, 사이뇌, 중간뇌, 소뇌, 숨뇌 등 다섯 가지 주요 부분으로 나뉘는데, 숨뇌의 끝부분은 척수와 연결되어 있다. 중간뇌, 다리뇌, 숨뇌는 호흡, 순환, 심장박동, 소화 등 생명 유지에 필수적인 기능을 조절하는 부위로, 이 세 부분을 통틀어 '뇌줄기'라고 일컫는다. 척수는 숨뇌에 연결된 신경중추로 척추 속에 위치하며, 뇌와 말초신경 사이의 신호전달 역할을 한다. 중추신경계 신경전달물질 중 γ-aminobutyric acid(GABA), glycine은 억제성 작용을 하고, 그 외는 흥분성 작용을 하는 특징이 있다. 또한 중추신경의 신경전달물질이면서 동시에 말초신경의 신경전달물질로 작용하는 것도 있다. 또한 무조건 반사의 중추로서 숨뇌와 사이뇌 등의 영향을 받아 땀 분비, 젖 분비, 배변, 배뇨와 같은 생리적 기능에 대한 조절이나 무릎반사에도 역할을 한다.

그림 10-3 ① 뇌, ② 중추신경계, ③ 척수

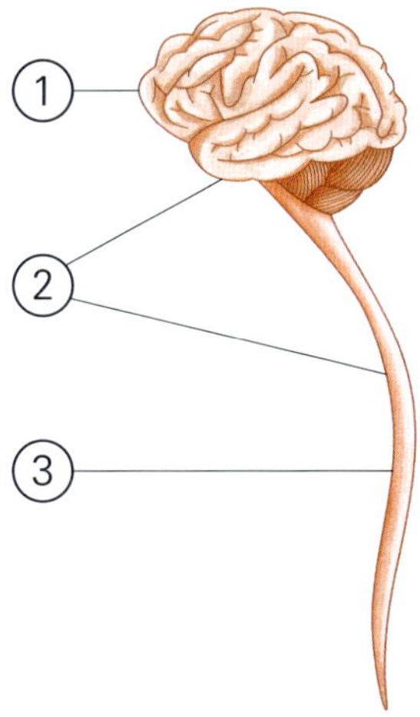

그림 10-4 척주 속 척수

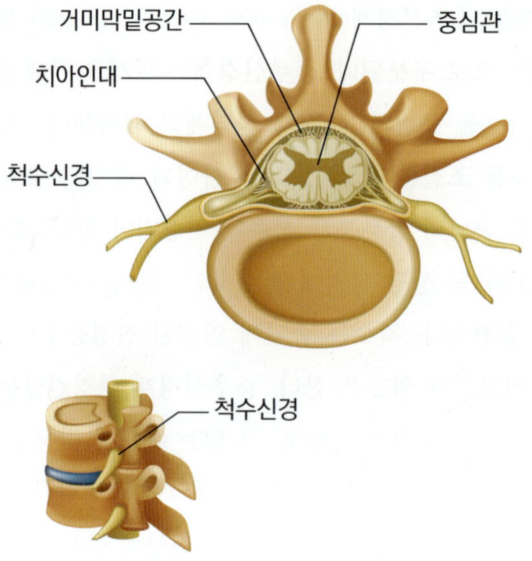

표 10-1 중추신경계 신경전달물질

작용 / 화학구조	흥분성	억제성	화학구조
아미노산 (aminoacid)	글루탐산 (glutamate)	γ-aminobutyric acid(GABA), 글리신(glycine)	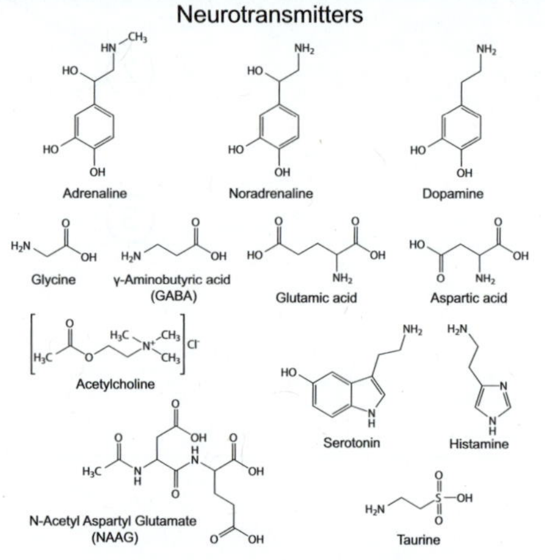
모노아민 (monoamine)	카테콜아민 (catecholamine), 히스타민 (histamine)		
콜린 (choline)	아세틸콜린 (acetylcholine)		

그림 10-5 카테콜아민(Catecholamine): 카테콜(catechol)에서 유래된 모노아민 계열(카테콜기를 가진 아민) 신경전달물질 또는 호르몬을 총칭하는 용어, 도파민(dopamine), 노르에피네프린(norepinephrine), 에피네프린(epinephrine), 세로토닌(serotonin, 5-HT) 등

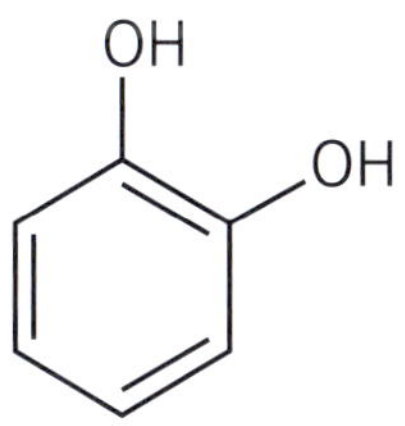

▲ 카테콜기 화학구조

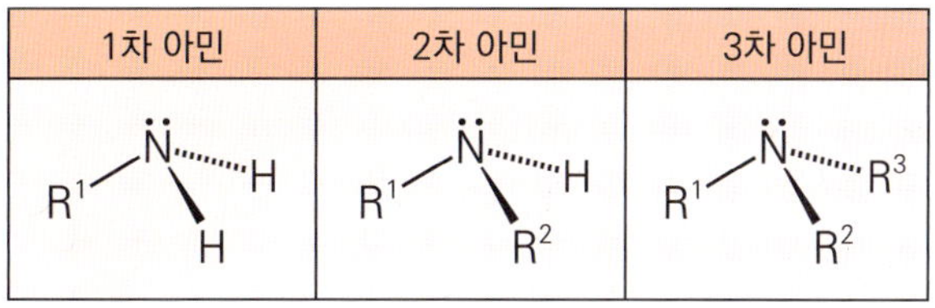

▲ 아민기 화학구조

2 말초신경계(Peripheral nervous system(PNS))

말초신경계는 뇌와 척수에서 발생하여 몸 전체에 퍼지는 신경계를 말하며, 뇌신경과 척수 신경이 포함된다. 이들은 구심성 신경(afferent system; 중심(중추)으로 향하는 것, 감각신경(sensory nerve))과 원심성 신경(efferent system; 중심(중추)에서 멀어지는 것, 운동신경(motor nerve))으로 구분되어 감각 정보를 받아들이고 운동 명령을 전달한다. 즉, 외부 자극을 감지한 감각 정보를 중추신경계로 전달하고, 중추신경계에서 보내는 운동 정보를 기관에 전달하여 반응을 일으켜 동물의 행동을 조절하는 것이다. 말초신경계에는 뼈(두개골, 척추 등)나 뇌혈관장벽(Blood-brain barrier, BBB) 등과 같은 물리적, 생리적 보호장벽이 존재하지 않아 기계적 충격이나 감염에 취약할 수 있다. 뇌신경은 뇌로부터 바로 나오는 신경으로 일반적으로 12쌍이 있으며, 나오는 위치에 따라 순서대로 I ~ XII의 번호를 부여한다. 주로 안면의 감각기관 등에 분포한다. 척수 신경은 척수 양쪽으로 출입하는 말초신경으로 체내 각 부위에 분포하며, 사람의 경우 31쌍, 개와 고양이의 경우 36쌍이 존재한다.

그림 10-6 시상하부와 뇌하수체

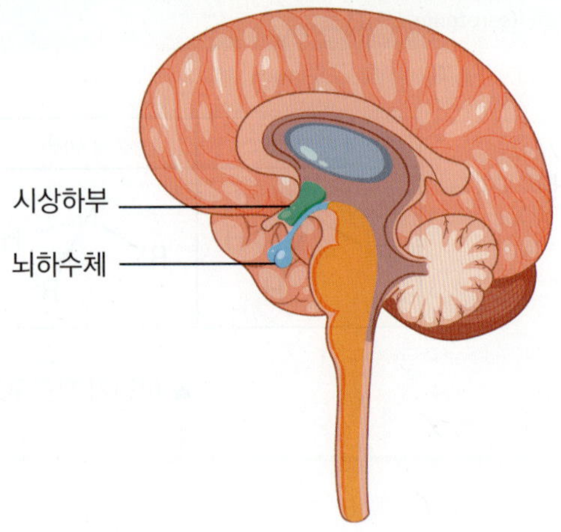

그림 10-7 신경계 분류

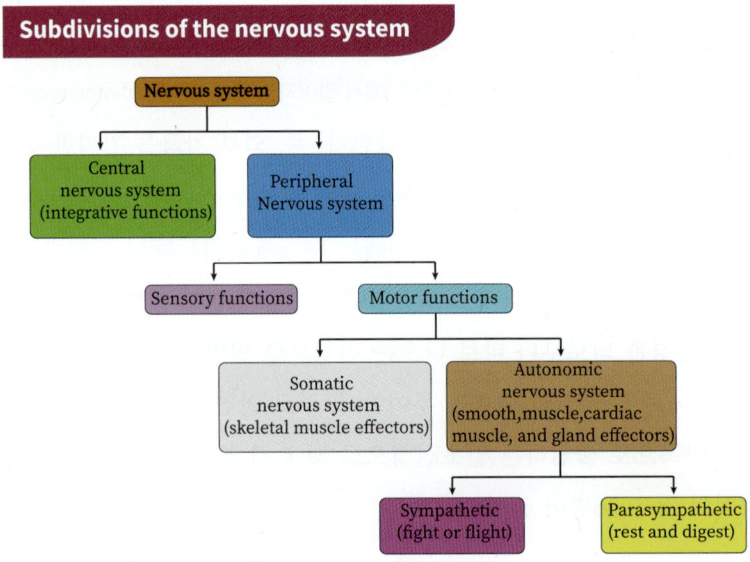

3 체성신경계와 자율신경계(Somatic nervous system(SNS) and Autonomic nervous system(ANS))

말초신경계는 크게 체성신경계(somatic nervous system, SNS)와 자율신경계(autonomic nervous system, ANS)로 나눌 수 있다. 체성신경계는 의식적인 활동과 관련된 신경계로 신경세포가 직접 골격근에 분포하여 존재하고, 신경절(ganglion)이 존재하지 않는다. 골격근과 피부의 감각수용기(온도수용기, 기계수용기, 화학수용기 등)는 다양한 형태의 자극(체성감각; 온도, 촉각, 통각 등)을 감각신경을 통해 중추신경계(뇌와 척수)로 전달하며, 중추신경계는 전달된 정보를 처리한 후 체성신경계(운동신경)를 통해 신체 말초 표적기관(골격근)의 능동적인 운동을 조절한다.

자율신경계는 의식적으로 조절할 수 없는 생명 유지활동과 관계된 생리작용을 관장한다. 내장 기관의 불수의근에 분포하는 원심성 신경계로 두 개의 뉴런(신경절전 뉴런(preganglionic neuron, preganglionic fiber), 신경절후 뉴런(postganglionic neuron, postganglionic fiber))이 신경절을 기점으로 연접해 있는 구조로 이루어져 있다. 이 연접은 해부학적으로 구조적인 연속성이 없기 때문에 시냅스(synapse) 내 신경전달물질(neurotransmitters)을 통해 신경절전 뉴런에서 신경절후 뉴런으로 신호를 전달한다. 순환, 호흡, 소화, 대사, 분비, 체온유지, 배설, 생식 등의 자율기능을 담당한다. 말초신경계의 주요 중추는 간뇌의 시상하부에 위치하고 있으며, 제성신경계의 구심성 신경으로 들어오는 정보를 처리한 후 원심성 신경을 통해 내장 기관의 생리를 조절한다. 자율신경계에는 교감신경(sympathetic nerve)과 부교감신경(parasympathetic nerve)이 있으며, 이들은 동일한 기관에 분포하면서 서로 상반되는(길항) 작용을 한다.

(1) 교감신경과 부교감신경의 기능적 차이

교감신경은 긴급상황에 신체가 즉각적인 행동을 취할 수 있도록 준비시키는 역할을 한다. 심박수를 증가시켜 신체에 더 많은 산소와 영양분을 공급하고, 혈압을 상승시켜 혈액이 빠르게 순환하도록 돕는다. 또한, 동공을 확장하여 더 많은 빛을 받아들여 시야를 넓히고, 소화 기능을 일시적으로 억제하여 에너지를 생존에 필수적인 다른 기능으로 전환한다. 이 외에도 기관지를 확장시켜 호흡을 원활하게 하며, 체온 조절을 위해 땀 분비를 증가시킨다. '싸움 또는 도주(fight or flight)' 반응으로 알려져 있으며, 이와 같이 일시적인 에너지 소비활동과 관련된 생리를 조절한다.

부교감신경은 에너지 보존활동과 관련한 작용을 한다. 신체가 휴식 상태에 있을 때 주로 활성화되어 회복과 안정에 기여하는 '휴식 및 소화(rest and digest)' 반응으로 부교감신경이 활성화되면 심박수를 감소시켜 신체가 적은 산소와 영양분만 필요하도록 조정하고, 혈관을 이완시켜 혈압을 낮춘다. 동공은 축소되어 눈의 긴장을 풀어주며, 소화 기능을 촉진해 음식물이 효과적으로 소화되고 흡수되도록 돕는다. 또한, 기관지를 수축시켜 정상적인 호흡 상태를 유지하며, 체온 조절이 안정됨에 따라 땀 분비를 줄인다.

이처럼 교감신경과 부교감신경은 서로 반대되는 역할을 수행하면서도 신체의 항상성을 유지하기 위해 협력한다. 이 균형은 신체의 적절한 기능을 유지하는 데 필수적이며, 균형이 깨질 경우 건강에 심각한 영향을 미칠 수 있다. 교감신경이 과도하게 활성화되면 만성 스트레스, 고혈압, 심장병 등의 문제가 발생할 수 있다. 만성 스트레스는 교감신경이 지속적으로 활성화되어 신체가 긴장 상태에 머물게 하며, 이로 인해 면역력이 저하되고 소화기능이 약화되며 수면장애를 유발할 수 있다. 한편, 부교감신경이 과도하게 활성화되면 소화불량, 저혈압 등의 문제가 유발될 수 있다. 이는 신체의 활력을 저하시켜 피로감을 느끼게 하고, 활동성을 떨어뜨려 일상생활에 지장을 초래할 수 있다.

그림 10-8 교감 및 부교감신경의 작용

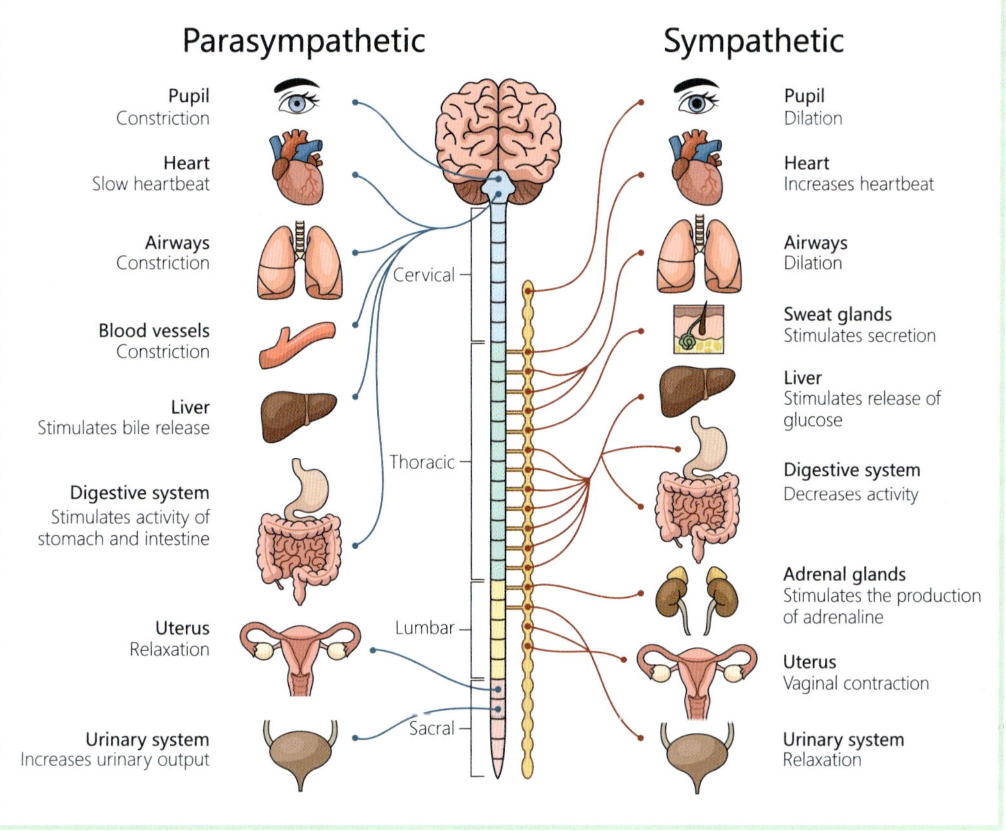

자율신경계에 의한 길항 작용

교감신경	작용 기관	부교감신경
↑	동공	↓
↓	눈(눈물 및 타액 생산(분비)	↑
↑	심장(심박수, 혈압)	↓
↓	혈관(직경)	↑
↑(호흡 촉진)	폐(기관지 직경)	↓
↓	위장관 (연동운동 및 소화액 생산(분비)	↑

글리코겐 → 포도당, 배출↑	간	포도당 → 글리코겐, 저장↑
↑(혈중 (노르)에피네프린 증가)	**부신(수질)**	↑(혈중 (노르)에피네프린 감소)
↓(방광 확장, 요도괄약근 수축)	**배뇨기관**	↑(방광 수축)
질 수축, 사정 촉진	**생식기관**	혈관 확장, 발기 촉진
↑(땀 분비 촉진)	**땀샘**	

(2) 교감신경과 부교감신경의 구조적 차이 및 신경절의 역할

교감신경은 척수의 중간 부분에서 시작되며, 양측의 교감 신경절을 통해 다른 뉴런과 연결되어 여러 내장 기관에 영향을 미친다. 반면, 부교감신경은 중뇌, 연수, 척수의 꼬리 부분에서 시작되어 각기 다른 내장 기관에 개별적으로 분포한다. 두 시스템 모두 신경절후 뉴런(postganglionic neuron, postganglionic fiber)을 통해 여러 내장 기관에 영향을 미치지만, 기능적인 면뿐만 아니라 구조적(신경절의 위치)으로도 차이를 보인다. 교감신경의 신경절은 척수 근처에 위치하여 신경절전 뉴런이 신경절후 뉴런보다 짧은 형태로 존재한다. 이는 교감신경이 신속하게 신호를 전달하여 긴급상황에 일괄적으로 대응할 수 있게 한다. 즉, 교감신경 신경절은 신경절 내 신경절전 뉴런(preganglionic neuron, preganglionic fiber)과 연접하고 있는 신경절후 뉴런이 다수 존재하여 교감신경의 반응이 일괄되게 이루어지도록 하는 중요한 역할을 한다. 예를 들어 교감신경이 활성화되면 심장이 빨리 뛰는 동시에 근육도 강하게 수축하게 된다. 마찬가지로, 배변 시 괄약근이 이완될 때 대장이 동시에 수축해야 배변이 원활히 이루어진다. 즉, 교감신경이 작동하면 심장박동 촉진 따로, 호흡운동 촉진 따로, 소화액 분비억제 따로 등 여러 기관이 독립적으로 작용하는 것이 아니라 동시적인 작용으로 나타나게 된다. 반면, 부교감신경의 신경절은 각 표적기관(장기) 근처에 위치한다. 신경절의 위치가 중추(척수)로부터 멀고, 표적기관에 가깝다는 뜻으로 이에 따라 신경절전 뉴런이 신경절후 뉴런보다 긴 형태로 존재하여 각 표적기관에 개별적으로 자극을 전달한다. 이는 부교감신경이 보다 세밀하고 개별적인 조절을 통해 신체 기능을 유지하는 데 중요한 역할을 한다. 예를 들어, 심장박동 억제 시 심장박동만 억제되고, 소화액 분비 촉진 시 소화액만 분비되는 식이다. 부교감신경이 교감신경과 같이 여러 표적기관에 동시적이고 일괄적으로 활성화된다면 휴식 및 소화와 관련한 여러 기관이 자극받아 생명유지에 위해한 결과를 초래할 수도 있을 것이다.

그림 10-9 말초신경의 구조적 차이

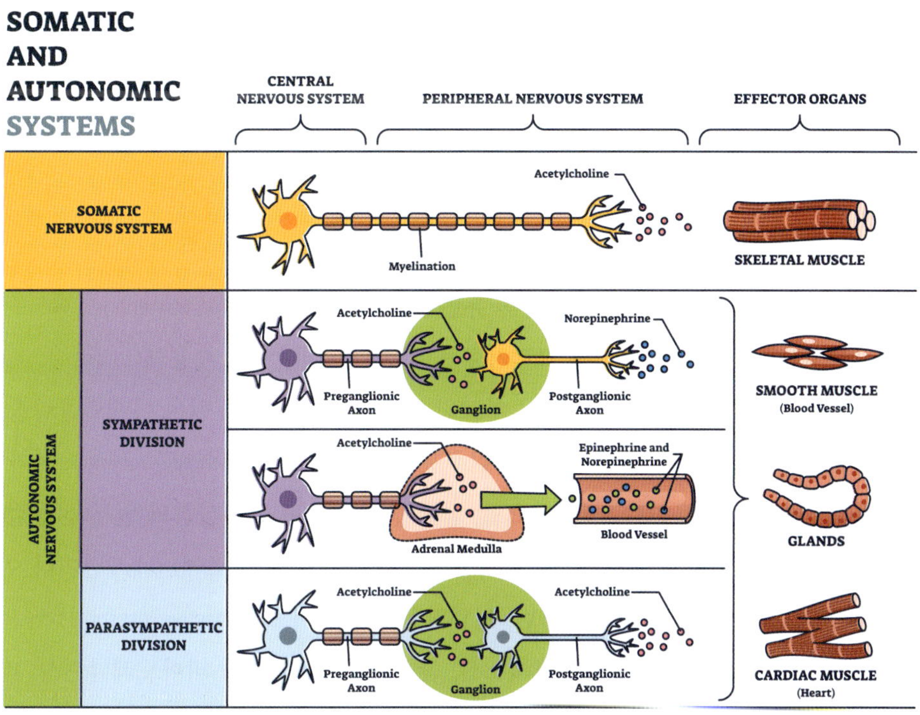

그림 10-10 신경절 구조

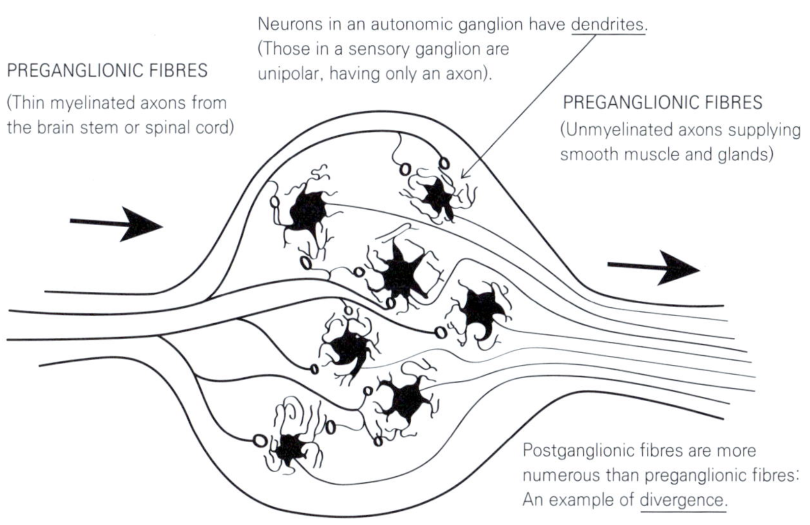

체성신경계 또한 표적기관에 자극을 전달하기 위해 신경전달물질을 분비한다. 신경전달물질로 아세틸콜린(acetylcholine, ACh)을 방출하며, 주요 표적기관이 골격근에 존재하는 니코틴성 콜린수용체(nicotinic acetylcholine receptor, N_M)가 아세틸콜린을 수용한다. 자율신경계 역시 신경절에서 이어진 자극을 표적기관에 전달하기 위해 신경전달물질을 분비한다. 교감신경 및 부교감신경의 신경절전 뉴런은 신경전달물질로 모두 아세틸콜린(acetylcholine, ACh)을 방출하며, 이들 신경절후 뉴런에 존재하는 니코틴성 콜린수용체(nicotinic acetylcholine receptor, N_N)가 아세틸콜린을 수용한다. 하지만 신경절후 뉴런에서 분비되는 신경전달물질에는 뚜렷한 차이가 있다. 대부분 교감신경의 신경절후 뉴런은 노르에피네프린(norepinephrine, NE, 노르아드레날린)을 분비하며, 이들이 작용하는 표적세포들에는 아드레날린성 수용체(adrenergic receptor, α1, α2, β1, β2)가 존재한다. 반면, 대부분의 부교감신경의 신경절후 뉴런은 아세틸콜린을 분비하고, 이들의 표적세포에는 무스카린성 콜린수용체(muscarinic acetylcholine receptor, M)가 존재하여 신경전달물질을 수용한다. 예외적으로, 땀샘을 자극하는 교감신경의 일부 신경절후 뉴런은 아세틸콜린을 분비한다. 또한, 일부 자율신경계 뉴런들은 노르에피네프린이나 아세틸콜린 외에도 Substance P, 소마토스타틴, 혈관작용 장펩타이드(vasoactive intestinal polypeptide, VIP), 신경펩타이드 Y(neuropeptide Y), 아데노신, 산화질소, ATP 등의 비아드레날린성, 비콜린성 물질을 신경전달물질로 분비한다.

이러한 신경전달물질과 결합하는 세포의 특수한 단백질을 수용체라 하는데, 약물을 공부할 때 신경전달물질과 수용체의 종류, 작용기전을 이해하는 것은 매우 중요하다. 약물은 신경전달물질과 관련된 일련의 작용을 통하거나 특정 수용체와 결합하여 체내 활동을 조절하기 때문에 그 기전을 이해함으로써 약물이 어떤 방식으로 신경 신호를 전달하거나 억제하는지 알 수 있기 때문이다. 다시 말해 약물은 신경전달물질의 기능을 조절함으로써 신경계의 활동에 변화를 일으키는데, 이들 약물은 신경전달물질을 모방(직접 작용)하거나 신경전달물질 방출을 방해 또는 유도(간접 작용)하거나, 신경전달물질의 수용체 부착을 차단하는 방식으로 작용할 수 있다. 또한, 시냅스에서 신경전달물질의 분해 또는 재흡수를 방해함으로써 신경전달물질 농도를 변화시키고, 그 결과 신경계의 반응을 조절하는 역할을 하기도 한다.

자율신경계에서 분비되는 신경전달물질과 결합하는 수용체의 종류를 아래의 표로 간략히 나타냈다. 표적기관은 그 범위가 굉장히 넓고, 신경전달물질의 주요 작용은 수용체에 대한 직·간접 작용 등 복잡한 상호작용의 결과로 나타나기 때문에 아래 표에 기술한 내용은 이해를 돕기 위한 단편적이고, 일부분적인 내용이다. 각 수용체의 생리조절 기능을 단순화하면 교감신경 아드레날린성 α1 수용체는 혈관 평활근 수축, α2 수용체는 교감신경 억제, β1, β2 수용체는 주로 심장 및 호흡기에 주된 작용을 하여 신체를 긴급상황에 대비시킨다. 부교감신경 니코틴 수용체는 자율신경절에서 작용하며, 신경 자극 전달에 관여하여 교감신경과 부교감신경 모두의 신호전달을 매개한다. 무스카린 수용체는 위장관 활동, 심장, 기관지 기능에 관여하여 심박수와 혈압을 낮추고 소화기능을 활성화하는 등의 에너지 보존에 기여한다.

수용체			표적기관	주요 작용	비고
아드레날린성 (adrenergic)	α1		평활근(혈관)	수축	자극성 (위장관 제외)
			괄약근	수축	
			동공	이완	
	α2		골격근	이완	
			평활근(혈관, 위장관)	수축	
	β1		심장	수축	억제성 (심장 제외)
			신장	레닌 분비 촉진	
	β2		평활근(혈관, 장관, 기관지, 방광, 자궁)	이완	
	도파민 (dopaminergic)	D1	신장	나트륨 배설 촉진	D1-like
		D2	심장	심근 수축	D2-like
		D3	부신	알도스테론 분비 억제	D2-like
		D4	평활근(혈관)	이완	D2-like
		D5	평활근(위장관)	이완(위장관 억제)	D1-like
콜린성 (cholinergic)	니코틴 (nicotinic)	N_N	신경절후 세포막		부신수질은 교감신경의 연장선에 있는 기관
		N_N	부신 수질	(노르)에피네프린 분비 촉진	
		N_M	골격근	수축	
	무스카린 (muscarinic)	M1	평활근(위장관)	수축	-
		M2	심장	이완	
		M3	평활근(기관지)	수축	

II 자율신경계 약물

자율신경계 약물은 수용체와의 상호작용에 따라 분류할 수 있다. 즉, 콜린성 약물과 아드레날린성 약물로 나뉘며, 이는 각각 콜린성 수용체와 아드레날린성 수용체에 작용하는 약물이다. 콜린성 약물은 아세틸콜린과 관련된 작용을 나타내는 약물로, 다시 콜린성 작용제와 콜린성 길항제(차단제)로 구분된다. 콜린성 작용제는 콜린성 수용체를 활성화하여 부교감신경계의 작용을 유도하며, 무스카린 수용체와 니코틴 수용체에 작용한다. 반면, 콜린성 길항제는 콜린성 수용체를 차단하여 부교감신경계의 작용을 억제한다. 아드레날린성 약물은 노르에피네프린과 에피네프린과 같은 카테콜아민을 매개로 작용하는 약물로, 아드레날린성 작용제와 아드레날린성 길항제로 나뉜다. 아드레날린성 작용제는 α, β 수용체를 활성화시키고, 아드레날린성 길항제는 수용체를 차단하여 교감신경계 작용억제로 나타나는 증상치료에 사용된다.

1 콜린성 작용제(Cholinergic agonist)

콜린성 작용제는 자율신경계의 부교감신경을 활성화시키는 약물로 아세틸콜린(acetylcholine)의 작용을 모방하거나 촉진하여 근육 수축, 분비 활성화, 심박수 감소, 소화기 및 비뇨기계 기능 개선과 같은 생리적 반응을 유도하는 등 다양한 임상적 용도로 활용된다. 콜린성 작용제는 작용 기전에 따라 직접 작용제와 간접 작용제로 구분되는데, 직접 작용제는 아세틸콜린 수용체(니코틴성 또는 무스카린성)에 직접 작용하여 반응을 유도한다. 주로 소화기 및 비뇨기계의 평활근 이완 부전, 안구건조증 또는 녹내장 치료에 사용되는 반면, 간접 작용제는 아세틸콜린에스터라제(acetylcholinesterase, AChE)를 억제(항콜린에스테라제, AChEI)하여 체내 아세틸콜린 농도를 증가시키는 방식으로 작용한다. 근무력증, 수술 후 장운동 저하, 및 방광이완 치료에 주로 사용된다.

그림 10-11 콜린신경에서 아세틸콜린의 생성, 유리, 파괴

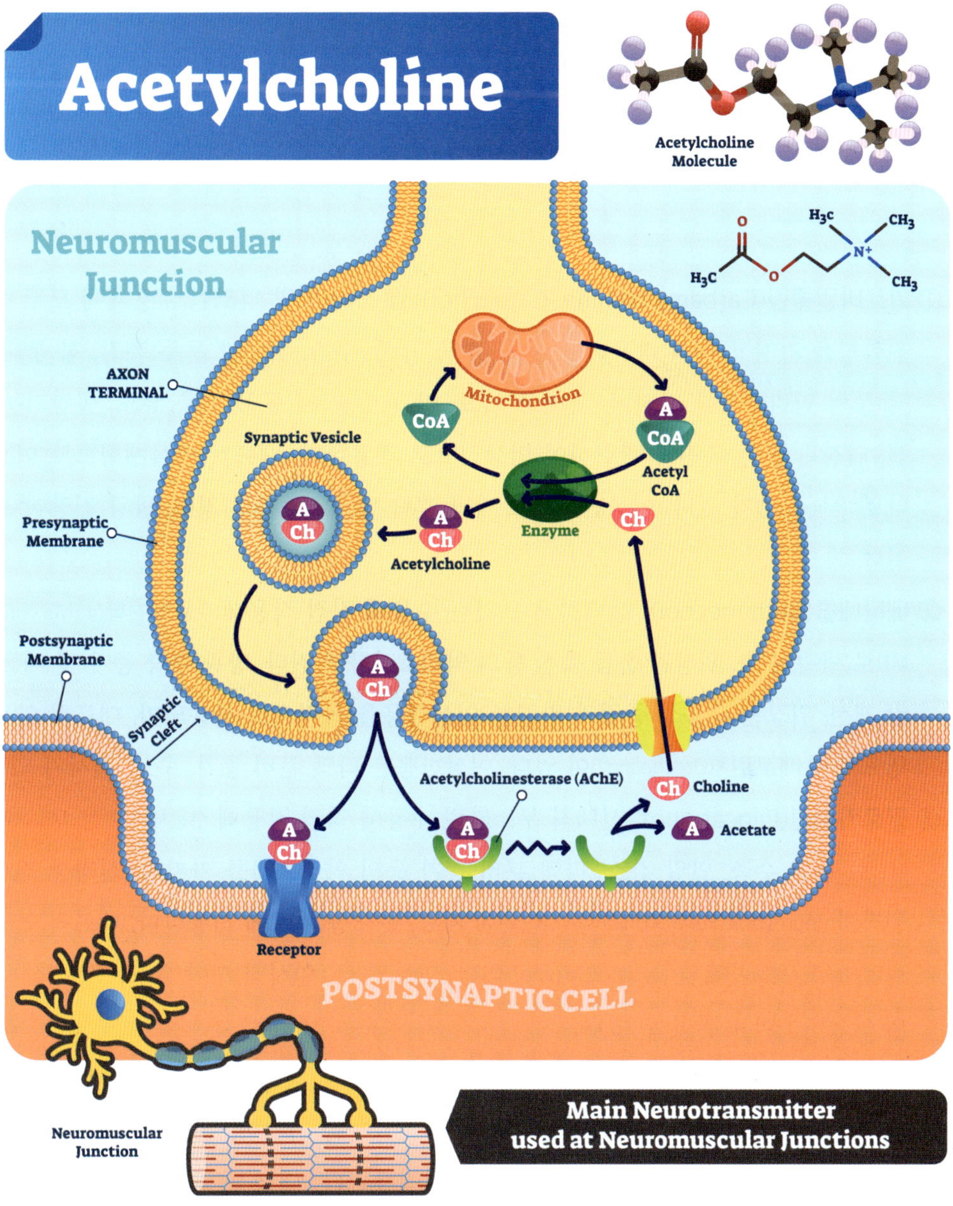

●●● 그림 10-12 Acetylcholinesterase에 의한 ACh 분해

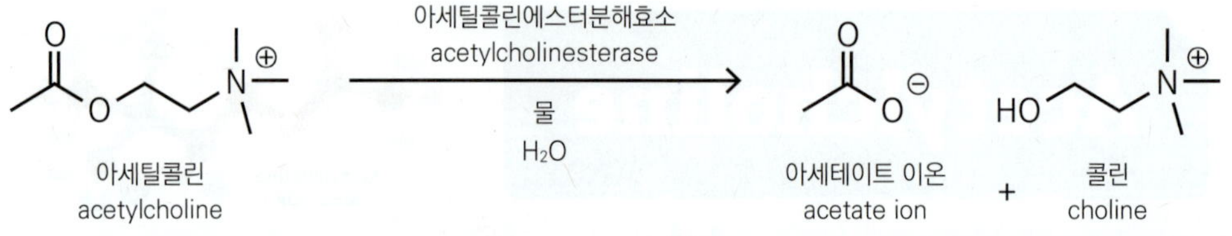

① **카르바밀콜린(Carbamylcholine, Carbachol)**: 무스카린 및 니코틴 수용체에 모두 높은 친화성을 가지고 직접 작용한다. 동공 수축, 방광 수축, 위장관 운동 촉진, 침 분비 증가 등의 약리효과를 가지며, 녹내장 치료, 안과 수술 시 동공 수축 유도, 방광기능 개선, 위장관 운동 촉진과 관련하여 임상적으로 적용한다. 대표적 약물제형으로 미오스타트®(Miostat®)가 있다. 이상반응으로 각막 혼탁 및 부종, 복부 경련, 방광 긴장이 보고된다.

② **베타네콜(Bethanechol)**: 선택적 무스카린 수용체 직접 작용제(수용체 친화성: M3 > M2 > M1)로 방광 수축, 위장관 운동 촉진 등의 약리효과를 가진다. 방광 수축 증가 및 배뇨 곤란 개선, 위장관 운동성 증진과 관련한 임상적용을 목적으로 사용되며, 대표적 약물제형으로 유레코린®(Urecholine®)이 있다. 이상반응은 타액 분비 증가, 구토, 설사가 있다.

③ **필로카르핀(Pilocarpine)**: 선택적 무스카린 수용체 직접 작용제(수용체 친화성: M3 > M1 > M2)로 동공 수축, 안압 감소, 타액 분비 증가 등의 약리효과를 가지며, 신경성 건성각결막염(neurogenic keratoconjunctivitis sicca) 치료, 녹내장 치료에 적용한다. 대표적 약물제형은 이소프토카르핀®(Isopto Carpine®)이다. 안구 자극, 일시적 시야 흐림, 구토, 설사 등의 이상반응이 유발될 수 있다.

④ **메토클로프라미드(Metoclopramide)**: 도파민 길항제, 간접적 콜린성 기전으로 작용한다. 위장관 운동 촉진, 구토 억제 등의 약리 효과를 가지며, 구토 및 메스꺼움 치료, 위장관 운동성 개선, 역류성 식도염 치료에 적용한다. 대표적 약물제형으로 레글란®(Reglan®)이 있으며, 진정, 불안, 설사, 배뇨 증가 등의 이상반응이 있다.

⑤ **에드로포늄(Edrophonium)**: 단시간 작용, 가역적 항콜린에스테라제 억제제이다. 신경근 접합부에서 아세틸콜린 농도를 증가시킨다. 근무력증 진단, 비탈분극성 신경

근 차단제 길항, 신경근 차단 역전을 목적으로 사용되며, 대표적 약물제형은 텐실론®(Tensilon®)이다. 이상반응으로 근육 경련, 침분비 증가, 서맥 등이 있다.

⑥ 네오스티그민(Neostigmine): 중간 지속시간 작용, 가역적 항콜린에스테라제 억제제이다. 신경근 접합부 및 자율신경계에서 아세틸콜린 농도를 증가시키는 약리활성을 가지며, 신경근 차단 역전, 근무력증 치료, 수술 후 장폐색 치료 등에 사용된다. 대표적 약물제형은 프로스티그민®(Prostigmin®)이다. 타액 및 기관지 분비 증가, 서맥, 저혈압 등의 이상반응을 유발할 수 있다.

⑦ 피소스티그민(Physostigmine): 중추신경계 침투가 가능한 가역적 항콜린에스테라제 억제제이다. 약리효과 및 임상적용은 네오스티그민과 유사하다. 대표적 약물제형은 안틸리리움®(Antilirium®)이며, 구토, 설사, 서맥, 경련 등의 이상반응을 유발할 수 있다.

⑧ 피리도스티그민(Pyridostigmine): 장시간 작용 가역적 항콜린에스테라제 억제제이며, 신경근 접합부에서 아세틸콜린 농도를 증가시킨다. 중증 근무력증 치료, 비탈분극성 신경근 차단제 길항, 신경근 차단 역전 등을 목적으로 사용되고, 메스티논®(Mestinon®)이 대표적 약물제형이다. 복통, 설사, 타액 분비 증가, 저혈압 등을 유발할 수 있다.

성분명	상품명	주요작용	비고
카르바밀콜린 (Carbamylcholine)	미오스타트® (Miostat®)	동공 수축, 위장관 운동 촉진	• 아트로핀과 병용 시 효과 감소 • β 차단제와 병용 시 심박 저하 위험 • 과도한 용량 시 경련 유발 가능
베타네콜 (Bethanechol)	유레코린® (Urecholine®)	방광 수축력 증가, 위장관 운동 촉진	• 항콜린제와 병용 금기 • 심장질환이 있는 동물에서 주의 필요
필로카르핀 (Pilocarpine)	이소프토카르핀® (Isopto Carpine®)	동공 수축, 안압 감소, 타액 분비 증가	• 아트로핀과 병용 시 효과 감소 • 점안 후 일시적 시야흐림 발생가능

메토클로프라미드 (Metoclopramide)	레글란® (Reglan®)	위장관 운동 촉진, 구토 중추 억제	• MAO 억제제, 항정신병약과 병용 시 추체외로 증상 위험 증가 • 간 질환이 있는 동물에서 주의 필요
에드로포늄 (Edrophonium)	텐실론® (Tensilon®)	근무력증 진단, 신경근 차단 역전	• 서맥 유발 등 심장 질환 환자에서 주의 필요 • 작용 시작이 빠르고 지속 시간이 짧아 응급 상황에서 유용
네오스티그민 (Neostigmine)	프로스티그민® (Prostigmin®)	신경근 차단 역전, 근무력증 치료	• 천식, 서맥, 장폐색 환자에서 금기 • 수술 후 근이완제 길항에 사용
피리도스티그민 (Pyridostigmine)	메스티논® (Mestinon®)	신경근 차단 역전, 근무력증 치료	• 천식, 서맥 환자에서 주의 • 경구 투여가 가능하여 장기 치료에 적합

2 콜린성 길항제(Cholinergic antagonist)

콜린성 길항제는 부교감신경계의 아세틸콜린(acetylcholine) 작용을 억제함으로써 자율신경계의 균형을 조절하는 약물이다. 아세틸콜린 수용체(니코틴성 또는 무스카린성)를 차단하여 신경전달을 방해하며, 마취 전 관리, 호흡기 및 소화기계 질환의 치료, 특정 중독상황(예: 유기인계 중독)에서 해독제로 사용되는 등 광범위한 임상적 용도를 가진다. 작용기전에 따라 직접 작용성과 간접 작용성 길항제로 구분된다. 직접 작용성 길항제는 수용체에 직접 결합하여 아세틸콜린의 작용을 차단하며, 주로 마취 전 약물로 기관지 분비억제, 서맥 예방, 과도한 침 분비를 감소시킬 목적이나 산동제를 통한 안과 진단과 치료에 사용된다. 반면, 간접 작용성 길항제는 아세틸콜린의 방출 또는 대사 과정에 영향을 주어 간접적으로 그 작용을 억제한다.

① 아트로핀(Atropine sulfate): 경쟁적 무스카린 수용체 길항제(비선택적 길항)이다. 타액 분비 감소, 기관지 확장, 심박수 증가를 유도하여 마취 전 처치(타액 및 기관지 분비물 축적

예방), 유기인계 중독 해독제, 마취 및 수술 중 서맥 예방 등의 목적으로 사용된다. 대표적 약물제형으로 아트로핀®(Atropin-Vet®)이 있으며, 구강건조, 빈맥, 변비 등의 이상반응이 있다.

② 메스스코폴라민(Methscopolamine): 무스카린 수용체 길항제(비선택적 길항)이자 스코폴라민 유도체이다. 위장관 분비 및 운동 억제를 유도하고, 위장관 운동 억제, 구역 및 구토를 예방한다. 파민®(Pamine®)이 대표적 약물제형이다. 이상반응으로 구강건조, 변비, 빈맥 등이 있다.

③ 글리코피롤레이트(Glycopyrrolate): 무스카린 수용체 길항제(비선택적 길항, M3에 약간 더 선택적)이다. 침분비 감소, 기관지 확장, 심박수 증가를 유도하여 마취 전 처치, 마취 유도 및 기관 삽관 중 미주신경 억제반사 차단, 서맥 치료 등을 목적으로 사용된다. 로비눌®(Robinul®-V)이란 대표 약물제형이 있으며, 구강건조, 빈맥, 변비 등을 유발할 수 있다.

④ 아미노펜타미드(Aminopentamide): 무스카린 수용체 길항제(비선택적 길항)이다. 위장관 운동 및 분비를 억제하여 급성 위장관 경련 치료, 구토 및 설사 치료 등에 사용된다. 대표적 약물제형은 센트린®(Centrine®)으로 구강건조, 변비, 빈맥 등의 이상반응이 있을 수 있다.

⑤ 프랄리독심(Pralidoxime): 아세틸콜린에스테라아제(acetylcholinesterase) 재활성화제이다(직접적인 수용체 작용 없음). 유기인계 중독 해독기능이 있어 다양한 동물 종에서 유기인계 살충제 중독 치료에 사용된다. 프로토팜®(Protopam®)이 대표 약물제형이며, 어지러움, 시야 흐림, 두통 등의 이상반응을 유발한다.

성분명	상품명	주요작용	비고
아트로핀 (Atropine sulfate)	아트로핀® (Atropin-Vet®)	부교감신경 차단, 마취 전 처치(타액 및 기관지 분비물 축척 예방), 유기인계 중독 해독	• 다른 항콜린제와 병용 시 이상반응 증가 • 고온 환경에서 사용 시 주의
메스스코폴라민 (Methscopolamine)	파민® (Pamine®)	위산 분비 억제, 장관 운동 감소	• 제산제와 병용 시 흡수 감소 • 노령 동물에 사용 시 주의
글리코피롤레이트 (Glycopyrrolate)	로비눌® (Robinul®-V)	마취 전 처치, 기관지 분비물 감소, 서맥 예방	심장 질환이 있는 동물에서 사용 시 주의

아미노펜타미드 (Aminopentamide)	센트린® (Centrine®)	급성 위장관 경련 치료, 구토 및 설사 치료, 설사 조절	• 제산제와 병용 시 흡수 감소 • 신장기능 저하 동물에서 사용 시 주의
프랄리독심 (Pralidoxime)	프로토팜® (Protopam®)	유기인계 중독 해독, 신경근 기능 회복	• 아트로핀과 병용 시 상승 효과 • 중증 근무력증 환자에게는 신중히 사용해야 함

3 아드레날린성 작용제(adrenergic agonist)

아드레날린성 작용제는 카테콜아민(catecholamine)과 비카테콜아민(noncatecholamine)으로 분류되며, 작용기전에 따라 직접 작용 약물과 간접 작용 약물로 나눌 수 있다. 직접 작용 약물은 빠른 효과가 필요할 때 유용하며 효과가 예측 가능하고 일관적인 점, 내성이 비교적 덜 발생한다는 장점이 있다. 간접 작용 약물은 작용시작이 상대적으로 느리지만 더 지속적인 효과가 필요한 경우에 선호될 수 있지만, 반복 사용 시 내성이 발성할 수 있는 특징이 있다. 혼합 작용 약물은 두 가지 기전의 이점을 모두 제공할 수 있다.

(1) 카테콜아민(catecholamine)[6]

카테콜 핵(벤젠 고리에 두 개의 인접한 수산기)과 아민기를 포함하는 구조를 가지고 있으며, 에피네프린, 노르에피네프린, 도파민 등이 대표적인 카테콜아민 계열의 아드레날린성 작용제이다. 주로 직접 작용하는 기전으로 작용하며 교감신경계 활성화를 통한 혈압 상승, 혈당 상승, 심박수 증가 등의 효과를 유발한다. 약물별 특징과 대표적 약물제형은 아래와 같다.

① 에피네프린(Epinephrine): α1, α2, β1, β2 수용체에 직접 작용한다(수용체 친화성: β1 > β2 > α1, 저용량에서는 주로 β 수용체 자극, 고용량에서는 α 수용체도 자극). 심박수 및 심근 수축력 증가, 혈관 수축 및 혈압 상승, 기관지 확장 등을 유발하여 아나필락시스 치료, 심폐소생술(CPR), 패혈성 쇼크 관련 저혈압 치료에 사용된다. 대표적 약물제형으로 아드레날린®

6 말은 카테콜아민(catecholamine)에 매우 민감하여 용량조절에 깊은 주의가 필요함

(Adrenalin® Chloride)이 있으며, 이상반응으로는 빈맥, 고혈압, 부정맥, 불안 등이 있다.

② 노르에피네프린(Norepinephrine): 직접 작용 약물로서(수용체 친화성: α1 > α2 > β1), 강력한 혈관 수축, 혈압 상승, 심박출량 개선 효과가 있다. 아나필락시스 치료, 심폐소생술(CPR), 패혈성 쇼크 관련 저혈압 치료에 사용되며, 이상반응으로 반사성 서맥, 고혈압, 조직 관류 감소에 따른 주사 부위 조직 괴사 가능성이 있다. 대표적인 약물제형은 레보페드™(Levophed™)이다.

③ 도파민(Dopamine): 직접 및 간접 작용 약물로서 수용체 친화성은 용량에 따라 다르다.

- 저용량(1-5μg/kg/min): 주로 도파민 수용체 자극
- 중간용량(5-10μg/kg/min): β1 수용체 자극
- 고용량(>10μg/kg/min): α1 수용체 자극

약리효과는 용량에 따라 저용량 시 신장 및 내장 혈류 개선, 중간용량 시 심박출량 증가, 심박수 증가, 고용량 시 혈관 수축, 심박출량 및 혈압 증가의 효과를 나타낸다. 저혈압, 쇼크 치료, 급성 심부전 치료, 신장 질환 치료에 사용되며, 심실 부정맥, 빈맥, 구역, 구토, 조직 허혈(고용량 시) 등의 이상반응을 보일 수 있다. 대표적 약물제형은 인트로핀®(Intropin®)이다.

④ 이소프로테레놀(Isoproterenol): β1(심장) 및 β2(기관지 평활근) 아드레날린 수용체에 선택적으로 작용한다. 심박수 및 심근 수축력 증가, 기관지 확장, 말초 혈관 확장의 효과를 보여 아나필락시스 치료, 심폐소생술(CPR), 마취 중 기관지 경련 치료, 천식 발작 치료 등에 사용된다. 대표적 약물제형으로 이수프렐®(Isuprel®)이 있으며, 빈맥, 부정맥, 혈압 저하, 떨림, 불안, 과도한 용량 시 심장 비대 및 국소 심근염이 유발될 수 있다.

성분명	상품명	주요작용	비고
에피네프린 (Epinephrine)	아드레날린® (Adrenalin® Chloride)	심박수 및 심근 수축력 증가, 혈관 수축, 기관지 확장	• 빈맥, 부정맥 주의 • 마취제(할로탄 등)와 병용 시 부정맥 위험 증가 • 고양이에서 폐부종 유발 가능
노르에피네프린 (Norepinephrine)	레보페드™ (Levophed™)	심박수 및 심근 수축력 증가, 혈관 수축, 기관지 확장	• 조직 관류 감소 주의 • 말초 혈관 수축으로 인한 괴사 위험 • α 차단제와 병용 시 주의

도파민 (Dopamine)	인트로핀® (Intropin®)	용량 의존적: 신장 혈류 개선, 심박출량 증가, 혈관 수축	• 고용량에서 빈맥, 부정맥 주의 • 페노티아진계 약물과 병용 시 효과 감소 • 알칼리성 용액과 혼합 금지
이소프로테레놀 (Isoproterenol)	이수프렐® (Isuprel®)	심박수 및 심근 수축력 증가, 기관지 확장, 말초 혈관 확장	• 빈맥, 부정맥, 저혈압 주의 • 디기탈리스 제제와 병용 시 부정맥 위험 증가 • 과량 투여 시 심근 손상 가능 • 갑상선 기능 항진증 동물에서 주의 필요

(2) 비카테콜아민

카테콜 구조를 갖지 않으며, 카테콜아민과 마찬가지로 주로 직접 작용 기전으로 작용하지만 카테콜아민에 비해 작용 지속 시간이 길고 경구 투여 시 효과적으로 작용한다. 에페드린, 페닐에프린, 알부테롤(살부타몰) 등의 종류가 있으며, 비충혈 제거제, 기관지 확장제, 식욕 억제제, 중추신경 자극제 등의 효과를 기대하여 사용된다.

① 에페드린(Ephedrine): α1 및 β1 아드레날린 수용체에 직접 또는 간접적으로 작용하여 노르에피네프린 분비를 촉진시킨다. 요도압 증가, 요실금 치료, 저혈압 관리 효과가 있어 요실금 및 저혈압 치료, 기관지 확장, 비충혈 완화 등을 목적으로 사용한다. 대표적 약물제형으로 에페드라®(Ephedra®)가 있으며, 불안, 과민성, 식욕 부진, 빈맥, 고혈압 등의 이상반응이 있을 수 있다.

② 페닐에프린(Phenylephrine): 선택적 α1 아드레날린 수용체 작용제이다. 혈관 수축, 동맥혈압 상승 효과로 저혈압 치료, 동공 확장(안과 검사), 비충혈 완화 등에 사용된다. 네오시네프린®(Neo-Synephrine®)이 대표 약물제형이며, 서맥, 고혈압을 유발할 수 있다.

③ 알부테롤(Albuterol): 선택적 β2 아드레날린 수용체 작용제이다. 기관지 확장, 기도 근육 이완 효과로 기관지 수축 예방 및 천식, 기관지염 등 호흡기 질환 치료에 사용된다. 대표적 약물제형으로 프로벤틸®(Proventil®), 벤토린(Ventolin®)이 있으며, 빈맥, 저칼륨혈증, 흥분, 구토 등을 유발할 수 있다.

④ 테르부탈린(Terbutaline): 선택적 β2 아드레날린 수용체 작용제로 기관지 평활근 이

완 효과를 가진다. 천식, 기관지염 등 호흡기 질환 치료, 서맥 치료, 조기 진통 억제 등을 목적으로 사용된다. 브레틴®(Brethine®), 브리카닐®(Bricanyl®)과 같은 대표 약물제형이 있다. 빈맥, 근육 떨림, 알레르기 반응(불규칙한 호흡, 발진)을 유발할 수 있다.

⑤ 도부타민(Dobutamine): β1 수용체에 주로 작용(β2 수용체에도 약한 작용, α1 수용체에 미미한 작용)한다. 심근 수축력 증가, 심박출량 증가, 말초 혈관 저항 감소 효과로 심부전 치료, 마취 중 저혈압 관리에 사용된다. 대표적 약물제형으로 도부트렉스®(Dobutrex®)가 있으며, 빈맥, 부정맥, 고용량 사용 시 발작(고양이)을 유발할 수 있다.

성분명	상품명	주요작용	비고
에페드린 (Ephedrine)	에페드라® (Ephedra®)	요도압 증가, 저혈압 관리	• MAO 억제제와 병용 주의 • 갑상선 기능 항진증, 당뇨병 동물에서 주의
페닐에프린 (Phenylephrine)	네오시네프린® (Neo-Synephrine®)	혈관 수축, 동맥혈압 상승	• 심각한 고혈압 유발 가능 • α 차단제와 병용 시 효과 감소 • 갑상선 기능 항진증 동물에서 주의
알부테롤 (Albuterol)	프로벤틸® (Proventil®), 벤토린 (Ventolin®)	기관지 확장, 기도 평활근 이완	• 과도한 사용 시 빈맥, 저칼륨혈증 주의 • 심장질환 동물에서 주의 필요
테르부탈린 (Terbutaline)	브레틴® (Brethine®), 브리카닐® (Bricanyl®)	기관지 확장, 자궁 평활근 이완	• 심혈관계 이상반응 주의 • 갑상선 기능 항진증, 당뇨병 동물에서 주의 • 임신 동물에서 사용 시 주의
도부타민 (Dobutamine)	도부트렉스® (Dobutrex®)	심근 수축력 증가, 심박출량 증가	• 빈맥, 부정맥 주의 • 마취제와 병용 시 부정맥 위험 증가 • 저혈량증 교정 없이 단독 사용 금기

4 아드레날린성 길항제(adrenergic antagonist)

아드레날린성 길항제는 아드레날린 수용체를 차단하여 아드레날린과 노르아드레날린과 같은 내인성 카테콜아민의 생리적 작용을 억제하여 고혈압, 부정맥, 전립선 비대증, 갑상선 기능항진증 등 다양한 질환의 치료에 사용된다. 아드레날린성 길항제는 크게 알파 차단제와 베타 차단제로 나뉜다. 알파 차단제는 주로 혈관 평활근의 이완을 통해 혈압을 낮추는 데 사용되며, 베타 차단제는 심박수 감소, 심근 수축력 감소, 부정맥 억제 등의 효과로 다양한 심혈관계 질환에 사용된다. 이러한 약물들은 동물의 종류와 질환에 따라 선택적으로 사용되며, 사용 시 적절한 용량 조절, 이상반응 관리 및 다른 약물과의 상호작용에 주의가 필요하다.

(1) α-아드레날린성 길항제

① 페녹시벤자민(Phenoxybenzamine): 비가역적 α 아드레날린 수용체 길항제로 노르에피네프린과 에피네프린의 결합을 방지한다. 혈관 확장, 혈압 감소, 동공 이완의 약리효과로 고혈압 치료, 요도 괄약근을 이완시킬 목적으로 사용된다. 대표적 약물제형은 디벤질린®(Dibenzyline®)이며, 어지러움, 코막힘, 역행성 사정, 졸음 등의 이상반응이 있을 수 있다.

② 프라조신(Prazosin): 선택적 α-1 아드레날린 수용체 길항제이다. 말초 혈관 확장, 혈압 감소의 효과가 있어 고혈압 치료, 요도 폐쇄 치료 등에 사용된다. 대표적 약물제형으로 미니프레스®(Minipress®)가 있다. 어지러움, 졸음, 구역질, 체액 저류 등의 이상반응이 있을 수 있다.

③ 펜톨라민(Phentolamine): α 아드레날린 수용체 길항제이다. 혈관 확장, 혈압 감소 효과로 고혈압 치료, 에피네프린에 의한 혈관 연축 치료를 위해 사용된다. 레지틴®(Regitine®)이 대표 약물제형이며 저혈압, 빈맥, 어지러움, 홍조, 코막힘 등의 이상반응을 유발할 수 있다.

④ 요힘빈(Yohimbine): α-2 아드레날린 수용체 길항제로 노르에피네프린 방출을 증가시킨다. 교감신경 활성 증가, 혈압 상승 효과가 있어 개, 고양이에서 자일라진(xylazine) 진정 해독(사슴에서도 사용), 말의 데토미딘 효과를 역전시킬 목적으로 사용된다. 대표적 약물제형으로 요힘빈®(Yobine®)이 있으며, 불안, 어지러움, 고혈압, 빠른 심박을 유발할 수

있다.

⑤ 아티파메졸(Atipamezole): α-2 아드레날린 수용체 길항제로 작용제와 경쟁적 치환 기전을 가진다. 진정 및 진통 해독(일부 종에서 성적 활동 증가) 효과로 개, 고양이에서 덱스메데토미딘(dexmedetomidine)과 메데토미딘(medetomidine) 진정효과 해독 목적으로 사용된다. 대표적 약물제형으로 안티세단®(Antisedan®)이 있다. 이상반응으로 일시적 빈맥, 과다활동, 근육 떨림, 구토가 있을 수 있다.

(2) β-아드레날린성 길항제

① 프로프라놀롤(Propranolol): 비선택적 β 아드레날린 수용체 길항제이다. 심박수 감소, 혈압 감소, 부정맥 억제 효과가 있어 개, 고양이의 고혈압, 부정맥, 갑상선 기능항진증 치료를 위해 사용된다. 서맥, 저혈압, 기관지 수축 등의 이상반응이 있을 수 있다. 대표적 약물제형으로 인데랄®(Inderal®)이 있다.

② 아테놀롤(Atenolol): 선택적 β-1 아드레날린 수용체 길항제이다. 심박수 감소, 혈압 감소의 약리효과를 보이며 개, 고양이의 고혈압, 비후성 심근증 치료 등에 사용된다. 대표적 약물제형은 테노민®(Tenormin®)이며, 서맥, 피로 등을 유발할 수 있다.

③ 메토프롤롤(Metoprolol): 선택적 β-1 아드레날린 수용체 길항제이다. 심박수 감소, 혈압 감소, 심근 산소 요구량 감소 등의 약리효과로 개, 고양이의 고혈압, 울혈성 심부전, 부정맥 치료에 사용된다. 로프레솔®(Lopressor®)이 대표 약물제형이다. 서맥, 저혈압, 피로 등을 유발할 수 있다.

④ 소탈롤(Sotalol): 비선택적 β 아드레날린 수용체 길항제이자 칼륨 채널 차단제(Class III 항부정맥제)이다. 부정맥 억제, 심박수 감소의 효과로 개, 고양이의 심실성 및 심방성 부정맥 치료에 사용된다. 대표적 약물제형으로 베타페이스®(Betapace®)가 있으며, 서맥, 저혈압과 심부전을 악화시킬 수 있는 가능성이 있다.

성분명	상품명	주요작용		비고
페녹시벤자민 (Phenoxybenzamine)	디벤질린® (Dibenzyline®)	α 길항제	비가역적 α 길항, 장기 작용	베타 차단제와 병용 시 빈맥 예방
프라조신 (Prazosin)	미니프레스® (Minipress®)		선택적 α-1 길항, 전립선 비대 치료	이뇨제, 혈관확장제와 병용 시 저혈압 위험 증가
펜톨라민 (Phentolamine)	레지틴® (Regitine®)		단기 작용 α 길항	베타 차단제와 병용 시 고혈압 위험 증가
요힘빈 (Yohimbine)	요힘빈® (Yobine®)		α-2 길항, 진정 해독제	MAO 억제제와 병용 시 고혈압 위험
아티파메졸 (Atipamezole)	안티세단® (Antisedan®)		강력한 α-2 길항, 메데토미딘 해독	α2-작용제와 병용 시 α2-작용제 효과 역전
프로프라놀롤 (Propranolol)	인데랄® (Inderal®)	β 길항제	비선택적 β 차단, 항부정맥 효과	칼슘채널차단제와 병용 시 심부전 위험
아테놀롤 (Atenolol)	테노민® (Tenormin®)		선택적 β-1 차단, 장기 작용	클로니딘(clonidine)과 병용 중단 시 리바운드 고혈압 위험
메토프롤롤 (Metoprolol)	로프레솔® (Lopressor®)		선택적 β-1 차단, 심부전 치료	리도카인(lidocaine)과 병용 시 리도카인 혈청 농도 증가
소탈롤 (Sotalol)	베타페이스® (Betapace®)		β 차단 + 항부정맥 (Class III) 효과	심전도 QT 간격을 연장시키는 다른 약물과 병용 시 부정맥 위험 증가

III 중추신경계 약물

중추신경계에 작용하는 약물은 다양한 질환과 상태를 관리하기 위해 사용된다. 진정, 전신 또는 국소마취, 근육 이완, 항경련, 행동장애 치료, 진통 등 목적에 따른 약물로 분류할 수 있다. 중추신경계 작용 약물은 대부분 혈뇌장벽(Blood-Brain Barrier, BBB)을 통과하여 중추신경계에 도달하며, 특정 신경전달물질의 작용을 증강하거나 억제함으로써 치료적 효과를 발휘한다.

진정제, 마취제는 동물의 불안감을 줄이고 외과적 또는 진단적 처치를 목적으로 사용된다. 대표적인 약물로 α2-아드레날린성 작용제와 벤조디아제핀류(Benzodiazepine derivatives)가 있으며, 각각 α2-아드레날린 수용체를 활성화하거나 GABA 수용체의 억제성 신호를 증강시킴으로써 중추 억제효과를 유도한다. 국소마취제는 신경의 전기적 신호전달을 차단하여 특정 부위의 감각만을 억제하며, 리도카인(Lidocaine)과 같은 약물이 주로 사용된다. 근이완제는 수술 중 근육의 긴장을 완화하거나 특정 근긴장 이상을 관리하기 위해 사용되는데 중추 또는 말초에서 신경-근 접합부의 신경전달을 억제하는 방식으로 작용한다. 항경련제는 간질 등 발작성 질환관리를 위해 사용되며 페노바르비탈(Phenobarbital)과 같은 약물이 시냅스에서 흥분성 신호를 억제하거나 억제성 신호를 강화하는 역할을 한다. 행동장애 치료제는 불안, 공격성 또는 강박적 행동과 같은 문제를 관리하는 데 사용된다. 세로토닌 재흡수 억제제(Selective serotonin reuptake inhibitor, SSRI)는 세로토닌의 시냅스 내 농도를 증가시켜 행동을 안정화한다. 진통제는 급·만성 통증관리를 위해 중추 또는 말초 신경계를 표적기관으로 작용하며, 오피오이드(Opioid)는 중추의 μ-수용체에 결합하여 강력한 진통 효과를 제공한다(국소마취제, 진통제의 경우는 12장 근골격 및 관절 작용 주요 약물에서 기술하였다).

중추신경계 작용 약물은 개별 동물상태, 질병특성, 약물 간 상호작용을 고려하여 신중하게 사용해야 한다. 또한, 많은 약물들이 사람의 약물을 수의학적으로 응용한 것이므로 동물종에 따른 약동학적 차이를 고려해야 한다.

1 진정제(Sedatives) 및 정온제(Tranquilizer)

동물의 심리적 안정과 신체적 이완을 유도하는 약물로 중요한 치료적 도구로 활용된다. 일반적으로 진정제는 중추신경계의 활동을 억제하여 동물의 각성을 감소시키고, 과도한 활동성을 줄이며, 처치나 검사 등 전처치를 위해 사용된다. 정온제는 심리적 안정감을 증진시키고 불안, 공포, 흥분 등을 완화하는 데 초점을 맞추며 진정제에 비해 동물의 의식을 덜 억제한다. 이 약물들의 주 사용목적은 동물의 불안 또는 공격성과 같은 행동 문제를 관리하여 스트레스를 감소시키고, 외과적 또는 진단적 처치 중 안전성을 높이며 불필요한 신체적 활동을 억제하는 것이다. 또한, 통증완화를 위한 보조제로도 사용되기도 한다.

(1) 페노티아진 유도체(Phenothiazine derivatives)

페노티아진 유도체의 주요 작용기전은 도파민 수용체, 특히 D2 수용체에 대한 길항작용이다. 또한, 히스타민(histamine), 세로토닌(serotonine), α-아드레날린 및 무스카린성 아세틸콜린 수용체에도 다양한 정도로 작용한다. 이런 다중 수용체 작용으로 인해 진정, 항구토, 항히스타민, 항콜린 효과 등 다양한 약리 효과를 나타낸다. 주된 약리효과로 진정, 불안 완화, 구토 억제, 근육 이완 등이 있으며, 체온조절 중추에 작용하여 체온을 낮추는 효과도 있다. 이와 같은 다양한 약리효과로 인해 동물에서는 마취 전 처치, 불안 및 공격성 조절, 멀미나 다른 원인으로 인한 구토 예방 및 치료 등에 광범위하게 사용된다. 임상 용도는 동물 종과 개별 약물의 특성에 따라 다양한데, 개와 고양이에서는 주로 진정과 마취 전 처치목적으로 사용되며 말에서는 진정제로 사용된다. 일반적으로 낮은 용량으로 시작하여 필요에 따라 점진적으로 증량하여 사용한다. 가장 흔한 이상반응은 저혈압으로, 특히 심혈관계 질환이 있는 동물에서 주의가 필요하다.

① 아세프로마진(Acepromazine): 도파민 수용체(D1, D2, D3, D4) 길항제로 강력한 항아드레날린 작용을 가진다. 진정 및 항구토 효과, 불안 완화, 중추신경계 억제, 근육 이완, 자발적 활동 감소 등의 약리효과를 나타내며 다음과 같은 목적으로 사용된다.

- 개, 고양이, 말: 진정, 마취 전 투약, 불안 완화
- 개, 고양이: 멀미로 인한 구토 예방

대표적 약물제형으로 프롬에이스®(PromAce®)가 있으며, 저혈압, 서맥, 호흡 억제, 체온 저하 등의 이상반응을 유발할 수 있고, 드물게 공격성을 증가시킬 수 있다.

② 프로클로르페라진(Prochlorperazine): 주로 D2 도파민 수용체를 차단하고, 히스타민, 아세틸콜린, 노르아드레날린 수용체 억제시켜 작용한다. 진정 효과, 강력한 항구토 작용 효과가 있어 개, 고양이의 심한 구토 및 메스꺼움 치료, 멀미, 어지럼증 치료에 사용된다. 대표적 약물제형으로 콤파진®(Compazine®)이 있으며, 저혈압, 불수의 운동 및 근육 연축 등의 이상반응을 유발할 수 있다.

(2) 벤조다이아제핀(Benzodiazepine)계 약물

벤조다이아제핀계 약물은 중추신경계의 γ-아미노부티르산(γ-aminobutyric acid, GABA) 수용체, 특히 GABAA 수용체에 작용하여 억제성 신경전달을 증강시킨다. 벤조다이아제핀계 약물이 GABAA 수용체(이온성 수용체, Ionotropic receptor)에 결합하면 염소 이온(Cl-) 통로가 열리고, 이로 인하여 신경세포의 과분극이 일어나 신경활동이 억제된다.

벤조다이아제핀계 약물의 약리효과는 용량에 기반하여 나타나는데, 낮은 용량에서는 주로 항불안 효과를 유도하고, 용량이 증가함에 따라 진정, 수면 유도, 근육 이완, 항경련 효과가 나타난다. 동물에서는 마취 전 처치, 발작 조절, 행동문제 관리, 근육 경련 완화 등 다양한 임상목적으로 사용한다.

●●● 그림 10-13 $GABA_A$ 수용체 구조와 벤조다이아제핀 결합부위

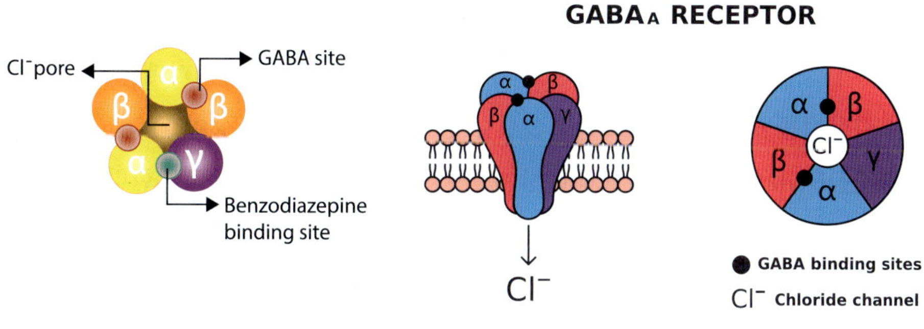

① 디아제팜(Diazepam): $GABA_A$ 수용체에 직접 작용(높은 친화성)한다. 진정, 항불안, 항경련, 근육 이완 효과로 개, 고양이, 말의 발작 조절, 마취 전 처치, 근육 이완 등에 사용된다. 발륨®(Valium®), 디아스타트®(Diastat®)가 대표적 약물제형이다. 과도한 진정, 운동실조, 역설적 흥분 등을 유발할 수 있다.

② 미다졸람(Midazolam): $GABA_A$ 수용체에 직접 작용(높은 친화성)한다. 빠른 작용 시작, 짧은 지속 시간, 강력한 항경련 효과로 개, 고양이의 마취 유도, 지속적 발작 조절에 사용된다. 대표적 약물제형으로 버시드®(Versed®)가 있으며, 호흡 억제, 저혈압을 유발할 수 있어 고용량 주입 시 주의가 필요하다.

③ 졸라제팜(Zolazepam): $GABA_A$ 수용체에 직접 작용(주로 틸레타민(Tiletamine)과 병용)한다. 빠른 마취 유도, 근육 이완 효과로 개, 고양이, 야생동물의 마취 유도 및 유지에 사용된다. 대표적 약물제형인 텔라졸®(Telazol®)은 틸레타민과 혼합된 주사제이다. 근육 강직과 회복 시 발작을 유발할 수 있다.

(3) α2-아드레날린성 작용제(α2-Adrenergic agonist)

α2-아드레날린성 작용제 말초신경계뿐만 아니라 중추신경계에 존재하는 α2-아드레날린 수용체에 직접 작용하여 진정, 진통, 근육 이완 효과를 유도한다. 중추신경계의 노르에피네프린(norepinephrine) 분비를 억제하고 교감신경계 활성을 감소시켜 진정효과와 함께 심박수 및 혈압 감소, 호흡 억제 등의 약리 효과가 나타난다. 임상적으로 다양한 동물 종에서 마취 전 처치, 진정, 진통 목적으로 사용된다. 특히 말, 소, 개, 고양이 등에서 널리 사용되며, 수술 전후 관리나 진단 검사 시 보조제로 활용된다. 모든 α2-아드레날린성 작용제는 공통적으로 서맥, 혈압 변화, 호흡 억제 등의 이상반응을 나타낼 수 있으므로 주의 깊은 모니터링이 필요하다. 또한, 이 약물군들에 의해 유도된 효과는 요힘빈(yohimbine), 아티파메졸(atipamezole)과 같은 특정 길항제를 사용하여 빠르게 역전시킬 수 있어 임상적 유용성이 높다.

① 자일라진(Xylazine): α2-아드레날린 수용체에 직접 작용(높은 선택성)한다. 진정, 진통, 근육 이완 효과로 개, 고양이에서 경미한 처치 시 진정 및 진통 목적으로 사용된다. 럼푼®(Rompun®), 아나세드®(Anased®), 세다진®(Sedazine®)과 같은 대표 약물제형이 있으며, 서맥, 저혈압, 호흡 억제, 주사부위 피부손상 가능성이 있다(길항제: 요힘빈(Yohimbine)).

② 데토미딘(Detomidine): α2-아드레날린 수용체에 직접 작용(높은 선택성)한다. 진정 및 진통 약리효과가 있으며, 특히, 말, 소에서 경미한 처치 시 진정 및 진통 목적으로 사용된다. 대표적 약물제형으로 도모세단®(Dormosedan®)이 있다. 서맥, 일시적 고혈압, 호흡 억제, 운동실조 등을 유발할 수 있다(길항제: 아티파메졸(Atipamezole)).

③ 메데토미딘(Medetomidine): α2-아드레날린 수용체에 직접 작용(높은 선택성)한다. 진정, 진통, 근육 이완, 항불안 효과가 있어 개, 고양이에서 경미한 처치 시 진정 및 진통을 목적으로 사용한다. 대표적 약물제형으로 도미토르®(Domitor®)가 있으며, 서맥, 저혈압, 진정, 구토, 근육 경련 등을 유발할 수 있다(길항제: 아티파메졸(Atipamezole)).

④ 덱스메데토미딘(Dexmedetomidine): α2-아드레날린 수용체에 직접 작용(높은 선택성)

한다. 진정, 진통, 항불안 효과가 있고, 호흡 억제효과가 비교적 적은 편이다. 개, 고양이에서 수술 및 중환자 관리, 처치 시 진정 목적으로 사용되며, 대표적 약물제형으로 덱스도미토르®(Dexdomitor®)가 있다. 저혈압, 서맥, 구역, 구토를 유발할 수 있다(길항제: 아티파메졸(Atipamezole)).

⑤ 로미피딘(Romifidine): α2-아드레날린 수용체에 직접 작용(높은 선택성)하여 노르에피네프린 분비를 감소시킨다. 진정, 진통, 근육 이완 효과로 주로 말에서 임상 검사, 경미한 수술적 처치, 조작 시 진정 및 진통 목적으로 사용된다. 대표적 약물로 세디벳®(Sedivet®)이 있으며, 서맥, 저혈압, 호흡 억제, 고혈당 등의 이상반응을 유발할 수 있다(길항제: 아티파메졸(Atipamezole), 요힘빈(Yohimbine)).

성분명	상품명	주요작용	비고
아세프로마진 (Acepromazine)	프롬에이스® (PromAce®)	도파민 수용체 차단, 항구토, 항히스타민 효과	페노티아진계 약물, 마약성 진통제와 병용 시 호흡 억제 증가
프로클로르페라진 (Prochlorperazine)	콤파진® (Compazine®)	강력한 D2 수용체 길항, 5-HT3 수용체 차단	항콜린제와 병용 시 항콜린 작용 증가
디아제팜 (Diazepam)	발륨® (Valium®), 디아스타트® (Diastat®)	GABA 수용체 활성화, 항불안, 근육 이완, 항경련	바르비투르산염과 병용 시 중추신경계 억제 증가
미다졸람 (Midazolam)	버시드® (Versed®)	빠른 작용 개시, 짧은 지속 시간의 진정	오피오이드와 병용 시 호흡 억제 위험 증가
졸라제팜 (Zolazepam)	텔라졸® (Telazol®)	빠른 마취 유도, 근육 이완	틸레타민과 병용하여 사용, 바르비투르산염과 병용 시 마취 시간 연장
자일라진 (Xylazine)	럼푼® (Rompun®), 아나세드® (Anased®), 세다진® (Sedazine®)	α2-아드레날린 수용체 작용제, 강력한 진정 및 진통	아트로핀과 병용 시 심박수 변화에 주의, 케타민과 병용 시 호흡 억제 증가

데토미딘 (Detomidine)	도모세단® (Dormosedan®)	선택적 α2-작용제, 깊은 진정 및 진통	설폰아미드계 이뇨제와 병용 시 부정맥 위험 증가
메데토미딘 (Medetomidine)	도미토르® (Domitor®)	고선택적 α2-작용제, 깊은 진정 및 진통	항콜린제와 병용 시 심박수 변화에 주의
덱스메데토미딘 (Dexmedetomidine)	덱스도미토르® (Dexdomitor®)	초고선택적 α2-작용제, 의식하 진정	혈관확장제와 병용 시 저혈압 위험 증가
로미피딘 (Romifidine)	세디벳® (Sedivet®)	α2-작용제, 장시간 작용 진정 및 진통	페노티아진계 약물과 병용 시 저혈압 위험 증가

2 항경련제(Anticonvulsant drugs)

항경련제는 뇌의 비정상적인 전기 활동을 억제하여 발작을 조절하고 예방하는 중추신경계 약물이다. 작용기전은 크게 세 가지로 이루어지는데, 첫째, 신경세포막의 나트륨 이온채널을 차단하여 과도한 신경 흥분을 억제하고, 발작 활동의 확산을 직접적으로 차단한다. 둘째, GABA 시스템을 강화하여 억제성 신경전달물질인 GABA의 작용을 증가시켜고, 뇌의 전반적인 흥분성을 감소시킨다. 이와 같은 효과는 GABA 수용체를 통한 염소 이온의 유입을 증가시켜 신경세포 과분극(hyperpolarization)을 유도함으로써 이루어진다. 마지막으로 칼슘 이온채널을 억제하여 시냅스에서의 신경전달물질 방출을 감소시켜 신경세포의 과다 흥분을 방지하고, 발작의 시작과 전파를 효과적으로 억제한다. 항경련제는 장기간 투여가 필요한 경우 정기적인 혈중 농도 모니터링과 이상반응 관찰이 필수적이며, 갑작스러운 투약 중단은 금기시된다.

●●● 그림 10-14 신경전달물질 방출기전

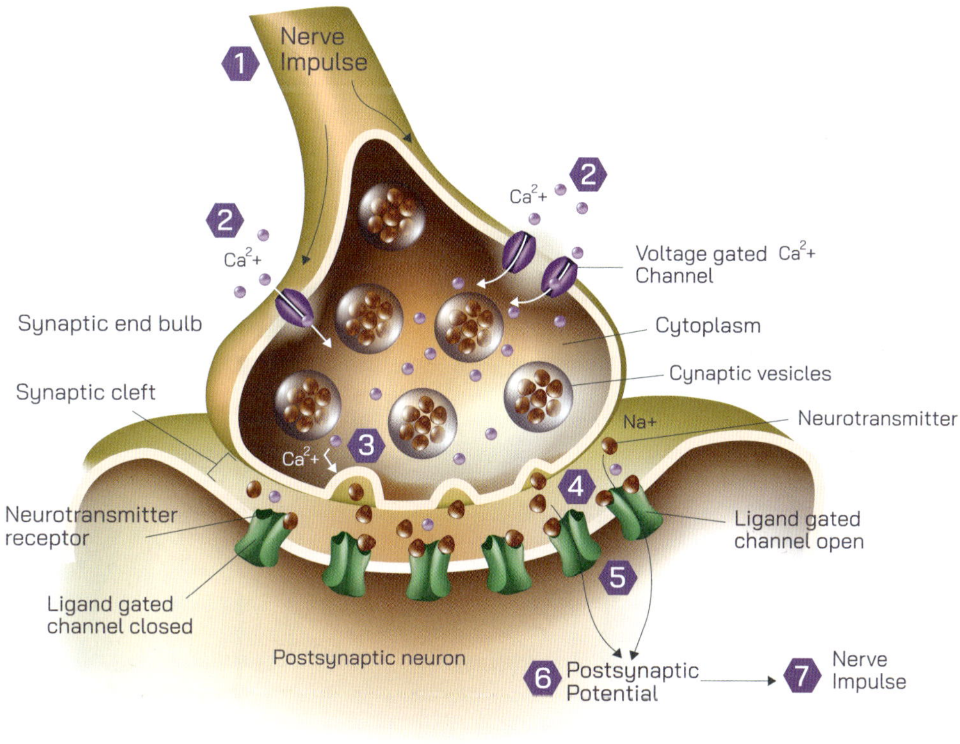

●●● 그림 10-15 다양한 형태의 이온 채널

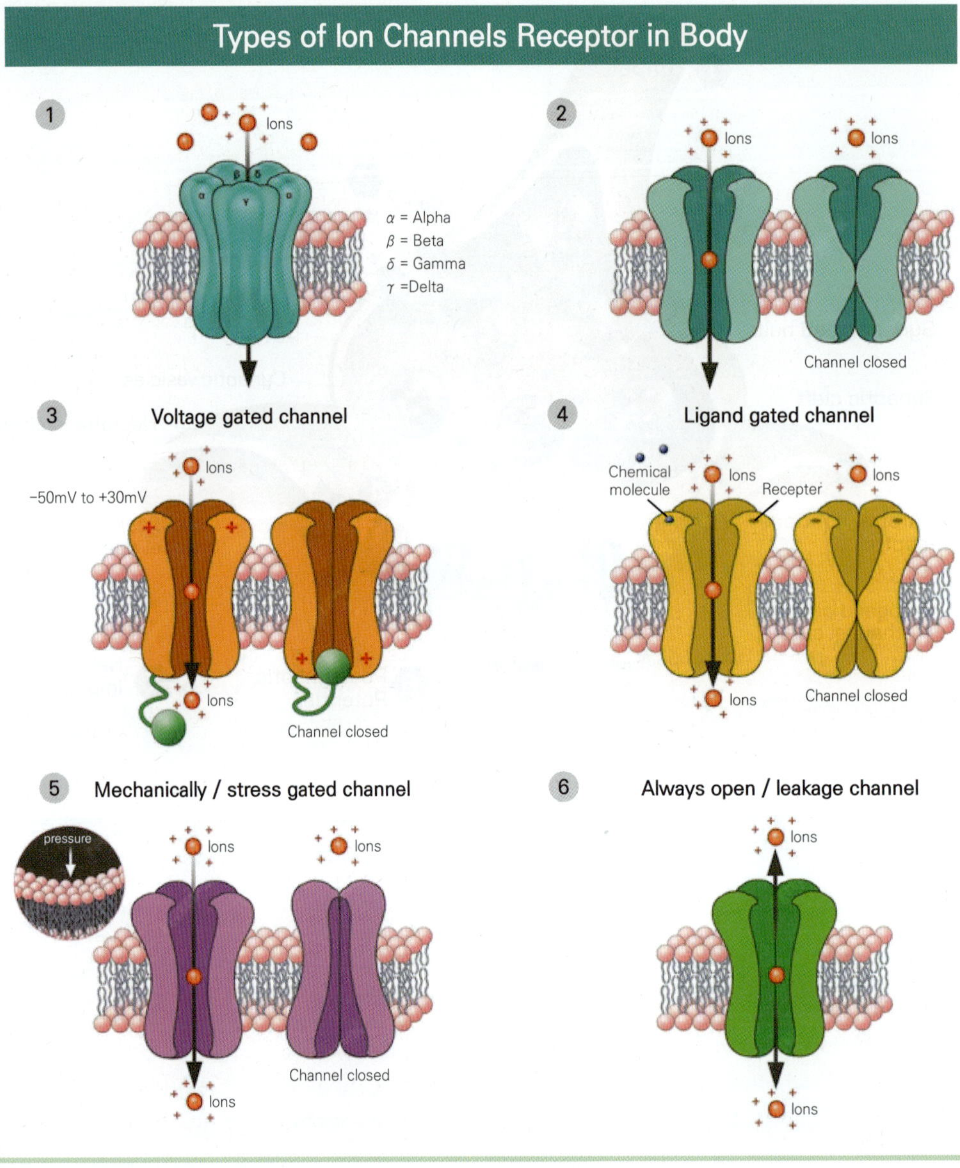

출처: freepik.com

① 바비투레이트(Barbiturates): $GABA_A$ 수용체에 직접 작용하여 억제성 신경전달을 증가시킨다. 광범위한 항경련 작용, 진정 효과가 있어 간질 발작 치료에 사용되고, 말에

서 마취 전 처치를 목적으로 사용된다.

작용시간에 따른 대표적 약물제형은 다음과 같으며, 진정, 다음, 다뇨, 식욕증가, 간독성 등의 이상반응을 유발할 수 있다.

- 장기작용 바비투레이트(long-acting barbiturates; 12시간 이상)
  - 페노바비탈(Phenobarbital): 루미날®(Luminal®)
  - 메포바비탈(Mephobarbital): 메바랄®(Mebaral®)
- 단기작용 바비투레이트(short-acting barbiturates; 1-3시간)
  - 펜토바비탈(Pentobarbital): 넴뷰탈®(Nembutal®)
  - 세코바비탈(Secobarbital): 세코날®(Seconal®)
  - 아모바비탈(Amobarbital): 아미탈®(Amytal®)
- 초단기작용 바비투레이트(ultrashort-acting barbiturates; 15-30분)
  - 티오펜탈(Thiopental): 펜토탈®(Pentothal®)
  - 메토헥시탈(Methohexital): 브레비탈®(Brevital®)

② 페니토인(Phenytoin): 전압 의존성 나트륨 채널을 차단하여 신경세포의 과도한 흥분을 억제시킨다. 발작 전파 억제효과로 간질 발작 치료제로 사용된다. 대표적 약물제형으로 딜란틴®(Dilantin®)이 있으며, 운동실조, 구토, 식욕부진 등을 유발할 수 있다. 약동학적 특성 때문에 동물 의약품으로 권장되지 않는다.

③ 벤조다이아제핀계 약물(Benzodiazepine derivatives): $GABA_A$ 수용체 작용을 증강시킨다. 급성 발작 조절, 항불안 효과를 나타내어 모든 동물 종의 급성 발작 치료에 사용된다. Valium®, Dormicum®, Versed®·과 같은 대표 약물제형(디아제팜, 미다졸람)이 있다. 이상반응으로 진정, 운동실조, 호흡억제가 유발될 수 있다.

④ 브롬화 칼륨(Potassium Bromide, KBr): 신경막의 과분극을 통한 발작 역치를 상승시킨다. 난치성 발작을 조절하기 위해 개에서 페노바비탈(Phenobarbital)과 병용하여 사용한다. 고양이에서는 심한 천식을 유발할 수 있어 사용이 제한된다. 대표적 약물제형으로 K-BroVet-CA1®이 있으며, 구토, 식욕부진, 운동실조, 피부염 등을 유발할 수 있다.

⑤ 발프로산(Valproic acid): GABA 대사를 억제하고, 나트륨 이온채널 차단, 칼슘 이온채널 억제하여 작용한다. 광범위한 항경련 작용 효과로 간질 발작 치료제로 사용된다. 데파킨®(Depakene®), 에필림®(Epilim®)과 같은 대표 약물제형이 있으며, 간 독성, 혈소판

감소, 구토 등을 유발할 수 있다.

⑥ 가바펜틴(Gabapentin): 칼슘 이온채널을 억제(α2δ 소단위에 결합)하여 신경전달물질 방출을 감소시킨다. 발작 조절, 신경병성 통증 완화 효과로 간질 발작 치료제, 신경병성 통증 치료제로 사용된다. 대표적 약물제형으로 뉴론틴®(Neurontin®), 그라리제®(Gralise®)가 있으며, 진정, 운동실조 등을 유발할 수 있다.

⑦ 레베티라세탐(Levetiracetam): 시냅스 소포체 단백질 2A(SV2A)와 결합하여 신경전달물질 방출을 감소시킨다. 발작 조절 효과를 나타내어 간질 발작 치료제로 사용된다. 대표적 약물제형으로 케프라®(Keppra®)가 있으며, 진정, 식욕부진, 경미한 구토 등을 유발할 수 있다.

⑧ 조니사미드(Zonisamide): 칼슘 및 나트륨 이온채널을 차단하여 작용한다. 광범위한 항경련 작용이 있어 간질 발작 치료제로 사용된다. 대표적 약물제형으로 조네그란®(Zonegran®)이 있다. 진정, 운동실조, 식욕부진 등을 유발할 수 있다.

⑨ 펠바메이트(Felbamate): NMDA 수용체를 차단하고, $GABA_A$ 수용체를 조절하여 억제성 신경전달을 증가시킨다. 난치성 발작 조절 효과가 있으며 다른 항경련제에 반응하지 않는 발작에 사용하기도 한다. 대표적 약물제형은 펠바톨®(Felbatol®)이다. 재생불량성 빈혈, 간독성 등 심각한 이상반응 위험으로 사용이 매우 제한적이다.

성분명	상품명	주요작용	비고
바비투레이트 (Barbiturates)	루미날® (Luminal®) 등	광범위한 항경련 작용, 진정 효과	• 장기 사용 시 내성 발생 가능, 간기능 모니터링 필요 • 항응고제, 코르티코스테로이드 등의 효과 감소 가능
페니토인 (Phenytoin)	딜란틴® (Dilantin®)	빠른 작용 발현으로 급성 발작 조절에 유용	• 정맥 주사 시 부정맥 주의 • 항진균제와 병용 시 항진균제 효과 감소 가능
벤조다이아제핀계 약물	Valium® Dormicum® Versed®	즉각적인 발작 중단 효과, 지속 시간 짧음	• 호흡 억제 주의 • 항히스타민제와 병용 시 과도한 진정
브롬화 칼륨 (Potassium Bromide)	K-BroVet-CA1® K-BroVet®	개의 난치성 발작에 특히 효과적, 긴 반감기	• 고양이에서 사용 제한 • 루프 이뇨제와 병용 시 브롬 농도 감소 가능

발프로산 (Valproic acid)	데파킨® (Depakene®), 에필림® (Epilim®)	다양한 발작 유형에 적용, 기분 안정화 작용	간 독성 주의, 혈소판 감소 위험
가바펜틴 (Gabapentin)	뉴론틴® (Neurontin®), 그라리제® (Gralise®)	부분 발작과 신경병성 통증에 효과적	• 신 기능 저하 시 용량 조절 필요 • 제산제와 병용 시 흡수 감소
레베티라세탐 (Levetiracetam)	케프라® (Keppra®)	광범위한 발작 유형에 적용, 이상반응 적음	• 신 기능 저하 시 용량 조절 필요 • 다른 항경련제와 상호작용이 적음
조니사미드 (Zonisamide)	조네그란® (Zonegran®)	부분 발작과 전신 발작 모두에 적용	신결석 형성 가능성
펠바메이트 (Felbamate)	펠바톨® (Felbatol®)	난치성 부분 발작에 적용	재생불량성 빈혈, 간 독성 이상반응 위험으로 제한적 사용

IV 행동교정 약물

동물 행동교정을 위한 약물치료는 수의학 분야에서 빠르게 성장하고 있는 영역이다. 반려동물과 사람의 정서적 유대가 깊어짐에 따라 동물의 행동문제에 대한 관심과 치료 필요성이 증가하고 있다. 공포, 불안, 공격성, 강박 행동, 부적절한 배설 등과 같은 행동문제들은 단순한 환경적 요인이나 훈련 부족만으로는 충분히 설명되지 않으며, 신경전도계의 생화학적 부조화와 관련이 있다. 주로 모노아민성 신경전달물질 시스템과 GABA(γ-aminobutyric acid) 시스템 기능의 부조화에 기인한다. 세로토닌(serotonine, 5-HT), 노르에피네프린(norepinephrine), 도파민(dopamine)과 같은 모노아민들은 정서, 인지 등에 중요한 역할을 하는데, 세로토닌 시스템의 기능저하는 불안과 충동성을 증가시키며, 도파민 시스템의 과활성화는 강박행동으로 이어질 수 있다. GABA 시스템의 기능저하는 과도한 신경흥분과 스트레스 반응을 유발할 수 있다. 이러한 신경전달물질 시스템의 불균형을 조절하기 위해 다양한 약물이 사용된다.

크게 항불안 약물과 항우울제로 구분할 수 있다. 벤조다이아제핀은 $GABA_A$ 수용체에 작용하여 억제성 신경전달을 증강 시키고 급성불안을 감소시킨다. 선택적 세로토닌 재흡수 억제제(SSRIs)는 시냅스 간극의 세로토닌 농도를 증가시켜 불안과 강박 행동을 감소시키고, 삼환계 항우울제(TCAs)는 세로토닌과 노르에피네프린의 재흡수를 억제하는 기전으로 광범위한 행동문제에 효과적으로 적용된다. 약물치료는 행동교정 훈련, 환경관리가 병행되어야 효과적이며 개체 간 반응 편차가 크기 때문에 정밀한 용량조절과 지속적인 모니터링이 필수적이다. 현재 이 분야는 신경과학과 약리학의 발전에 힘입어 빠르게 진화하고 있으며, 보다 효과적이고 안전한 치료법이 개발될 것으로 기대되고 있다. 행동교정 약물은 동물 삶의 질을 향상시키고, 보호자와의 관계를 개선하며 동물복지의 새로운 기준을 제시하는 데 중요한 역할을 한다.

그림 10-16 항우울제 작용기전

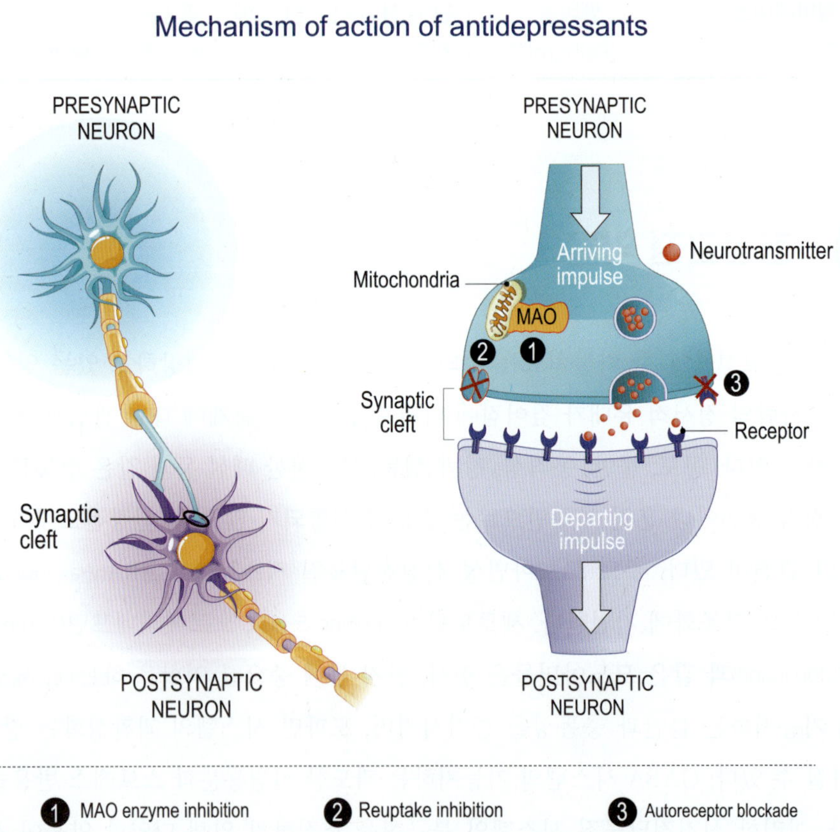

그림 10-17 선택적 세로토닌 재흡수 억제제(SSRIs) 작용기전

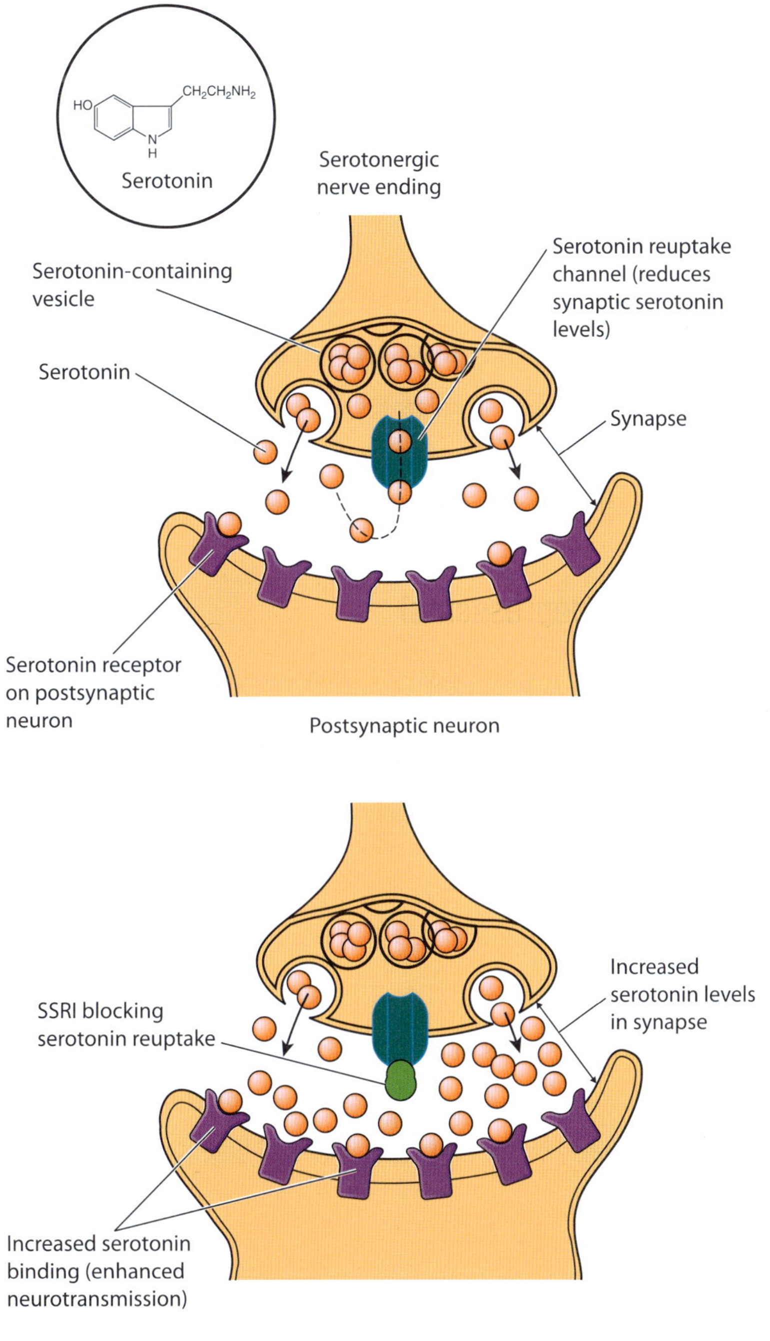

(1) 항불안제(Antianxiety drugs)

이 약물군은 급성 불안상태나 공포증을 치료하는 데 사용된다. 빠른 작용시간을 가지고 있어 즉각적인 효과를 볼 수 있지만, 장기 사용 시 의존성이 생길 수 있다.

① 알프라졸람(Alprazolam; 벤조다이아제핀계 약물): $GABA_A$ 수용체에 결합하여 억제성 신경전달을 증가시킨다. 불안 감소, 공황 상태 완화, 고용량에서 진정 효과를 보이며 개에서 급성 불안, 공포증, 소음 공포증, 고양이에서 요 표시 행동, 여행 관련 불안 등을 완화시킬 목적으로 사용된다. 자낙스®(Xanax®)가 대표 약물제형이다. 진정, 운동실조, 식욕 증가 등의 이상반응이 있을 수 있고, 간혹 역설적 흥분을 유발할 수 있다.

② 부스피론(Buspirone): 5-HT_{1A} 수용체 부분작용제(5-HT_{1A} receptor partial agonist)이다. 만성 불안 감소를 목적으로 개에서는 불안장애, 공포증 치료, 고양이에서는 요 표시 행동, 고양이 간 공격성 치료를 위해 사용된다. 대표적 약물제형으로 부스파®(Buspar®)가 있다. 위장관 이상반응, 사회적 행동 변화를 유발할 수 있다.

(2) 항우울제(Antidepressants)

항우울제는 주로 만성적인 불안장애나 강박행동을 치료하는 데 사용된다. 이 약물들은 효과가 나타나기까지 수주에서 수개월이 걸릴 수 있지만 장기적으로 안정적인 효과를 제공한다. 삼환계 항우울제, 선택적 세로토닌 재흡수 억제제, 세로토닌 길항제 및 재흡수 억제제, 모노아민 산화효소 억제제, 프로게스틴계 약물이 사용된다.

① 클로미프라민(Clomipramine; 삼환계 항우울제(TCAs, Tricyclic Antidepressants)): 세로토닌, 노르에피네프린의 재흡수를 억제하고, 히스타민, 콜린성, α1-아드레날린 수용체도 차단하여 작용한다. 불안 감소, 강박 행동 개선을 목적으로 개에서는 분리 불안, 강박 행동 치료를 위해 사용되고, 고양이에서는 요 표시 행동, 심인성 탈모증을 완화시키기 위해 사용된다. 대표적 약물제형으로 클로미칼®(Clomicalm®)이 있고, 이상반응으로 항콜린성 작용(구강건조, 변비), 진정 작용이 유발될 수 있다.

(3) 선택적 세로토닌 재흡수 억제제(Selective Serotonin Reuptake Inhibitors, SSRIs)

선택적 세로토닌 재흡수 억제제(SSRIs)는 뇌의 시냅스에서 세로토닌의 재흡수를 억제함으로써 시냅스 간극에 세로토닌이 더 오래 유지될 수 있는 방식으로 작용한다. 주로 개와 고양이의 불안 장애, 공격성, 강박 행동, 분리 불안 등 다양한 행동 문제를 치료하는 데 사용된다. 효과는 일반적으로 투여 후 수 주 후에 나타나기 시작하며, 개별 동물에 따라 반응이 다를 수 있지만 부작용은 대체로 경미한 편이다.

① 플루옥세틴(Fluoxetine): 시냅스에서 세로토닌의 재흡수를 선택적으로 억제하여 작용한다. 불안 감소, 강박 행동 개선을 목적으로 개에서는 분리 불안, 강박 행동 치료, 고양이에서는 요 표시 행동, 심인성 탈모증 완화를 위해 사용된다. 프로작®(Prozac®)과 같은 대표 약물제형이 있다. 식욕 변화, 위장관 이상반응, 진정 등을 유발할 수 있다.

(4) 세로토닌 길항제 및 재흡수 억제제(Serotonin antagonist and reuptake inhibitors, SARIs)

세로토닌 길항제 및 재흡수 억제제(SARIs)는 주로 세로토닌 수용체(특히 5-HT_{2A})를 차단하고 세로토닌의 재흡수를 억제함으로써 작용한다. 이러한 이중 작용 메커니즘으로 인해 시냅스 간극의 세로토닌 농도가 증가하고, 특정 세로토닌 수용체의 활성이 조절된다. SARIs의 효과는 일반적으로 투여 후 1-2시간 내에 나타나기 시작하며 이상반응으로는 졸음, 진정, 위장관 불편감 등이 있을 수 있지만 대체로 경미하고 일시적으로 관찰된다.

① 트라조돈(Trazodone): 세로토닌 수용체 길항 및 재흡수를 억제하여 작용한다. 항우울, 항불안, 진정 효과를 보여 개에서는 불안 관련 장애, 스트레스 유발 상황에서의 진정 목적, 고양이에서는 스트레스 관련 행동 문제를 치료하기 위해 사용된다. 대표적 약물은 데시레®(Desyrel®)이며, 진정, 어지러움, 위장관 장애 등과 같은 이상반응이 유발될 수 있다.

(5) 모노아민 산화효소 억제제(Monoamine Oxidase Inhibitors, MAOIs)

MAOIs는 모노아민 산화효소-B(MAO-B)를 억제하여 도파민과 같은 신경전달물질의 분해를 감소시킨다. 주로 노령 동물의 인지기능 장애 치료에 사용된다.

① 셀레길린(Selegiline): 모노아민 산화효소 B를 선택적으로 억제하여 작용한다. 도파민 증가, 인지기능 개선 효과가 있어 개의 노령성 인지장애 치료를 위해 사용된다. 대표적 약물제형으로 아니프릴®(Anipryl®)이 있으며, 구토, 설사, 불면증을 유발할 수 있다.

(6) 프로게스틴계 약물(Progestins derivatives)

프로게스틴계 약물은 때때로 사용되는 합성 황체호르몬(synthetic Progestins)이다. 주로 성호르몬 관련(성선 자극 호르몬 감소) 행동 문제를 조절하는 데 사용된다.

① 메게스트롤 아세테이트(Megestrol acetate): 프로게스테론(progesterone) 수용체 작용제이다. 공격성 감소, 성 행동 억제 효과가 있어 개와 고양이에서 수컷의 공격성, 표시 행동 치료에 사용된다. 대표적 약물제형으로 오바반®(Ovaban®)이 있다. 당뇨병 유발, 부신 억제 등의 이상반응을 유발할 수 있어 사용에 주의가 필요하다.

성분명	상품명	주요작용	비고
알프라졸람 (Alprazolam)	자낙스® (Xanax®)	공황 장애에 적용, 빠른 작용 발현	• 역설적 흥분 가능성, 의존성 위험 • SSRI와 병용 시 알프라졸람 농도 증가 가능
부스피론 (Buspirone)	부스파® (Buspar®)	일반적 불안 장애에 적용, 의존성 낮음	• 효과 발현까지 수주 소요 • SSRI와 병용 시 상승 효과 가능
클로미프라민 (Clomipramine)	클로미칼® (Clomicalm®), 아나프라닐® (Anafranil®)	강박 행동, 분리 불안에 적용	• 항콜린성 이상반응 주의 • SSRI와 병용 시 세로토닌 증후군 위험
플루옥세틴 (Fluoxetine)	프로작® (Prozac®), Reconcile®	강박적 스테레스 진정 효과	• 식욕 변화 주의 • MAOIs와 병용 금기
트라조돈 (Trazodone)	데시레® (Desyrel®)	급성 불안 진정 효과	• 세로토닌 증후군 위험 • SSRI와 병용 시 주의 필요

셀레길린 (Selegiline)	아니프릴® (Anipryl®)	노령 동물의 인지기능 개선	SSRI, 삼환계 항우울제와 병용 금기
메게스트롤 아세테이트(Megestrol acetate)	오바반® (Ovaban®)	호르몬 관련 공격성, 표시 행동 감소에 효과적	• 당뇨병, 부신 억제 위험 • 장기 사용 주의

V 전신마취제

전신마취제는 중추신경계에 광범위한 억제 작용을 통해 동물의 의식 소실, 진통, 근육 이완을 유도하여 수술 및 진단 절차를 가능하게 한다. 임상적으로 전신마취제는 공격적인 동물의 취급이나 일반 외과 수술, 정형외과 수술, CT 및 MRI 촬영과 같은 특정 진단 절차를 위한 목적으로 사용된다.

전신마취제의 작용기전은 여러 생리적 및 분자적 경로를 포함한다. 전신마취제는 주로 중추신경계에서 억제성 신경전달을 증가시키고 흥분성 신경전달을 감소시킴으로써 작용한다. 이러한 작용은 주로 $GABA_A$ 수용체와 같은 억제성 수용체에 대한 작용을 통해 이루어진다. $GABA_A$ 수용체는 염소 이온의 유입을 촉진하여 신경세포의 과분극을 유도하고, 결과적으로 신경의 흥분성을 감소시킨다. 전신마취제는 또한 다른 여러 이온채널과 수용체에 작용하여 그 기능을 조절한다. 예를 들어, 글리신(glycine) 수용체와 NMDA(N-methyl-D-aspartate) 수용체(NMDA receptor, NMDAR)는 흥분성 신경전달물질인 글루탐산(glutamate)과 관련이 있으며, 이들에 대한 억제 작용은 마취 상태에서 통증 감각을 저하시킨다. 일부 전신마취제는 이온채널의 전압 의존성을 변화시켜 신경세포의 전기적 활동을 억제하는 데 기여한다.

● ● ● 그림 10-18 NMDA 수용체

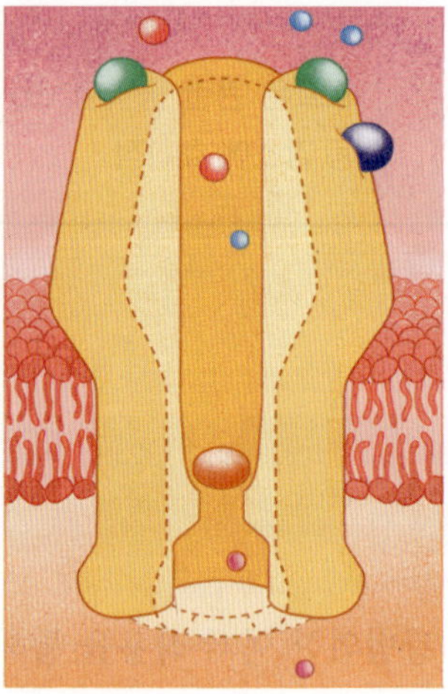

- 글리신은 공동 작용제(수용체에 결합하여 활성을 촉진시키는 물질)임
- 칼슘 이온은 이온채널을 통해 이동
- 마그네슘 이온은 탈분극이 되지 않도록 채널을 막는 역할을 함

전신마취 상태는 여러 가지 행동적 반응을 나타내는데 각 반응은 특정 뇌 영역과 관련이 있다. 기억상실(amnesia)은 해마, 진정(sedation) 작용은 대뇌 피질(cortex)과 시상(thalamus)과 연관되어 있다. 이러한 연결 관계는 마취제가 특정 뇌 영역에서 어떻게 작용하는지를 이해하는 데 중요한 정보를 제공한다.

전신마취제는 동물의 생리학적 변화를 수반하므로 사용 시 주의를 기울여야 한다. 특히 심혈관계와 호흡기계에 미치는 영향을 고려해야 하며 체온 유지에도 주의깊은 관리가 필요하다. 전신마취의 깊이는 동물의 맥박, 심박수, 점막 색깔, 반사 작용, 턱의 긴장도 등을 통해 모니터링되며, 맥박 산소 측정기와 혈압 모니터를 사용하여 마취 깊이를 조절한다. 따라서 각 동물 종의 특성과 개별 환자의 상태를 고려하여 적절한 마취 프로토콜이 수립되어야 하며 마취 중 지속적인 모니터링과 필요시 신속한 대응이 요구된다. 또한, 전신마취제는 다양한 약물 조합을 통해 사용되며, 개별 약물의 특성과 작용기전을 고려하여 최적의 마취 깊이를 유지하는 것이 중요하다. 이러한 조합은 마취 유도와 유지 과정에서 발생할 수 있는 생리적 이상반응을 최소화하고 안전성을 높일 수 있다. 전신마취제는 크게 흡입마취제와 정맥마취제로 나눌 수 있다. 이들 약물은 각각 고유한 약동학적, 약력학적 특성을 가지고 있어 동물의 종류, 건강 상태, 수술 종류 등에 따라 적절히 선택되어야 한다.

1 흡입 마취제(Inhalant Anesthetics)

흡입마취제는 폐를 통해 흡수되어 혈액으로 운반된 후 중추신경계에 작용하여 의식 소실, 진통, 근육 이완 등의 효과를 나타낸다. 흡입마취제의 주요 장점은 마취 깊이를 신속하게 조절할 수 있고, 체내 축적이 적어 빠른 회복이 가능하다는 점이다. 또한 대부분의 흡입마취제는 간에서 최소한으로 대사되어 신장 기능이 저하된 동물에서도 비교적 안전하게 사용할 수 있다. 흡입마취제의 효과는 주로 최소폐포농도(Minimum Alveolar Concentration, MAC)로 표현되며, 이는 수술적 자극에 대해 50%의 동물이 반응하지 않는 폐포 내 마취제 농도(%)를 의미한다. MAC 값이 낮을수록 마취제의 효력이 강하다고 볼 수 있다. 흡입마취제에 있어 마취 유도와 회복의 속도를 결정하는 중요한 약동학적 지표인 혈액:가스 분배계수(partition coefficient)는 37℃, 분압의 평형 상태일 때 혈액과 폐포 가스 사이의 마취제 농도 비율(단위가 없는 비율)을 의미한다. 값이 낮을수록 마취 유도와 회복이 빠르다. 1보다 작으면 혈액보다 가스에 더 잘 녹는 것을 의미하고, 1보다 크면 가스보다 혈액에 더 잘 녹는 것을 의미한다. 즉, 혈액:가스 분배계수는 마취제의 용해도를 나타낸다. 마취 깊이 조절의 용이성과 관련이 있기 때문에 마취제 선택 시 중요한 고려사항 중 하나이다. 흡입마취제의 선택은 동물의 종류, 건강 상태, 수술의 종류, 마취 장비의 가용성 등을 고려하여 이루어진다. 수의학적에서 주로 사용되는 흡입마취제로는 이소플루란, 세보플루란 등이 있으며, 과거에 사용되었던 할로탄, 메톡시플루란 등은 이상반응 우려로 인해 사용이 감소하고 있다. 이산화질소(nitrous oxide)는 단독으로는 충분한 마취 효과를 내기 어려워 주로 다른 흡입마취제와 병용하여 사용된다.

① 이소플루란(Isoflurane): GABA 수용체 작용을 증강시키고, 글루탐산 수용체를 억제하여 작용한다. 의식 소실, 진통, 근육 이완 효과가 있어 개, 고양이, 말 등에서 전신마취 유도 및 유지에 사용된다. 특히, 간기능이 저하된 동물에서 선호된다. 혈액:가스 분배계수가 1.4로 비교적 낮아 마취 유도와 회복이 빠르고, 체내 대사율이 0.2% 미만으로 매우 낮아 간독성 위험이 적은 약동학적 특성이 있다. 대표적 약물제형으로 Isoflo® 가 있다. 불쾌한 냄새로 인해 마스크 유도 시 동물의 저항이 있을 수 있으며 용량 의존

적으로 호흡이 억제되고, 혈압 저하, 심근이 억제되는 이상반응이 유발될 수 있다. 비교적 안정적인 약물로 장기간 보관이 가능하고, 다른 흡입마취제에 비해 가격이 저렴한 특징이 있다.

② 세보플루란(Sevoflurane): GABA 수용체 작용을 증강시키고, 전압 의존성 나트륨 이온 채널을 차단하여 신경 흥분을 억제시킨다. 빠른 마취 유도와 회복, 기관지 확장 효과가 있어 개, 고양이의 전신마취 유도 및 유지에 사용된다. 특히, 소동물과 특수 반려동물의 마취에 적합하고 빠른 마취 유도가 필요한 경우나 마스크 유도 시 선호된다. 혈액:가스 분배계수가 0.68로 매우 낮아 마취 깊이 조절이 용이하고, 체내 대사율은 2-5%로 이소플루란보다 다소 높은 약동학적 특성이 있다. 대표적 약물제형으로 SevoFlo®가 있으며, 신선 가스 유량이 낮을 때 신독성 물질인 Compound A가 생성될 가능성이 있다. 달콤한 냄새로 마스크 유도 시 동물의 수용성이 높고, 이소플루란에 비해 가격이 높은 특징이 있다.

2 정맥 마취제(Intravenous Anesthetics)

정맥 마취제는 전신마취 유도와 유지에 필요한 중요 약물군이다. 빠른 작용 발현과 회복, 용량 의존적 효과, 투여 용이성 등의 장점으로 인해 많이 사용된다. 흡입 마취제와 마찬가지로 주로 중추신경계에 작용하여 의식 소실, 진통, 근육 이완 등의 효과를 나타내며, 대부분 GABA 수용체나 NMDA 수용체와 같은 특정 신경전달물질 시스템을 통해 작용한다. 정맥 마취제는 크게 바비투레이트계(barbiturates), 비바비투레이트계(non-barbiturates), 해리성 마취제(dissociative anesthetics) 등으로 분류할 수 있다. 바비투레이트계 약물은 $GABA_A$ 수용체에 작용하여 억제성 신경전달을 증가시킨다. 빠른 마취 유도와 항경련 효과를 제공하지만 심혈관계 및 호흡 억제 이상반응이 있을 수 있다. 대표적인 약물로는 티오펜탈(thiopental)이 있다. 비바비투레이트계 약물은 다양한 작용기전을 가지고 있으며 바비투레이트계에 비해 이상반응이 적은 편이다. 프로포폴(propofol)은 이 계열의 대표적인 약물로, $GABA_A$ 수용체를 통해 작용하며 빠른 작용 발현과 회복이 특징이다. 해리성 마취제는 NMDA 수용체 길항 작용을 통해 마취 효과를 나타낸다. 케타민(ketamine)이 대표적인 약물로 진통 효과가 뛰어나고 심혈관계 안정성이 높아 특정 상황에서 선호된다. 그러나 환각 등의 이상반응이 있을 수 있어 주의가 필요하다. 각 약물은 고유한 약동(력)학적 특성이 있기에 동물의 상태, 수술의 종류, 마취 시간 등을 고려하여 선택된다. 일반적으로 이들 약물은 단독으로 사용되기보다는 흡입마취제나 다른 보조 약물들과 병용하여 균형잡힌 마취를 제공하는 데 사용된다. 정맥 마취제 사용 시 주의해야 할 점은 호흡 억제, 심혈관계 억제, 개체 간 반응 차이 등이다. 따라서 정확한 용량 계산, 주입 속도, 지속적인 환자 모니터링이 필수적이다. 또한, 많은 정맥 마취제들이 간에서 대사되므로 간 기능이 저하된 동물에서는 사용에 주의가 필요하다.

① 프로포폴(Propofol): $GABA_A$ 수용체 작용을 증강시킨다. 빠른 마취 유도 및 회복, 항구토 효과, 뇌 혈류량 및 두개내압 감소 효과를 나타낸다. 대표적 약물제형으로 Propoflo®가 있으며, 용량 의존적 호흡 억제, 일시적 저혈압, 주사 시 통증을 유발할 수 있다.

② 티오펜탈(Thiopental): $GABA_A$ 수용체 작용을 증강시킨다. 초단기 작용 마취 유도, 뇌 혈류량 및 두개내압 감소, 항경련 효과를 나타내어 개, 고양이, 말의 마취 유도와 응급상황 시 경련을 조절하기 위해 사용된다. 대표적 약물제형으로 펜토탈®(Pentothal®)이 있다. 호흡 억제, 심근 억제, 혈관 외 유출 시 조직을 괴사시킬 수 있는 가능성이 있다.

③ 미다졸람(Midazolam): $GABA_A$ 수용체 작용을 증강시킨다. 진정, 항불안, 근육 이완, 항경련 효과가 있어 개와 고양이에서 마취 전 투약, 마취 유도 보조제로 사용된다. 도미쿰®(Dormicum®), 버시드®(Versed®)가 대표적 약물제형이다. 고양이에서 역설적으로 흥분이 유발되기도 하며, 심혈관계가 경미하게 억제되기도 한다.

④ 케타민(Ketamine): NMDA 수용체 길항제이다. 해리성 마취, 강력한 진통 효과, 기관지 확장 효과를 나타내어 개와 고양이에서 마취 유도 및 유지, 진통을 위해 사용된다. 말에서는 마취 유도 보조제로 제한적으로 사용된다. 대표적 약물제형으로 Ketaset®가 있으며, 근 긴장도 증가, 타액 분비 증가, 환각, 흥분 등을 유발할 수 있다.

⑤ 에토미데이트(Etomidate): $GABA_A$ 수용체 작용을 증강시킨다. 빠른 마취 유도, 최소한의 심혈관계 억제, 뇌 보호 효과가 있어 개와 고양이에서 심혈관계가 불안정한 환자의 마취 유도를 위해 사용된다. 아미데이트®(Amidate®), 에토미데이트-리푸로®(Etomidate-Lipuro®)가 대표적 약물제형이다. 일시적 부신피질 기능 억제, 주사 시 통증 및 근육 경련, 개에서 구토를 유발할 수 있다.

성분명	상품명	주요작용	비고
Isoflurane	이소플루® (Isoflo®)	빠른 마취 유도	오피오이드와 병용 시 호흡 억제 증가 가능
Sevoflurane	세보플루® (SevoFlo®)	매우 빠른 마취 유도, 기관지 확장	오피오이드와 병용 시 심혈관 억제 증가 가능
Propofol	프로포폴® (Propoflo®)	빠른 마취 유도, 항구토 효과	용량 의존적 호흡 억제, 다른 마취제와 병용 시 상승 작용 가능
Thiopental	펜토탈® (Pentothal®)	초단기 작용 마취 유도, 항경련 효과	• 호흡 억제, 심근 억제 주의 • 바비투레이트계 약물과 교차 내성 가능
Midazolam	도미쿰® (Dormicum®), 버시드® (Versed®)	진정, 항불안, 근육 이완, 항경련	다른 중추신경억제제와 병용 시 호흡 억제 위험 증가
케타민 (Ketamine)	케타셋® (Ketaset®)	해리성 마취, 강력한 진통 효과	벤조디아제핀과 병용 시 호흡 억제 위험 감소
Etomidate	아미데이트® (Amidate®), 에토미데이트-리푸로® (Etomidate-Lipuro®)	빠른 마취 유도, 최소 심혈관계 억제	• 일시적 부신피질 기능 억제 주의 • 다른 마취제와 병용 시 용량 조절 필요

Memo

CHAPTER

11

내분비계 및 생식기계 주요 약물

Ⅰ. 서론

Ⅱ. 내분비계 약물

Ⅲ. 생식 관련 호르몬제

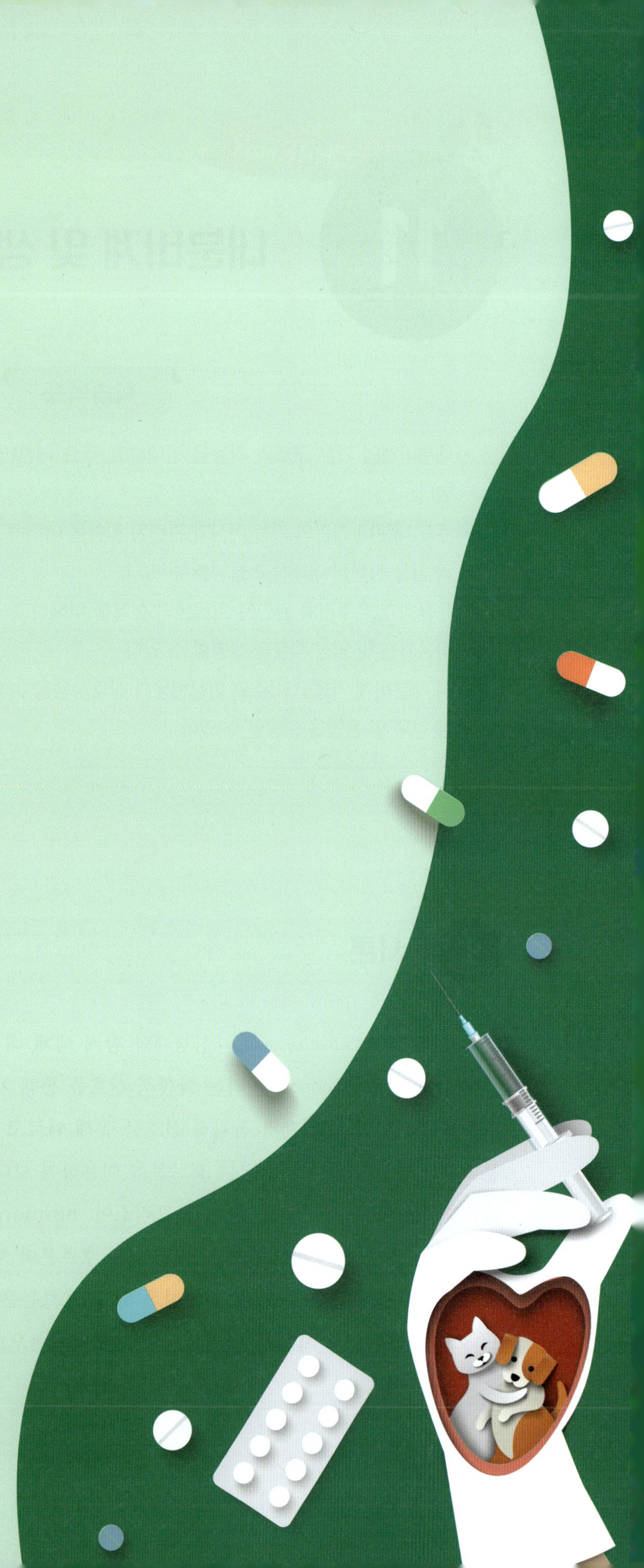

CHAPTER

11 내분비계 및 생식기계 주요 약물

학습목표

- 내분비계의 기본 구조와 기능을 이해하고, 주요 내분비 기관과 호르몬의 역할을 설명할 수 있다.
- 주요 내분비 기관의 기능 이상과 관련된 질환을 이해하고, 치료에 사용되는 약물의 작용기전과 임상 적용을 이해하고 설명할 수 있다.
- 동물의 발정주기와 관련된 호르몬의 변화를 이해하고, 생식 및 번식 관련 호르몬제의 종류, 작용기전 및 임상 적용을 설명할 수 있다.
- 각 내분비계 약물군의 주요 이상반응과 상호작용을 이해하고, 임상 상황에서의 적절한 약물을 선택 및 용법을 설명할 수 있다.

I 서론

내분비계(Endocrine system)는 신경계와 함께 생체 내 정보 전달을 담당하는 주요 시스템 중 하나로 호르몬(hormone)이라는 화학적 신호를 통해 체내 항상성 유지와 다양한 생리학적 기능을 조절한다. 신경계가 전기적 신호를 통해 빠르고 즉각적인 반응을 매개하는 반면, 내분비계는 혈류를 통해 전달되는 호르몬을 이용하여 보다 지속적이고 광범위한 영향을 미친다. '호르몬(hormone)'이라는 용어는 그리스어 'hormõn'에서 유래했으며, "주장하다" 또는 "자극하다"라는 의미를 내포하고 있다. 이는 호르몬이 체내에서 특정 기능을 촉진하거나 억제하는 역할을 한다는 점을 잘 반영하고 있다. 호르몬은 화학적 구조에 따라 크게 스테로이드 호르몬, 펩타이드 호르몬, 아미노산 유도체 호르몬으로 분류할 수 있다. 이들은 각각 다른 방식으로 세포막을 통과하고 표적 장기의 세포에 작용한다. 스테로이드 호르몬은 지용성으로 세포막을 쉽게 통과하여 핵 내 수용체와 결합하는 반면, 펩타이드 호르몬과 아미노산 유도체 호르몬은 주로 세포막 수용체에 결합하여 세포 내 신호전달 경로를 활성화한다.

내분비계는 신체 곳곳에 분포한 다양한 내분비 조직으로 구성되어 있다. 각각 고유한 호르몬을 생성하고 분비하여 표적 장기에 작용한다. 주요 내분비 기관으로는 뇌하수체, 갑상선, 부갑상선, 췌장, 부신, 성선(난소, 고환) 등이 있으며, 이 외에도 송과체, 흉선, 위장관, 신장, 간, 피부, 태반 등도 내분비 기능을 수행한다. 특히 뇌하수체는 '마스터 글랜드(master gland)'라고 불리며, 다른 내분비 기관의 기능을 조절하는 중추적 역할을 담당한다. 주요 내분비 기관과 각 기관에서 분비되는 호르몬의 종류와 작용은 다음의 그림과 표로 나타내었다.

그림 11-1 주요 내분비 기관

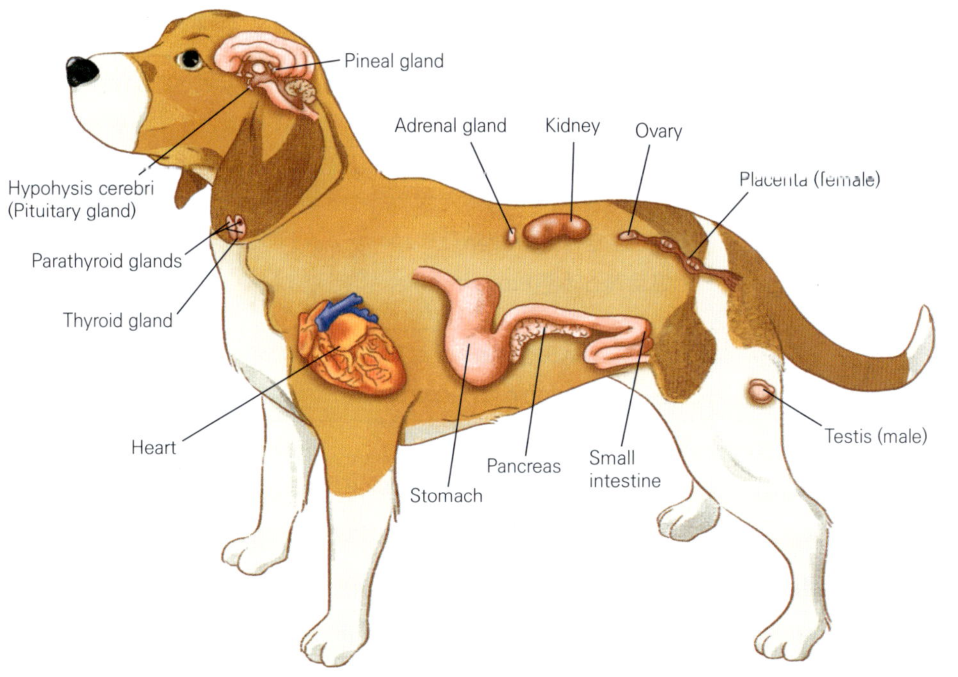

내분비 기관(샘)	분비 호르몬	작용
체세포(Body cell)	프로스타글란딘(Prostaglandin)	• 혈소판 응집 • 위산 분비 억제 • 혈압 강하 • 자궁 수축
피부(Skin)	비타민 D(Vitamin D)	체내 칼슘 흡수
송과체(Pineal gland)	멜라토닌(Melatonin)	수면 조절
흉선(Thymus)	티모신(Thymosin)	면역반응 조절
신장(Kidney)	적혈구형성인자(Erythropoietin)	적혈구 생산 자극
위장관 (Gastrointestinal tract)	• 콜레시스토키닌(Cholecystokinin) • 가스트린(Gastrin) • 세크레틴(Secretin)	• 담낭 수축(담즙 분비) • 위액 분비 자극 • 췌장 효소 분비 자극
췌장(Pancreas) - 췌장섬세포(Islet cell)	인슐린(Insulin)	혈당 저하(포도당→글리코겐)
	글루카곤(Glucagon)	혈당 상승(글리코겐→포도당)
고환(Testis)	테스토스테론(Testosterone)	정자 발생
난소(Ovary)	• 에스트로겐(Estrogen) • 프로게스테론(Progesterone)	• 난자 성장 촉진 • 자궁의 임신 대비 또는 유지
태반(Placenta)	융모성선자극호르몬 (Chorionic gonadotropin)	황체, 임신 유지
갑상선(Thyroid)	• 티록신(Thyroxine, T_4) • 삼요오드티로닌(triiodothyronine, T_3)	체세포 대사 항진
	칼시토닌(Calcitonin)	혈중 칼슘농도 강하
부갑상선(Parathyroid)	부갑상선호르몬(Parathyroid hormone)	혈중 칼슘농도 상승
부신(Adrenal gland) – **피질(Cortex)**	• 코티솔(Cortisol): 당질코르티코이드 • 알도스테론(Aldosterone): 무기질코르티코이드 • 성호르몬(Androgen, Estrogen)	• 혈당 상승 • 혈중 나트륨 재흡수 증가 • 성 성숙
부신(Adrenal gland) – **수질(Medulla)**	• 에피네프린(Epinephrine, Adrenaline) • 노르에피네프린(Norepinephrine, noradrenaline)	교감신경 작용

<table>
<tr><td rowspan="2">뇌하수체
(Pituitary
gland)</td><td>전엽
(Anterior
lobe)</td><td>• 성장호르몬(Somatotropin)
- 갑상선자극호르몬(Thyroid-stimulating hormone, TSH)
- 부신피질자극호르몬(Adrenocorticotropic hormone, ACTH)
• 성선자극호르몬
- 난포자극호르몬(Follicle-stimulating hormone, FSH)
- 황체형성호르몬(Luteinizing hormone, LH)</td><td>• 뼈, 조직 성장 증가
• 갑상선 자극-T_4 생산
• 부신피질 호르몬 분비 자극(특히, cortisol)
• 난자발생, 정자발생
• 배란촉진, 테스토스테론 분비</td></tr>
<tr><td>후엽
(Posterior
lobe)</td><td>• 프로락틴(Prolactin)
- 항이뇨호르몬(Antidiuretic hormone, ADH, 바소프레신(vasopressin))
• 옥시토신(Oxytocin)</td><td>• 유방조직 성장, 젖 분비 촉진
• 신장 세뇨관에서 수분 재흡수 촉진
• 분만, 출산 시 자궁 수축 자극</td></tr>
</table>

내분비계의 기능은 매우 다양하고 복잡하다. 성장과 발달, 대사 조절, 생식, 스트레스 반응, 체액과 전해질 균형, 혈당 조절, 칼슘 항상성 유지 등 거의 모든 생리학적 과정에 관여한다. 이러한 기능들은 대부분 피드백(feedback) 기전을 통해 정교하게 조절된다. 즉, 호르몬 농도가 증가하면 그 생성이 억제되고, 감소하면 다시 자극되는 방식으로 음성(negative) 또는 양성(positive) 피드백으로 체내 항상성을 유지한다. 내분비계 질환은 호르몬의 과다 또는 과소 생성, 호르몬에 대한 저항성, 내분비 기관의 구조적 이상 등 다양한 원인으로 발생할 수 있다. 대표적인 예로 당뇨병, 갑상선 기능 이상, 부신 피질 기능 이상, 성장 호르몬 결핍, 생식 내분비 질환 등이 있다. 이러한 질환들은 동물의 전반적인 건강과 삶의 질에 심각한 영향을 미칠 수 있으므로, 정확한 진단과 적절한 치료가 매우 중요하다.

수의학 분야에서 내분비계 약물은 이러한 내분비 질환의 진단, 치료, 예방에 중요한 역할을 한다. 호르몬 대체 요법, 호르몬 억제제, 대사 조절제 등 다양한 약물이 사용되며, 이들은 각 동물 종의 특성과 개별 환자의 상태를 고려하여 신중하게 선택되고 투여되어야 한다. 또한 내분비계 약물은 종종 장기간 사용되므로 효과적인 모니터링과 이상반응 관리가 필수적이다.

Ⅱ 내분비계 약물

1 췌장 기능 이상과 치료에 사용되는 약물

췌장은 소화기계와 내분비계의 기능을 동시에 수행하는 중요한 장기이다. 췌장의 acinar cell은 소화효소를 분비하는 외분비 기능을 담당하며, F cell은 췌장 폴리펩타이드를 분비한다. 내분비 기능을 담당하는 췌도(이자섬, 랑게르한스섬)는 췌장 조직의 약 1-2%를 차지하며, 여러 종류의 호르몬을 분비하여 체내 대사를 조절한다. 주요 내분비 세포로는 α 세포(글루카곤 분비), β 세포(인슐린 분비), δ 세포(소마토스타틴 분비), PP 세포(췌장 폴리펩타이드 분비)가 있다.

그림 11-2 췌장 및 분비 호르몬

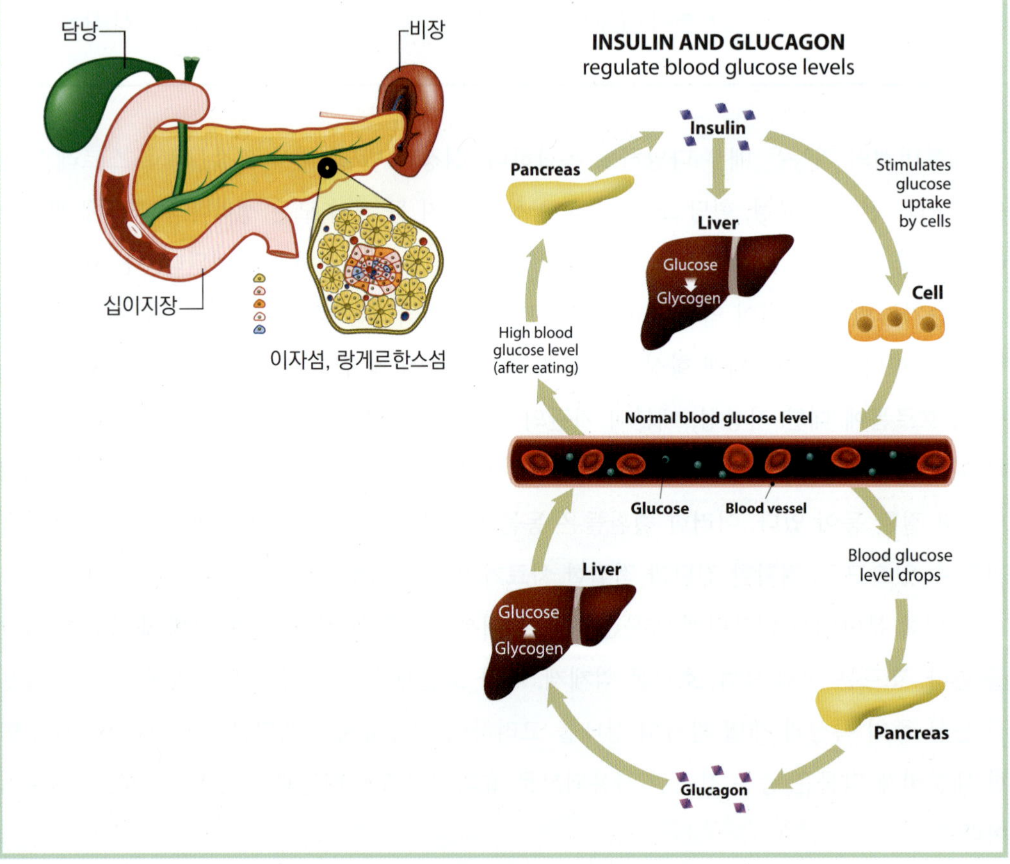

인슐린과 글루카곤은 혈당 조절에 핵심적인 역할을 한다. 인슐린은 혈당을 낮추는 작용을 하며, 글루카곤은 혈당을 높이는 작용을 한다. 두 호르몬의 균형적인 작용으로 정상 혈당이 유지된다. 소마토스타틴은 다른 호르몬의 분비를 억제하는 역할을 하며, 췌장 폴리펩타이드는 소화관 운동과 분비를 조절한다.

췌장의 내분비 기능 이상은 다양한 대사성 질환을 유발할 수 있다. 가장 흔한 췌장 내분비 질환인 당뇨병은 인슐린 분비 부족 또는 인슐린 저항성으로 인해 발생하며, 개와 고양이에서 모두 나타날 수 있다. 주요 증상으로는 다음, 다뇨, 체중 감소, 식욕 증가 등이 있다. β 세포에서 발생하는 인슐린종은 과도한 인슐린 분비로 인한 저혈당을 유발한다. 글루카곤종은 α 세포에서 발생하는 종양으로, 과도한 글루카곤 분비로 인한 고혈당을 유발한다. 췌장 내분비 질환의 진단은 임상 증상, 혈액 검사, 영상 진단, 조직 검사 등을 통해 이루어진다. 치료는 질환의 종류와 중증도에 따라 다르며, 약물 치료, 수술, 식이 조절 등이 포함될 수 있다. 특히 당뇨병의 경우 인슐린 요법과 함께 적절한 식이 관리가 중요하다.

췌장 기능 이상에 적용할 수 있는 주요 약물로는 인슐린, 메트포르민, 소마토스타틴 유사체 등이 있다.

TIP

- **제1형 당뇨병(Type 1 diabetes mellitus)**
  - 개에서 가장 흔한 형태로, 인슐린 의존성 당뇨병이라고도 함
  - 췌장 베타세포의 파괴로 인해 인슐린 생성이 거의 또는 완전히 중단됨
  - 유전적 요인, 자가면역 반응, 환경적 요인이 복합적으로 작용하여 발생함
  - 평생 외부 인슐린 주사가 필요함
- **제2형 당뇨병(Type 2 diabetes mellitus)**
  - 고양이에서 가장 흔한 형태로, 비인슐린 의존성 당뇨병이라고도 함
  - 인슐린 저항성과 상대적인 인슐린 부족이 특징임
  - 비만이 주요 위험 요인이며, 인슐린 신호전달 유전자와 포도당 수송체의 발현 변화가 관찰됨
  - 초기에는 식이요법과 운동으로 관리가 가능하나, 진행된 경우 인슐린 치료가 필요할 수 있음

● ● ● 그림 11-3 제1형 및 제2형 당뇨병

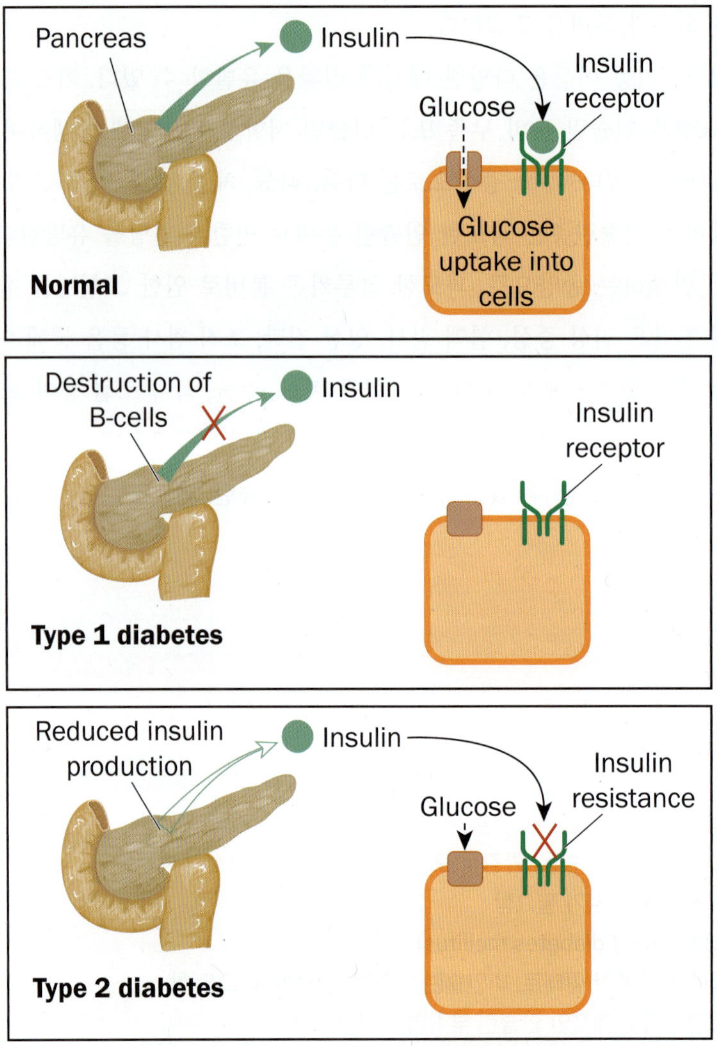

(1) 인슐린(Insulin)

인슐린은 작용의 지속 시간에 따라 단기 작용성(short acting), 중간 작용성(intermediate acitng), 장기 작용성(long acting)으로 분류된다.

① 정규 인슐린(Regular insulin; 크리스탈린 아연 인슐린(Crystallin zinc insulin)): 단기 작용성 인슐린으로 혈중 포도당 흡수를 촉진하고, 간에서 포도당 생성을 억제시킨다. 혈당 강하 약리효과를 통해 개, 고양이의 당뇨병 치료, 당뇨병성 케톤산증 응급 치료에 사용된다. 대표적 약물제형으로 휴물린®(Humulin R®)이 있으며, 저혈당증을 유발하는 이상반응이 있을 수 있다.

② 이소판 인슐린(Isophane insulin): 중간 작용성 인슐린이다. 지속적인 혈당 강하 약리효과를 나타내어 개의 당뇨병 유지 치료에 사용된다. 대표적 약물제형으로 중성 프로타민 하게도른 인슐린®(NPH® insulin;, Neutral Protamine Hagedorn insulin)이 있다. 이상반응으로 저혈당증, 인슐린 항체를 형성할 수 있다.

③ 렌테 인슐린(Lente insulin): 중간 작용성 인슐린이며 아연 결정화로 작용 지속시간을 연장시킨다. 지속적인 혈당 강하 약리효과로 개, 고양이의 당뇨병 유지 치료에 사용된다. 대표적 약물제형은 벳슐린®(Vetsulin®)이며, 저혈당증을 유발할 수 있다.

④ 프로타민 아연 인슐린(Protamine Zinc Insulin(PZI)): 장기 작용성 인슐린이다. 프로타민과 아연 결합으로 작용 지속시간을 연장시킨다. 장시간 지속되는 혈당 강하 약리효과를 나타내며 고양이의 당뇨병 유지 치료에 사용된다. 대표적 약물제형으로 프로징크®(ProZinc®)가 있다. 이상반응으로 저혈당증, 인슐린 항체를 형성할 수 있다.

⑤ 인슐린 글라진(Insulin glargine): 초장기 작용성 인슐린으로 피하주사 후 미세침전물을 형성하여 서서히 흡수된다. 매우 장시간 지속되는 혈당 강하 효과로 고양이의 당뇨병 유지 치료에 사용된다. 대표적 약물제형으로 란투스®(Lantus®)가 있으며, 드물게 저혈당증을 유발할 수 있다.

⑥ 글리피자이드(Glipizide): 설포닐우레아계 약물로 경구용 저혈당제이다. 췌장 베타세포를 자극하여 인슐린 분비를 증가시킨다. 혈당 강하 약리효과를 나타내며 고양이의 제2형 당뇨병 치료에 사용된다. 구토, 식욕부진 또는 드물게 간독성을 나타낼 수 있으며, 대표적 약물제형으로 글루쿠트롤®(Glucotrol®)이 있다.

⑦ 메트포르민(Metformin): 간에서 포도당 신생을 억제하고 말초조직에서 인슐린 감수

성을 증가시킨다. 혈당 강하 약리효과로 개, 고양이의 제2형 당뇨병 치료와 인슐린 저항성을 개선하기 위해 사용된다. 대표적 약물제형으로 글루코파지®(Glucophage®)가 있으며, 구토나 설사 같은 위장관 장애와 드물게 유산 산증을 유발하기도 한다.

⑧ 디아족시드(Diazoxide): 칼륨 채널 개방제로 저혈당 치료제이다. 인슐린 분비를 억제하고 글루카곤 분비를 촉진시킨다. 혈당을 상승시키는 효과가 있어 개, 고양이의 인슐린종(insulinoma) 치료에 사용된다. 대표적 약물제형으로 프로글리셈®(Proglycem®)이 있다. 구토, 식욕부진, 체액 저류와 같은 이상반응을 유발할 수 있다.

⑨ 옥트레오티드(Octreotide): 소마토스타틴 유사체로 인슐린 및 다른 호르몬(예: 성장호르몬) 분비를 억제시킨다. 혈당을 상승 시키고, 종양의 성장을 억제시킨다. 개, 고양이의 인슐린종 치료에 사용된다. 대표적 약물제형으로 산도스타틴®(Sandostatin®)이 있다. 구토, 설사, 복통 등의 이상반응을 보일 수 있다.

성분명	상품명	주요작용		비고
정규 인슐린(Regular insulin (Crystallin zinc insulin))	휴물린® (Humulin R®)	단기 작용성 인슐린	혈당 강하	베타차단제와 병용 시 저혈당 증상 인지 어려움
이소판 인슐린 (Isophane insulin)	중성 프로타민 하게도른 인슐린® (NPH®insulin;, Neutral Protamine Hagedorn insulin)	중간 작용성 인슐린	지속적 혈당 강하	티아지드계 이뇨제와 병용 시 혈당 상승
렌테 인슐린 (Lente insulin)	벳슐린® (Vetsulin®)		지속적 혈당 강하	코르티코스테로이드와 병용 시 인슐린 요구량 증가
프로타민 아연 인슐린 (Protamine Zinc Insulin(PZI))	프로징크® (ProZinc®)	장기 작용성 인슐린	장시간 혈당 강하	MAO 억제제와 병용 시 저혈당 위험
인슐린 글라진 (Insulin glargine)	란투스® (Lantus®)		매우 장시간 혈당 강하	ACE 억제제와 병용 시 저혈당 위험

글리피자이드 (Glipizide)	글루쿠트롤® (Glucotrol®)	저혈당제	혈당 강하	살리실산과 병용 시 저혈당 위험
메트포르민 (Metformin)	글루코파지® (Glucophage®)		혈당 강하, 인슐린 감수성 증가	요오드화 조영제와 병용 시 신독성 위험
디아족시드 (Diazoxide)	프로글리셈® (Proglycem®)	고혈당제	혈당 상승	티아지드계 이뇨제와 병용 시 고혈당 효과 증가
옥트레오티드 (Octreotide)	산도스타틴® (Sandostatin®)		혈당 상승, 종양 성장 억제	시클로스포린과 병용 시 시클로스포린 흡수 감소

2 갑상선 기능 이상과 치료에 사용되는 약물

갑상선은 포유류의 내분비계에서 중요한 역할을 담당하는 기관으로, 개와 고양이를 포함한 반려동물의 대사 조절에 핵심적인 기능을 수행한다. 목 앞쪽에 위치한 나비 모양의 기관으로 요오드를 이용하여 티록신(T_4)과 트리요오드티로닌(T_3)이라는 두 가지 주요 호르몬을 생성한다. 이 호르몬들은 체내 거의 모든 세포의 대사 속도를 조절하며, 성장과 발달, 체온 유지, 심박수 조절 등 다양한 생리학적 과정에 관여한다. 주로 생성되는 티록신(T_4)은 체내에서 활성형인 트리요오도티로닌(T_3)으로 전환된다. T_4는 전체 갑상선 호르몬 분비량의 약 80%를 차지하며, T_3는 20% 정도를 차지한다. T_4는 주로 간, 신장, 근육 등의 말초 조직에서 탈요오드화 효소(deiodinase)에 의해 T_3로 전환되는데, 제1형(D1)과 제2형(D2) 탈요오드화 효소가 이 과정의 주요 효소로 작용한다. 갑상선 호르몬은 기초 대사율을 증가시키고 열 생성을 촉진하며, 특히 신경계와 골격계 발달에 중요한 역할을 한다. 또한 심박수와 심장 수축력에 영향을 미치고, 콜레스테롤 대사를 조절하며, 단백질 합성과 분해를 촉진한다.

그림 11-4 갑상선 및 분비 호르몬

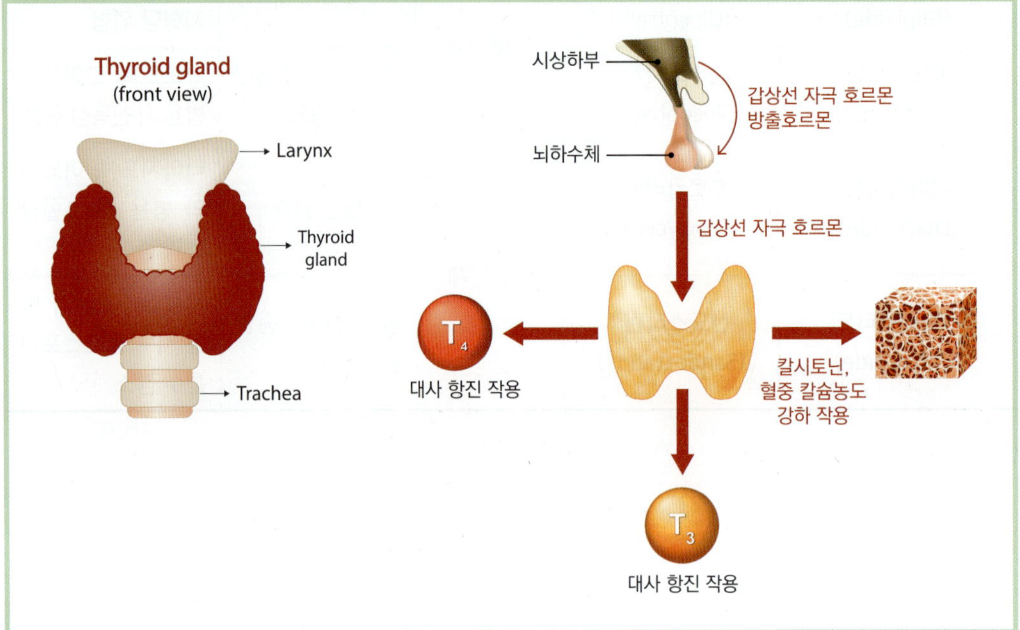

갑상선 기능의 이상은 크게 두 가지 형태, 즉, 갑상선 호르몬이 과다 분비되는 갑상선기능항진증과 호르몬 분비가 부족한 갑상선기능저하증으로 나타날 수 있다. 대표적인 반려동물인 개와 고양이는 이 질환들의 발생 양상에서 차이를 보인다. 개에서는 주로 갑상선기능저하증이 문제가 되는 반면, 고양이에서는 갑상선기능항진증이 더 흔하게 발생한다. 갑상선기능항진증은 갑상선에서 과도한 양의 T_4와 T_3가 생성되어 혈중 농도가 증가하는 상태이다. 고양이에서는 대부분 양성 갑상선 선종 또는 선종성 과형성에 의해 발생하며, 개에서는 드물게 갑상선 암종에 의해 유발된다. 주요 임상 증상으로는 체중 감소(식욕 증가에도 불구하고), 다음, 다뇨, 과다활동, 불안, 공격성 증가, 구토, 설사, 빈맥, 심장 비대, 털 빠짐, 피모 상태 불량 등이 있다.

반면 갑상선기능저하증은 갑상선에서 충분한 양의 갑상선 호르몬이 생성되지 않아 혈중 농도가 감소하는 상태이다. 개에서는 주로 림프구성 갑상선염(자가면역성) 또는 특발성 갑상선 위축에 의해 발생하며, 고양이에서는 매우 드물게 갑상선기능항진증 치료 후 발생한다. 주요 임상 증상으로는 체중 증가(식욕 감소에도 불구하고), 무기력, 운동 불내성, 피모 변화(털 빠짐, 건조하고 윤기 없는 털), 추위 민감성, 심박수 감소, 서맥, 인지 기능 저하, 정신 둔화, 생식 기능 장애 등이 있다. 갑상선 질환의 진단은 주로 임상 증상, 신체 검사, 그리고 혈액 검사를 통한 갑상선 호르몬 수치 측정을 통해 이루어진다. 치료 방법은 질환의 유형과 심각도에 따라 다양하게 적용될 수 있다. 갑상선기능저하증의 경우 주로 호르몬 대체 요법이 사용되며, 갑상선기능항진증에 대해서는 항갑상선 약물, 방사성 요오드 치료, 또는 수술적 제거 등의 방법이 고려된다.

① 메티마졸(Methimazole): 갑상선 과산화효소(TPO)를 억제하여 갑상선 호르몬의 합성을 저해한다. 갑상선 호르몬 생성을 감소시켜 고양이의 갑상선기능항진증 치료에 사용된다. 대표적 약물제형으로 티마졸®(Thiamazole®)이 있다. 구토, 식욕부진, 무과립구증, 혈소판감소증, 간독성 등의 이상반응을 유발할 수 있다.

② 카비마졸(Carbimazole): 체내에서 메티마졸로 전환되어 갑상선 과산화효소(TPO)를 억제한다. 갑상선 호르몬 생성이 감소되며 고양이의 갑상선기능항진증 치료에 사용된다. 대표적 약물제형은 비달타®(Vidalta®)이며, 구토, 식욕부진, 메티마졸보다 드문 무과립구증이 발생될 수 있다.

③ 방사성 요오드(Radioactive Iodine): 갑상선 조직 파괴를 통해 호르몬 생성을 억제한다. 갑상선 기능 저하를 유도하여 고양이의 갑상선기능항진증 치료, 갑상선 선종 치료에 사용된다. 일시적인 갑상선기능저하증, 방사선 갑상선염이 유발될 수 있으며, 대표적 약물제형으로 요오드화나트륨액(I-131®)이 있다.

④ 프로프라놀롤(Propranolol): β 아드레날린 수용체를 차단하여 작용한다. 심계항진, 진전 등 갑상선 중독증 증상 완화를 기대할 수 있어 고양이 갑상선기능항진증의 증상 조절을 위해 사용된다. 서맥, 저혈압, 기관지 수축과 같은 이상반응이 있을 수 있으며, 대표적 약물제형으로 인데랄®(Inderal®)이 있다.

⑤ 레보티록신(Levothyroxine): 합성 T_4 호르몬으로 체내에서 T_3로 전환되어 작용한다. 갑상선 호르몬을 대체하여 대사를 증진시킨다. 개, 고양이의 갑상선기능저하증 치료에 사용되며, 대표적 약물제형으로 레보티록신정(Thyro-Tabs®)이 있다. 과량 투여 시 갑상선중독증 증상(체중 감소, 빈맥, 다음, 다뇨 등)을 유발할 수 있다.

⑥ 리오티로닌(Liothyronine): 합성 T_3 호르몬으로 체내에서 직접적인 갑상선 호르몬으로 작용한다. 빠른 작용 발현의 갑상선 호르몬 대체제로 T_4에서 T_3로의 전환이 저하된

갑상선기능저하증 환자의 치료에 사용된다. 레보티록신보다 갑상선중독증 위험이 높다. 대표적 약물제형으로 인의용으로 사용되는 트리오드정(Cytomel®)이 있다.

⑦ **갑상선자극호르몬(Thyroid Stimulating Hormone, TSH)**: 갑상선을 직접 자극하여 T_4와 T_3 분비를 촉진시킨다. 내인성 갑상선 호르몬의 생성을 자극하는 약리효과로 갑상선기능저하증 진단 및 치료 모니터링에 사용된다. 알레르기 반응이 유발될 수 있으며, 대표적 약물제형으로 타이로젠주(Thyrogen® powder)가 있다.

3 부갑상선 기능 이상과 치료에 사용되는 약물

부갑상선은 갑상선의 후면에 위치한 작은 기관으로 칼슘 항상성 유지에 핵심적인 역할을 담당한다. 개와 고양이를 포함한 포유류에서 일반적으로 4개의 부갑상선 샘이 존재하며, 주로 부갑상선 호르몬(PTH)을 분비한다. PTH는 혈중 칼슘 농도를 조절하는 주요 호르몬으로 혈중 칼슘 농도 조절, 골 대사 조절, 신장에서의 칼슘 재흡수 증가, 그리고 비타민 D 활성화에 관여한다. PTH는 혈중 칼슘 농도가 낮아지면 분비가 증가하여 칼슘 수치를 정상화한다. PTH는 골 흡수를 촉진하여 칼슘을 혈중으로 방출하고, 신장에서 칼슘의 재흡수를 촉진하며 인산의 배출을 증가시킨다. PTH는 신장에서 비타민 D의 활성형인 칼시트리올 생성을 촉진한다.

그림 11-5 부갑상선 및 분비 호르몬

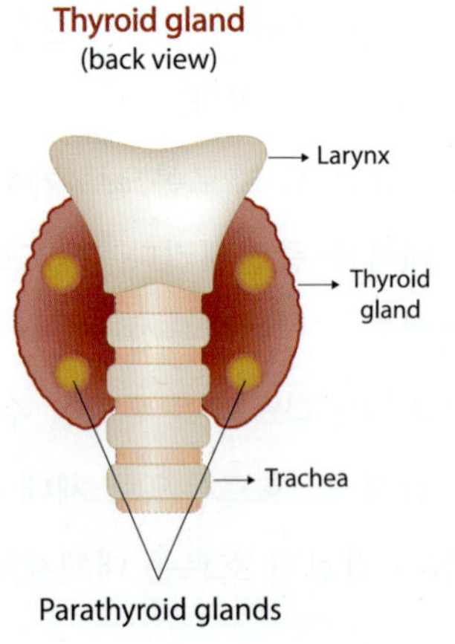

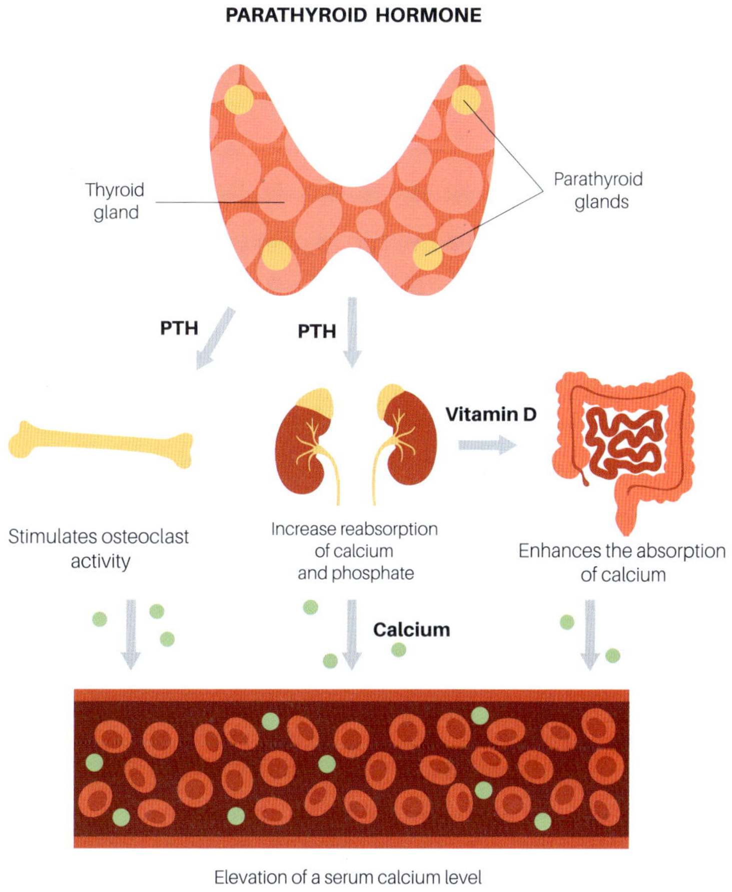

- PTH: parathyroidhormone, 부갑상선호르몬
  - 골: 파골세포 활성화
  - 신장: 칼슘 및 인 재흡수 증가
  - 위장관: 칼슘 흡수 증가

  → 혈중 칼슘 농도 증가

부갑상선 기능 이상은 부갑상선기능항진증과 부갑상선기능저하증으로 나타날 수 있다. 부갑상선기능항진증은 PTH가 과다 분비되어 혈중 칼슘 농도가 비정상적으로 높아지는 상태이며, 부갑상선기능저하증은 PTH 분비가 부족하여 혈중 칼슘 농도가 낮아지는 상태이다.

이러한 부갑상선 질환의 진단은 임상 증상, 신체 검사, 그리고 혈액 검사를 통한 칼슘, 인, PTH 수치 측정을 통해 이루어진다. 치료 방법은 질환의 유형과 심각도에 따라 다양하게 적용될 수 있으며, 약물 요법, 수술적 제거, 또는 식이 조절 등이 포함될 수 있다. 부갑상선 기능 이상에 적용되는 수의학 약물은 주로 칼슘 항상성 조절과 관련되어 부갑상선기능항진증과 부갑상선기능저하증의 치료에 사용된다. 이러한 약물들은 칼슘, 인, 비타민 D 대사에 영향을 미치며, 골 대사와도 밀접한 관련이 있다. 주요 약물 계열로는 비스포스포네이트, 칼시토닌, 비타민 D 유사체, 칼슘 보충제 등이 있다.

① 파미드로네이트(Pamidronate): 비스포스포네이트(Bisphosphonates) 계열의 약물로 파골세포 활성을 억제하여 골 흡수 감소시켜 작용한다. 혈중 칼슘 농도를 감소시키고, 골 밀도를 증가시키는 약리효과를 통해 부갑상선기능항진증으로 인한 고칼슘혈증, 악성 종양 관련 고칼슘혈증 치료에 사용된다. 신독성, 급성기 반응(발열, 근육통), 저칼슘혈증 등의 이상반응이 있을 수 있으며, 대표적 약물제형으로 아레디아주®(Aredia®)가 있다.

② 졸레드로네이트(Zoledronate): 비스포스포네이트(Bisphosphonates) 계열의 약물로 강력한 파골세포 활성 억제 작용이 있다. 혈중 칼슘 농도를 감소시키고, 골 흡수를 억제하여 난치성 고칼슘혈증, 골다공증 치료에 사용된다. 대표적 약물제형으로 조메타주®(Zometa®)가 있으며, 이상반응으로 신독성, 턱뼈 괴사, 저칼슘혈증 등이 유발될 수 있다.

③ 살몬 칼시토닌(Salmon Calcitonin): 파골세포 활성을 억제하고, 신장에서의 칼슘 재흡수를 감소시키는 기전으로 작용한다. 혈중 칼슘 및 인의 농도를 감소시켜 부갑상선기능항진증, 고칼슘혈증 위기 치료에 사용된다. 대표적 약물제형으로 미아칼신주®(Miacalcin®)가 있으며, 이상반응으로 구토, 안면 홍조 등이 있다.

④ 칼시트리올(Calcitriol): 비타민 D 유사체로 장에서 칼슘 흡수 증가, 뼈에서 칼슘 동원을 촉진시킨다. 혈중 칼슘 농도를 증가시키는 약리효과를 통해 부갑상선기능저하증, 만성 신부전으로 인한 이차성 부갑상선기능항진증 치료에 사용된다. 이상반응으로 고칼슘혈증, 고인산혈증이 있을 수 있으며, 대표적 약물제형으로 로칼트롤연질캡슐(Rocaltrol®)이 있다.

⑤ 글루콘산 칼슘(Calcium Gluconate): 체내 직접적인 칼슘을 보충시키는 칼슘 보충제이다. 혈중 칼슘 농도를 증가시켜 급성 저칼슘혈증, 부갑상선기능저하증 치료에 사용된다. 대표적 약물제형으로 글루콘산칼슘주®(Calcium Gluconate 10%®)가 있으며, 빠른 주입 시 부정맥 또는 주사 부위 괴사가 유발될 수 있다.

성분명	상품명	주요작용		비고
메티마졸 **(Methimazole)**	티마졸® (Thiamazole®)	갑상선 기능항진증 치료	갑상선 호르몬 합성 억제	• NSAIDs와 병용 시 위장관 궤양 위험 • 와파린과 병용 시 항응고 작용 증가
카비마졸 **(Carbimazole)**	비달타® (Vidalta®)		• 체내에서 메티마졸로 전환 • 갑상선 호르몬 합성 억제	• 메티마졸보다 이상반응 적음 • 고양이에서 선호됨
방사성 요오드 **(Radioactive Iodine)**	요오드화나트륨액(I-131®)		갑상선 조직 파괴	• 단회 투여로 장기 효과 • 특수 시설 필요
프로프라놀롤 **(Propranolol)**	인데랄® (Inderal®)		심계항진, 진전 등 증상 완화	• 천식 환자에서 주의 • 급격한 중단 금지
레보티록신 **(Levothyroxine)**	레보티록신정® (Thyro-Tabs®)	갑상선 기능저하증 치료	• 갑상선 호르몬 대체 • 대사 증진	철분, 칼슘 보충제와 동시 복용 시 흡수 저하
리오티로닌 **(Liothyronine)**	드리오드정® (Cytomel®)		빠른 작용 발현의 갑상선 호르몬 대체	베타차단제와 병용 시 갑상선 호르몬 효과 감소
갑상선자극호르몬 **(TSH)**	타이로젠주® (Thyrogen® powder)		내인성 갑상선 호르몬 생성 자극	• 주로 진단 목적으로 사용 • 치료용으로는 제한적
파미드로네이트 **(Pamidronate)**	아레디아주® (Aredia®)	부갑상선 기능항진증 치료	• 파골세포 활성 억제 • 혈중 칼슘 농도 감소	NSAIDs와 병용 시 위장관 이상반응 위험
졸레드로네이트 **(Zoledronate)**	조메타주® (Zometa®)		• 강력한 파골세포 활성 억제 • 골 흡수 억제	• 신기능 모니터링 필요 • 칼슘 보충제와 동시 복용 피해야 함
살몬 칼시토닌 **(Salmon Calcitonin)**	미아칼신주® (Miacalcin®)		• 파골세포 활성 억제 • 혈중 칼슘 및 인 농도 감소	• 비스포스포네이트와 병용 시 상승효과 가능 • 알레르기 반응 주의

칼시트리올 (Calcitriol)	로칼트롤연질캡슐(Rocaltrol®)	부갑상선 기능 저하증 치료	• 장에서의 칼슘 흡수 증가 • 뼈에서의 칼슘 동원 촉진	• 고칼슘혈증 주의 • 티아지드계 이뇨제와 병용 시 고칼슘혈증 위험
글루콘산 칼슘 (Calcium Gluconate)	글루콘산칼슘주® (Calcium Gluconate 10%®)		직접적인 칼슘 보충	• 디곡신과 병용 시 부정맥 위험 • 빠른 주입 시 심장 이상반응 주의

4 부신피질 기능 이상과 치료에 사용되는 약물

부신피질은 부신의 외층을 구성하는 중요한 내분비 조직으로, 해부학적으로 세 개의 구별되는 층으로 구성되어 있다. 가장 바깥쪽에 위치한 구상대(zona glomerulosa)는 공 모양으로 배열된 세포들로 구성되어 있으며, 주로 무기질코르티코이드인 알도스테론을 분비한다. 중간에 위치한 가장 두꺼운 층인 속상대(zona fasciculata)는 세포들이 직선 또는 기둥 모양으로 배열되어 있고, 주로 당질코르티코이드인 코르티솔을 분비한다. 가장 안쪽에 위치한 망상대(zona reticularis)는 불규칙한 그물망 모양으로 세포들이 배열되어 있으며, 안드로겐을 분비한다. 각 층에서 분비되는 주요 호르몬들은 중요한 생리학적 기능을 수행한다. 알도스테론은 신장에서 나트륨 재흡수와 칼륨 배출을 조절하며, 체액량과 혈압 유지에 중요한 역할을 한다. 이는 레닌-안지오텐신-알도스테론 시스템(RAAS)에 의해 조절된다. 코르티솔은 스트레스 반응을 조절하고, 혈당 수준을 유지하며, 지방, 단백질, 탄수화물 대사를 조절한다. 또한 염증 반응을 억제하고 면역 기능을 조절하는데, 이는 시상하부-뇌하수체-부신 축(HPA axis)에 의해 조절된다. 안드로겐은 성적 특징 발달에 기여하고 근육량과 골밀도 유지에 도움을 주며, 지방 분포에 영향을 미친다. 이러한 호르몬들은 콜레스테롤을 전구체로 하여 합성되며, 각 층의 특정 효소 시스템에 의해 생성된다. 부신피질 호르몬의 분비는 복잡한 피드백 기전과 다양한 생리적 자극에 의해 정밀하게 조절된다. 이러한 호르몬들의 균형은 체내 항상성 유지에 필수적이며, 이 균형이 깨질 경우 다양한 내분비 질환이 발생할 수 있다.

그림 11-6 부신피질의 해부학적 구조

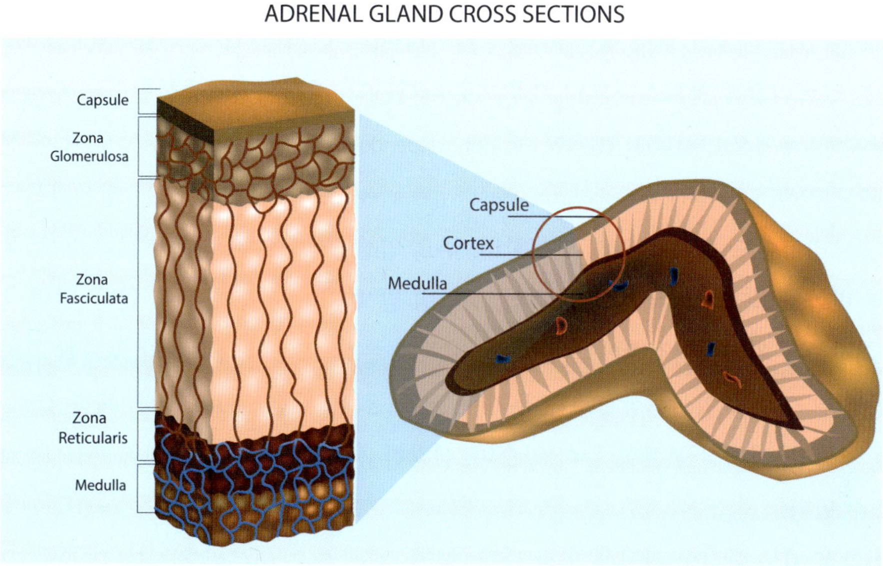

그림 11-7 부신피질 호르몬

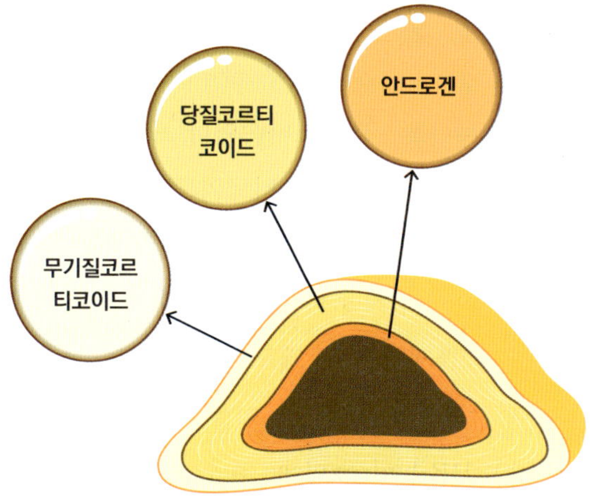

부신피질 기능 이상은 개와 고양이를 포함한 반려동물에서 자주 발생하는 내분비 질환이다. 부신피질의 기능 이상은 크게 두 가지 형태로 나타난다. 부신피질기능항진증(Cushing's syndrome)은 코르티솔의 과다 분비로 특징지어지며, 부신피질기능저하증(애디슨병, Addison's disease)은 코르티솔과 알도스테론의 부족으로 나타난다. 부신피질기능항진증은 주로 뇌하수체 종양(뇌하수체 의존성 부신피질기능항진, Pituitary-dependent hyperadrenocorticism, PDH), 부신 종양(부신 의존성 부신피질기능항진, Adrenal-dependent hyperadrenocorticism, ADH) 또는 장기간의 외인성 글루코코르티코이드 투여로 인해 발생한다. 주요 임상증상으로는 다음, 다뇨, 다식, 복부 팽만, 피부 변화, 근육 약화, 무기력, 고혈압, 당뇨병 발생 가능성 증가 등이 있다. 반면, 부신피질기능저하증은 자가면역질환에 의한 부신 자체의 손상 또는 뇌하수체의 ACTH 분비 부족으로 발생한다. 주요 임상증상으로는 무기력, 우울, 식욕 부진, 구토, 설사, 체중 감소, 탈수, 저혈압, 저혈당, 전해질 불균형 등이 있으며, 심각한 경우 쇼크(애디슨 위기, Aaddisonian crisis)로 진행될 수 있다.

부신피질 기능 이상의 진단은 임상 증상, 혈액 검사, 특수 내분비 검사(ACTH 자극 검사, 저용량 덱사메타손 억제 검사 등)를 통해 이루어진다. 치료는 원인에 따라 다르며, 약물 치료, 수술, 또는 둘의 조합으로 이루어질 수 있다. 부신피질기능항진증의 치료에는 주로 트릴로스탄이나 미토탄과 같은 약물이 사용된다. 트릴로스탄은 3β-hydroxysteroid dehydrogenase 억제제로, 코르티솔 합성을 억제한다. 미토탄은 부신피질 세포를 선택적으로 파괴하여 코르티솔 생성을 감소시킨다. 부신피질기능저하증의 경우 글루코코르티코이드와 미네랄코르티코이드 보충 요법이 필요하다. 일반적으로 프레드니손이나 프레드니솔론과 같은 글루코코르티코이드와 플루드로코르티손과 같은 미네랄코르티코이드가 사용된다.

① 케토코나졸(Ketoconazole): 스테로이드 합성 효소 억제를 통해 코르티솔 생성을 감소시킨다. 코르티솔 분비를 억제함으로써 개의 뇌하수체 의존성 부신피질기능항진증 치료에 사용된다. 대표적 약물제형으로 케토코나졸정®(Ketoconazole-Tabs®)이 있으며, 구토, 식욕부진과 드물게 간독성을 유발하는 이상반응이 있을 수 있다.

② 메티라폰(Metyrapone): 11β-hydroxylase 효소 억제를 통한 코르티솔 합성을 차단한다. 코르티솔 분비를 억제하여 고양이의 뇌하수체 의존성 부신피질기능항진증 치료에 사용된다. 대표적 약물제형으로 메토피론®(Metopirone®)이 있다. 구토, 식욕부진, 무기력 등을 유발할 수 있다.

③ 미토탄(Mitotane): 부신피질 세포를 선택적 파괴하여 작용한다. 코르티솔 생성을 억제하여 개의 뇌하수체 및 부신 의존성 부신피질기능항진증 치료에 사용된다. 대표적 약물제형으로 리소드렌®(Lysodren®)이 있으며, 구토, 식욕부진, 무기력, 부신기능저하증을 유발할 수 있다.

④ 셀레길린(Selegiline): 모노아민 산화효소 B(monoamine oxidase B, MAO-B) 억제를 통한 도파민 증가 기전으로 작용한다. 부신피질자극호르몬(ACTH) 분비를 억제함으로써 개의 뇌하수체 의존성 부신피질기능항진증 치료에 사용된다. 아니프릴®(Anipryl®)이 대표 약물제형이다. 이상반응으로 구토, 설사와 드물게 무기력 증상이 유발될 수 있다.

⑤ 트릴로스탄(Trilostane): 3β-hydroxysteroid dehydrogenase 효소 억제를 통한 코르티솔 합성 차단 기전으로 작용한다. 코르티솔 분비를 억제하여 개와 고양이의 뇌하수체 및 부신 의존성 부신피질기능항진증 치료에 사용된다. 대표적 약물제형으로 베토릴®(Vetoryl®)이 있다. 식욕부진, 구토, 설사, 무기력 등의 이상반응이 있을 수 있다.

⑥ 데옥시코르티코스테론 피발레이트(Desoxycorticosterone pivalate, DOCP): 무기질코르티코이드 수용체에 결합하여 나트륨 재흡수를 증가시키고, 칼륨 배출을 촉진한다. 전해질 균형을 조절하고, 체액량을 유지하는 기능으로 개의 원발성 부신피질기능저하증 치료에 사용된다. 대표적 약물제형으로 자이코탈®(Zycortal®)이 있으며, 다음, 다뇨와 같은 이상반응이 있을 수 있다.

⑦ 플루드로코르티손(Fludrocortisone): 무기질코르티코이드와 약한 당질코르티코이드 작용이 있다. 전해질 균형을 조절하고 약한 항염증 효과를 기대할 수 있어 개, 고양이의 부신피질기능저하증 치료에 사용된다. 대표적 약물제형으로 플로리네프®(Florinef®)가 있다. 다음, 다뇨 또는 체중 증가와 같은 이상반응이 있을 수 있다.

⑧ 덱사메타손(Dexamethasone): 당질코르티코이드 수용체에 결합하여 강력한 항염증 효과와 면역억제 작용이 있다. 강력한 항염증, 면역억제의 약리효과로 부신피질기능저하증의 급성 위기 치료에 사용된다. 아지움®(Azium®), 덱사젝트®(DexaJect®)와 같은 대표 약물제형이 있다. 면역억제, 위장관 궤양, 근육 소실과 같은 이상반응이 유발될 수 있다.

⑨ 프레드니손/프레드니솔론(Prednisone/Prednisolone): 당질코르티코이드 수용체에 결합하여 항염증 효과 및 면역조절 작용을 한다. 중등도의 항염증, 면역조절 약리효과

를 기반으로 부신피질기능저하증의 만성 관리에 사용된다. 대표적 약물제형으로 델타손®(Deltasone®)이 있다. 다음, 다뇨, 다식 또는 체중 증가와 같은 이상반응이 있을 수 있다.

성분명	상품명	주요작용		비고
케토코나졸 (Ketoconazole)	케토코나졸정® (Ketoconazole-Tabs®)	부신피질 기능항진증 치료	코르티솔 분비 억제	• CYP3A4 억제로 인한 다양한 약물 상호작용 가능 • 간기능 검사 필요
메티라폰 (Metyrapone)	메토피론® (Metopirone®)		코르티솔 분비 억제	• 부신피질 호르몬 대체요법과 병용 시 용량 조절 필요 • 전해질 불균형 검사 필요
미토탄 (Mitotane)	리소드렌® (Lysodren®)		• 부신피질 세포 파괴 • 코르티솔 생성 억제	• 글루코코르티코이드와 병용 필수 • 부신위기 위험으로 정기적 ACTH 자극 검사 필요
셀레길린 (Selegiline)	아니프릴® (Anipryl®)		ACTH 분비 억제	• MAO 억제로 인한 약물 상호작용 주의 • 세로토닌 증후군 위험
트릴로스탄 (Trilostane)	베토릴® (Vetoryl®)		코르티솔 합성 차단	• 정기적인 ACTH 자극 검사로 용량 조절 필요 • 부신위기(애디슨 위기) 위험
데옥시코르티코스테론 피발레이트 (DOCP)	자이코탈® (Zycortal®)	부신피질 기능저하증 치료	• 전해질 균형 조절 • 체액량 유지	• 정기적인 전해질 검사 필요 • 글루코코르티코이드와 병용 필수
플루드로코르티손 (Fludrocortisone)	플로리네프® (Florinef®)		• 전해질 균형 조절 • 약한 항염증 효과	• 고혈압, 부종 발생 가능 • 전해질 및 혈압 검사 필요
덱사메타손 (Dexamethasone)	아지움®(Azium®), 덱사젝트® (DexaJect®)		강력한 항염증, 면역억제	• NSAIDs와 병용 시 위장관 궤양 위험 증가 • 당뇨병 환자에서 혈당 상승

프레드니손/ 프레드니솔론 (Prednisone/ Prednisolone)	델타손® (Deltasone®)	부신피질 기능저하 증 치료	중등도 항염증, 면역조절	• 장기 사용 시 쿠싱증후군 유발 가능 • 점진적 감량 필요

5 뇌하수체 기능 이상과 치료에 사용되는 약물

뇌하수체는 포유류의 내분비계에서 중추적인 역할을 담당하는 기관으로 시상하부 아래에 위치한다. 다양한 호르몬을 분비하여 체내의 여러 생리학적 과정을 조절하는데, 전엽에서는 성장호르몬(GH), 부신피질자극호르몬(ACTH), 갑상선자극호르몬(TSH), 황체형성호르몬(LH), 난포자극호르몬(FSH), 프로락틴 등이 분비되며, 후엽에서는 항이뇨호르몬(ADH)과 옥시토신이 분비된다.

그림 11-8 뇌하수체 및 분비 호르몬

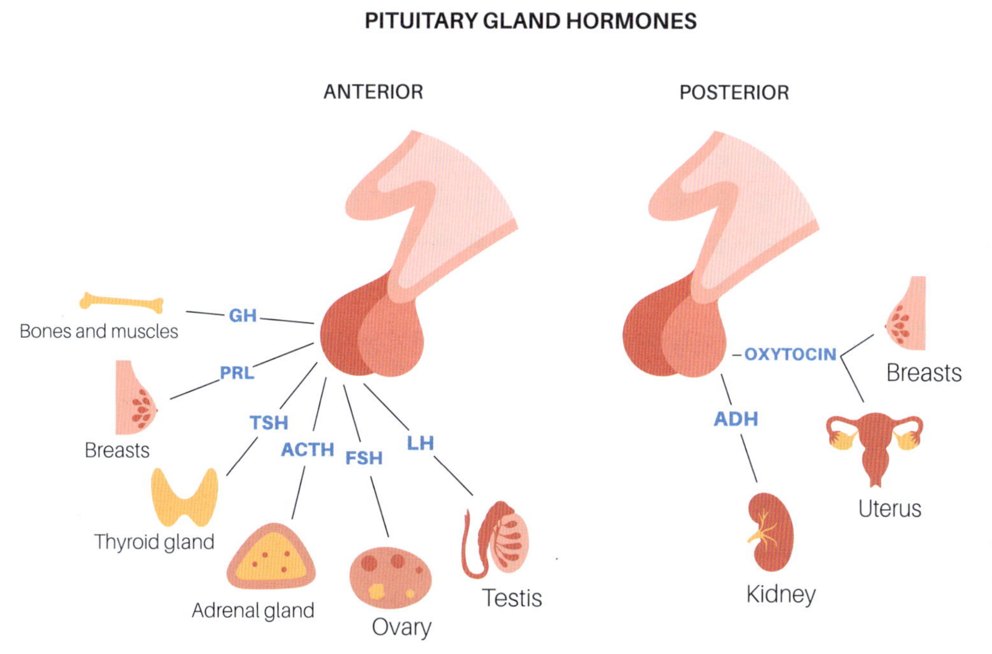

TIP 뇌하수체(Pituitary gland) 분비 호르몬 및 기능

- **뇌하수체 전엽(Anterior pituitary gland)**
  - Growth hormone (GH, 성장호르몬; somatotropin (STH)): 신체의 골격과 발육을 성장시키며, 분만을 하면 모유 생산을 자극하기도 함
  - Thyroid-stimulating hormone (TSH, thyrotropin, 갑상샘자극호르몬): 갑상선 성장을 자극하고 갑상선 호르몬인 티록신을 분비
  - Adrenocorticotropic hormone (ACTH, adrenocorticotropin, 부신피질자극호르몬): 신장 위쪽의 부신에서 부신피질호르몬 분비를 조절
  - Follicle-stimulating hormone (FSH, 난포자극호르몬): 생식샘을 자극하여 여성호르몬인 에스트로겐을 분비하고 난자와 정자가 자라는 것을 도움
  - Luteinizing hormone (LH, 황체형성호르몬): 성호르몬인 에스트로겐, 프로게스틴, 테스토스테론 분비를 자극
  - Gonadotropic hormone(생식샘자극호르몬): 생식샘에 작용하여 성호르몬의 분비를 촉진
  - Prolactin (PRL, 젖분비호르몬): 유방을 발달시키고 젖을 만들고 분비
- **뇌하수체 후엽(Posterior pituitary gland)**
  - Antidiuretic hormone (ADH, 항이뇨호르몬; vasopressin): 세뇨관에서 물이 재흡수되도록 자극함
  - Oxytocin (OT): 분만 시 자궁 수축을 자극하고 유선으로부터 젖이 분비되도록 함

뇌하수체 기능이상은 크게 전엽과 후엽의 문제로 나눌 수 있다. 전엽 기능이상으로는 쿠싱병, 말단비대증, 갑상선기능저하증, 성선기능저하증 등이 있다. 쿠싱병은 ACTH의 과다 분비로 인한 부신피질기능항진증으로, 체중 증가, 다음, 다뇨, 근육 위축, 피부 변화 등의 증상이 나타난다. 말단비대증은 GH의 과다 분비로 인해 연조직과 골격의 비정상적 성장을 특징으로 하며, 얼굴 변형, 관절 비대, 내장 비대 등이 관찰된다. 갑상선기능저하증은 TSH 분비 부족으로 인한 갑상선 기능 저하로 나타나며, 성선기능저하증은 LH와 FSH 분비 부족으로 인한 생식 기능 저하를 초래한다.

후엽 기능이상으로는 요붕증이 대표적이며, 이는 항이뇨호르몬 분비 부족으로 인해 발생한다. 이로 인해 다음, 다뇨 등의 증상이 나타날 수 있다. 또한, 옥시토신 분비 이상은 분만 및 수유와 관련된 문제를 유발할 수 있다. 뇌하수체 질환은 주로 뇌하수체 종양, 염증, 외상, 또는 자가면역 반응 등으로 인한 뇌하수체 조직의 손상이나 기능 이상과 관련이 있다. 진단은 임상 증상, 혈액 검사, 내분비 기능 검사, 영상 진단 등을 통해 이루어진다. 치료는 원인과 증상에 따라 다양하게 접근한다. 약물 치료의 경우, 호르몬 대체요법이 주로 사용되며, 과다

분비되는 호르몬을 억제하는 약물도 사용된다. 예를 들어, 쿠싱병 치료에는 케토코나졸, 미토탄 등이 사용되고, 말단비대증에는 소마토스타틴 유사체인 옥트레오타이드가 사용된다. 갑상선기능저하증에는 레보티록신이, 성선기능저하증에는 성호르몬 대체요법이 적용된다. 또한, 도파민 작용제인 브로모크립틴이나 카베르골린이 프로락틴 분비 억제에 사용될 수 있다. 뇌하수체에서 분비되는 호르몬과 관련된 호르몬제의 종류와 작용은 다음과 같다.

① 소마트로핀(Somatropin): 성장호르몬 수용체에 결합하여 IGF-1 생성을 촉진한다. 성장 촉진, 단백질 합성 증가, 지방 분해 촉진의 약리효과로 개와 고양이의 성장호르몬 결핍증 치료에 사용된다. 대표적 약물제형으로 지노트로핀®(Genotropin®)이 있으며, 이상반응으로 당뇨병 유발 가능성이 있다.

② 티로트로핀 알파(Thyrotropin alfa): 갑상선 세포의 갑상샘자극호르몬(TSH, Thyrotropin) 수용체를 활성화시켜 작용한다. 갑상선 호르몬 생성과 분비를 자극하는 약리효과를 통해 개의 갑상선기능저하증 진단, 갑상선암 치료 후 모니터링에 사용된다. 대표적 약물제형으로 타이로젠®(Thyrogen®)이 있다. 알레르기 반응, 구토와 같은 이상반응이 있을 수 있으며 드물게 설사를 유발한다.

③ 코신트로핀(Cosyntropin): 부신피질 세포의 부신피질자극호르몬(ACTH, Adrenocorticotropin) 수용체를 활성화시킨다. 코르티솔 및 기타 스테로이드 호르몬 생성을 자극하여 개와 고양이의 부신피질기능저하증 진단, 쿠싱증후군 감별진단에 사용된다. 대표적 약물제형으로 코르트로신®(Cortrosyn®)이 있으며, 드물지만 알레르기 반응을 유발할 수 있다.

④ 브로모크립틴(Bromocriptine): 도파민 수용체 작용제로 프로락틴 분비를 억제시킨다. 유선 발달 및 유즙 분비를 억제시킨다. 개, 고양이의 가유즙 분비, 프로락틴 분비 종양에 사용되며, 대표적 약물제형으로 팔로델®(Parlodel®)이 있다. 구토, 식욕부진, 우울증과 같은 이상반응이 있을 수 있다.

⑤ 데스모프레신(Desmopressin): V2 바소프레신(항이뇨호르몬) 수용체 작용제로 신장에서 수분 재흡수 증가, 요량 감소의 약리효과가 있다. 개, 고양이의 중추성 요붕증, 야뇨증 치료에 사용되며, 미니린®, 미니레신®(DDAVP®)과 같은 대표 약물제형이 있다. 수분 저류 또는 과량 투여 시 저나트륨혈증을 유발할 수 있다.

⑥ 옥시토신(Oxytocin): 옥시토신 수용체를 활성화 시켜 자궁 수축 및 유즙 분비를 촉진시킨다. 개와 고양이의 난산, 태반 정체의 치료, 유즙 분비를 유도하기 위해 사용된다.

과량 투여 시 자궁이 파열되는 심각한 이상반응을 유발할 수 있다. 대표적 약물제형으로 옥시토신®(Oxytocin-S10®)이 있다.

성분명	상품명	주요작용	비고
소마트로핀 (Somatropin)	지노트로핀® (Genotropin®)	성장 촉진, 단백질 합성 증가, 소에서 우유 생산 증가	당뇨병 환자에서 인슐린 요구량 증가, 갑상선 기능 모니터링 필요
티로트로핀 알파 (Thyrotropin alfa)	타이로젠® (Thyrogen®)	성장 촉진, 단백질 합성 증가, 개 갑상선 기능 검사	갑상선 호르몬제와 병용 시 갑상선 기능 항진 위험
코신트로핀 (Cosyntropin)	코르트로신® (Cortrosyn®)	코르티솔 및 기타 스테로이드 호르몬 생성 자극, 개, 고양이의 부신기능 검사	• 쿠싱 증후군 환자에서 사용 주의 • 전해질 불균형 모니터링 필요
브로모크립틴 (Bromocriptine)	팔로델® (Parlodel®)	프로락틴 분비 억제, 개, 고양이의 가유증 치료	MAO 억제제와 병용 금기
데스모프레신 (Desmopressin)	미니린®, 미니레신® (DDAVP®)	신장의 수분 재흡수 증가, 요량 감소, 개, 고양이의 중추성 요붕증 치료	• 저나트륨혈증 위험 • 이뇨제와 병용 시 주의 필요
옥시토신 (Oxytocin)	옥시토신® (Oxytocin-S10®)	자궁 수축, 분만 촉진(소, 말, 돼지, 양 등), 유즙 분비 촉진	프로스타글란딘과 병용 시 자궁 과자극 위험

Ⅲ 생식 관련 호르몬제

동물의 발정주기(estrus cycle)는 포유류 암컷의 생식 생리를 특징짓는 내분비 과정이다. 이 주기는 시상하부-뇌하수체-생식샘 축(hypothalamic-pituitary-gonadal axis)의 상호작용에 의해 조절된다. 발정주기에 관여하는 호르몬으로는 시상하부에서 분비되는 성선자극호르몬 방출호르몬(GnRH), 뇌하수체 전엽에서 분비되는 난포자극호르몬(FSH)과 황체형성호르몬(LH), 그리고 난소에서 분비되는 에스트로겐과 프로게스테론이 있다. 발정주기는 동물 종에 따라 다양한 패턴을 보이지만, 일반적으로 발정전기(proestrus), 발정기(estrus), 발정후기(metestrus), 발정

사이기(diestrus), 그리고 휴지기(anestrus)로 구분된다. 발정전기에는 FSH의 작용으로 난포가 성장하며 에스트로겐 분비가 증가한다. 발정기에는 에스트로겐 농도가 최고조에 달하여 암컷의 행동적 발정 징후가 나타나고, LH surge에 의해 배란이 일어난다. 발정후기에는 배란 후 형성된 황체에서 프로게스테론 분비가 시작된다. 발정사이기는 황체가 완전히 발달하여 프로게스테론 분비가 최고조에 이르는 시기로 자궁을 임신에 적합한 상태로 유지한다. 임신이 되지 않으면 황체가 퇴행하고 프로게스테론 농도가 감소하면서 휴지기로 진입한다. 발정주기는 난포에 의해 생성된 에스트로겐과 황체에 의해 만들어진 프로게스테론의 영향을 받기 때문에 난포기(follicular phase)와 황체기(luteal phase)로 나누기도 한다. 이러한 주기는 생식계 피드백 메커니즘에 의해 조절된다. 에스트로겐은 낮은 농도에서는 GnRH와 LH 분비를 억제하는 음성 피드백을 하지만 고농도에서는 오히려 LH 분비를 자극하는 양성 피드백을 통해 배란을 유도한다. 프로게스테론은 주로 음성 피드백을 통해 GnRH와 성선자극호르몬의 분비를 억제한다. 이러한 피드백 시스템은 주기의 각 단계를 정확히 조절하여 번식의 효율성을 최적화한다.

그림 11-9 시상하부-뇌하수체-생식샘 축에 의한 생식계 조절

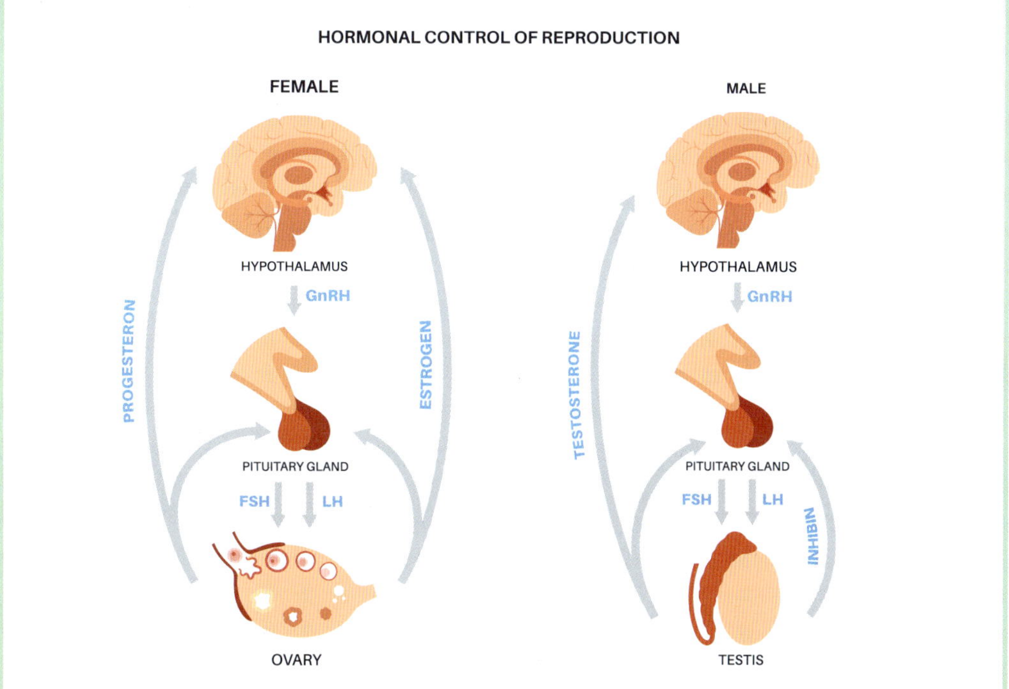

발정주기의 특성과 지속 시간은 동물 종에 따라 크게 다르다. 예를 들어, 개는 일 년에 1-2회의 발정주기를 가지는 단발정 동물이며, 소와 돼지는 연중 주기적으로 발정이 나타나는 다발정 동물이다. 반면 말은 계절성 다발정 동물로 특정 계절에만 발정주기를 보인다. 이러한 발정주기의 이해는 번식 관리, 불임 치료, 또는 번식 관련 질병의 진단과 치료에 필수적이며, 효과적인 동물 번식 관리의 기초가 된다. 호르몬 요법을 통한 발정 동기화, 인공수정의 타이밍 조절, 그리고 번식 장애의 치료 등 다양한 임상적 응용이 이루어지고 있다.

1 생식샘자극호르몬 및 관련 약물(호르몬제)

① 고나도렐린(Gonadorelin): 뇌하수체에서 LH, FSH 분비를 자극한다. 난소낭종 치료, 배란 유도를 통한 무배란증 및 발정 동기화에 사용된다. 대표적 약물제형으로 시스토렐린®(Cystorelin®)이 있다. 경미하게 과민반응을 유발할 수 있고, 드물지만 주사 부위 염증을 유발할 수 있다.

② 융모생식샘자극호르몬(hCG): LH와 유사한 작용으로 난소와 고환을 자극한다. 난소낭종 치료, 배란 유도 및 황체 형성 촉진, 잠복고환 치료에 사용된다. 코루론®(Chorulon®), 폴루틴®(Follutein®)과 같은 대표 약물제형이 있으며, 다태임신 위험 가능성이 있을 수 있다.

③ 난포자극호르몬(FSH): 난포 발달과 정자 생성을 촉진한다. 과배란을 유도하거나 체외수정 시 난포를 자극하기 위해 사용된다. 대표적 약물제형으로 폴리트로핀 알파®(Folltropin-α®)가 있다. 난소과자극증후군 또는 다태임신 위험 가능성이 있을 수 있다.

2 성 스테로이드 호르몬

① 에스트로겐(Estrogen): 에스트로겐 수용체에 결합하여 생식기관을 발달시키고, 기능을 유지한다. 발정 유도, 자궁 수축력 증가, 유선 발달 촉진의 약리효과를 기반으로 발정 유도, 태반 정체 치료에 사용된다. 에스트라디올 발레레이트®(Estradiol valerate®)와 같은 대표 약물제형이 있으며, 유선 발달이 촉진되고 자궁내막염 위험이 증가하는 이상반응이 있을 수 있다.

② 프로게스테론(Progesterone): 프로게스테론 수용체를 활성화 시킨다. 임신 유지, 자궁내막 발달의 약리효과를 통해 발정 억제, 임신 유지, 황체 기능부전 치료에 사용된다. 프롤루텍스®(Prolutex®)와 같은 대표 약물제형이 있다. 자궁축농증 위험과 유선이 증식되는 이상반응이 있을 수 있다.

③ 알트레노게스트(Altrenogest): 프로게스테론 수용체 부분 작용제이다. 임신 유지, 황체기 연장을 목적으로 발정 동기화, 임신 유지를 위해 사용된다. 자궁이 이완되는 이상반응이 있을 수 있으며, 대표적 약물제형으로 레규메이트®(Regu-Mate®)가 있다.

3 프로스타글란딘 $F_{2\alpha}$ 및 유사체

① 디노프로스트 트로메타민(Dinoprost tromethamine): 자연 $PGF_{2\alpha}$로서 황체를 용해시킨다. 황체 퇴행 촉진, 자궁 수축 유도의 약리효과를 통해 발정을 동기화 시키고, 난소낭종 치료, 유도 분만을 위해 사용된다. 루타라이스®(Lutalyse®), 프로스타메이트®(ProstaMate®)와 같은 대표 약물제형이 있으며, 일시적인 체온 상승 또는 유량이 감소하는 이상반응을 유발할 수 있다.

② 클로프로스테놀(Cloprostenol): 합성 $PGF_{2\alpha}$ 유사체로 황체를 용해시킨다. 황체 퇴행 촉진, 자궁 수축 유도의 약리효과로 발정 동기화, 난소낭종 치료에 사용된다. 대표적 약물제형은 에스트루메이트®(Estrumate®)이다. 일시적인 발한과 불안 증상을 유발할 수 있다.

성분명	상품명	주요작용	비고
고나도렐린 (Gonadorelin)	시스토렐린® (Cystorelin®)	GnRH 분비 자극, 성선기능 검사	스피로놀락톤 병용 시 효과 감소
융모생식샘자극호르몬 (hCG)	코루론®(Chorulon®), 폴루틴®(Follutein®)	난소낭종 치료, 배란 유도	MAO 억제제와 병용 시 혈압 상승 위험
난포자극호르몬 (FSH)	폴리트로핀 알파® (Folltropin-α®)	난포 발달 촉진, 정자 생성 증가	hCG와 병용 시 과배란증후군 위험
에스트로겐(Estrogen)	에스트라디올 발레레이트® (Estradiol valerate®)	발정 유도, 자궁 수축력 증가	항응고제와 병용 시 출혈 위험

프로게스테론 (Progesterone)	프롤루텍스® (Prolutex®)	발정 억제, 임신 유지	와파린과 병용 시 항응고 작용 변화
알트레노게스트 (Altrenogest)	레규메이트® (Regu-Mate®)	발정 동기화, 임신 유지	항생제와 병용 시 효과 감소
디노프로스트 트로메타민(Dinoprost Tromethamine)	루타라이스®(Lutalyse®), 프로스타메이트® (ProstaMate®)	발정 동기화, 난소낭종 치료	NSAIDs와 병용 시 황체 용해 효과 감소 가능
클로프로스테놀 (Cloprostenol)	에스트루메이트® (Estrumate®)	발정 동기화, 난소낭종 치료	NSAIDs와 병용 시 황체 용해 효과 감소 가능

Memo

CHAPTER

12

근골격 및 관절 작용 주요 약물

Ⅰ. 서론

Ⅱ. 항염증 및 진통 조절 약물

Ⅲ. 근육 이완 및 신경근 차단 약물

Ⅳ. 국소 마취제

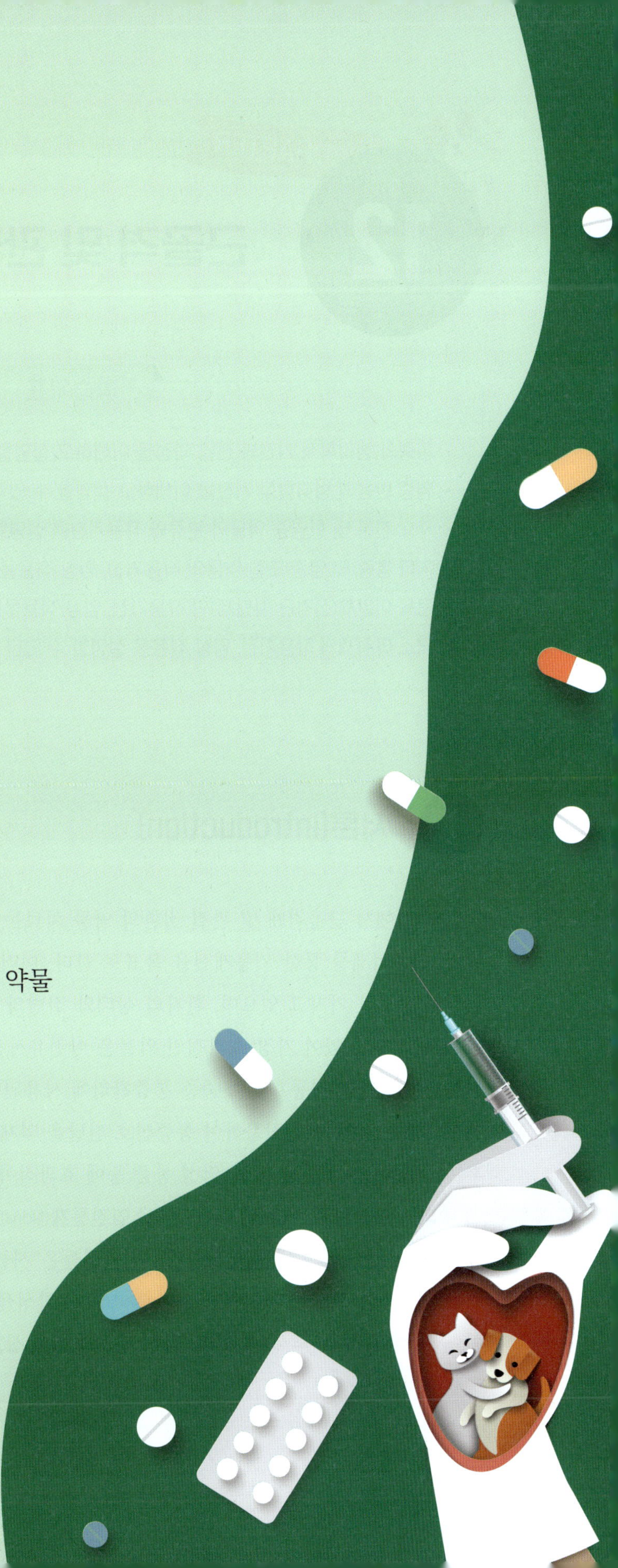

CHAPTER 12

근골격 및 관절 작용 주요 약물

학습목표

- 통증의 생리학적 기전과 전달 과정을 이해하고 설명할 수 있다.
- 염증 반응의 병리학적 기전을 이해하고 설명할 수 있다.
- 주요 진통 및 항염증 약물의 분류와 작용기전을 설명할 수 있다.
- 기타 통증 및 염증 조절 약물의 작용기전, 임상 적용을 이해하고 설명할 수 있다.
- 근육 이완제(신경근 차단제)의 작용기전, 임상 적용을 설명할 수 있다.
- 국소 마취제의 작용기전, 임상 적용을 설명할 수 있다.

I 서론(Introduction)

수의학에서 근골격계 및 관절 질환의 약물 치료는 다양한 계열의 약물을 활용하여 통증 관리, 염증억제를 통한 기능개선을 목표로 한다. 이러한 약물들은 각각 고유한 작용기전과 임상적 용도를 가지고 있으며, 환자의 상태와 질병의 특성에 따라 신중하게 선택되어야 한다. 통증치료에 있어 가장 효과적인 약물은 아편유사진통제(오피오이드, opioid)이다. 아편유사진통제는 강력한 진통효과로 중증 통증관리에 사용된다. 중추신경계(뇌, 척수) 및 말초신경계에 존재하는 수용체에 작용하여 통증신호 전달을 억제하고 통증인식을 변화시킨다. 수술 전후 통증관리, 만성 통증 조절, 암성 통증 등에 효과적이지만, 호흡억제와 중독 등의 이상반응에 주의가 필요하다. 비스테로이드성 소염진통제(Nonsteroidal anti-inflammatory drugs, NSAIDs)는 통증완화와 염증억제에 효과적이다. 이 약물들은 시클로옥시게나제(cyclooxygenase, COX) 효소를 억제하여 프로스타글란딘(Prostaglandin, PG) 합성을 감소시키는 작용으로 효과를 유도하며, 골관절염, 수술 후 통증 관리, 급성 근골격계 손상, 발열 조절 등에 사용된다. 비교적 안전한 특성으로 인해 많이 사용되고 있지만, 위장관 및 신장에 대한 영향을 고려해야 한다. 코르티코스테로이드(Corticosteroid)는 강력한 항염증 및 면역억제 효과를 통한 염증 조절을 목적으로 사용된다. 리포코르틴(lipocortin)이라는 단백질 생성을 증가시켜 염증 매개체의 생성을 감소시키는 작용으로 급·만성 염증성 질환, 알레르기성 질환, 자가면역 질환, 일부 신경학적 질환에서 중요한 작용을 한다.

마취제는 수술 및 진단 시 필수적인 약물로 국소 또는 전신 마취제로 나뉜다. 국소 마취제는 나트륨 이온채널을 차단하여 신경 전도를 가역적으로 억제하며, 전신 마취제는 다양한 기전을 통해 중추신경계 억제를 유발한다. 이들은 수술 시 전신 마취, 국소 신경 차단, 진단 절차 시 진정 등에 사용되며, 심혈관계 및 호흡기계에 미치는 영향을 주의 깊게 관찰해야 한다. 근이완제는 골격근의 긴장도를 낮추고 경련을 완화하는 데 사용된다. 중추신경계 및 말초신경계 작용약물으로 나뉘며, 마취 시 근육이완, 근육경련 치료, 악성 고열증 치료 등에 사용된다. 호흡억제, 심혈관계 영향 등의 이상반응을 고려해야 하며, 필요시 길항제를 사용할 수 있어야 한다.

이러한 다양한 약물들은 개별적으로 또는 복합적으로 사용되어 효과적인 통증관리와 염증조절을 가능하게 한다. 최근의 치료경향은 다중양식 진통(multimodal analgesia) 조절을 강조하고 있으며, 이는 여러 계열의 약물을 조합하여 사용함으로써 각 약물의 용량을 줄이고 이상반응을 최소화하면서 효과적인 치료를 달성하는 전략이다. 주요 약물 계열로는 오피오이드, 비스테로이드성 소염진통제(NSAIDs), 국소 마취제, α2-작용제 등이 있으며, 각각의 약물은 고유한 작용기전과 적응증을 가진다.

1 통증(Pain)

통증은 동물 삶의 질과 복지에 큰 영향을 미치는 복잡한 생리학적 현상이다. 국제통증연구협회(International Association for the Study of Pain, IASP)는 통증을 "실제 혹은 잠재적인 조직손상과 관련한 불쾌한 감각이나 감정적인 경험"으로 정의한다. 이는 통증이 단순한 신체적 자극을 넘어서는 다면적인 경험임을 의미한다고 할 수 있다. 통증은 크게 생리학적 통증(physiologic pain)과 병리학적 통증(pathologic pain)으로 분류된다. 생리학적 통증은 기계적, 온도, 화학적 자극에 대한 신체의 정상적인 반응으로 잠재적 위험으로부터 신체를 보호하는 중요한 역할을 한다. 반면, 병리학적 통증은 조직이나 신경 손상으로 인해 발생하며, 내장 통증(visceral pain), 체성 통증(somatic pain), 신경병적 통증(neuropathic pain)으로 세분화된다.

내장 통증은 속이 빈 복강 장기, 복막, 심장, 간, 폐 등에서 발생하는 통증으로 일반적으로 국소화하기 어려운 특징이 있다. 체성 통증은 근골격계에서 발생하며 피부에서 기인하는 표재성 및 골막, 힘줄, 관절조직 등에서 기인하는 심부 통증으로 나눌 수 있다. 신경병적 통증은 중추 또는 말초신경계 손상으로 인해 발생하며, 종종 만성화되는 경향이 있다. 통증의 지속 기간에 따라 급성 통증(acute pain)과 만성 통증(chronic pain)으로 구분할 수도 있는데, 급성 통증은 주로 조직손상으로 인해 발생하며 일반적으로 치유과정과 함께 해소된다. 만성 통증은 정상적인 치유기간(보통 3-6개월)이 지나서도 지속되거나 치유되지 않는 진행성 질병과 관련하여 발생한다. 만성 통증은 중추신경계의 변화를 수반하기도 하며 이러한 통증은 관리를 더욱 어렵고 복잡하게 만든다.

통증의 생리학적 기전은 체내 모든 조직에 존재하는 통증수용체(nociceptor)에서 시작된다. 이 수용체들은 주로 두 종류의 신경섬유(Aδ-fiber, C-fiber)를 통해 신호를 전달한다.

그림 12-1 Nociceptor를 구성하는 2종류의 신경섬유

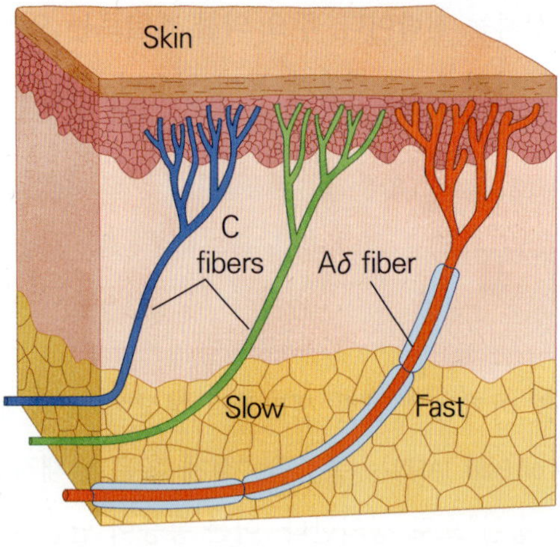

- Aδ-fiber (myelinated Aδ-섬유): 수초(myelin)로 둘러싸여 있어 전도 속도가 빠르며, 주로 급성의 뚜렷한 통증을 전달함
- C-fiber (unmyelinated C-섬유): 수초화되지 않아 전도 속도가 느리며, 주로 만성의 무딘 통증을 전달함

통증은 또한 그 특성에 따라 침해성 통증(nociceptive pain), 염증성 통증(inflammatory pain), 신경병증성 통증(neuropathic pain)으로 분류할 수 있다. 침해성 통증은 통증수용체가 역치 이상의 자극에 반응할 때 발생하며, 기계적, 온도, 화학적 자극 등 다양한 형태의 자극이 포함된다. 염증성 통증은 조직 손상 및 염증 과정에서 발생하며, 다양한 화학 매개체가 관여한다. 이러한 매개체들에는 히스타민(histamine), 세로토닌(serotonin), 브라디키닌(bradykinin), 프로스타글란딘(prostaglandins), ATP, H^+, TNF-α(tumor necrosis factor-alpha), 인터루킨(interleukins) 등이 포함된다. 매개체들은 통증수용체를 직접 활성화하거나 감작시켜 통증을 유발하고 지속시킨다. 신경병증성 통증은 신경계 자체의 손상이나 질병으로 인해 발생한다. 중추 또는 말초신경계의 변화를 수반하며 정상적인 자극에도 비정상적인 통증반응을 보일 수 있다. 저림, 화끈거림, 시림, 감각이상 등의 형태로 나타날 수 있으며, 수핵탈출증, 당뇨병성 신경병증 등이 대표적인 예이다.

그림 12-2 침해성 통증

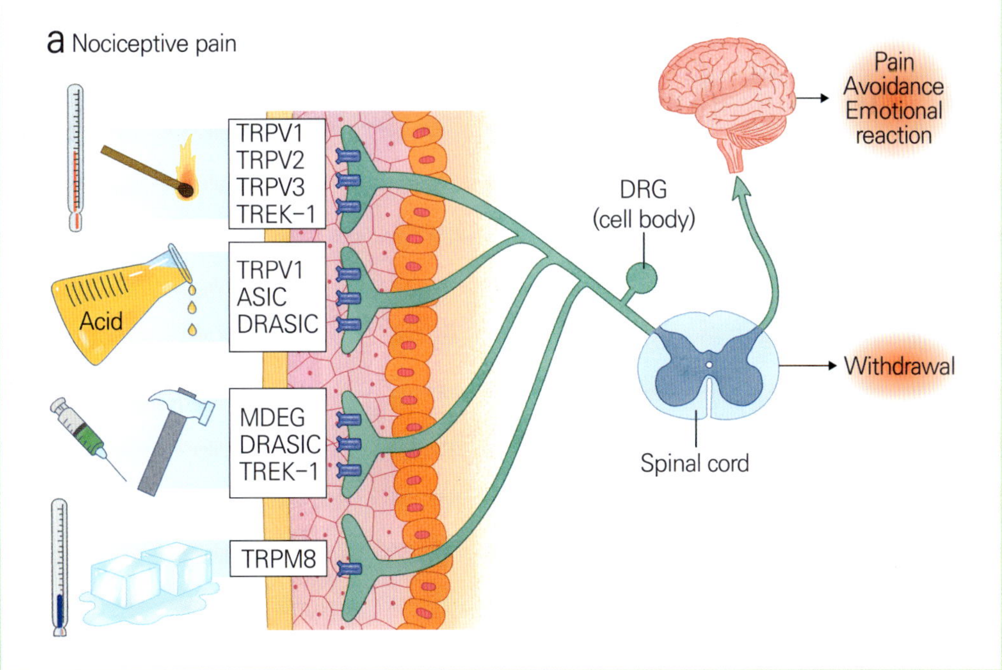

출처: Can we conquer pain?, Joachim Scholz and Clifford J. Woolf, Nature neuroscience, 2002.

그림 12-3 염증성 통증

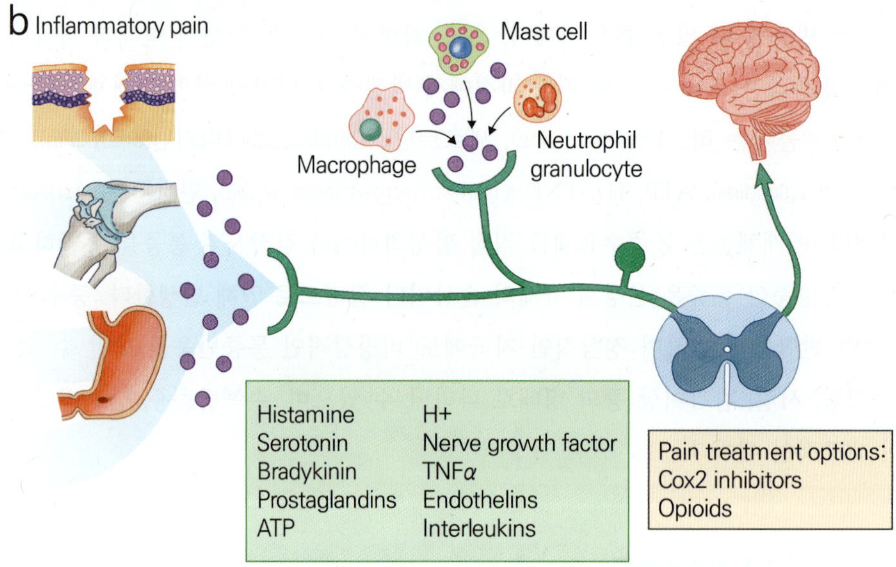

출처: Can we conquer pain?, Joachim Scholz and Clifford J. Woolf, Nature neuroscience, 2002.

그림 12-4 신경병증성 통증

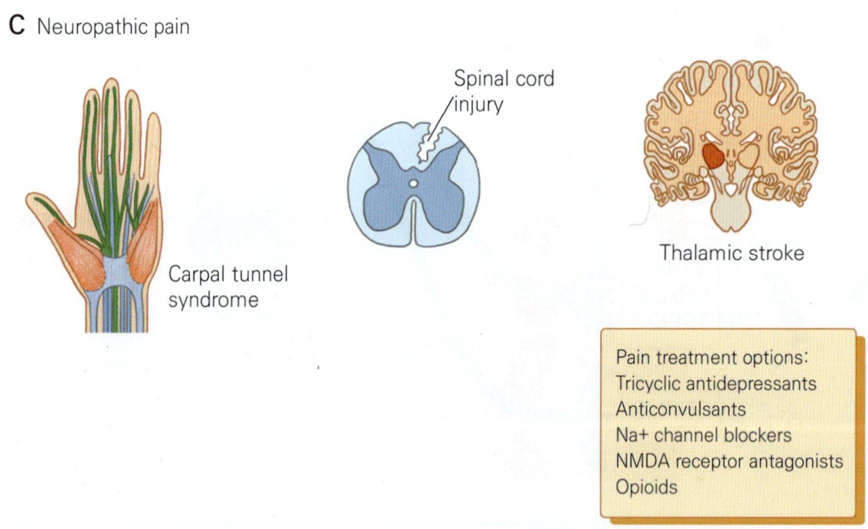

출처: Can we conquer pain?, Joachim Scholz and Clifford J. Woolf, Nature neuroscience, 2002.

(1) 통증 감각의 전달

통증 감각의 전달은 복잡하고 정교한 과정으로 네 단계, 즉, 변환(transduction), 전달(transmission), 조정(modulation), 인지(perception)로 구분된다. 이 과정을 통해 유해자극이 최종적으로 뇌에서 통증으로 인식된다.

그림 12-5 통증의 전달기전

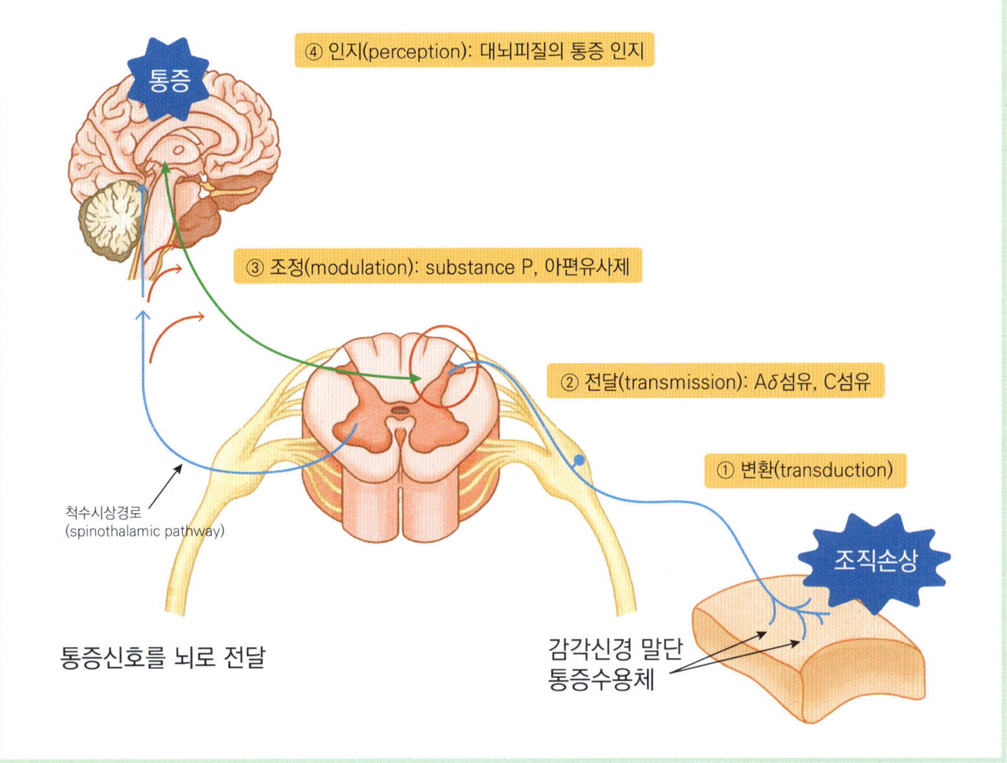

첫 번째 단계인 변환(transduction)은 유해자극이 말초 감각신경에서 활동전위(action potential)로 전환되는 과정이다. 기계, 온도, 화학적 자극이 전기적 신호로 변환된다. 이러한 변환 과정에는 다양한 이온채널과 수용체가 관여하는데, 특히 TRPV1(Transient Receptor Potential Vanilloid 1)과 같은 통증수용체가 중요한 역할을 한다.

두 번째 단계인 전달(transmission)에서는 생성된 활동전위가 중추신경계로 전달된다. 이 과정에 앞서 언급한 두 종류의 신경섬유가 주로 관여하게 된다. Aδ-섬유는 빠르고 예리한 통증을 전달하는 반면, C-섬유는 상대적으로 느리고 둔한 통증을 전달한다.

세 번째 단계인 조정(modulation)은 통증신호가 중추신경계(뇌, 척수)에서 조절되는 과정이다. 통증신호는 척수시상로(spino-thalamic tract)를 통해 시상(thalamus)으로 전달되고, 최종적으로 대뇌피질(cerebral cortex)에 도달한다. 이 과정은 주로 시냅스(synapse)에서 일어나며, 다양한 신경전달물질이 관여하여 통증신호가 억제 또는 증폭될 수 있다. 즉, 이러한 조정을 통해 뇌의 과도한 신호처리 부담을 방지하고, 상황에 따라 적절한 통증반응을 가능하게 한다. 흥분성 신경전달물질로는 substance P 및 glutamate, 억제성 신경전달물질로는 GABA 및 세로토닌(serotonin) 등이 있다.

마지막 단계인 인지(perception)는 전달된 통증정보가 뇌에서 처리되어 최종적으로 통증으로 인식되는 과정이다. 이 단계에서는 대뇌피질의 여러 영역, 특히 체성감각피질(somatosensory cortex)이 중요한 역할을 한다.

통증 전달과정의 이해는 효과적인 통증관리에 있어 매우 중요하다. 즉, 약리학적 통증 조절의 주요 목표는 통증 경로(변환, 전달, 조정, 인지) 중 하나 이상을 차단하는 것이라 할 수 있다. 변환 단계에서는 국소마취제, 오피오이드 약물, 비스테로이드성 항염증제(NSAIDs) 등이 사용된다. 이 약물들은 통증 수용체의 활성화를 억제하거나 염증 매개체의 생성을 감소시켜 통증신호 발생을 줄인다. 전달 단계에서는 주로 국소마취제와 α-2 아드레날린성 작용제가 사용된다. 국소마취제는 신경전도를 차단하여 통증신호의 전파를 막고, α-2 아드레날린성 작용제는 척수 수준에서 통증신호의 전달을 억제한다. 조정 단계는 다양한 약물이 작용하는 복잡한 과정이다. 국소마취제, 오피오이드 약물, α-2 아드레날린성 작용제, 삼환계 항우울제, NSAIDs, 항경련제 등이 이 단계에서 효과를 나타낼 수 있다. 이들 약물은 중추신경계(뇌, 척수)에서 통증신호의 처리와 전달을 조절한다. 인지 단계에서는 마취제, 오피오이드 약물, α-2 아드레날린성 작용제, 벤조다이아제핀계 약물 등이 사용된다. 이들은 뇌에서 통증신호의 해석과 인식을 변화시켜 통증 경험을 조절한다. 이러한 단계별 접근을 통해 효과적인 통증관리를 위한 약물 선택이 가능하며, 다양한 약물의 조합을 통해 더욱 효과적인 통증 조절이 가능할 수 있다.

2 염증(Inflammation)

염증은 물리적, 화학적, 생물학적 조직 손상에 대한 생체의 기본적인 반응 과정이다. 이는 생체 방어 메커니즘으로 주로 모세혈관계를 통해 나타나며 국소적인 손상에 대한 살아있는 혈관조직의 반응으로 볼 수 있다. 염증 반응의 주요 목적은 손상의 원인을 제거하고 추가적인 손상을 방지하는 것이다. 또한, 염증 반응을 통해 손상된 조직을 복구하거나 교체하는 과정을 촉진한다. 이러한 과정은 생체의 항상성 유지와 조직 보호에 필수적인 역할을 한다.

염증의 주요 증상은 발적(redness), 발열(heat), 종창(swelling), 통증(pain), 기능소실(loss of function)로 요약된다. 이러한 증상들은 염증 반응의 다양한 단계와 관련이 있으며 특정한 생리학적 변화를 반영한다. 염증 반응의 기전에 대한 학습은 다양한 질병의 병태생리적 현상을 해석하고 적절한 대응과 치료를 위해 필수적이다.

그림 12-6 염증의 주요증상

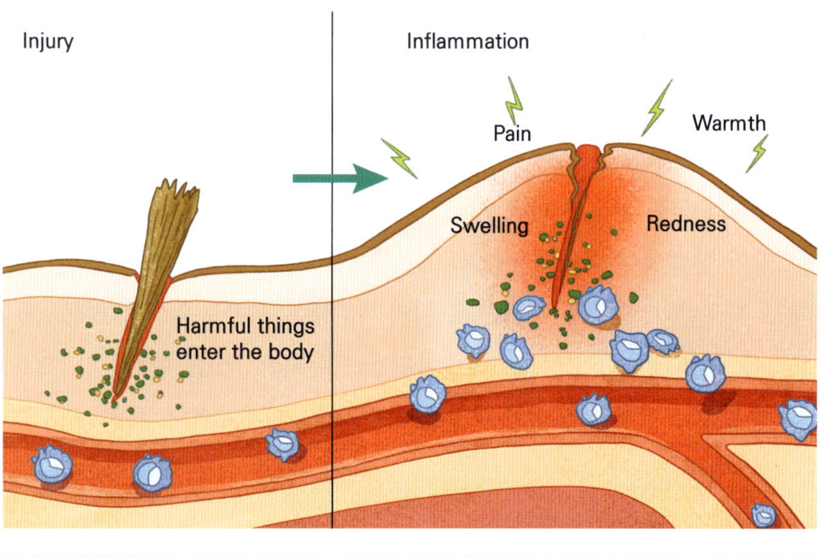

(1) 염증 반응의 병리기전(pathogenesis of the inflammation)

조직 손상이 발생하면 즉각적인 일련의 반응이 시작된다. 먼저, 손상된 조직에서 히스타민(histamine)이 방출되어 해당 부위로의 혈류를 증가시킨다. 히스타민은 모세혈관의 투과성을 증가시켜 식세포(phagocytes)와 응고 인자들이 상처 부위로 유출되도록 한다. 식세포는 세균, 죽은 세포, 세포 잔해를 포식하는 역할을 함과 동시에 혈소판(platelets)이 모세혈관 밖으로 이동하여 상처 부위를 봉하게 한다.

●●● 그림 12-7 염증 반응의 병리기전

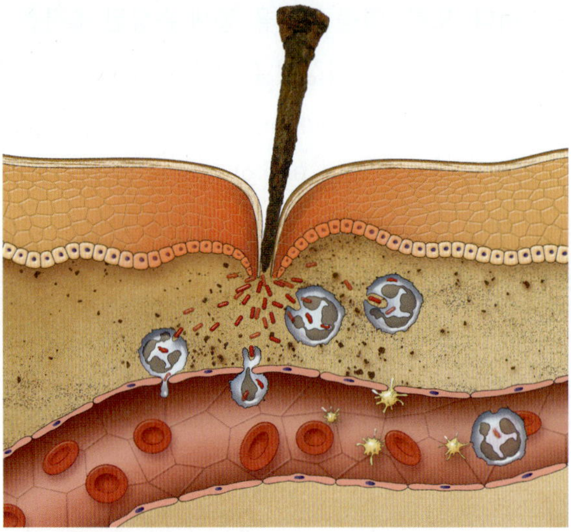

분자 수준에서의 염증 반응은 더욱 정교하다. 손상이 발생하면 phospholipase A2(PLA2)에 의해 세포막이 분해되어 아라키돈산(arachidonic acid)이 형성되는데, 이는 염증반응의 중요한 전구체로 작용한다. 연속된 반응으로 아라키돈산은 시클로옥시게나제(cyclooxygenase, COX)라는 효소에 의해 대사되어 프로스타글란딘(prostaglandin, PG)을 형성한다. 프로스타글란딘은 염증 및 통증 반응에서 핵심적인 역할을 하는 지질 매개체이다. 특히, 프로스타글란딘 E2(PGE2)가 주요 매개체로 작용하여 혈관 투과성 증가, 통증 수용체(nociceptor)의 감작을 통해 염증의 주요 징후와 통증을 유발한다.

그림 12-8 세포막 분해로부터 유도되는 염증반응

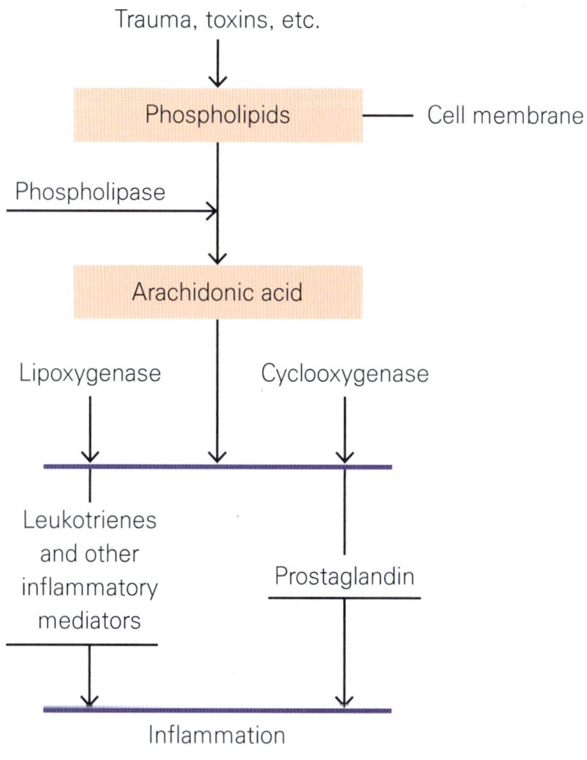

그림 12-9 동물 세포막(인지질 이중층)

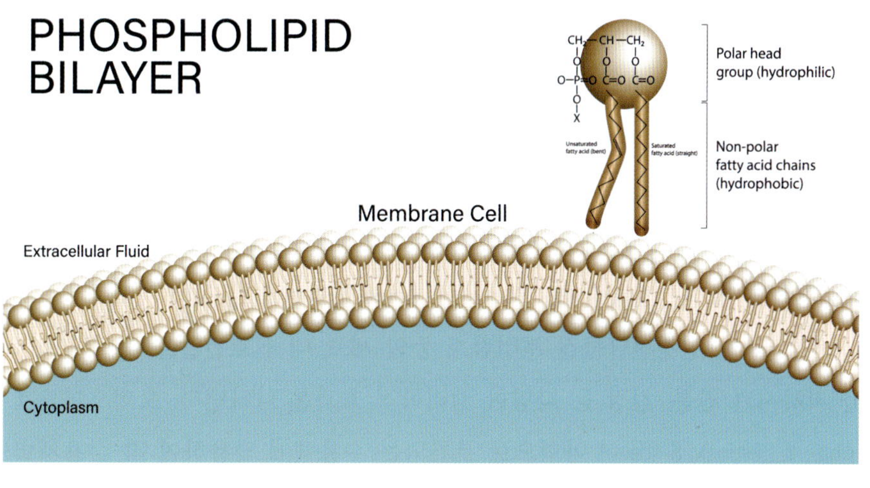

TIP

- COX-1의 작용
  - 생체의 지속적인 자극에 의해 유도됨
  - 생체 전반에 걸친 기능 유지에 필요한 PG 생산(house keeping 역할)
  - 위 점막 보호, 점액 생산, 위산조절, 신장 여과기능 등
- COX-2의 작용
  - 특정 세포에서만 생성됨(주로 면역세포; 염증성 사이토카인(cytokine))
  - 염증 반응을 위한 PG 생산(통증 및 염증의 신호)

II 항염증 및 진통 조절 약물

1 오피오이드계 약물(Opioids)

오피오이드계 약물은 아편양 수용체(opioid receptors)에 작용하여 강력한 진통 효과를 나타내는 약물군으로 수의학적으로 중증 통증관리에 중요한 역할을 한다. 천연 아편 알칼로이드(natural opium alkaloids), 반합성(semi-synthetic) 및 합성 유도체(synthetic derivatives)를 포함하며 중추신경계 또는 말초조직(peripheral tissues)에 분포한 오피오이드 수용체에 결합하여 작용한다.

주요 임상적 용도는 수술 후 통증, 외상이나 질병으로 인한 심한 통증, 만성 통증, 말기 암 환자의 통증 완화 등이다. 일부 오피오이드계 약물은 기침 억제 또는 설사 치료에 사용되기도 한다. 경구(oral), 경피(transdermal), 설하(sublingual), 주사(injection) 등 다양한 경로로 투여할 수 있어 환자의 상태에 따라 적절한 투여방법을 선택할 수 있다.

오피오이드 수용체는 G 단백질 연결 수용체(G protein-coupled receptors)로 cAMP 생성 억제, 칼륨 이온채널 활성화(칼륨 유출증가(increased potassium efflux)로 인한 과분극(hyperpolarization)), 칼슘 이온채널 억제, 신경전달물질 분비감소 등의 세포 내 신호전달을 매개하고, 신경세포 흥분성을 저하시켜 진통, 진정 등 다양한 생리학적 효과를 나타낸다. 오피오이드계 약물은 크게 μ (mu), κ (kappa), δ (delta) 아형으로 분류되는 수용체에 작용하여 각 수용체별 고유한

생리학적 효과를 나타낸다. μ 수용체 활성화는 강력한 진통효과와 함께 호흡억제, 변비 등을 유발한다. κ 수용체는 척수 수준의 진통, 이뇨작용 등을 일으키며, δ 수용체는 척수 및 뇌간 수준의 진통과 위장관 운동 감소를 야기한다.

오피오이드계 약물 사용 시 주의해야 할 점은 내성과 신체적 의존성 발생 가능성이다. 장기간 사용 시 약물 효과가 감소하여 용량 증가가 필요할 수 있으며, 갑작스러운 중단 시 금단 증상이 나타날 수 있다. 또한, 호흡억제, 변비, 구토 등의 이상반응에 대한 모니터링이 필요하다.

그림 12-10 G 단백질 연결 수용체 활성화로 인한 세포 내 신호전달

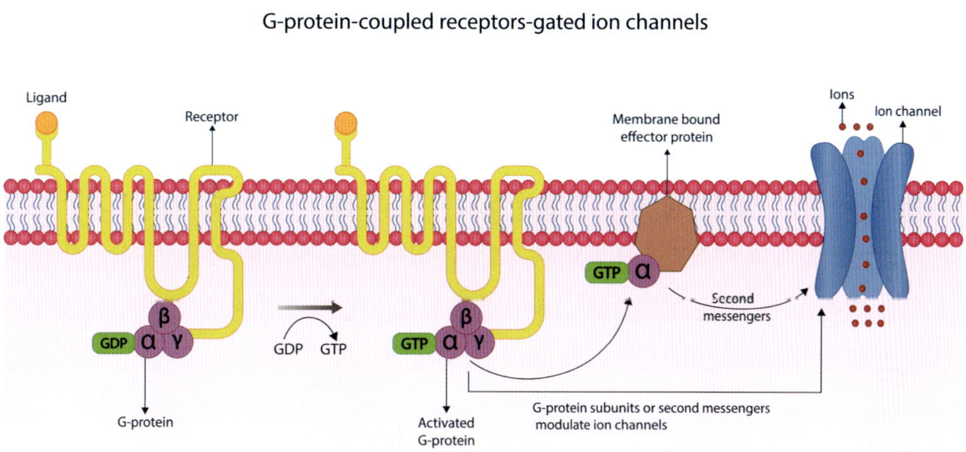

TIP 오피오이드 수용체별 생리학적 효과(Opioid receptor-mediated physiological effects)

수용체 유형	주요 작용	분포 위치	임상적 효과
μ(mu)	• 진통작용 • 평활근 긴장도 조절 • 진정작용 • 기분변화 • 구역/구토	• 장간막신경총 • 뇌(변연계, 전전두피질) • 척수 • 점막하신경총	• 강력한 진통효과 • 호흡 억제 • 변비 • 도취감 • 신체 의존성

κ (kappa)	• 중추성 진통 • 내장 통각 조절 • 정서 조절	• 장간막신경총 • 뇌 • 자율신경계	• 척수 수준 진통 • 이뇨작용 • 불쾌감 • 진정작용
δ (delta)	• 척수 수준 진통 • 위장관 운동 조절 • 정서 조절	• 장간막신경총 • 뇌(변연계) • 척수	• 중등도 진통 • 항불안 효과 • 장운동 감소

(1) 오피오이드 작용제(Opioid agonists)

오피오이드 작용제는 중추신경계와 말초신경계에 존재하는 오피오이드 수용체에 작용하여 강력한 진통 효과를 나타내는 약물군이다. 주로 μ 수용체를 통해 통증신호의 전달과 인식을 조절하여 진통 효과를 나타내며, 중증의 통증 치료에 필수적인 약물이다. 진통 효과 외에도 진정, 호흡억제, 구토, 변비 등의 다양한 생리학적 효과를 나타내며, 이러한 효과들은 임상적 유용성과 동시에 이상반응으로도 작용할 수 있다. 임상적으로 적용 시에는 각 약물의 효력, 작용 발현 시간, 작용 지속 시간, 대사 경로 등을 고려하여 환자의 상태와 통증의 특성에 따라 적절한 약물을 선택하여 사용한다. 특히 수의학 분야에서는 동물 종에 따른 약물 반응의 차이를 고려해야 하며, 정확한 용량 조절과 이상반응 모니터링이 필수적이다.

① 모르핀(Morphine): 완전한 μ 수용체 작용제로서 강력한 진통, 진정, 호흡억제의 약리효과를 가진다. 중증 통증, 수술 전후 통증관리, 만성 통증 제어에 사용된다. 모르핀 황산염®(Morphine Sulfate®)의 대표 약물제형이 있고, 호흡억제, 변비, 구토, 요저류와 같은 이상반응이 유발될 수 있다.

② 하이드로모르폰(Hydromorphone): 강력한 μ 수용체 작용제로서 강력한 진통, 진정작용의 약리효과를 나타낸다. 중증 통증, 수술 전후 통증 관리에 사용되며, Dilaudid®와 같은 대표 약물제형이 있다. 호흡억제, 구토, 요저류 등의 이상반응이 유발될 수 있다.

③ 옥시모르폰(Oxymorphone): 강력한 μ 수용체 작용제로서 강력한 진통, 진정작용의 약리효과를 나타낸다. 중증 통증, 수술 전후 통증 관리에 사용되며, Numorphan®와 같은 대표 약물제형이 있다. 호흡억제, 서맥, 구토 등의 이상반응이 유발될 수 있다.

④ 펜타닐(Fentanyl): 초강력 μ 수용체 작용제로서 매우 강력한 진통작용과 빠른 작용 발

현을 나타낸다. 수술 중 진통, 중증 통증 제어에 사용된다. Sublimaze®, 듀로제식 패치®(Duragesic®)와 같은 대표 약물제형이 있으며, 호흡억제, 서맥 등의 이상반응이 유발될 수 있다.

⑤ 알펜타닐(Alfentanil): 초단기 작용 μ 수용체 작용제로 매우 빠른 작용 발현과 짧은 지속시간을 나타낸다. 짧은 수술적 처치, 마취 보조제로서 사용되고, Rapifen®과 같은 대표 약물제형이 있다. 호흡억제, 근육 경직 등의 이상반응이 유발될 수 있다.

⑥ 수펜타닐(Sufentanil): 초강력 μ 수용체 작용제로서 펜타닐보다 5-10배 강력한 진통작용을 나타낸다. 대수술 시 마취 보조제로서 사용되며, Sufenta®와 같은 대표 약물제형이 있다. 심한 호흡억제, 근육 경직 등의 이상반응이 유발될 수 있다.

⑦ 카펜타닐(Carfentanil): 가장 강력한 μ 수용체 작용제로서 모르핀의 약 10,000배 강력한 진통작용을 나타낸다. 주로 대형 동물, 특히, 야생동물의 마취를 위해 사용되며, 극심한 호흡억제, 심혈관계 억제 등의 이상반응으로 사용이 극히 제한되고 있다. 대표적 약물제형으로 Wildnil®이 있다.

(2) 오피오이드 부분 작용제(Opioid Partial Agonists)

오피오이드 부분 작용제는 오피오이드 수용체에 결합하여 부분적인 활성화만을 유도하는 약물군이다. 완전 작용제(agonists)에 비해 최대 효과는 제한적이지만 안전성 측면에서 이점을 가진다. 특히, 호흡억제와 같은 이상반응의 위험이 낮고, 중독성도 상대적으로 적다. 주로 중등도의 통증 관리와 오피오이드계 약물의 의존증 치료에 사용된다.

① 부프레노르핀(Buprenorphine): μ 수용체 부분 작용제 및 κ 수용체 길항제로서 중등도 또는 강력한 진통이 있고, 장시간 작용하는 약리효과를 나타낸다. 중등도-중증 통증 제어, 오피오이드 의존증 치료에 사용된다. Buprenex®, Subutex®와 같은 대표 약물제형이 있으며, 경미한 호흡억제와 고양이에서 구토 등의 이상반응이 유발될 수 있다.

② 트라마돌(Tramadol): 약한 μ 수용체에 부분적 작용, 세로토닌/노르에피네프린 재흡수 억제(SNRIs) 기전으로 작용한다. 중등도 진통 효과로 경증-중등도 통증, 만성 통증 제어를 위해 사용된다. 진정, 구토, 식욕부진과 같은 이상반응이 유발될 수 있으며, Ultram®과 같은 대표 약물제형이 있다.

(3) 오피오이드 작용제-길항제(Opioid Agonist-Antagonists)

오피오이드 작용제-길항제는 오피오이드 수용체에 대해 복합적인 작용을 나타내는 약물군이다. 특정 오피오이드 수용체에 대해서는 작용제로 작용하고 다른 수용체에 대해서는 길항제로 작용한다. 이러한 특성으로 인해 진통 효과를 제공하면서도 일반적인 μ 수용체 작용제에 비해 호흡억제, 중독성 등의 이상반응이 적은 편이다.

① 부토파놀(Butorphanol): κ 수용체 완전 작용제 또는 μ 수용체 부분 작용제/길항제로서 중등도 진통, 진정 작용을 나타낸다. 중등도 통증, 진정, 마취 전 처치를 위해 사용되며, Torbugesic®과 같은 대표 약물제형이 있다. 경미한 호흡억제 또는 진정 등의 이상반응이 유발될 수 있다.

② 날부핀(Nalbuphine): κ 수용체 작용제이자 μ 수용체 길항제로 중등도 진통효과를 나타낸다. 중등도 통증 제어, μ 작용제 이상반응 역전을 목적으로 사용되며 대표적 약물제형으로 Nubain®이 있다. 경미한 호흡억제 또는 진정 등의 이상반응이 유발될 수 있다.

③ 펜타조신(Pentazocine): κ 수용체 작용제 또는 약한 μ 수용체 부분 작용제로서 약한-중등도 진통효과를 나타낸다. 경증-중등도 통증 제어를 위해 사용된다. 경미한 호흡억제, 불쾌감 등의 이상반응이 유발될 수 있으며, 대표적 약물제형으로 Talwin®이 있다.

(4) 오피오이드 길항제(Opioid Antagonists)

오피오이드 길항제는 중추신경계 및 말초신경계의 오피오이드 수용체에 결합하여 오피오이드 작용제의 효과를 차단하는 약물군이다. 주로 오피오이드 과다복용의 치료, 오피오이드 의존증 관리 등에 사용된다. 오피오이드 길항제는 수용체에 결합하지만 활성화시키지 않아 진통이나 euphoria 같은 오피오이드계 약물의 주된 효과를 억제한다.

① 날록손(Naloxone): μ 수용체의 경쟁적 억제제이다. 오피오이드로 인한 호흡억제와 진정 작용의 역전효과를 나타내어 오피오이드 과다복용 치료에 사용된다. 대표적 약물제형으로 Narcan®이 있으며, 구역, 구토, 심박수 증가 등의 이상반응이 유발될 수 있다.

② 날트렉손(Naltrexone): μ, κ, δ 오피오이드 수용체의 경쟁적 길항제이다. 오피오이드 효과 차단을 목적으로 오피오이드 의존증 치료에 사용된다. 구역, 두통, 어지러움, 복통, 관절통 등의 이상반응이 유발될 수 있으며, Revia®, Vivitrol®과 같은 대표 약물제형이 있다.

오피오이드계 약물은 마취 분야에서도 중요한 작용을 하는 약물군으로 주로 마취 전 처치 약물로 사용된다. 중추신경계에 작용하여 진정, 통증 관리 효과를 제공하며, 기관 삽관 시 심혈관계 반응을 둔화시키는 등 마취 유도 및 유지 과정에서 필수적인 보조제 역할을 한다. 또한, 수술 전 환자의 불안감을 줄이고, 안정된 활력징후를 유지하는 작용으로 수술 후 회복을 촉진한다. 이러한 이유로 오피오이드계 약물은 마취 전 처치 및 마취 유도에 널리 사용되며, 특히 수술 환자에게 신속한 회복과 이상반응 감소를 위한 중요한 선택지가 되고 있다.

성분명	상품명	주요작용		비고
모르핀 (Morphine)	모르핀 황산염® (Morphine Sulfate®)	작용제 (agonists)	μ 수용체 활성화, 강력한 진통	벤조디아제핀계 약물과 병용 시 호흡억제 위험
하이드로모르폰 (Hydromorphone)	딜라우드디드® (Dilaudid®)	작용제 (agonists)	μ 수용체 활성화, 모르핀보다 강한 진통	신장 기능 저하 환자에서 용량 조절 필요, 진정제와 병용 금지
옥시모르폰 (Oxymorphone)	Numorphan®	작용제 (agonists)	μ 수용체 활성화, 빠른 진통 효과	알코올과 병용 시 혈중 농도 상승
펜타닐 (Fentanyl)	Sublimaze®, 듀로제식 패치® (Duragesic®)	작용제 (agonists)	μ 수용체 강력한 활성화, 매우 빠른 진통	중추신경계 억제제와 병용 시 호흡곤란, 사망 위험
부프레노르핀 (Buprenorphine)	Buprenex®	부분 작용제(partial agonists)	μ 수용체 부분 활성화, κ 수용체 차단, 중등도 진통	오피오이드 작용제와 병용 시 효과 감소
트라마돌 (Tramadol)	Ultram®	부분 작용제(partial agonists)	약한 μ 수용체 활성화, 신경전달물질 재흡수 억제, 중등도 진통	MAO 억제제, SSRI와 병용 금지-세로토닌 증후군 위험
부토파놀 (Butorphanol)	Torbugesic®	작용제-길항제(agonist-antagonists)	κ 수용체 활성화, μ 수용체 부분 활성화, 중등도 진통	다른 μ 작용제와 병용 시 진통 효과 감소
날부핀 (Nalbuphine)	Nubain®	작용제-길항제(agonist-antagonists)	κ 수용체 활성화, μ 수용체 차단, 중등도 진통	μ 작용제와 병용 시 진통 효과 감소 및 금단 증상 유발 가능

날록손 **(Naloxone)**	Narcan®	길항제 (antagonists)	μ, κ, δ 수용체 차단, 신속한 오피오이드 효과 역전	오피오이드 의존 환자에게 투여 시 금단 증상 유발 가능
날트렉손 **(Naltrexone)**	Revia® Vivitrol®		μ, κ, δ 수용체 장기 차단, 오피오이드 효과 억제	급성 통증 관리 어려움, 간 기능 모니터링 필요

2 비스테로이드성 항염증제(Nonsteroidal Anti-inflammatory Drugs)

비스테로이드성 항염증제(Nonsteroidal Anti-inflammatory Drugs, NSAIDs)는 수의학 분야에서 광범위하게 사용되는 약물군으로 진통, 해열, 항염증 효과를 나타내는 다목적 약물이다. NSAIDs는 다양한 화학 구조를 가지고 있지만 공통적으로 시클로옥시게나제(cyclooxygenase, COX) 효소를 억제하여 아라키돈산(arachidonic acid)으로부터 프로스타글란딘(prostaglandin), 프로스타사이클린(prostacyclin), 트롬복산(thromboxane A2, TXA2) 등의 생성을 감소시킨다. 이러한 작용은 염증 반응을 줄이고 통증을 완화하는 데 중요한 역할을 한다. COX 효소는 두 개의 동종효소로 나뉘는데, COX-1은 대부분 조직에 존재하며 이것으로 생성되는 프로스타글란딘은 정상적으로 위장관 점막에 존재하는 생리학적 물질로 작용한다. 반면, COX-2는 주로 염증과 관련된 면역세포에 존재하며 이에 의해 생성되는 프로스타글란딘은 국소부위에 통증 및 염증을 유발하는 물질로 작용한다. 비스테로이드성 항염증제는 이러한 COX 효소에 작용한 결과로 치료효과뿐만 아니라 이상반응을 유발하기도 한다. 즉, COX 효소의 억제는 위장관 보호, 신장 기능 유지, 혈소판 응집 등 정상적인 생리 기능에도 영향을 미칠 수 있다.

NSAIDs는 크게 비선택적 COX 억제제와 선택적 COX-2 억제제로 나눌 수 있다. 비선택적 NSAIDs는 COX-1과 COX-2를 모두 억제하는 반면, 선택적 COX-2 억제제는 주로 염증 반응에 관여하는 COX-2만을 선택적으로 억제한다. 이러한 차이는 약물의 효과와 이상반응 프로필에 영향을 미치며, 임상에서 약물 선택의 중요한 기준이 된다.

●●● 그림 12-11 NSAIDs의 항염증 기전

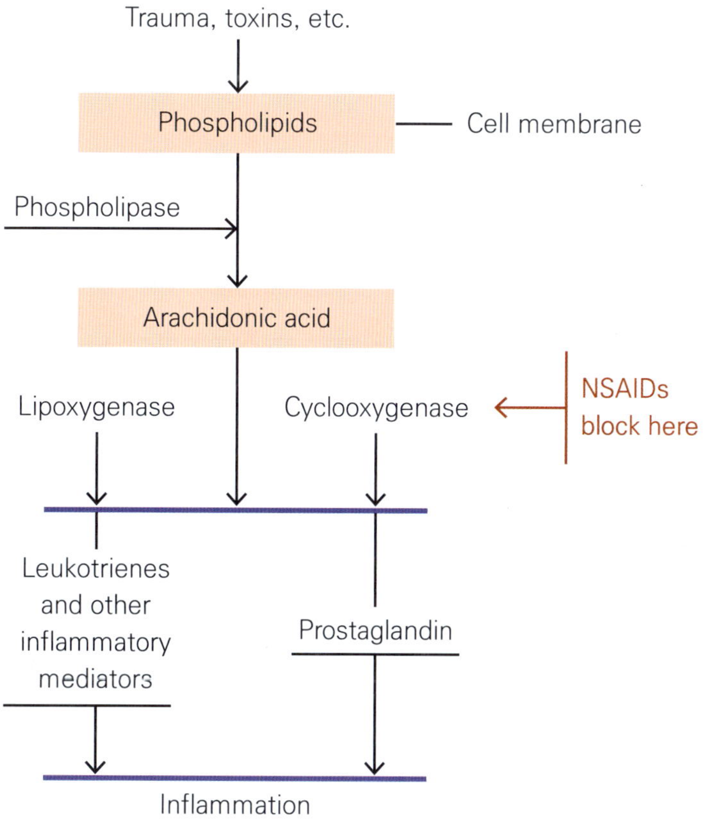

●●● 그림 12-12 COX의 생합성 및 작용

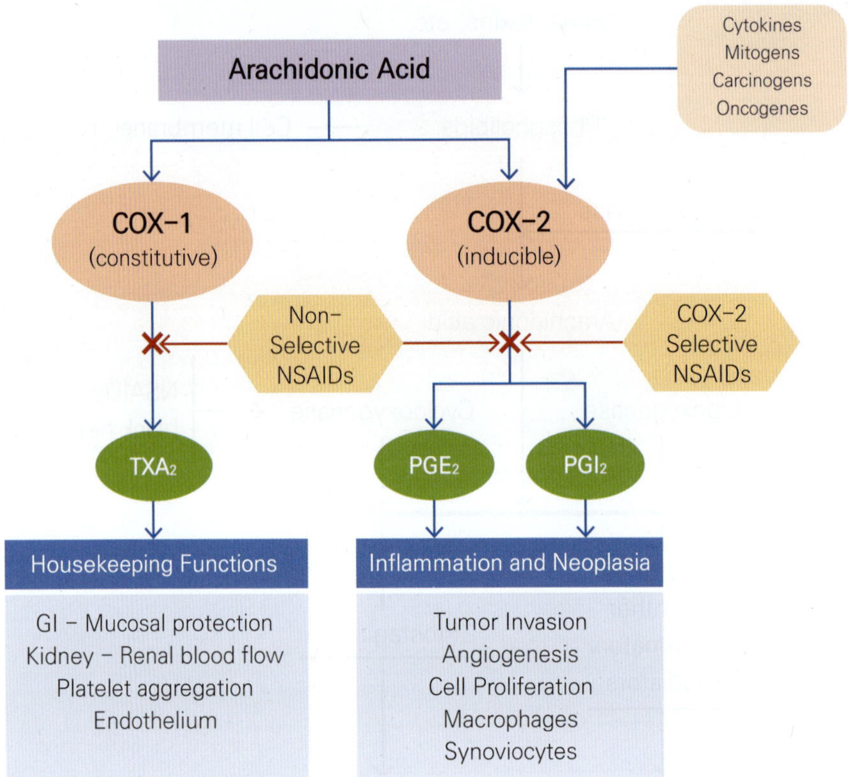

- COX-1: cyclooxygenase-1
- COX-2: cyclooxygenase 2
- TXA2: thromboxane A2
- PGE2: prostaglandin E2
- PGI2: prostaglandin I2(prostacyclin)
- GI: gastrointestinal

(1) 비특이적 COX 억제제(Nonspecific COX inhibitors)

① 아스피린(Aspirin): COX-1, COX-2 효소의 비가역적 억제제이다. 진통, 해열, 항염증, 항혈소판 응집 등의 약리효과를 통해 경증-중등도 통증 제어, 해열, 관절염, 심혈관질환 예방을 위해 사용된다. 대표적 약물제형으로 아스피린®(Aspirin®)이 있으며, 잘 알려

진 이상반응으로 위장관 자극과 출혈 위험 증가가 있다. 고양이에서는 사용이 금기된다.

② 이부프로펜(Ibuprofen): COX-1, COX-2 효소의 가역적 억제제로서 진통, 해열, 항염증 효과를 나타낸다. 경증-중등도 통증 제어, 해열, 관절염 치료를 위해 사용된다. 대표적 약물제형으로 애드빌®(Advil®)이 있으며, 위장관 자극과 신장 독성 등의 이상반응으로 개와 고양이에서 사용이 금기된다.

③ 플루닉신 메글루민(flunixin meglumine): COX-1, COX-2 효소 억제제로서 강력한 진통, 해열, 항염증 효과를 나타낸다. 근골격계 통증 제어, 내장통, 해열을 목적으로 사용되며, 이상반응으로 위장관 궤양, 신장 독성이 유발될 수 있다. 대표적 약물제형으로 플루닉신®(Flunixin®)이 있으며, 위장관 궤양, 신장 독성 등의 이상반응이 유발될 수 있다.

④ 페닐부타존(Phenylbutazone): COX-1, COX-2 효소 억제제로서 강력한 진통, 해열, 항염증 작용 효과를 나타낸다. 말의 근골격계 통증 제어, 관절염 치료에 사용된다. 대표적 약물제형으로 부타졸린®(Butazolin®)이 있으며, 위장관 궤양, 신장 독성 등의 이상반응이 유발될 수 있다.

⑤ 디클로페낙(Diclofenac): COX-1, COX-2 효소 억제제로서 진통, 해열, 항염증 효과를 나타낸다. 관절염, 수술 후 통증 제어를 목적으로 사용되며, 이상반응으로 위장관 장애, 간독성 등이 유발될 수 있다. 대표적 약물제형으로 Surpass®가 있다.

(2) 선택적 COX-2 억제제(Selective COX-2 inhibitors)

① 카프로펜(Carprofen): 선택적 COX-2 효소 억제제로서 진통, 항염증 효과를 나타낸다. 골관절염, 수술 후 통증 제어를 목적으로 사용되며, 대표적 약물제형으로 리마딜®(Rimadyl®)이 있다. 위장관 장애 또는 드물게 간독성이 유발될 수 있다.

② 멜록시캄(Meloxicam): 선택적 COX-2 효소 억제제로서 진통, 항염증 효과를 나타낸다. 골관절염, 수술 후 통증 제어를 위해 사용되며, 대표적 약물제형으로 메타캄®(Metacam®)이 있다. 위장관 장애 또는 장기 사용 시 신장 독성이 유발될 수 있다.

③ 에토돌락(Etodolac): 선택적 COX-2 억제 효소 억제제로서 진통, 항염증 효과를 나타낸다. 개의 골관절염 치료에 사용되며, 위장관 장애 또는 간 효소의 상승이 유발될 수 있다. 대표적 약물제형으로 EtoGesic®이 있다.

④ 피로콕시브(Firocoxib): 고선택적 COX-2 효소 억제제이다. 진통, 항염증, 해열효과

를 나타내어 개와 말의 골관절염 치료, 수술 후 통증 관리에 사용된다. Previcox®, Equioxx®와 같은 대표 약물제형이 있으며, 구토, 설사, 식욕부진과 드물게 기력이 저하되는 이상반응이 유발될 수 있다.

⑤ 데라콕시브(Deracoxib): 선택적 COX-2 효소 억제제로서 진통, 항염증 효과를 나타낸다. 개의 골관절염 치료, 수술 후 통증 제어를 위해 사용되며 대표적 약물제형으로 Deramaxx®가 있다. 경미한 위장관 장애가 이상반응으로 알려져 있다.

⑥ 로베나콕시브(Robenacoxib): 고선택적 COX-2 효소 억제제이다. 진통, 항염증 효과를 나타내어 골관절염 치료, 수술 후 통증제어를 목적으로 사용된다. 대표적 약물제형으로 Onsior®가 있으며, 경미한 위장관 장애가 이상반응으로 알려져 있다.

<table>
<tr><th>성분명</th><th>상품명</th><th colspan="2">주요작용</th><th>비고</th></tr>
<tr><td>아스피린
(Aspirin)</td><td>아스피린®
(Aspirin®)</td><td rowspan="5">비특이적 COX 억제제</td><td>항혈소판 응집 작용</td><td>• 고양이에게 사용 금기
• 항응고제(anticoagulants)와 병용 시 출혈 위험</td></tr>
<tr><td>이부프로펜
(Ibuprofen)</td><td>애드빌®
(Advil®)</td><td>빠른 진통 효과</td><td>• 개, 고양이에게 사용 금기
• 코르티코스테로이드(corticosteroids)와 병용 시 위장관 이상반응 증가</td></tr>
<tr><td>플루닉신 메글루민(flunixin meglumine)</td><td>플루닉신®
(Flunixin®)</td><td>강력한 내장통 완화</td><td>• 탈수 시 신독성 위험 증가
• 아미노글리코사이드(aminoglycosides)와 병용 시 신독성 위험</td></tr>
<tr><td>페닐부타존
(Phenylbutazone)</td><td>부타졸린®
(Butazolin®)</td><td>말의 근골격계 통증 관리</td><td>• 장기 사용 시 재생불량성 빈혈(aplastic anemia) 위험
• 메토트렉세이트(methotrexate)와 병용 시 주의</td></tr>
<tr><td>디클로페낙
(Diclofenac)</td><td>서패스®
(Surpass®)</td><td>관절염증 관리</td><td>• 간 기능 모니터링 필요
• 리튬(lithium)과 병용 시 리튬 농도 상승 가능</td></tr>
</table>

카프로펜 (Carprofen)	리마딜® (Rimadyl®)	선택적 COX-2 억제제	수술 후 통증 관리	• 간 기능 모니터링 필요 • ACE 억제제(ACE inhibitors)와 병용 시 신기능 저하 위험
멜록시캄 (Meloxicam)	메타캄® (Metacam®)		장기 사용가능한 관절염증 치료	• 신기능 저하 환자에 주의 • 이뇨제(diuretics)와 병용 시 효과 감소
에토돌락 (Etodolac)	에토제직® (EtoGesic®)		개의 골·관절 염증 치료에 특화	• 간 효소 상승 모니터링 필요 • 와파린(warfarin)과 병용 시 항응고 효과 증가
피로콕시브 (Firocoxib)	프레비콕스® (Previcox®) 에퀴옥스® (Equioxx®)		말, 개의 관절 염증 치료에 효과적	• 심혈관 질환 환자에 주의 • 코르티코스테로이드(corticosteroids)와 병용 시 위장관 이상 반응 증가
데라콕시브 (Deracoxib)	데라막스® (Deramaxx®)		개의 수술 후 통증 관리	• 탈수 시 신독성 위험 증가 • 퓨로세미드(furosemide)와 병용 시 이뇨 효과 감소 가능
로베나콕시브 (Robenacoxib)	온씨어® (Onsior®)		고양이에서 사용 가능한 COX-2 억제제	• 신기능 저하 환자에 주의 • ACE 억제제(ACE inhibitors)와 병용 시 신기능 모니터링 필요

3 코르티코스테로이드(Corticosteroids)

코르티코스테로이드는 부신 피질에서 자연적으로 생성되는 스테로이드 호르몬(코티솔(cortisol))을 합성 재생산한 약물이다. 코티솔은 스트레스 호르몬으로도 알려져 있으며, 가장 중요한 자연 코르티코스테로이드이다. 코티솔의 분비는 시상하부-뇌하수체-부신 축(HPA axis)을 통해 조절된다. 즉, 스트레스나 일주기 리듬에 따라 시상하부에서 부신피질자극호르몬 방출호르몬(CRH)이 분비되고, CRH는 뇌하수체 전엽을 자극하여 부신피질자극호르몬(ACTH)의 분비를 촉진한다. 이어서 ACTH는 혈류를 통해 부신 피질에 도달하여 코티솔의 생성과 분비를 자극하게 되는데, 혈중 코티솔 농도가 증가하면 음성 피드백을 통해 CRH와 ACTH의 분비가 억제된다.

코티솔은 체내의 다양한 생리적 과정을 조절하는 데 중요한 역할을 한다. 간에서 포도당 생성을 증가시켜 혈당 수치를 높이며, 염증 반응을 억제하고 면역 시스템을 조절한다. 또한, 스트레스 상황에서 체내 대사를 조절하고, 지방 분해와 단백질 분해를 촉진하기도 한다.

합성 코르티코스테로이드 약물은 이러한 자연 코티솔의 작용을 모방하여 강력한 항염증 및 면역억제 효과를 나타낸다. 그러나 자연 코티솔보다 더 강력하고 지속적인 효과를 가지고 있어, 다양한 질병의 치료에 사용되지만 동시에 이상반응의 위험도 증가한다.

그림 12-13 HPA 축으로 조절되는 코티솔

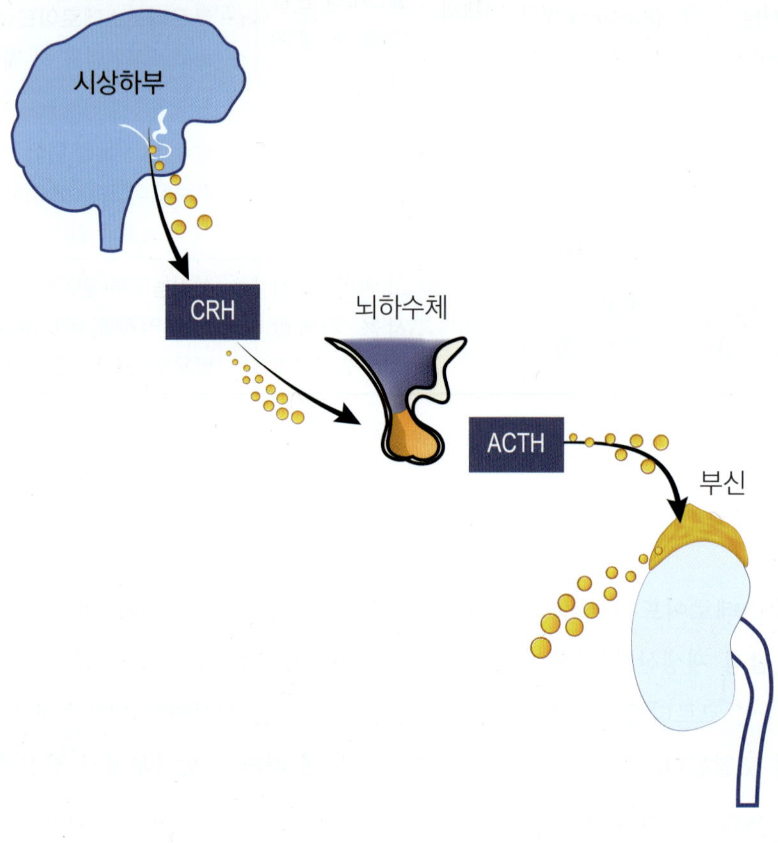

●●● 그림 12-14 당질코르티코이드의 항염증 기전

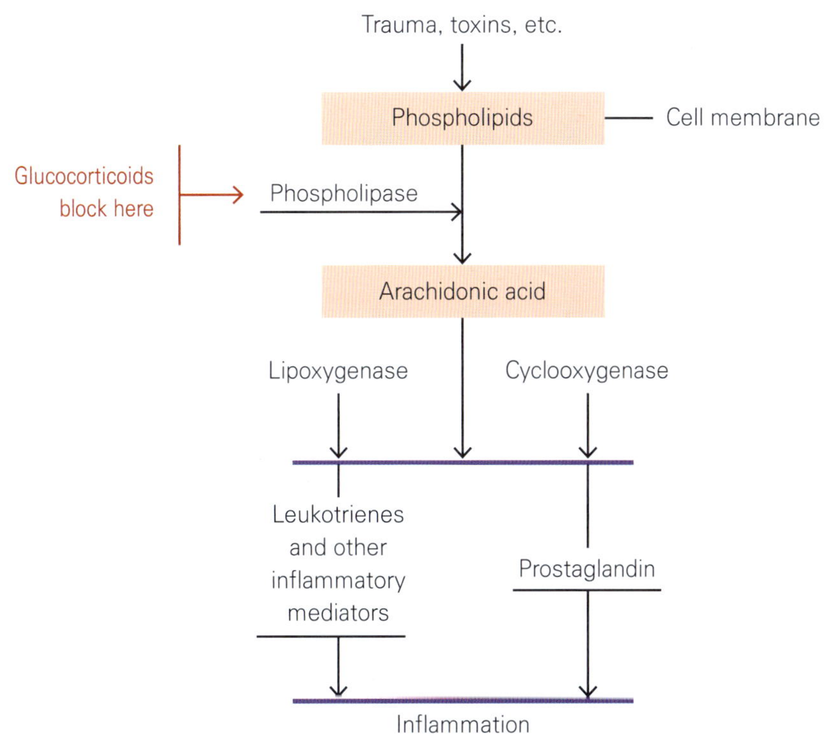

코르티코스테로이드 약물은 작용에 따라 크게 당질코르티코이드(glucocorticoid)와 무기질코르티코이드(mineralocorticoid)로 나눌 수 있다. 당질코르티코이드는 주로 항염증 및 면역억제 효과를 나타내며, 무기질코르티코이드는 전해질과 수분 균형 조절에 관여한다. 당질코르티코이드의 주요 작용기전은 phospholipase A2 효소를 억제하여 프로스타글란딘(prostaglandin)과 류코트리엔(leukotriene)의 생성을 차단하는 것이다. 이는 NSAIDs보다 더 초기 단계에서 염증 발생과정을 억제하므로 보다 강력한 항염증 효과를 나타낸다.

코르티코스테로이드 약물은 또한 작용 지속 시간에 따라 단기, 중기, 장기 작용 약물로 분류된다. 단기 작용 약물(<12시간)에는 하이드로코르티손(hydrocortisone), 코르티손(cortisone)이 있으며, 중기 작용 약물(12-36시간)에는 프레드니손(prednisone), 프레드니솔론(prednisolone), 메틸프레드니솔론(methylprednisolone), 트리암시놀론(triamcinolone)이 있다. 장기

작용 약물(>48시간)로는 베타메타손(betamethasone), 덱사메타손(dexamethasone), 플루메타손(flumethasone), 파라메타손(paramethasone)이 사용된다. 임상에서 사용되는 대부분의 합성 코르티코스테로이드는 당질코르티코이드 작용이 강화된 형태이며, 자가면역 질환, 알레르기 반응, 염증성 질환, 특정 종류의 암, 부신 기능 부전 등의 질환 치료에 광범위하게 사용된다. 그러나 코르티코스테로이드의 장기 사용은 쿠싱 증후군, 골다공증, 당뇨병, 고혈압 등의 심각한 이상반응을 유발할 수 있으므로 신중한 사용이 필요하다.

① 하이드로코르티손(Hydrocortisone): 당질코르티코이드 수용체에 결합 작용한다. 단기 작용 항염증, 면역억제, 항알레르기의 약리효과를 나타내어 급성 알레르기 반응, 아나필락시스(anaphylaxis), 부신피질 기능부전 치료에 사용된다. 대표적 약물제형으로 Solu-Cortef®이 있으며, 위장관 궤양, 면역억제, 다뇨증 등의 이상반응이 유발될 수 있다.

② 코르티손(Cortisone): 체내에서 하이드로코르티손으로 전환되어 작용한다. 단기 작용 항염증, 면역억제의 약리효과를 나타내어 급성 염증성 질환, 알레르기 반응 제어를 목적으로 사용된다. 위장관 궤양, 다음증, 근육 소실과 같은 이상반응이 알려져 있으며, 대표적 약물제형으로 Cortone®이 있다.

③ 프레드니솔론/프레드니손(Prednisone/Prednisolone): 당질코르티코이드 수용체에 결합하여 작용하며, 중등도의 항염증, 면역억제, 항알레르기의 약리효과를 나타낸다. 염증성 질환 및 자가면역 질환 치료, 알레르기, 쇼크 등에 적용하며 대표적 약물제형으로 Pediapred®가 있다. 이상반응으로 위장관 궤양, 면역억제, 쿠싱 증후군, 당뇨병이 유발될 가능성이 있다.

④ 메틸프레드니솔론(Methylprednisolone): 프레드니손보다 더 강력한 당질코르티코이드 작용이 있다. 중등도-강력한 항염증 및 면역억제 효과가 있어 관절염, 알레르기성 질환 및 자가면역 질환 치료에 사용된다. 이상반응으로 위장관 궤양, 면역억제, 당뇨병 유발 가능성이 있으며, Depo-Medrol®, Solu-Medrol®와 같은 대표 약물제형이 있다.

⑤ 트리암시놀론(Triamcinolone): 중간 강도의 당질코르티코이드 작용이 있다. 중등도의 항염증, 항알레르기 약리효과를 나타내어 피부 염증, 관절염, 알레르기성 질환 치료에 사용된다. 대표적 약물제형으로 트리암시놀론®(Triamcinolone acetonide®)이 있으며, 피부 위축, 털 성장 억제, 쿠싱 증후군 등이 이상반응으로 알려져 있다.

⑥ 덱사메타손(Dexamethasone): 항염증 효과가 프레드니손의 약 7배에 해당하는 강력한 당질코르티코이드 작용이 있다. 강력한 항염증, 면역억제 약리효과로 심각한 염증, 뇌부종, 쇼크, 종양 치료에 사용되며, 대표적 약물제형으로 덱사메타손®(Dexamethasone sodium phosphate®)이 있다. 심각한 면역억제, 위장관 궤양, 쿠싱 증후군이 유발될 수 있어 사용 시 주의가 필요하다.

성분명	상품명	주요작용	비고
하이드로코르티손 (Hydrocortisone)	솔루코테프® (Solu-Cortef®)	단기작용 항염증, 면역억제, 항알레르기 효과	• NSAIDs와 병용 시 위장관 궤양 위험 증가 • 와파린과 병용 시 항응고 작용 증가
코르티손(Cortisone)	코르톤® (Cortone®)	단기작용 항염증, 면역억제 효과	• NSAIDs와 병용 시 위장관 궤양 위험 증가 • 인슐린과 병용 시 혈당 조절 어려움
프레드니솔론/프레드니손(Prednisone/ Prednisolone)	페디어프레드® (Pediapred®)	중등도 항염증, 면역억제, 항알레르기 효과	• 플루오로퀴놀론계 항생제와 병용 시 건염/건파열 위험 증가 • 이뇨제와 병용 시 저칼륨혈증 위험
메틸프레드니솔론 (Methylprednisolone)	디포메드롤® (Depo-Medrol®) 솔루메드롤® (Solu-Medrol®)	중등도-강력한 항염증, 면역억제 효과	• 사이클로스포린과 병용 시 면역억제 작용 증가 • 디곡신과 병용 시 디곡신 독성 위험
트리암시놀론 (Triamcinolone)	트리암시놀론® (Triamcinolone acetonide®)	중등도 항염증, 항알레르기 효과	• NSAIDs와 병용 시 위장관 궤양 위험 증가 • 항진균제와 병용 시 부신억제 위험
덱사메타손 (Dexamethasone)	덱사메타손® (Dexamethasone sodium phosphate®)	강력한 항염증, 면역억제 작용	• NSAIDs와 병용 시 위장관 출혈 위험 증가 • 인슐린과 병용 시 혈당 조절 어려움

4 기타 통증 및 염증 조절 약물(Miscellaneous Pain and Inflammation Control Agents)

(1) α-2 아드레날린 작용제(α-2 Adrenergic Drugs)

α-2 아드레날린 작용제는 동물의 진정, 진통, 근육 이완 효과를 위해 사용되는 약물군이다. 이 약물들은 중추신경계와 말초신경계의 α-2 아드레날린 수용체에 작용하여 노르에피네프린의 분비를 억제함으로써 그 효과를 나타낸다. 주로 자일라진(xylazine)과 같은 약물이 반려동물(소동물) 임상에서 사용되며, 특히, 메데토미딘(medetomidine), 덱스메데토미딘(dexmedetomidine)은 높은 α-2 아드레날린 수용체 선택성으로 인해 예측 가능하고 효과적인 진정·진통 효과를 제공한다. α-2 아드레날린 작용제의 진통 효과는 주로 척수 후각의 비노르아드레날린성 수용체에 결합하여 나타나는데, 이는 통증 전달 물질의 분비를 억제하고 상행성 척수 통증 전달을 감소시킨다. 또한, 이 약물들은 수술 전후 스트레스 반응을 완화하고 카테콜아민과 코티솔 수치를 감소시켜 전반적인 통증 관리에 도움을 준다. 그러나 α-2 아드레날린 작용제는 심혈관계에 미치는 영향으로 인해 주의가 필요하다. 초기 혈압 상승과 이에 따른 반사성 서맥, 이후의 혈압 저하와 심박출량 감소 등의 이상반응이 나타날 수 있다. α-2 아드레날린 작용제에 대한 내용은 제10장 신경계 주요 약물에서 자세히 기술하였다.

(2) 항히스타민제(Antihistamines)

항히스타민제는 주로 알레르기 반응과 과민성 질환의 치료에 사용되지만 근골격계 및 관절 질환과 관련된 염증 및 가려움증 조절에도 도움이 될 수 있다. 항히스타민제는 크게 H1 히스타민 수용체 차단제와 H2 히스타민 수용체 차단제로 나눌 수 있다. 이 두 종류의 항히스타민제는 각각 다른 목적으로 사용된다. 히스타민은 혈관 확장과 투과성 증가에 관여하는데, H1 히스타민 수용체 차단제는 이러한 염증 반응을 억제하여 부종과 통증을 감소시킬 수 있다. 일부 H1 히스타민 수용체 차단제는 중추신경계에 작용하여 진통 효과를 나타낼 수 있고, 진정 작용과 함께 경미한 진통 효과를 제공할 수 있다. 또한, 일부 항히스타민 계열 약물은 근육 이완 효과를 나타낼 수 있어 근골격계 질환으로 인한 근육 긴장을 완화하는 데 도움이 된다. 근골격계 질환과 관련된 피부 증상, 특히 가려움증을 완화하는 데 사용될 수 있다. 그러나 H1 히스타민 수용체 차단제의 근골격계 질환에 대한 효과는 제한적일 수 있으며, 주로 보조적인 역할을 한다. 따라서 H1 히스타민 수용체 차단제는 NSAIDs나 코르티코스테로이드와 같은 다른 치료제와 함께 사용되어 근골격계 및 관절 질환의 종합적인 관리에 기여할 수 있다. H2 히스타민 수용체 차단제는 위산 분비를 억제하는 데 주로 사용되며, 위궤양, 십이지장궤양, 위식도역류질환 등의 치료에 효과적이다. 이 약물들은 위 벽세포의 H2 히스타민 수용체에 경쟁적으로 결합하여 히스타민의 작용을 차단함으로써 위산 분비를 감소시킨다. 또한, NSAIDs나 코르티코스테로이드로 인한 위장관 이상반응을 예방하기 위한 목적으로도 사용된다.

1) H1 차단제(H1 Blockers)

① 디펜히드라민(Diphenhydramine): H1 수용체에서 히스타민의 작용을 경쟁적으로 차단하여 작용한다. 항히스타민, 진통 효과, 근육 이완, 항구토 작용의 약리효과를 나타내어 개, 고양이, 말, 소의 알레르기 반응, 멀미, 가려움증 치료에 사용된다. 대표적 약물제형으로 디펜히드라민®(Diphenhydramine HCl®)이 있으며, 졸음, 구강 건조, 요저류, 위장관 장애 등의 이상반응이 유발될 수 있다.

② 클로르페니리민(Chlorpheniraminc): H1 수용체 길항제이자 세로토닌-노르에피네프린 재흡수를 억제하는 작용을 한다. 항히스타민, 경미한 진정, 진통의 약리효과를 나타내어 개, 고양이의 알레르기 반응, 백신 반응, 가려움증 치료에 사용된다. 대표적 약물제형으로 Chlor-Trimeton®이 있으며, 경미한 진정, 위장관 장애 등의 이상반응이 유발될 수 있다.

③ 세티리진(Cetirizine): 선택적 H1 수용체 길항제로서 항히스타민 작용, 항염증, 최소한의 진정 효과를 나타낸다. 개, 고양이의 알레르기성 피부염, 가려움증 치료에 사용되며, Zyrtec®과 같은 대표 약물제형이 있다. 경미한 위장관 장애가 유발될 수 있다.

2) H2 차단제(H2 Blockers)

① 라니티딘(Ranitidine): H2 수용체에서 히스타민의 작용을 경쟁적으로 차단하여 작용한다. 위산 분비 억제 효과가 있어 개, 고양이, 말의 위궤양, 위식도역류질환 치료에 사용된다. 대표적 약물제형으로 잔탁®(Zantac®)이 있으며, 설사, 구토 등의 이상반응이 유발될 수 있다.

② 시메티딘(Cimetidine): H2 수용체 길항제로서 위산 분비를 억제한다. 개, 고양이, 말의 위궤양, 위식도역류질환 치료에 사용되며, Tagamet®와 같은 대표 약물제형이 있다. 위장관 장애나 간 효소 상승이 유발될 수 있다.

③ 파모티딘(Famotidine): 선택적 H2 수용체 길항제로서 위산 분비 억제 약리효과를 나타낸다. 개, 고양이, 말의 위궤양, 위식도역류질환 치료에 사용된다. 경미한 위장관 장애가 이상반응으로 알려져 있으며, 대표적 약물제형으로 Pepcid®가 있다.

<table>
<tr><th>성분명</th><th>상품명</th><th colspan="2">주요작용</th><th>비고</th></tr>
<tr><td>디펜히드라민
(Diphenhydramine)</td><td>디펜히드라민®
(Diphenhydramine HCl®)</td><td rowspan="3">H1
차단제</td><td>항히스타민 작용, 진통 효과, 근육 이완</td><td>알코올, 다른 중추신경억제제와 병용 시 진정 작용 증가</td></tr>
<tr><td>클로르페니라민
(Chlorpheniramine)</td><td>클로르트리메톤®
(Chlor-Trimeton®)</td><td>항히스타민 작용, 경미한 진통 효과</td><td>항콜린제와 병용 시 항콜린 작용 증가</td></tr>
<tr><td>세티리진
(Cetirizine)</td><td>지르텍®
(Zyrtec®)</td><td>항히스타민 작용, 항염증 효과</td><td>기관지 확장제인 테오필린(theophylline)과 병용 시 세티리진 혈중 농도 감소</td></tr>
<tr><td>라니티딘
(Ranitidine)</td><td>잔탁®
(Zantac®)</td><td rowspan="3">H2
차단제</td><td>위산 분비 억제, NSAID 유발 위장관 손상 예방</td><td>와파린과 병용 시 혈액 응고 시간(INR) 증가</td></tr>
<tr><td>시메티딘
(Cimetidine)</td><td>타가메트®
(Tagamet®)</td><td>위산 분비 억제, NSAID 유발 위장관 손상 예방</td><td>다양한 약물의 대사를 억제하여 상호작용 가능성 높음</td></tr>
<tr><td>파모티딘
(Famotidine)</td><td>펩시드®
(Pepcid®)</td><td>위산 분비 억제, NSAID 유발 위장관 손상 예방</td><td>다른 H2 차단제에 비해 약물 상호작용이 적음</td></tr>
</table>

III 근육 이완 및 신경근 차단 약물

근육 이완제는 골격근의 긴장도를 감소시키거나 근육 수축을 억제하는 약물로 주로 동물 마취 시 근육 이완을 유도하거나 근육 경련을 치료하는 데 사용된다. 또한, 근육의 급성 염증, 외상과 같은 상황에서 발생할 수 있는 경련을 치료하고, 진단을 위한 과정에 도움이 될 수 있다. 근육 이완제는 크게 두 가지 유형, 즉, 신경근 접합부에서 작용하여 근육 수축을 억제하는 신경근 차단제와 중추신경계에 작용하여 근육 긴장도를 감소시키는 중추성 근이완제로 나눌 수 있다. 신경근 차단제는 다시 탈분극성과 비탈분극성으로 구분된다. 탈분극성 약물은 아세틸콜린 수용체를 지속적으로 자극하여 근육을 이완시키는 반면, 비탈분극성 약물은 아세틸콜린 수용체를 차단하여 근육 수축을 억제한다.

① 석시닐콜린(Succinylcholine): 탈분극성 신경근 차단제로서 아세틸콜린 수용체에 결합하여 지속적 탈분극을 유도한다. 골격근 이완의 약리효과를 나타내어 빠른 기관 삽관, 짧은 수술적 처치, 전기경련요법 시 근경련 억제를 목적으로 사용된다. 대표적 약물제형으로 석사메토니움®(Suxamethonium®)이 있으며, 근육통, 고칼륨혈증, 악성 고열증, 안압 상승, 서맥 또는 부정맥 등의 이상반응이 유발될 수 있어 사용 시 주의가 필요하다.

② 브롬화 판크로니움(Pancuronium bromide): 비탈분극성 신경근 차단제로 아세틸콜린 수용체에 경쟁적 결합하여 작용한다. 골격근 이완의 약리효과를 통해 장시간 수술 시 근육 이완, 마취 유도 시 기관 삽관 보조제의 목적으로 사용된다. 히스타민 분비로 인한 혈관 확장, 빈맥, 저혈압, 근육 이완 효과가 연장되는 이상반응이 유발될 수 있으며, 대표적 약물제형으로 Pavulon®이 있다.

③ 브롬화 베쿠로니움(Vecuronium bromide): 비탈분극성 신경근 차단제로 아세틸콜린 수용체에 경쟁적 결합하여 작용한다. 골격근 이완의 약리효과를 통해 수술 시 근육 이완, 기관 삽관 보조제의 목적으로 사용된다. 간 또는 신장 기능 저하 시 근육 이완 효과가 연장되거나 드물게 아나필락시스가 유발되는 이상반응이 알려져 있으며, 대표적 약물제형으로 Norcuron®이 있다.

④ 아트라쿠리움(Atracurium): 비탈분극성 신경근 차단제로 아세틸콜린 수용체에 경쟁적 결합하여 작용한다. 골격근 이완의 약리효과를 통해 수술 시 근육 이완, 간 또는 신장

기능 저하 동물 마취 시에 사용된다. 대표적 약물제형으로 아트라쿠리움 베실산염®(Tracrium®)이 있으며, 경미한 혈관 확장 또는 드물게 기관지 수축, 고용량 사용 시 중추신경계가 흥분되는 이상반응이 유발될 수 있다.

⑤ 단트롤렌(Dantrolene): 직접 작용 근이완제로서 근소포체에서 칼슘 이온의 유리를 억제하여 근육 수축을 감소시킨다. 골격근 이완의 약리효과를 나타내어 악성 고열증의 예방 및 치료, 척추손상, 발작, 뇌성마비, 다발성경화증 등으로 인한 만성 경직 치료에 사용된다. 대표적 약물제형으로 Dantrolene®이 있으며, 근력 약화, 졸음, 어지러움, 구역, 구토, 설사, 간 독성이 유발될 수 있어 장기 사용 시 주의가 필요하다.

성분명	상품명	주요작용	비고
석시닐콜린 (Succinylcholine)	석사메토니움® (Suxamethonium®)	탈분극성 신경근 차단제, 골격근 이완	콜린에스테라아제 억제제와 병용 시 작용 연장
브롬화 판크로니움 (Pancuronium bromide)	파불론® (Pavulon®)	비탈분극성 신경근 차단제, 골격근 이완	마그네슘, 아미노글리코사이드 항생제와 병용 시 근육 이완 효과 증강
브롬화 베쿠로니움 (Vecuronium bromide)	노큐론® (Norcuron®)	비탈분극성 신경근 차단제, 골격근 이완	흡입마취제와 병용 시 근이완 작용 증강
아트라쿠리움 (Atracurium)	아트라쿠륨 베실산염® (Tracrium®)	비탈분극성 신경근 차단제, 골격근 이완	흡입마취제, 아미노글리코사이드 항생제와 병용 시 근육 이완 작용 증강
단트롤렌 (Dantrolene)	단트롤렌® (Dantrolene®)	직접 작용 근이완제, 골격근 이완	칼슘 채널 차단제와 병용 시 심장 억제 작용 증강

Ⅳ 국소 마취제

국소 마취제는 신경섬유 내 신경 자극의 전도를 차단함으로써 특정 부위의 통증을 효과적으로 제어한다. 주요 작용부위는 신경막(nerve membrane) 또는 신경초(nerve sheath)로 나트륨 이온 통로를 차단하여 신경신호 전달을 억제한다. 국소 마취제의 투여 경로는 다양하며 특정 임상 상황에 맞춰 선택된다. 표면 마취, 국소 도포 마취, 침윤 마취, 신경전달 마취, 경막외 마취, 척수 마취 등이 포함되며 신경 차단, 신경절 차단, 신경총 차단, 척추 주위 차단, 지주막하 차단, 정맥 내 국소 마취 등의 방법이 있다. 국소 마취제의 효과는 그 화학적 특성, 특히 해리상수(pK_a) 값과 밀접한 관련이 있다. 이 약물들은 기본적으로 약염기성을 띠는데, pK_a는 용액 내 이온화된 형태와 비이온화된 형태의 비율을 결정한다. pH가 국소 마취제의 pK_a와 동일할 때, 이온화된 형태와 비이온화된 형태의 약물이 동일한 비율로 존재하게 된다. pK_a가 낮을수록 마취 효과가 더 빠르게 나타나는데, 이는 생리적 pH에서 더 많은 비이온화 형태로 국소 마취제가 존재하기 때문이다. 예를 들어, 리도카인(pK_a=7.8)은 부피바카인(pK_a=8.1)보다 빠른 작용 개시를 보인다. 조직의 pH 또한 국소 마취제의 효과에 영향을 미친다. 염증이 있는 조직과 같이 pH가 산성인 환경에서는 수소 이온 농노가 증가하여 국소 마취제의 이온화를 촉진한다. 이로 인해 약물이 신경초를 통과하는 능력이 감소하여 마취 효과가 저하될 수 있다.

●●● 그림 12-15 국소 마취제 작용기전

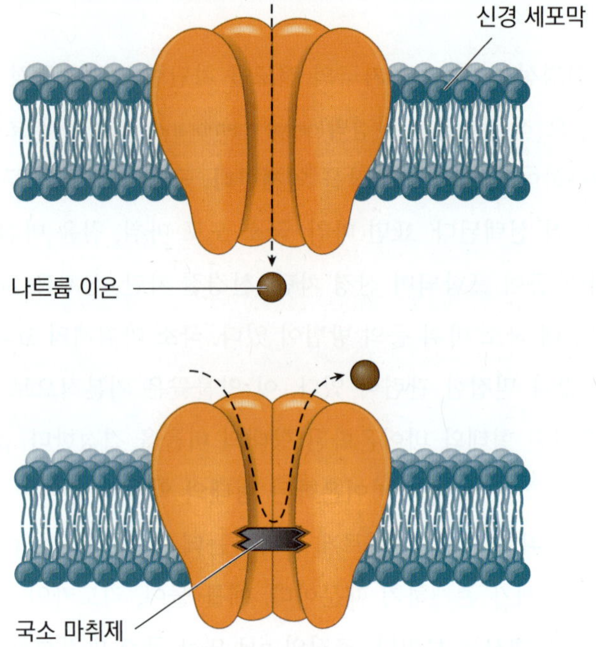

국소 마취제는 전압 의존성 나트륨 채널의 α 소단위에 결합하여 신경 활동전위의 생성과 전도를 차단하는 기전으로 작용한다. 이 과정은 사용 의존적이며, 신경 탈분극의 빈도가 증가할수록 차단 효과가 강화된다. '사용 의존적 차단' 또는 '빈도 의존적 차단' 현상은 국소 마취제의 효과와 신경 활성의 빈도와의 관계를 설명한다. 즉, 신경이 더 자주 사용되거나 신경 세포가 더 빠른 속도로 탈분극될수록(활동전위가 더 자주 발생할수록) 국소 마취제의 차단 효과는 더 강해진다. 이는 국소 마취제가 나트륨 이온채널이 열린 상태에 더 잘 결합하기 때문이다. 신경 활동이 증가하면 나트륨 채널이 더 자주 열리게 되고, 이에 따라 마취제가 채널에 결합할 기회가 더 많아진다. 이러한 특성 때문에 국소 마취제는 빠르게 발화하는 작은 신경 섬유(예: 통증섬유)에 더 효과적으로 작용하는 반면, 큰 운동 신경 섬유는 상대적으로 덜 영향을 받는다. 약물의 지질 용해도, 단백질 결합 능력, 분자량 등의 요소들이 마취제의 효력, 작용 지속 시간, 발현 속도에 영향을 미친다. 국소 마취제의 작용 지속 시간은 약물이 신경세포 내에 머물러 나트륨 통로를 차단하는 시간에 달려 있다.

① 프로카인(Procaine): 전압 의존성 나트륨 이온채널 차단제로서 신경 세포막의 탈분극을 억제시킨다. 국소 마취, 침윤 마취, 신경 차단, 척수 마취를 목적으로 소동물 및 대동물의 침윤 마취, 신경 차단, 척수 마취, 페니실린 주사 시 통증을 감소시키기 위해 사용된다. 대표적 약물제형으로 프로카인 페니실린 G®(Procaine Penicillin G®)가 있으며, 신경과민, 어지러움, 알레르기 반응, 심한 경우 경련, 호흡부전, 심정지가 유발될 수 있어 사용 시 주의가 필요하다.

② 리도카인(Lidocaine): 전압 의존성 나트륨 이온채널 차단제로서 신경 세포막의 탈분극을 억제시킨다. 국소 마취, 항부정맥 효과를 나타내어 소동물 및 대동물의 침윤 마취, 신경 차단, 경막외 마취와 개, 고양이의 심실성 부정맥 치료, 말의 장폐색증 치료에 사용된다. 대표적 약물제형으로 리도카인®(Lidocaine HCl®)이 있으며, 신경과민, 떨림, 발작과 같은 중추신경계 흥분, 저혈압, 서맥 등의 심혈관계에 영향을 미칠 수 있고, 고용량 시 호흡억제, 심정지가 유발될 수 있어 사용 시 주의가 필요하다.

③ 프로파라카인(Proparacaine): 전압 의존성 나트륨 이온채널 차단제로서 신경 세포막의 탈분극을 억제시킨다. 소동물 안과 검사 및 치료 시 각막, 결막의 마취를 목적으로 사용된다. 눈 자극, 따가움, 화끈거림, 충혈, 눈물 분비, 눈 깜빡임 증가와 같은 이상반응이 유발될 수 있으며, 대표적 약물제형으로 Alcaine®이 있다.

④ 메피바카인(Mepivacaine): 전압 의존성 나트륨 이온채널 차단제로서 신경 세포막의 탈분극을 억제시킨다. 말에서 침윤 마취, 신경 차단, 관절강 내 마취, 경막외 마취, 파행 검사 또는 소동물의 국소 및 부위 마취를 목적으로 사용된다. 주사 부위 일시적 연조직 부종, 과량 투여 시 경련과 같은 중추신경계 영향 및 심폐 억제 가능성이 있어 사용 시 주의가 필요하며, 대표적 약물제형으로 Carbocaine-V®가 있다.

⑤ 부피바카인(Bupivacaine): 전압 의존성 나트륨 이온채널을 차단하고 프로스타글란딘 E2 수용체에 결합하는 기전으로 작용한다. 장시간 지속되는 국소 마취 및 진통 효과를 나타내어 소동물 및 대동물의 국소 침윤, 신경 차단, 경막외 마취, 관절강 내 주사를 목적으로 사용된다. 대표적 약물제형으로 부피바카인®(Bupivacaine HCl®)이 있으며, 떨림, 발작과 같은 중추신경계 장애, 서맥 등의 심혈관계, 홍반, 부종 등 주사 부위 국소 반응 등의 이상반응이 유발될 수 있다.

성분명	상품명	주요작용	비고
프로카인 (Procaine)	프로카인 페니실린 G® (Procaine Penicillin G®)	국소 마취, 침윤 마취, 신경 차단, 척수 마취	• 페니실린과 병용 시 상승효과 • 설폰아미드계 약물과 병용 시 길항 작용
리도카인 (Lidocaine)	리도카인® (Lidocaine HCl®)	국소 마취, 항부정맥 효과	• β-차단제와 병용 시 심장 억제 증가 가능 • 마취제(할로탄 등)와 병용 시 부정맥 위험
프로파라카인 (Proparacaine)	알카인® (Alcaine®)	각막, 결막의 국소 마취	• 다른 점안제와 병용 시 최소 5분 간격 유지 필요 • 장기 사용 시 각막 손상 위험
메피바카인 (Mepivacaine)	카르보카인® (Carbocaine-V®)	국소 및 부위 마취	• 설폰아미드계 약물과 병용 시 메트헤모글로빈혈증 위험 증가 • 에피네프린 첨가 시 작용 시간 연장
부피바카인 (Bupivacaine)	부피바카인® (Bupivacaine HCl®)	장시간 지속되는 국소 마취 및 진통 효과	• Class III 항부정맥제와 병용 시 심장 독성 위험 증가 • 에피네프린 첨가 시 작용 시간 연장 및 전신 흡수 감소

Memo

CHAPTER

13

눈 및 귀 작용 주요 약물 (Opthalmic and Otic Drugs)

Ⅰ. 눈 및 귀 구조 및 기능

Ⅱ. 눈 및 귀에 작용하는 주요 약물

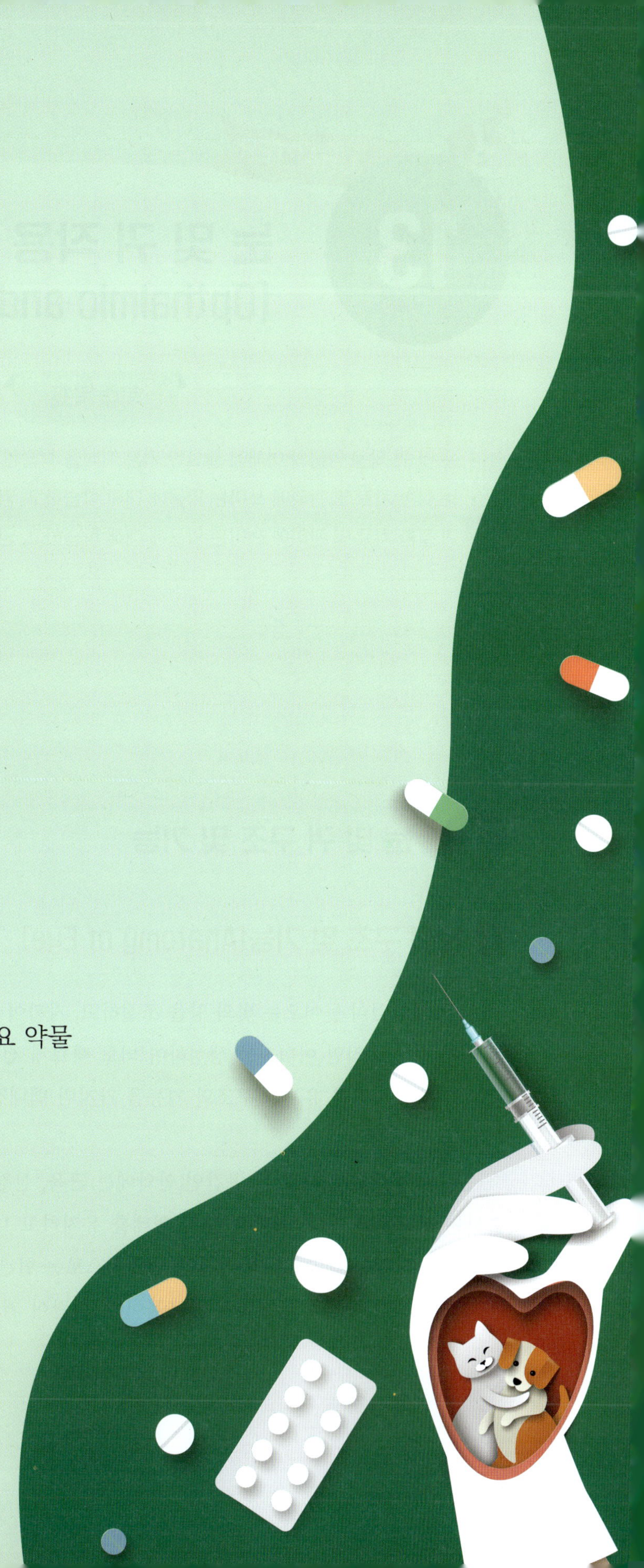

CHAPTER

13 눈 및 귀 작용 주요 약물 (Opthalmic and Otic Drugs)

학습목표

- 눈 및 귀 작용 약물의 이해에 필요한 기본 지식을 학습한다.
- 눈 질환 치료 및 관리에 쓰이는 약물에 대해 학습하고, 임상에 응용할 수 있다.
- 귀 질환 치료 및 관리에 쓰이는 약물에 대해 학습하고, 임상에 응용할 수 있다.

I 눈 및 귀 구조 및 기능

1 눈의 구조 및 기능(Anatomy of Eye)

눈은 끊임없이 들어오는 빛의 양을 조절하고, 가까이 있는 물체와 멀리 있는 물체에 초점을 맞추어, 연속적인 이미지를 생성하여 뇌로 빠르게 전달하는 기능을 한다. 개를 포함하여 동물의 눈은 사람과 유사한 구조와 기능을 가지며 백내장, 녹내장 등의 여러 가지 눈질환을 겪을 수 있다.

안구가 들어있는 뼈로 된 공간인 안와에는 근육, 신경, 혈관, 그리고 눈물을 생성하고 배출하는 기관들이 있다. 공막은 눈의 형태를 유지하고 내부기관을 보호하는 섬유성막이며, 눈의 앞쪽을 덮는 각막으로 이어진다. 바깥쪽으로는 혈관이 풍부한 결막으로 연결된다. 각막은 투명한 막으로 빛이 통과하는 구조물이다. 혈관이 거의 없으나, 감각신경은 발달되어 있다. 홍채는 눈의 원형 색깔 영역으로, 눈의 중앙에 있는 검은색 영역인 동공을 더 크게 또는 더 작게 만들어 눈에 들어오는 빛의 양을 조절한다. 주변이 어두울 때 동공은 더 많은 빛을 받아들이기 위해 커지고, 주변이 밝을 때 동공은 더 적은 빛을 받아들이기 위해 작아진다. 홍채 뒤에 있는 수정체는 모양을 바꾸어 빛을 망막에 초점을 맞춘다. 섬모근이 수축하면 수정체가 두꺼워지고, 이로 인해 수정체가 가까운 물체에 초점을 맞출 수 있다. 섬모근이 이완되면 수정체가 얇아져 먼 물체에 초점을 맞출 수 있다. 이러한 수정체 변화는 개에서는 제한적이다. 망막에는 빛을 감지하는 세포(광수용체)가 들어있으며, 개에서 망막의 가장 민감한 부위는 중심 영역이라고 한다. 이 영역에는 시각적 이미지를 선명하게 만드는 수천 개의 광수용체가 밀집되어 있으며, 각 광수용체는 신경 섬유에 연결되어 있다. 모든 신경 섬유는 함께 묶여 시신경을 형성한다. 망막의 광수용체는 이미지를 전기 자극으로 변환하고, 이 자극은 시신경을 통해 뇌로 전달된다. 위아래 눈꺼풀은 눈을 덮고 반사적으로 눈을 깜빡여 눈을 보호하는 얇은 피부 주름이며, 눈을 깜빡이게 하여 눈물이 눈 표면에 퍼져 촉촉함을 유지하고 작은 이물질을 제거하는 데 도움이 된다. 개에서는 윗눈꺼풀과 아랫눈꺼풀 외에, 셋째 눈꺼풀(제3안검)이라고 하는 순막이 존재한다. 셋째 눈꺼풀은 눈 안쪽 모서리 아래에 위치하지만, 염증이 생기면 아랫눈꺼풀 위로 가로질러 부풀어 오르기도 한다. 눈물은 눈의 기능이 원활하도록 도와주고 물, 기름, 점액으로 구성되어 있다. 눈물샘은 양쪽 눈의 바깥쪽 위쪽 가장자리에 위치하고, 결막에 있는 점액샘(잔세포라고 함)은 점액을 생성한다. 눈꺼풀에 있는 마이봄샘은 지질 성분을 분비한다. 생성된 눈물은 비루관을 거쳐 코로 배출된다. 이 관은 각각 코 근처 윗눈꺼풀과 아랫눈꺼풀 가장자리에서 시작된다.

신경계, 심혈관계, 면역계, 내분비계 등 많은 계통에서 사용되는 약물들이 안과 질병 치료를 위해서 사용될 수 있지만, 이 장에서는 눈에 국소적으로 사용되는 약물을 주로 다루고자 한다. 안과용 약물은 결막, 각막, 안방수, 홍채, 수정체, 포도막, 유리체, 망막이 주된 표적 조직이 되며, 혈액-안구 장벽으로 인해 건강한 눈의 안쪽으로는 약물이 전달되기 어렵다. 또한 후안방 질병은 국소적 약물 처치로 효과적으로 치료될 수 없다. 그러나 안과용 약물의 국소적 사용은 다른 몸 부위로의 약물 노출을 최소화하면서, 상대적으로 높은 농도를 얻을 수 있어 여러 가지 제형으로 널리 사용되고 있다. 눈 표면에 적용하는 점안액 또는 현탁액은 남는 약물이 비루관으로 내려가 코나 소화관 점막을 통해 전신 흡수가 일어날 수 있으므로, 적용하는 약물의 용량이 50ul(소동물에서는 20ul)를 초과하지 않는 것이 좋다. 눈물에 의한 눈 세척 시간이 평균 3~6분이므로, 여러 종류의 안약을 연속해서 넣는다면 점안 간격을 5분으로 하면 더 효과적이며, 약물의 혼합으로 인한 자극을 줄일 수 있다.

그림 13-1 개의 외부 눈 구조(앞면)

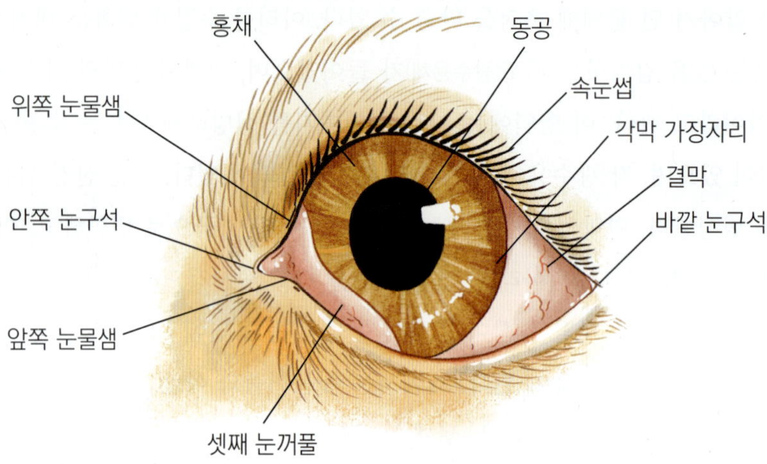

2 귀의 구조 및 기능(Anatomy of ear)

귀는 청각과 평형감각을 담당하는 기관으로, 바깥귀(outer ear), 가운뎃귀(middle ear), 속귀(inner ear)로 구성되어 있다. 바깥귀는 소리를 모으는 귓바퀴(pinna)와 소리를 전달하는 통로인 귀길(ear canal, 이도)을 포함한다. 귀길은 수직 귀길(vertical ear canal)과 수평 귀길(horizontal ear canal)로 구분되는 'ㄴ'자형 구조를 가진다. 바깥길 피부의 표피층(epidermis)에는 피지선(sebaceous glands)과 귀지샘(ceruminous glands)이 있어 귀지(cerumen)를 생성한다. 특히 개는 품종에 따라 귀 모양이 다양하며, 축 늘어진 귓바퀴를 가진 품종(예: 코커 스패니얼, 바셋하운드 등)은 환기나 배출이 어려워 감염에 취약한 편이다. 또한 알레르기(allergy), 기생충(parasites), 부적절한 위생(poor hygiene)으로 인한 외이염(otitis externa)은 반려동물에서 흔한 질병이며, 일반적으로 국소 약물로 치료한다. 귀 질환에 사용하는 약물은 일반적으로 수송체(vehicle)와 유효 성분(active ingredient)으로 이루어져 있다. 수송체(vehicle)는 유효 성분(active ingredient)을 안정화시키고 전달을 촉진하며, 약물의 pH를 조절하고 제형의 질감(texture)과 향(fragrance)을 추가하여 사용감을 높이는 역할을 한다. 유효성분(active ingredients)은 항생제(antibiotics), 항진균제(antifungals), 항기생충제(antiparasitics), 항염증제(anti-inflammatories), 각질용해제(keratolytics), 세정제(cleaners) 등 질병의 상태와 원인에 따라 적절하게 사용할 수 있다.

그림 13-2 개의 귀 구조

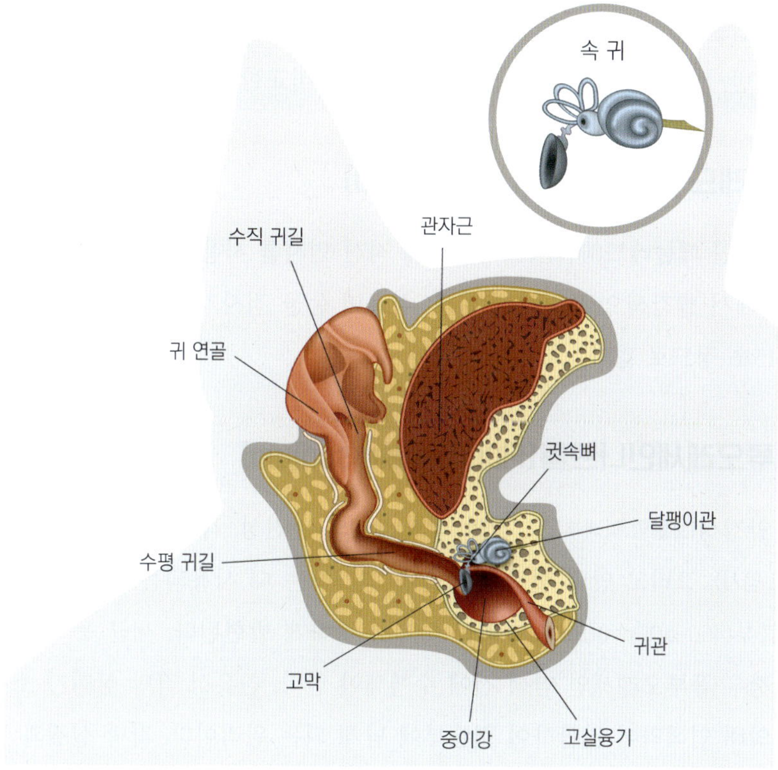

Ⅱ 눈 및 귀에 작용하는 주요 약물

1 안과 질환 진단을 위한 검사 및 사용 약물들

(1) 쉬르머 눈물검사(Schirmer tear test)

눈물샘과 셋째 눈꺼풀 깊은샘에서 생성되는 눈물의 수성 부분을 측정하는 방법이다. 측정값은 분당 습윤량(mm)으로 표시된다. 쉬르머 검사는 국소마취 없이 시행되며, 외부자극으로 분비되는 반사 눈물량과 기저 눈물량을 측정하여 비교한다.

(2) 페놀레드 검사(Phenol red thread)

pH 지시약인 페놀레드(페놀설폰프탈레인)에 적신 면사를 사용한다. 눈물(알칼리성)에 닿으면 색이 노란색에서 빨간색으로 변하게 된다. 쉬르머 눈물 검사가 60초가 소요되지만, 페놀레드 검사는 15초 정도로 짧다.

(3) 플루오레세인나트륨(Fluorescein sodium)

눈물막 안정성(눈물막 파괴 시간), 각막 상피(궤양)의 완전성, 각막 완전성(자이델 검사), 비루관 개통성(존스 검사), 그리고 안내 혈관 조영술을 평가하는 데 사용되는 친수성 염료이다. 형광은 코발트블루(450~500nm) 또는 자외선 하에서 강하게 발현된다. 세균 등 미생물 배양검사가 필요할 경우 플루오레세인 염색 전에 수행해야 한다. 친유성 각막 상피가 소실되면 친수성 실질에 의해 염색약이 결합하여 결손부에 남게 되는 원리이다. 각막 실질과 각막 내피층 사이에 있는 기저막인 데스메막은 친유성이기 때문에, 중심부에 염색약이 발현되지 않는다면 실질부 소실을 의미한다. 단두종의 경우 아래쪽 비인두로 염색약이 배출될 수 있으므로, 비루관이 개통되어 있어도 콧구멍에는 염색약이 나타나지 않을 수 있다.

(4) 로즈 벵갈(Rose bengal)

결막 및 각막 상피 세포의 손상을 식별하는 데 사용되는 염색약이다. 건강한 세포도 염색될 수 있으며, 고양이의 경우 고양이 헤르페스 바이러스로 인한 수지상 궤양을 찾는 데 유용하다. 사용 시 따끔거릴 수 있다.

(5) 리사민 그린(Lissamine green)

각결막염 진단 시 죽거나 퇴화된 결막 세포를 염색하는 데 사용되는 녹색 유기염료이다. 로즈 뱅갈에서와 같은 자극은 없다.

(6) 국소마취제(Topical anesthesia)

안압검사, 코눈물관 관류, 각막 죽은 조직 제거, 결막 하 주사 등 안과 질환 진단검사 및 치료를 위해 사용할 수 있다. 백내장 수술 시 산동을 유지하고, 혈액-안방수 장벽을 안정화시키기 위해 수술 전 사용할 수 있다. 가장 일반적으로 사용되는 제제는 프로프라카인(proparacaine) 0.5%, 테트라카인(tetracanine) 0.5~2% 연고 또는 용액이다. 이 약물들은 나트륨 채널을 차단하여 액손의 탈분극을 막고, 서서히 신경의 활동 전위를 낮춰서 신경 섬유 전도를 가역적으로 차단함으로써 작용하는 기전이다. 주로 안구 표면에 1~2방울 떨어뜨리면 1분 이내 마취에 도달하고, 개에서 45분, 고양이와 말에서 25분까지 지속된다. 부작용으로 테트라카인(tetracanine)은 불에 데는 듯한 통증, 충혈, 가마부종을 일으킬 수 있다. 국소마취약 사용 시 눈물 생산이 감소되거나, 반복 투여할 경우 각막 궤양을 유발할 수 있으므로 주의해야 한다. 눈앞이 흐려지거나, 동통으로 인해 눈을 비빌 경우 통증 자각이 없으므로 각막 손상이 일어나기 쉽다.

(7) 안구질환 진단을 위한 자율신경계 약물들(Autonomic drugs for ocular disease diagnosis)

홍채와 모양체 근육은 자율신경계의 지배를 받는다. 교감신경 자극은 투쟁-도피 반응(fight-or-flight response)을 유발하여 동공 확장(산동)을 유발한다. 부교감신경 자극은 반대로 동공 수축(축동)이 일어난다.

1) 산동제(Mydriatic agents)

산동제는 동공을 확장하는 데 사용되는 약물이다. 산동제는 작용 기전에 따라 교감신경

흥분제와 부교감신경억제제로 나눌 수 있다. 교감신경흥분제(작용제)는 홍채의 확장근을 자극하는 반면, 부교감신경억제제(길항제)는 홍채와 모양체 근육의 마비(홍채운동 마비)를 유발한다.

① 교감신경흥분제(Sympathomimetics)

㉠ 페닐에프린(Phenylephrine HCl 2.5% 및 10%): 동공 확장, 국소 혈관 수축 및 지혈의 보조제로 사용되는 알파-아드레날린성 교감신경흥분제이다. 이 약물은 홍채 확장근의 작용제로 작용하며, 호너 증후군(Honer's syndrome) 치료에 사용할 수 있다. 반복 사용 시 심박수와 혈압을 상승시킬 수 있다.

② 부교감신경차단제(Parasympatholytic mydriatics)

㉠ 트로피카마이드(Tropicamide): 합성 3가 아민 항무스카린성 약물로, 홍채와 모양체근에 대한 아세틸콜린의 작용을 억제한다. 이로 인해 홍채 확장(산동)과 모양체근 조절 마비(효과 미약)가 발생한다. 트로피카마이드(tropicamide)는 아트로핀(atropine)보다 효과 발현 시간(15~20분)과 지속 시간(4~8시간)이 짧다. 그러므로 치료용으로 사용하기보다 진단용(1% 트로피카마이드)으로 국소적으로 사용된다. 수정체와 눈의 후방(안저) 검사를 쉽게 하기 위해 동공을 확장하고, 혈액-안방수 장벽 투과성을 낮추므로 안내 수술 전 산동을 유도하는 데 적합하다.

㉡ 아트로핀(Atropine): 모양체근 조절마비 효과가 뛰어나고, 동공 확장을 유발한다. 작용 발현 시간은 15~30분, 효과 지속은 24시간~7일 이상 지속되므로 일시적인 산동 유발이나 안저 검사를 위해 진단용으로 사용하기에는 주의가 필요하다. 혈액-안방수 장벽 투과성을 감소시켜 포도막염과 관련한 임상 증상을 감소시켜 준다. 또한 동공을 확장시켜 수정체 및 안구 후방 수술을 쉽게 해준다. 아트로핀(atropine)은 주로 1% 용액으로 국소적으로 사용하며, 효과를 얻기 위해 1일 1~3회 투여해야 하고, 비강을 통해 구강으로 들어갈 경우 쓴맛이 나기 때문에 연고제로 사용하는 것이 좋다. 소동물의 경우 전신 흡수로 인해 독성이 있을 수 있으며, 말(horse)의 경우 매일 자주 사용하면 산통 증상이 나타날 수 있다.

2) 축동제(Miotic Agents)

동공 수축(축동)은 부교감신경흥분제나 교감신경억제제를 사용하여 일으킬 수 있다. 부교감신경흥분제(콜린성 작용제)는 홍채와 모양체근의 무스카린 수용체에 아세틸콜린과 유사한 작용을 한다.

① 필로카르핀(Pilocarpine): 직접적으로 작용하는 콜린성 작용제로, 1~8% 용액과 4% 연고제제로 흔히 사용된다. 작용 발현 시간은 10분, 효과 지속은 6시간 정도이므로, 8~12시간마다 도포해야 한다. 눈물샘을 자극하여 눈물을 증가시키고, 안방수 배출 저항성을 감소시킴으로써 안압을 감소시키므로 건성각결막염 또는 원발성 녹내장 치료에 사용한다.

② 디메카리움 브로마이드(Demecarium bromide): 국소 항콜린에스테라제 억제제로 아세트콜린을 가수분해하는 아세틸콜린에스테라제(acetylcholinesterase)를 억제하여, 신경말단에 아세틸콜린(acetylcholine)이 계속해서 남아있게 만드는 작용을 한다. 효능이 강하고, 지속시간이 길어 12~24시간마다 투여하도록 한다. 0.125%~0.25% 디메카리움 브로마이드(demecarium bromide) 국소적용은 축동을 주로 유발하고, 원발성 수정체 불안정증(primary lens instability)이 발생한 눈의 불안정한 수정체 탈구를 늦추는 효과가 있으며, 한쪽 눈에 원발성 녹내장이 생긴 경우 반대쪽 눈에 예방적으로 사용할 수 있다.

2 안과용 항생제(Ophthalmic antibiotics)

많은 전신 항생제는 혈액-망막 장벽으로 인해 유리체 또는 정상 각막 등으로 거의 침투하지 못하므로, 안과 감염(세균성 안내염)의 치료를 위한 효과적인 농도에 도달하기 어렵다. 따라서 일부 전신감염으로 인한 안과질환에는 필요에 따라 전신 항생제를 선택적으로 사용하는 것이 바람직하다. 안구 표면에 감염이나 예방을 위해서는 안과용 국소제제 사용을 통해 안구 표면에 일정시간 약물농도가 유지되도록 적용하는 방법을 사용할 수 있으며, 너무 높은 농도를 적용할 경우, 눈에 자극이 되거나 상피재생에 오히려 위해를 끼칠 수 있으므로, 적절한 농도로 자주 투여하는 것이 효과적이다.

1) 테트라사이클린(Tetracycline)

광범위 정균 효과가 있으며, 특히 고양이의 마이코플라스마 및 클라미디아 감염에 효과적이며, 전신적으로는 리케차 감염에 효과적이다. 폴리믹신 B(polymyxin B)와 혼합하여 연고 또는 현탁액으로 사용한다.

2) 클로람페니콜(Chloramphenicol)

광범위 정균 효과가 있으며 각막에 잘 침투하므로 수의 안과에서 유용한 항생제이다. 포도상구균과 연쇄상구균 등에 효과적이나, 녹농균은 내성을 가진다.

3) 아미노글리코사이드계(Aminoglycosides)

살균 효과가 있는 상당히 광범위 항생제이며, 특히 그람 음성균에 효과적이다. 네오마이신(neomycin), 겐타마이신(gentamicin, 특히, 녹농균 궤양에 효과적), 토브라마이신(tobramycin) 등이 널리 사용된다. 정상적인 상피에는 잘 침투하지 못하고, 각막 상피에 독성이 있어 각막 치유를 지연시킬 수 있다. 네오마이신(neomycin), 바시트라신(bacitracin), 폴리믹신 B(polymyxin B)와 혼합 사용하여 삼중 항생제(triple antibiotics)로 흔히 사용한다. 네오마이신(neomycin)은 고양이에서 과민반응이 보고된 바 있다.

4) 펩타이드계(Peptide antibiotics)

그라미시딘(gramicidin), 바시트라신(bacitracin), 폴리믹신 B(polymyxin B)는 살균 효과가 있으며 국소적으로 사용할 수 있다. 손상 없는 각막이나 결막은 투과하지 못한다.

5) 플루오로퀴놀론계(Fluoroquinolones)

혐기성 세균에 대해서는 제한적인 광범위 항생제이나, 종종, 녹농균에도 효과를 보인다. 시프로플록신(ciprofloxacin)과 오플록사신(ofloxacin) 등이 있다.

3 안과용 항염증제(Ophthalmic anti-inflammatory agents)

(1) 스테로이드성 항염제(Steroidal Anti-inflammatory Agents)

스테로이드는 세포 침윤(cell infiltration)을 감소시키고 섬유아세포(fibroblast) 및 콜라겐 형성(collagen formation) 활동을 억제하며, 상피재생(epithelial regeneration)을 지연시키고 혈관신생

(angiogenesis)을 감소시키며, 리소좀(lysosome)을 안정화시키는 작용을 한다. 정상 고양이에서는 국소용 프레드니솔론(prednisolone)과 덱사메타손(dexamethasone)을 4~6주 이상 지속적으로 사용할 경우 백내장(cataract)을 유발한다는 보고가 있으며, 사람에게도 백내장(cataract)을 유발할 수 있다.

프레드니솔론 아세테이트 1%(prednisolone acetate 1%)와 덱사메타손 0.1%(dexamethasone 0.1%)는 각막(cornea) 및 전방 포도막(anterior uvea) 질환에 효과적이다.

(2) 비스테로이드성 항염제(Nonsteroidal anti-inflammatory drugs, NSAIDs)

프로스타글란딘 합성효소 억제제(prostaglandin synthetase inhibitors)를 포함하며 스테로이드 대체제로 사용된다. 전신 사용은 위장관 궤양 및 신장 손상을 유발할 수 있고, 국소적으로 사용하면 각막 상피화(corneal epithelialization) 및 각막 혈관 형성(corneal neovascularization)을 지연시킬 수 있다.

단독으로 또는 스테로이드와 함께 사용하여 프로스타글란딘 합성을 감소시킴으로써 염증을 감소시키고, 염증 물질에 의한 축동(miosis)을 감소시켜 동공 확대(mydriasis)를 증진시킬 수 있다. 일반적으로 비스테로이드성 항염증제(NSAIDs)는 코르티코스테로이드(corticosteroids)의 적절한 대체제이지만 효과는 다소 낮다.

주로 사용되는 약물은 플루비프로펜(flurbiprofen) 0.03%, 디클로페낙(diclofenac) 0.1%, 케토로락(ketorolac) 0.5%이다.

4 안과용 항바이러스제(Ophthalmic antiviral agents)

개와 고양이의 안과 질환에서 바이러스 감염은 주로 고양이에게서 나타날 수 있다. 안과용 항바이러스제는 주로 바이러스성 결막염(viral conjunctivitis), 각막염(keratitis), 포도막염(uveitis) 등에 사용될 수 있고, 주로 사용되는 약물은 다음과 같다.

(1) 트리플루리딘(Trifluridine)

피리미딘 뉴클레오사이드 유사체(pyrimidine nucleoside analogue)로, 바이러스 DNA

에 결합되어 바이러스 복제를 막아 증식을 억제하는 작용을 한다. 트리플루오로티미딘(trifluorothymidine)이 흔히 사용되는 제제이며, 이는 내약성이 우수하고, 용액으로 사용한다. 주로 고양이 헤르페스바이러스 1형(Feline Herpesvirus type 1, FHV-1) 감염에 따른 결막염 또는 각막염 치료에 사용한다.

(2) 이독수리딘(Idoxuridine)

트리플루리딘(trifluridine)과 같은 피리미딘 뉴클리오사이드 유사체로, 이 약물은 용해도가 낮아 효과를 보려면 조직 접촉 시간이 길어야 해서 자주 투여해야 한다(일 4~6회). 안구 표면에 다소 자극적일 수 있고, 일부 환자에게는 중증 결막염이 발생할 수 있다. 주로 용액(solution)과 연고(ointment)로 사용한다.

(3) 퓨린 유사체(Purine analogues)

갱싸이클로버(ganciclovir), 펜싸이클로버(penciclovir), 어사싸이클로버(acyclovir) 등이 있다. 갱싸이클로버(ganciclovir)는 고양이 헤르페스바이러스 1형에 있어 이독수리딘(idoxuridine)과 효과가 유사하고, 펜싸이클로버(penciclovir)보다는 훨씬 높다.

(4) 시토신 유사체(Cytosine analogue)

시도포버(cidofovir)는 FHV-1 치료에 가장 일반적인 국소 항바이러스제제이다. 생체 내에서 매우 효과적으로 작용하며, 작용시간이 길어 0.5% 용액을 하루 2회 적용한다.

5 안과용 항진균제(Ophthalmic antifungal agents)

진균성 각막 감염(fungal keratitis)은 말에서 주로 발생하지만, 반려동물에서도 발생한다.

(1) 아졸(Azole)

이미다졸(imidazoles)계- 미코나졸(miconazole), 케토코나졸(ketoconazole), 이코나졸(econazole)과 트리아졸(triazoles)계- 플루코나졸(fluconazole), 이트라코나졸(itraconazole), 보리코나졸

(voriconazole) 등 2가지 형태가 있다. 1% 미코나졸은 용액이나 연고로 조제하여, 아스퍼질러스(aspergillus) 감염성 안과질환에 효과적이다. 매일 4~6회 적용하고, 임상 증상이 없어도 4~6주간 지속해야 한다. 전신감염과 동반할 경우 이트나코나졸(경구 또는 비경구)과 병용하여 사용한다.

(2) 폴리엔(Polyenes)

이 약물들은 사상균(mold)과 효모균(yeast)에 효과적이며 세포막의 스테롤 부분에 결합해 세포 손상을 일으킨다. 곰팡이 감수성 상태에 따라 살균 또는 정균 효과를 가진다. 이에 해당하는 약물로는 자극이 적으며 독성도 낮은 5% 현탁액 또는 1% 연고 형태로 사용하는 나타신(natamycin)과 0.3% 암포테리신 B 현탁액이 있다.

(3) 아이오다이드(Iodide)

소독제인 포비돈요오드(povidone-iodine) 용액을 생리식염수(normal saline)와 1:10 또는 1:20 비율로 희석하여 궤양 치료 시 결막 소독에 사용한다. 진균 및 세균감염에 효과적이나 정상 상피를 통해 침투하지는 않는다. 시용 후 잘 세척히지 않으면 국소 자극(local irritation)과 결막 부종(conjunctival edema)을 유발할 수 있다.

6 녹내장 치료제(Glaucoma treatments)

녹내장(glaucoma)은 망막(retina)과 시신경(optic nerve)을 손상시키고 궁극적으로 실명(blindness)을 초래하는 질환이다. 안압(intraocular pressure, IOP) 상승이 녹내장의 주요 원인으로, 건강한 눈의 기능과 시야(visual field)를 유지하기 위해 안압에 대한 적절한 관리가 필수적이다.

(1) 프로스타글란딘(Prostaglandins)

안방수(aqueous humor)는 두 가지 경로를 통해 배출된다. 개의 경우 안방수의 약 15~20%가 모양체(ciliary body)에서 생성되어 모양체근 섬유(ciliary muscle fibers) 사이를 거쳐 포도막공막 유출로(uveoscleral outflow)를 통해 배출된다.

국소 프로스타글란딘 국소제(topical prostaglandin analogs)는 포도막공막 경로를 통한 안방수 유출을 증가시켜 안압을 낮춘다. 개에서 사용할 수 있는 약물로는 라타노프로스트(latanoprost 0.005% 용액), 트라보프로스트(travoprost 0.004% 용액), 비마토프로스트(bimatoprost 0.03%)가 있다. 프로스타글란딘은 녹내장 치료의 1차 선택 약물이자 가장 효과적인 안압 강하제이다.

(2) 탄산탈수효소 억제제(Carbonic anhydrase inhibitors)

탄산탈수효소(Carbonic anhydrase)는 비색소성 섬모체 상피(non-pigmented ciliary epithelium)에서 중탄산염(bicarbonate) 형성을 촉매하여 안방수(aqueous humor)를 생성한다. 이 과정에서 나트륨 이온(sodium ions)으로 인한 삼투압 경사(osmotic gradient)가 생겨 중탄산염을 따라 안방수가 후안방(posterior chamber)으로 들어가게 된다. 탄산탈수효소 억제제는 탄산탈수효소의 작용을 차단하여 안방수 생성을 감소시키므로, 녹내장(glaucoma) 치료에 사용된다. 전신 작용약물로는 아세틸졸라마이드(acetazolamide), 디클로르페나마이드(dichlorphenamide), 메타졸라마이드(methazolamide), 에톡스졸라마이드(ethoxzolamide) 등이 있으며, 이들은 부작용 발생 빈도가 매우 낮은 국소 제제(topical agents)로 점차 대체되고 있다. 현재 시판되는 국소 탄산탈수효소 억제제는 2% 도르졸라마이드(dorzolamide, Merck)와 1% 브린졸라마이드(brinzolamide, Alcon®)이며, 보통 하루 2~3회 사용한다. 한편, 린졸라마이드(rinszolamide, Alcon®)는 고양이에서는 효과가 없는 것으로 알려져 있다.

(3) 삼투성 약물(Osmotic agent)

삼투성 약물은 세포외액(extracellular fluid)의 삼투압(osmotic pressure)을 증가시켜 안구 내부(유리체, osmotic agent)의 수분(water)을 혈관으로 이동시키며, 안구 내 용적(intraocular volume)을 감소시켜 안압(intraocular pressure, IOP)을 낮춘다. 정맥 만니톨(1~2g/kg)은 1시간 이내에 안압을 감소시키고, 4~6시간 후에 최대 효과가 나타난다. 그러나 안압은 8~10시간 내에 약물 투여 전 수준 또는 반동현상(rebound)으로 회복될 수 있다. 이 약물에 의한 이뇨 효과(diuresis)는 안압 저하와 직접적인 관련이 없다.

7 면역조절 약물(Immunomodulatory Drugs)

(1) 사이클로스포린(Cyclosporine)

사이클로스포린(cyclosporine)은 T-림프구 억제제(T-lymphocyte inhibitor), 특히 칼시뉴린 억제제(calcineurin inhibitor)로, 사이토카인(cytokine) 생산을 억제하여 특이적 T-림프구 반응(specific T-lymphocyte response)의 개시를 차단한다. 이 약물은 면역 매개성 건성각결막염(immune-mediated keratoconjunctivitis sicca)의 치료에 사용되며, 각막(cornea)과 결막(conjunctiva)의 염증(inflammation)을 완화한다. 또한 눈물샘(lacrimal gland)의 면역매개성 염증을 억제하고 눈물 대체물(tear substitute) 역할을 하여 눈물 생성(tears production)도 촉진한다. 0.2% 농도의 제제(예: Optimmune®)를 일 2~3회 국소 투여한다. 각막염 치료 시 혈관신생(vascularization)으로 인한 과도한 결합조직 증식인 판누스(pannus)도 억제한다.

(2) 아자티오프린(Azathioprine)

아자티오프린(azathioprine)은 퓨린 염기 합성 및 핵산 합성을 저해하여 helper-T 림프구(helper T lymphocyte)의 작용을 억제한다. 글루코코르티코이드(glucocorticoid)에 저항성이 있는 면역매개 질환(immune-mediated diseases)이나 염증성 안구질환(inflammatory ocular diseases)을 장기간 관리하는 데 사용된다.

또한 테트라사이클린(tetracycline)과 나이아신아마이드(niacinamide)의 혼합물은 면역완화(immunomodulatory) 및 항염증(anti-inflammatory) 효과가 있어 화농성 육아종성 안검염(suppurative granulomatous blepharitis)에 사용된다.

8 인공누액(Artificial tear products)

눈물은 물(water), 점액(mucin), 기름(lipid)으로 구성되어 있으며, 결핍 시 각막과 결막 상피(corneal and conjunctival epithelium)의 손상을 일으키는 자극에 취약하다. 인공누액은 눈 표면에 작용하여 윤활제(lubricant) 역할을 하며, 눈의 편안함을 제공한다. 그러나 자연 눈물과 동일한 효과를 완전히 제공하지는 못한다. 인공누액은 메틸셀룰로오스(methylcellulose), 하이드록시프로필메틸셀룰로오스(hydroxypropyl methylcellulose), 카보시메틸셀룰로오스

(carboxymethylcellulose), 폴리비닐 알코올(polyvinyl alcohol), 히알루론산(hyaluronic acid, 지속성이 강하고 눈물막 안정성이 높음), 미네랄 오일(mineral oil), 라놀린(lanolin) 등의 성분으로 구성되어 시판되고 있다.

9 기타 약물(Other Drugs)

(1) 항콜라게나제 약물(Anticollagenase agents)

각막 궤양(corneal ulcer)에서 콜라게나제(collagenase)와 프로테아제(protease)의 용해 작용(dissolution)을 억제하는 데 사용된다. 콜라겐 용해 과정을 억제하려면 근본 원인(주로, 세균 감염)을 차단하는 것이 중요하다. 이러한 약물은 항생제(antibiotics)를 보완하여 용해 과정(dissolution process)을 감소시킨다. 대표 약물로는 아세틸시스테인(acetylcysteine, 예: Mucomyst®, 5% 용액으로 희석)과 디소디움 이디테이트(edetate disodium)가 있다.

(2) 항피브린약물(Antifibrinogen) 및 조직플라스미노겐 활성제(Tissue Plasminogen activator, TPA)

안구 내 수술(intraocular surgery) 시 전안방의 피브린 형성을 예방하기 위해 사용되며(단, 혈액 응고 기전을 손상시키지 않아야 함), 최근에는 혈청 피브린을 효소적으로 '소화'하여 2차 출혈을 일으키지 않는 데 사용되기도 한다. 헤파린(주로 안구 내 수술 시 1~2단위/ml로 사용)은 피브린 생성을 예방하는 데 사용하고, TPA(조직 플라스미노겐 활성제) 25~50ug 전방 내 주사를 통해 10~14일간 전안방 내 피브린 용해효과를 볼 수 있다.

눈 주요 약물 정리 표

성분명	상품명	주요 작용	주의사항 / 부작용
Apraclonidine	아이오피딘® (Iopidine®)	방수 생성을 억제하여 안압 감소(3~5시간 내 효과)	• 고양이 금기 • 구토, 설사, 침흘림, 서맥 가능 • 안구 충혈, 산동 가능

Brimonidine	• 알파간 피® (Alphagan P®) • 콤비간® (Combigan®)	안압 감소, 방수 생성 억제 및 유출 증가	• 알레르기성 결막염, 눈 가려움, 자극 • apraclonidine보다 내약성 좋음
Brinzolamide HCl	아좁트® (Azopt®)	방수 생성 억제 → 안압 감소	sulfonamide 과민반응 동물 환자에게 사용 주의
Carbachol	마이오스타트® (Miostat®)	백내장 수술 후 안압 상승 방지용 축동 작용	두통, 근육경련, 망막박리, 홍채염 등이 인체에서 보고됨
Dexamethasone	맥시덱스® (Maxidex®)	중등도 ~ 중증 염증 조절	• 각막 상처 치유 지연 유발 • 세균성 감염이 있을 경우 병행 항생제 필요
Epinephrine	• 아페린® (Epifrin®) • 글라우콘® (Glaucon®)	산동 및 수술 후 출혈 예방	점안 시 자극 가능
Latanoprost	잘라탄® (Xalatan®)	녹내장에서 안압 감소(방수 유출 촉진)	• 급격한 산동, 결막 충혈, 눈 주위 색소 침착 유발 가능 • 고양이에서는 효과 미미
Natamycin	나타신® (Natacyn®)	곰팡이성 각막염 치료(특히 Aspergillus, Fusarium 등)	사용 빈도 낮음
Ofloxacin	오큐플록스® (Ocuflox®)	광범위 퀴놀론계 항생제	• 각막 독성 가능 • 임신 동물 사용 자제
Pilocarpine HCl	• 아이솝토 카핀® (Isopto Carpine®) • 필옵틱® (Piloptic®)	개의 원발성 녹내장 치료용 축동제	• 이차성 녹내장에서는 금기 • 반복 사용 시 구토, 설사, 침흘림, 기관지 경련, 폐부종 유발 가능
Prednisolone acetate	프레드 포르테® (Pred Forte®)	• 강력한 항염 작용 • 포도막염, 심한 염증 치료	• 각막 궤양 환자 사용 금기 • 안압 상승 위험 • 감염성 질환 동반 시 주의

Proparacaine HCl	• 파케인® (Parcaine®) • 알케인® (Alcaine®)	안과 시술을 위한 국소 마취	• 냉장 보관, 광선 차단 필요 • 부작용은 드묾
Terramycin (Oxytetracycline)	테라마이신® 안연고 (Terramycin® Eye Ointment)	클라미디아, 마이코플라즈마, 결막염 치료	• 고양이의 전염성 결막염에 흔히 사용 • 장기 사용 시 저항성 주의
Tetracaine HCl	알타케인® (Altacaine®)	단시간 국소 마취	• 자극이 심할 수 있음 • 반복 사용 시 각막궤양, 반사 저하, 내성 발생 가능
Timolol	티모픽® (Timoptic®)	반대쪽 눈의 녹내장 예방, 안압 감소	• 경미한 축동 • 고양이 천식 환자에게 기관지경련 유발 가능
Tobramycin	토브렉스® (Tobrex®)	광범위 항균 작용(특히 Pseudomonas spp.)	• 장기간 사용 시 내성 우려 • 드물게 국소 자극 유발
Travoprost	트라바탄® (Travatan®)	라타노프로스트와 유사	사람보다 동물에서 반응이 적을 수 있음

10 귀 관리에 쓰이는 약물(Otic drugs)

(1) 귀세정제(Ear cleaning)

귀세정제(Ear cleaning)는 외이염(otitis externa) 치료의 핵심적인 역할을 한다. 약물을 투여하기 전 귀 세정이 이루어져야 약물 전달 효과가 높아지지만, 과도한 귀 세정은 만성 재발성 외이염(chronic recurrent otitis externa)을 악화시킬 수도 있다. 귀 세정제(ear cleaning agents)는 과도한 피지(excess sebum)와 세포 찌꺼기(cellular debris)를 제거하고, 지루성 피부염(seborrheic dermatitis) 및 귀 청결 관리를 위해 사용된다. 대표 제품으로는 듀소 미셀러 액(Douxo Micellar Solution®, ceva.us), 세루멘(Cerumene®, vetoquinolusa.com), 클리어오틱(Klearotic®, dechra-us.com) 등이 있다.

특히 귀지 연화 및 제거를 위해 사용하는 귀지 용해제(ceruminolytics)로는 듀소 미셀러 액

(Douxo Micellar Solution®, ceva.us), 에피-오틱 어드밴스드(Epi-Otic Advanced®, virbacvet.com)가 있다. 그러나 귀지 용해제(ceruminolytics)는 과도한 자극(excessive irritation)을 줄 수 있어 유지관리용으로는 적절하지 않다. 외이도(ear canal)의 pH를 유지하여 세균 부착 또는 과증식을 방지하기 위해 산성화제(acidifying agents)인 피토스핑고신(phytosphingosine), 스쿠알렌(squalene), 소독 및 건조제(disinfectants and drying agents)인 말라세틱 오틱(Malacetic Otic®, dechra-us.com), 오티클린(Oticlens®, zoetis.com), 자이목스(Zymox Otic®, petkingbrands.com) 등이 사용된다. 기타 유지 관리를 위해 스피룰라이트(phytosphingosine spherulites), 아연(zinc), 붕산(boric acid) 등이 있다.

(2) 항생제(Antibiotics)

귀 질환에 주로 감염되는 포도상구균(staphylococcus spp.)이나 녹농균(pseudomonas spp.) 치료에 효과적인 항생제를 사용할 수 있다.

1) 플루오로퀴놀론계(fluoroquinolones)

DNA 자이레스(gyrase) 효소를 억제하여 바이러스 DNA 복제 방해 기전으로 작용한다. 예로 엔로플로삭신(enrofloxacin), 오르비플록사신(orbifloxacin)(Baytril® otic 등)이 있다. 내성이 생기기 쉽다.

2) 아미노글리코사이드계(Aminoglycosides)

리보솜 30S 결합하여 단백질 합성 억제하는 기전으로 작용한다. 예로 겐타마이신(gentamicin), 네오마이신(neomycin, otomax®) 등이 있다.

3) 기타

세포막 파괴 또는 세포벽 합성 저해 기전으로 작용하는 폴리믹신 B(polymyxin B), 실버설파다이아진(silver sulfadiazine) 등이 있다. 그 외 알칼리성 킬레이트제인 트로메타민(Tris) EDTA 제제로 케토-트리스 플러쉬(Keto-Tris flush, ceva.us), Triz EDTA 시리즈(dechra-us.com), T8 케토(T8 Keto, bayerdvm.com) 등은 그람 음성균에 효과적이고, 내성 세균 감염 시 외이도 전처리제로 사용 권장된다. 아미노글리코사이드(aminoglycosides)계 또는 플루오로퀴놀론

(fluoroquinolones)계와 병용이 가능하다.

(3) 항염제(Anti-inflammatory agents)

대부분의 국소용 항균 제제에는 항염증 성분이 포함되어 있다. 이들 약물은 일차성 귀 질환 또는 외이염(otitis) 치료 시에서 외이도 염증과 통증을 줄이는 데 도움이 된다. 또한 국소 적용은 전신 적용보다 부작용의 가능성이 낮다.

그러나 베타메타손(betamethasone), 덱사메타손(dexamethasone) 등 일반적으로 사용되는 스테로이드는 일정 수준의 전신 흡수효과에 주의를 기울일 필요가 있다. 모메타손(mometasone)은 강력한 글루코코르티코이드로 전신 흡수는 최소화되어 부신 억제에 대한 우려가 적다. 지속 효과가 길어 하루 1회 적용으로도 충분하다는 장점이 있다. 하이드로코르티손 아세포네이트(hydrocortisone aceponate)는 덱사메타손과 동등한 항염 효과를 가지며 피부 및 외이도를 통해 흡수되면 비활성화되어 체외로 배출되므로, 전신적 부작용을 일으키지 않는다. 하이드로코르티손(hydrocortisone) 만성 재발성 알레르기성 외이염에 사용하며, 급성, 삼출성(exudative), 증식성(proliferative) 이염에서는 일반적으로 효과가 없다.

(4) 항진균제(Antifungal products)

말라세치아(malassezia pachydermatis)는 반려동물 귀 질환의 원인으로 매우 흔한 요인이다. 효모성 외이염(yeast otitis)을 치료하기 위해 다양한 제품들이 사용된다. 경증 알레르기성 효모 외이염의 경우, 국소 글루코코르티코이드(topical glucocorticoid)만으로도 염증을 완화시킬 수 있고, 티아벤다졸(thiabendazole), 클로트리마졸(clotrimazole), 미코나졸(miconazole)은 단독 또는 코르티코스테로이드(corticosteroids)와 항생제와 함께 복합제로 사용할 수 있다. 케토코나졸(ketoconazole)은 트리스-EDTA(Tris-EDTA)와의 복합 제형으로 사용한다. 만성적으로 반복되는 효모성 외이염의 경우, 붕산(boric acid) 또는 초산(acetic acid)이 포함된 제품이 감염의 재발을 방지하는 데 효과적이다. 붕산 용액은 만성 재발성 효모성 외이염 관리에 일반적으로 효과적이지만 세균에 대해서는 명확한 효과가 없고, 농도가 2% 이상일 경우 외이도를 심하게 자극할 수 있으므로 주의해서 사용해야 한다.

(5) 항기생충제제(Antiparasitic agents)

반려동물 귀에 주로 감염되는 외부기생충인 귀 진드기(otodectes)는 감염재발이 잘 된다. 이로 인한 귀 진드기 감염증(이개선증, otoacariasis) 치료에 효과적인 다양한 약물들이 있다. 국소적용 또는 전신적용 약물로 사용한다.

1) 국소 외이도 적용제(Topical Otic Treatments)

성분	제품 예시	특징
Selamectin	레볼루션® (Revolution®, Zoetis)	• 피부에 도포하여 귀진드기 제거 • 개와 고양이 모두 사용 가능
Moxidectin + Imidacloprid	• 어드밴티지® 멀티 (Advantage® Multi) • 애드보킷®(Advocate®, Bayer/Elanco)	• 국소 도포제, 개/고양이 모두 사용 가능 • 진드기와 기타 외부 기생충에 효과
Milbemycin oxime	밀베마이트® 오틱 (Milbemite® otic)	• 귀에 직접 점적하는 국소 제제 • 고양이에서 특히 효과적
Pyrethrins	트레스덤® (Tresaderm®, Boehringer Ingelheim)	살충 효과 있으나 고양이에서는 독성 위험 주의 필요
Ivermectin	아카렉스® (Acarexx®) 0.01% , 이버멕®(Ivomec®)	• 국소 및 점이액 • 고양이에서 효과적, 개에서 사용 시 신중해야 함

2) 전신 치료제(Systemic Therapy)

성분	제품 예시	특징
Ivermectin	이보멕®(Ivomec®)	• 경구 또는 주사 • 고양이 및 일부 개에서 사용 • 일부 품종(콜리계열 등)에서는 독성 위험 주의

Selamectin	레볼루션®(Revolution®)	• 국소 도포 • 외부기생충, 심장사상충, 내부기생충에 동시 효과
Fluralaner, Sarolaner, Afoxolaner (Isoxazoline 계열)	• 브라벡토®(Bravecto®) • 심파리카®(Simparica®) • 넥스가드®(NexGard®)	• 광범위 외부 기생충에 효과 • 귀진드기 포함 • 최근 연구에서 고양이에도 효과 보고됨

귀 주요 약물 정리 표

성분명	상품명	주요 작용	주의사항 / 기타
Chlorhexidine, 2% acetic acid, 2% boric acid, ketoconazole	• 말라세틱 울트라 옵틱™ (MalAcetic Ultra Otic™) • 말-에이-켓™(Mal-A-Ket Plus™)	균 감염 예방 또는 보조 치료	고막 파열 시 사용 금지
Clotrimazole Miconazole Neomycin	• 오토맥스®(Otomax®) • 코노파이트®(Conofite®) • 트레사덤®(Tresaderm®)	말라세지아, 칸디다 등 진균 감염 치료	고막 상태 확인 후 사용
Enrofloxacin Gentamicin	• 바이트릴 오틱®(Baytril Otic®) • 젠토신 오틱®(Gentocin Otic®)	세균 감염(Staphylococcus, Pseudomonas 등) 치료	아미노글리코사이드(예: 겐타마이신)는 고막 손상 시 금지
gentamycin+ mometasone+ clotrimazole	모메타맥스® (Mometamax®)	염증 완화 + 감염 치료 병행	급성·만성 외이염에 흔히 사용
lactoperoxidase enzyme	자이목스™(Zymox™)	귀 청소 후 수분 제거, 유지 관리	수영 후 귀 청소 등 예방용으로 사용
Milbemycin Ivermectin	• 밀베마이트® (MilbeMite®) • 아카렉스® 오틱 (Acarexx® Otic)	귀 진드기 감염(Otodectes cynotis) 제거	외이뿐 아니라 외부에도 기생충 존재하므로 전신 약물 병행 필요

squalene, 알코올, 데나토늄 벤조에이트 등	• 세루멘TM (CerumeneTM) • 클레어오틱TM (KlearOticTM)	귀지, 고름 등 분비물 제거(세정 및 유화 작용)	고막 파열 의심 시 사용 금지
Tromethamine 0.99%, Disodium EDTA 0.12%.	트리즈이디티에이® (TrizEDTA Flush®)	항생제 효과 증강, 항균 작용	항생제 사용 전 15~30분 전 적용

CHAPTER

14

피부 작용 주요 약물 (Skin disorders drugs)

Ⅰ. 피부 구조 및 기능

Ⅱ. 피부에 작용하는 주요 약물

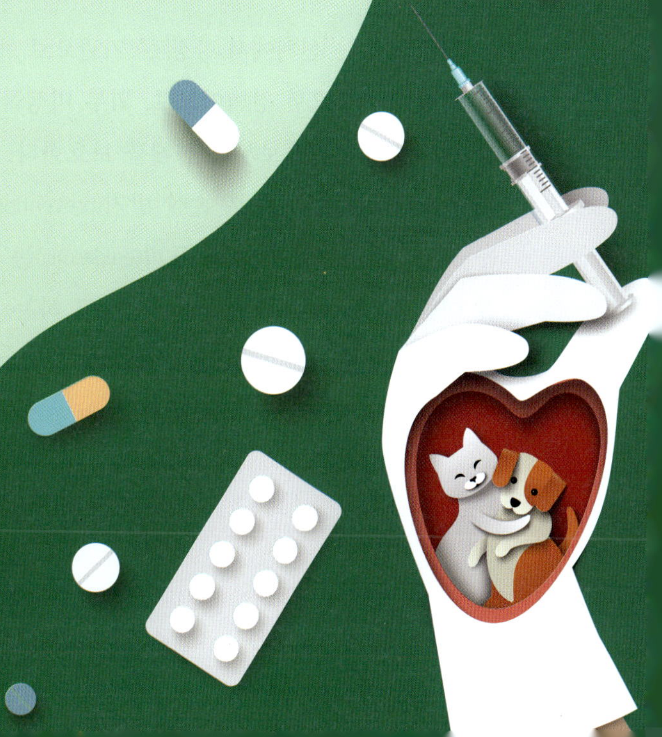

CHAPTER 14

피부 작용 주요 약물 (Skin disorders drugs)

학습목표

- 피부 약물의 이해에 필요한 기본 지식을 학습한다.
- 피부 작용 약물 중 항염증제에 대해 학습하고, 임상에 응용할 수 있다.
- 피부 작용 약물 중 항균제에 대해 학습하고, 임상에 응용할 수 있다.
- 피부 작용 약물 중 항진균제에 대해 학습하고, 임상에 응용할 수 있다.
- 피부 작용 약물 중 항기생충제에 대해 학습하고, 임상에 응용할 수 있다.

I 피부 구조 및 기능

1 피부의 구조 및 기능(Anatomy of skin)

개의 피부는 신체에서 가장 큰 기관으로 체중의 10%를 차지한다. 외부 환경과 신체 내부를 연결하는 중요한 장벽이므로, 외부 미생물(microorganisms), 화학물질(chemicals), 물리적 손상(physical damage)으로부터 신체를 보호한다. 또한, 체온 조절(temperature regulation), 감각 수용(sensory reception), 수분 손실 방지(prevention of water loss) 등의 다양한 기능을 한다. 피부는 3층으로 구성되어 있다. 표피(epidermis)는 각질층(stratum corneum)을 포함하고 세포간 지질 이중층(intercellular lipid bilayer)이라고 하는 연속적인 지질층으로 둘러싸여 있다. 이는 주로 콜레스테롤(cholesterol, 27%), 세라마이드(ceramide, 41%) 및 유리지방산(free fatty acids, 9%)으로 구성된다. 진피(dermis)는 혈관(blood vessels)이 발달하고 콜라겐(collagen)이 풍부한 결합조

●●● 그림 14-1

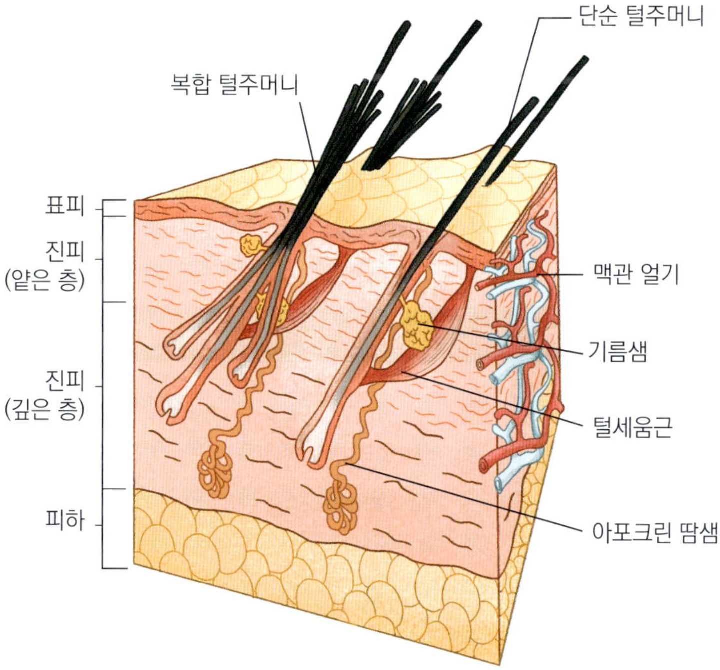

직(connective tissue)으로, 점액다당류(mucopolysaccharides), 주로 프로테오글리칸(proteoglycans)을 함유하며, 이를 기저 물질(ground substance)이라고 한다. 주요 세포 유형은 결합 조직을 생성하는 섬유아세포(fibroblasts)이며, 염증 세포(inflammatory cells)와 면역 세포(immune cells)가 존재한다. 신경 세포(nerve cells)가 광범위하게 분포하여 통증(pain), 압력(pressure), 온도 감지(temperature sensation)를 포함한 외부 환경의 자극에 반응하는 기능을 한다. 림프관(lymphatic vessels)은 진피 내에서 간질 압력(interstitial pressure)을 조절하고, 방어 기제(defense mechanisms)를 가동하며, 노폐물(waste products)을 제거하는 데 중요하다. 피하조직(subcutaneous tissue)은 대부분 지방세포(adipocytes)로 구성되어 있으며, 섬유아세포(fibroblasts), 내피세포(endothelial cells), 대식세포(macrophages)는 일부 존재한다. 콜라겐(collagen)과 엘라스틴(elastin) 섬유를 통해 진피와 연결되어 있으며, 피부를 근육(muscle)에 고정시키는 역할을 한다. 피하조직의 주요 역할은 피부에 영양을 공급하는 혈관과 신경을 전달하는 것이다. 그 외 털주머니(hair follicles), 땀샘(sweat glands), 기름샘(sebaceous glands) 등의 부속기관(accessory structures)이 각 층과 피부 표면을 연결하고, 이들 부속기의 수와 유형은 종(species)과 신체 부위에 따라 다르다. 모낭은 표피를 보호하는 털(hair)을 생성하고, 피지샘에서 윤활액(sebum)을 분비한다. 아포크린선(apocrine glands)은 지질 분비물(lipid secretions)을 방출하고, 에크린선(eccrine glands)은 체온을 낮추는 데 중요하지만, 개와 고양이에서는 발달하지 않았다. 털주머니의 면적은 인간의 피부 표면의 약 0.1%를 차지하지만, 동물에서는 훨씬 넓은 범위를 차지한다. 각각의 주요 특징과 기능은 다음 표로 정리하였다.

층 이름	구성	주요 특징 및 기능
표피 (Epidermis)	• 각질층(keratinocytes) • 멜라닌 세포 • 랑게르한스 세포 등	• 피부의 가장 바깥층으로, 외부 자극으로부터 보호 • 각질층을 통해 수분 증발 방지 • 멜라닌 세포는 색소 형성으로 자외선 차단 • 랑게르한스 세포는 면역 감시 역할
진피 (Dermis)	• 결합조직 • 혈관 • 신경 • 털주머니 • 땀샘 • 기름샘 등	• 표피에 영양 공급 및 지지 • 털주머니와 피부 부속기 포함 • 혈관과 신경이 풍부하여 체온 조절 및 감각 기능 담당 • 피부 탄력과 강도를 유지
피하조직 (Hypodermis, Subcutis)	• 지방조직 • 결합조직	• 충격 흡수 및 보온 • 피부와 근육 사이 완충 역할 • 에너지 저장고 역할

2 피부에 작용하는 약물의 흡수기전

●●● 그림 14-2 **피부 표면**

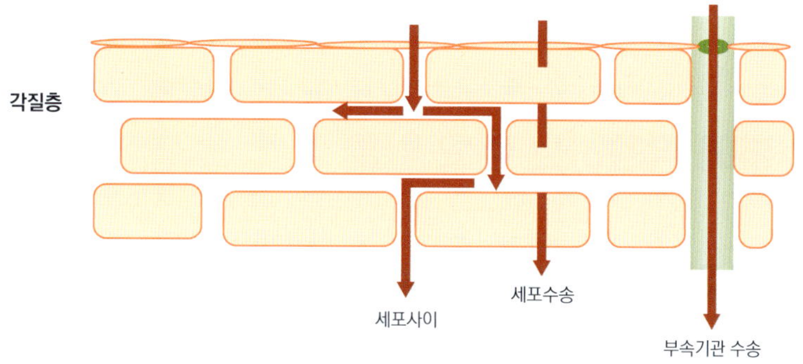

피부를 통한 약물 통과 경로는 표피 수송(epidermal transport)과 부속기관 수송(appendageal transport)으로 나눌 수 있다. 각질층(stratum corneum, SC)은 흔히 '벽돌과 모르타르(brick and mortar)' 이론에 따라, 각질세포(corneocytes, 벽돌) 사이 지질층(lipid matrix, 모르타르)을 통해 약물이 이동한다. 각질세포는 친수성(hydrophilic)이며, 지방층은 친지성(lipophilic)으로, 약물이 외피(epidermis)를 통과하기 위해서는 친지성인 지방층을 통과하게 되므로, 지용성(lipophilic) 약물이 수용성(hydrophilic) 약물보다 순조롭게 흡수될 수 있다. 그러나, 세포 간 이동 경로(intercellular route)는 친수성 구획(hydrophilic domains)과 친유성 구획(lipophilic domains)을 반복적으로 통과해야 하므로 통과가 어렵다. 각질층 내 세포 간 지질(intercellular lipids)은 친수성과 친유성의 이중 극성(amphipathic)을 가지며, 친유성 용질(lipophilic solutes)의 투과성(permeability)은 친유성 정도에 따라 다르다. 이상적인 국소 약물 용질 특성(ideal topical drug properties)은 비이온성(non-ionic), 적당한 친유성(moderate lipophilicity), 낮은 분자량(low molecular weight)을 가진다면 피부 투과(skin permeation)가 더 쉽다. 약물의 분포(distribution)에 미치는 요인으로는 각질층 두께(thickness of stratum corneum), 손상 정도(damage), 온도(temperature), 외피의 수화정도(hydration level of epidermis)이다. 약물의 이동은 각질층이 두꺼울수록 어렵고, 겨드랑이, 사타구니, 복부와 같이 외피가 비교적 얇은 부위에서 흡수가 더 잘 된다. 찰과상(abrasions) 등으로 각질층이 손상된 경우 장벽기능의 효과가 감소하여, 약물 흡수(drug absorption)가 증가한다. 피부의 온도증가는 혈관 흐름의 증가로 인해 약물 흡수를 증가시킬 수 있다. 외피가 탈수될 수록 각질세포(corneocytes)는 쪼그라들고, 세포막을 통한 약물 통과도 어려울 수 있다. 반려동물 피부에 사용하는 약물은 외부기생충(external parasites), 세균(bacteria) 및 곰팡이(fungi)에 의한 피부감염 치료, 가려움해소, 지루 등 각질 관리를 위해 사용한다.

II 피부에 작용하는 주요 약물

(1) 국소 항소양증제(Topical antipruritic agents)

소양감(pruritus)은 싸이토카인(cytokines) 및 염증 매개인자(inflammatory mediators)에 의해 발생하는 경우가 많으며, 이를 완화하기 위해 글루코코티코이드(glucocorticoids, 예: hydrocortisone), 항히스타민(antihistamines, 예: diphenhydramine HCl) 등이 사용된다. 피부 건조나 탈수는 소양감을 더욱 심하게 하므로, 수화제(예: 오트밀 추출물)가 도움이 된다. 소양감을 일으키는 말초신경을 탈감작(desensitization)시켜 효과를 나타내는 국소마취제(topical anesthetics)로는 프라목신(pramoxine HCl), 리도카인(lidocaine), 필로카인(pilocaine) 등이 있다. 또한, 피부 온도를 낮추어 냉각 효과(cooling effect)를 주는 쿨링 에이전트(cooling agents)로 phenol, menthol, camphor 등이 사용된다. 그밖에 항균(antimicrobial) 및 항진균(antifungal) 효과를 가진 유황(sulfur), 타르(tar), 글리시레티닉애씨드(glycyrrhetinic acid) 등이 피부 소양감을 완화하는 데 이용된다.

세라마이드, 지방산, 콜레스테롤(Allerderm® Spot-on)은 아토피성 피부염의 홍반과 소양감을 감소시킨다.

알레르기 관련 가려움증 및 염증에 관여하는 주요 경로를 선택적으로 억제하는 면역치료제인 lokivetmab(Cytopoint®), oclacitinib(Apoquel®)는 최근 개의 아토피성 피부염의 가려움증에 널리 사용되고 있다. 다만 12개월 미만 강아지에서는 전신모낭충증 등 일부 부작용이 보고된 바 있고, 전신감염, 모낭충증, 면역이 약한 동물에서는 사용해서는 안 된다.

(2) 국소 항염증제(Topical anti-inflammatory agents)

항염증 효과를 가지는 다양한 약물 성분들이 있으며, 앞서 나열한 **글루코코르티코이드계**

(glucocorticoids, 예: hydrocortisone, betamethasone dexamethasone, mometasone), 비스테로이드계 약물(예: dimethyl sulfoxide(DMSO), 알로에 베라(aloe vera, cooling agents)가 있다. 또한, 스트렙토마이스 타크로리무스(streptomyces tsukubensis)에서 생산되는 마크로라이드계(macrolids) 약물인 타크롤리무스(tarolimus, Protopic®), 이미퀴모드(imiquimod, Aldara®)는 면역억제제가 있다. 이들은 항문주위누공(perianal fistulas), 아토피성 피부염(atopic dermatitis), 일부 자가면역성피부질환(autoimmune skin diseases)병변을 완화하는 데 사용한다.

(3) 국소 항균제(Topical antibiotic agents)

세균 감염에 대한 치료로서 국소 적용 항균제(topical antimicrobials)는 항생제(antibiotics) 또는 살균제(antiseptics) 역할을 하는 약물을 사용한다. 항균제는 약물에 따라 다양한 작용기전을 가지며, 방부제는 단백질 변성(protein denaturation)을 일으켜 세포막을 손상시키는 기전으로 효과를 발휘한다. 주로 사용하는 항생제로는 네오마이신(neomycin), 젠타마이신(gentamicin), 클로람페니콜(chloramphenicol), 바시트라신(bacitracin), 폴리믹신 B 설페이트(polymyxin B sulfate), 니트로푸라존(nitrofurazone) 등이 있다. 살균제로는 벤조일 페록사이드(benzoyl peroxide), 알코올(alcohol), 아세트산(acetic acid), 프로필렌 글라이콜(propylene glycol), 클로르헥시딘(chlorhexidine), 아이오도포르(iodophor), 페놀(phenol), 과망간산 칼륨(potassium permanganate), 트리클로산(triclosan), 차아염소산 나트륨(sodium hypochlorite) 등이 있다.

또한 오토맥스(Otomax®), 술로란(Surolan®), 모메타맥스(Mometamax®) 등 항생제(antibiotics), 항진균제(antifungals), 항염증제(anti-inflammatories)를 복합적으로 포함한 제품들도 사용된다.

(4) 국소 항기생충제(Topical antiparasitic agents)

진드기, 벼룩, 옴(개선충) 등 흔히 감염되는 외부 기생충 제거 및 예방을 위해 사용되는 약물로는 피프로닐(fipronil), 이미다클로프리드(imidacloprid), 세라메크틴(selamectin), 퍼메트린(permethrin, 고양이에게는 독성 있음) 등이 있으며, 라임 설퍼(lime sulfur) 담금액의 경우 특히 개선충, 진균성 질환에 효과적이다. 스팟온(spot-on), 샴푸(shampoo), 담금액(dip), 스프레이 등 여러 가지 투여형태의 제품이 있다.

제형 / 기술	성분 / 종류	효능	적응 대상	특징 및 주의사항
파우더, 스프레이, 샴푸, 린스, 포어온 등	유황(Sulfur)	진드기, 이, 털진드기	개, 고양이, 망아지	안전성 높음, 악취, 털 착색
마이크로캡슐화	피레트린(Pyrethrin)	벼룩, 진드기, 이, 파리	개(고양이는 저농도만)	독성 낮음, 자외선에 의해 비활성화, 피페로닐 부톡사이드(Piperonyl butoxide) 병용
일반 포어온(pour-ones) / 스프레이 등	피레트로이드(Pyrethroids) 예: 퍼메트린(Permethrin), 에토펜프록스(Etofenprox) 등	벼룩, 진드기, 모기 기피	개(고양이 금기)	잔존 효과 뛰어남, 기피 효과 있음
파우더, 린스 등	• 카바메이트(Carbamates) • 유이기인계(Organophosphates)	광범위 기생충	개(고양이 금기, 말라티온 제외)	독성 높아 사용 감소, 환경 방제에 주로 사용
린스	아미트라즈(Amitraz)	데모덱스, 옴 진드기	개	α2 수용체 작용 → 진정, 서맥, 저혈압 등, 요힘빈으로 해독 가능
포어온(pour-ones)	피프로닐(Fipronil) 예: 프론트라인®(Frontline®)	벼룩, 진드기, 이	개, 고양이	피부 지질층에 축적, 1개월 지속 효과
포어온 / 경구	네오니코티노이드(Neonicotinoids) 예: 이미다클로프리드(Imidacloprid), 니텐피람(Nitenpyram), 디노테루란(Dinotefuran) 등	벼룩, 일부 진드기, 이	개, 고양이	신속한 살충 효과, 지속 시간 다양, 디노테푸란(Dinotefuran)은 3세대 약물

포어온 / 경구	• 마크로사이클릭 락톤(Macrocyclic lactones), 예: 셀라멕틴(Selamectin), 목시덱틴(Moxidectin), 도라멕틴(Doramectin) • 밀베마이신 옥심(Milbemycin oxime)	벼룩, 진드기, 옴, 내부기생충	개, 고양이, 토끼 등(종류별 상이)	광범위 효과, 일부는 심장사상충 예방도 가능
포어온	• 메타플루미존(Metaflumizone) • 프로메리스®(ProMeris®)	벼룩	개, 고양이 (8주 이상)	신경 독성 작용제, 임상 유효성 연구 진행 중

(5) 국소 항진균제(Topical antifungal agents)

반려동물 피부사상균증 치료 시 단독으로 국소요법은 효과가 제한적이다. 이는 전신 항진균제(systemic antifungals)의 보조 치료제로서 함께 사용될 수 있다. 주로 azole 계열 약물(azole antifungals)을 사용하여 진균 세포막의 에르고스테롤(ergosterol) 합성을 억제함으로써 치료 효과를 얻는다. 주요 약물로는 라임설파(lime sulfur), 에닐코나졸(enilconazole), 클로르헥시딘(chlorhexidine), 포비돈아이오딘(povidone iodine), 케토코나졸(ketoconazole), 그리고 미코나졸(Miconazole)(클로르헥시딘(chlorhexidine) 복합제가 가장 효과적) 등이 있다. 제형으로는 로션 형태인 코노파이트®(Conofite®), 스프레이(spray) 또는 린스(rinse) 형태인 말라셉® 린스(Malaseb Rinse®), 그리고 샴푸 형태인 말라셉®(Malaseb®), 미코나졸®(Miconazole®), 케토클로®(KetoChlor®) 등이 있으며, 주 1~2회 도포한다. 다만, 피부 자극과 과민반응이 있을 수 있어 특히 눈 주변 사용 시 주의가 필요하다.

(6) 국소 항지루성 약물(Topical antiseborrheic agents)

원발성 지루증(primary seborrhea)에서 각질 형성을 감소시키고, 다른 각질 질환 관련 각질 형성 및 가려움증을 완화시키는 약물이다. 샴푸(shampoo) 형태가 가장 흔하게 사용되고, 린스(rinse), 스프레이(spray), 로션(lotion) 등도 사용 가능하다. 주요 약물들로는 타르(Tar)가 효과적인 각질형성억제제(keratoplastic)이며, 자극성이 있고, 광과민 반응(photosensitivity)을 일으킬 수 있다. 종종 황(sulfur)과 병용 사용한다. 황(sulfur)은 각질용해(keratolytic), 약한 각질형성억제(keratoplastic), 항소양(antipruritic), 항균(antibacterial), 항진균(antifungal), 살충(acaricidal) 효과를 가지며, 자극이 적고, 타르(tar)나 살리실산(salicylic acid)과 병용 사용한다. 살리실산(salicylic acid)은 각질용해(keratolytic), 각질형성억제(keratoplastic), 약한 항소양(antipruritic), 항균(antibacterial) 작용이 있으며, 안전성 높아 고양이에게도 사용할 수 있다. 셀레늄 설파이드(selenium disulfide)는 강력한 탈지(degreasing), 각질용해(keratolytic), 항균(antibacterial), 항진균(antifungal) 작용을 하며, 과도한 사용 시 피부 건조 및 소양감을 유발할 수 있다. 일부 털을 염색시킬 수 있다. 과산화벤조일(benzoyl peroxide)은 항균(antibacterial), 탈지(degreasing), 각질용해(keratolytic), 항소양(antipruritic), 모낭 세정 효과를 가지며 특히 지성 피부에 효과가 우수하다. 털을 탈색할 수 있고, 5% 이상 농도 시 자극성이 높으며, 고양이에서는 사용 시 주의해야 한다. 피토스핑고신(phytosphingosines)은 최근 도입된 제제로 보습제(moisturizer), 각질형성억제(keratoplastic), 항균(antibacterial) 및 항진균(antifungal) 특성이 있다.

(7) 수렴제(Astrigents)

초산 알루미늄액(aluminum acetate solution), 아연(zinc) 등 금속염(metal salts)과 같은 수렴제는 단백질을 침전시키고, 세포막 투과성을 줄여, 혈장 단백질의 혈관투과도(vascular permeability)를 낮춰, 염증(inflammation), 부종(edema), 누출액(exudate)을 줄여준다. 피부를 건조시켜 상처치유를 촉진시키므로, 급성 습윤성 피부염(acute moist dermatitis), 화농성 피부염(pyoderma), 자극성 피부염(irritant dermatitis), 귀 효모 감염증(aural yeast infection), 외이염(otitis externa) 시 이도를 건조시키기 위해 사용한다. 국소적용 후 가벼운 자극을 유발할 수 있으며, 과도한 사용 시 피부를 심하게 건조시킬 수 있으므로 주의해야 한다.

피부 주요 약물 정리 표

주요 성분	상품명	주요 작용	주의사항
Afoxolaner	넥스가드® (NexGard® Spray)	진드기 및 벼룩 감염	스프레이 또는 정제로 투여
Afoxolaner	넥스가드® (NexGard® Chewables)[7]	개: 벼룩, 진드기 치료/예방(8주령 이상, 4lb 이상)	구토, 설사, 식욕저하, 졸림; 발작 병력 있는 개 주의
Fipronil	프론트라인®(Frontline®)	벼룩, 진드기, 이 감염	견갑부에 점적 투여
Flumethrin + Imidacloprid	세레스토® 칼라 (Seresto® Collar)	벼룩 및 진드기 예방	목걸이 형태, 8개월 지속
Fluralaner	• 브라벡토® 츄어블(개)(Bravecto® Chewables) • 브라벡토® 토피카(개, 고양이)(Bravecto® Topica), • 브라벡토® 플러스(고양이)(Bravecto® Plus)	• 벼룩, 다양한 진드기 • 브락벡토 플러스(Bravecto Plus) 경우: 심장사상충 예방, 회충/구충 치료	가장 흔한 부작용: 구토
Fusidic acid, Hydrocortisone acetate	후시덤® 크림 (Fusiderm® Cream)	항생제 + 항염증 작용	1일 2회 얇게 바름
Imidacloprid	어드밴티지®(Advantage®)	벼룩 감염 예방 및 치료	등 부위 점적 투여
Imidacloprid + Permethrin	어드밴틱스®(Advantix®)	외부기생충 복합 감염 예방	견갑부에 점적
Lufenuron	• 센티넬® 정(Sentinel® Flavor Tabs) • 센티넬® 스펙트럼(Sentinel® Spectrum)	• 벼룩충란 억제 • 센티넬 스펙트럼: 심장사상충, 촌충, 회충, 구충, 편충 치료	구토, 무기력, 가려움, 두드러기, 설사, 식욕부진, 운동실조, 경련 가능
Miconazole nitrate, Polymyxin B, Prednisolone	술로란®(Surolan®)	항진균, 항균, 항염증 복합	귀 또는 피부에 도포

7 Dogs only

Nitenpyram	캡스타®(Capstar®)	성충 살충제; 4주령 이상, 2lb 이상 개/고양이 대상; 30분 내에 flea 사멸	무기력, 구토, 가려움, 식욕저하, 설사, 과흥분, 운동장애, 경련 등 다양하게 발생 가능
Nystatin, Neomycin, Thiostrepton, Triamcinolone	애니맥스® 연고 (Animax® Ointment)	항진균+항생+스테로이드 복합	1일 1~2회 도포
Nystatin, Neomycin, Thiostrepton, Triamcinolone	파놀로그® 연고 (Panolog® Ointment)	항진균, 항생, 항염 복합	감염 부위에 얇게 바름
Povidone-iodine 10%	베타딘® 용액 (Betadine® Solution)	요오드 방출로 살균·살진균 작용	희석 후 직접 도포
Pyrethrins	• 아담™ 플러스 벼룩 및 진드기 샴푸(Adams™Plus Flea & Tick Shampoo) • 벳-캠®(Vet-Kem®)	성충 살충제 및 진드기제; fleas, lice, ticks, Cheyletiella	Dip/Spray 후 고양이가 그루밍하지 않도록 주의
Pyriproxyfen	• 어드밴티지® II (Advantage® II) • 프론트라인® 골드 (Frontline® Gold)	IGR로서 flea egg/larvae 억제, 환경/피부용 병행 사용	단독 사용 시 낮은 독성, 일부 피부 자극/알레르기 가능
Selamectin	레볼루션®(Revolution®)	벼룩, 진드기, 귀진드기, 사상충	목 뒤에 점적
Selamectin	• 레볼루션®(Revolution®)[8] • 레볼루션® 플러스 (Revolution® Plus)[9]	벼룩,심장사상충, 귀진드기	아픈, 허약한, 저체중 동물 금지; 신경학적 병력 있는 고양이 주의
Spinetoram	체리스틴™(Cheristin™)	고양이용; 벼룩 치료 및 예방	제조사 보고된 부작용 없음

8 개 및 고양이

9 고양이

Memo

CHAPTER

15

영양 및 체액보충제
(Fluid & Electrolyte replacements)

Ⅰ. 체액의 이해

Ⅱ. 수액 치료

Ⅲ. 수액 투여 경로

Ⅳ. 수액 종류(Products for fluid therapy)

Ⅴ. 비경구 영양요법(Parenteral nutritional therapy)

Ⅵ. 혈액 수혈(Blood transfusions)

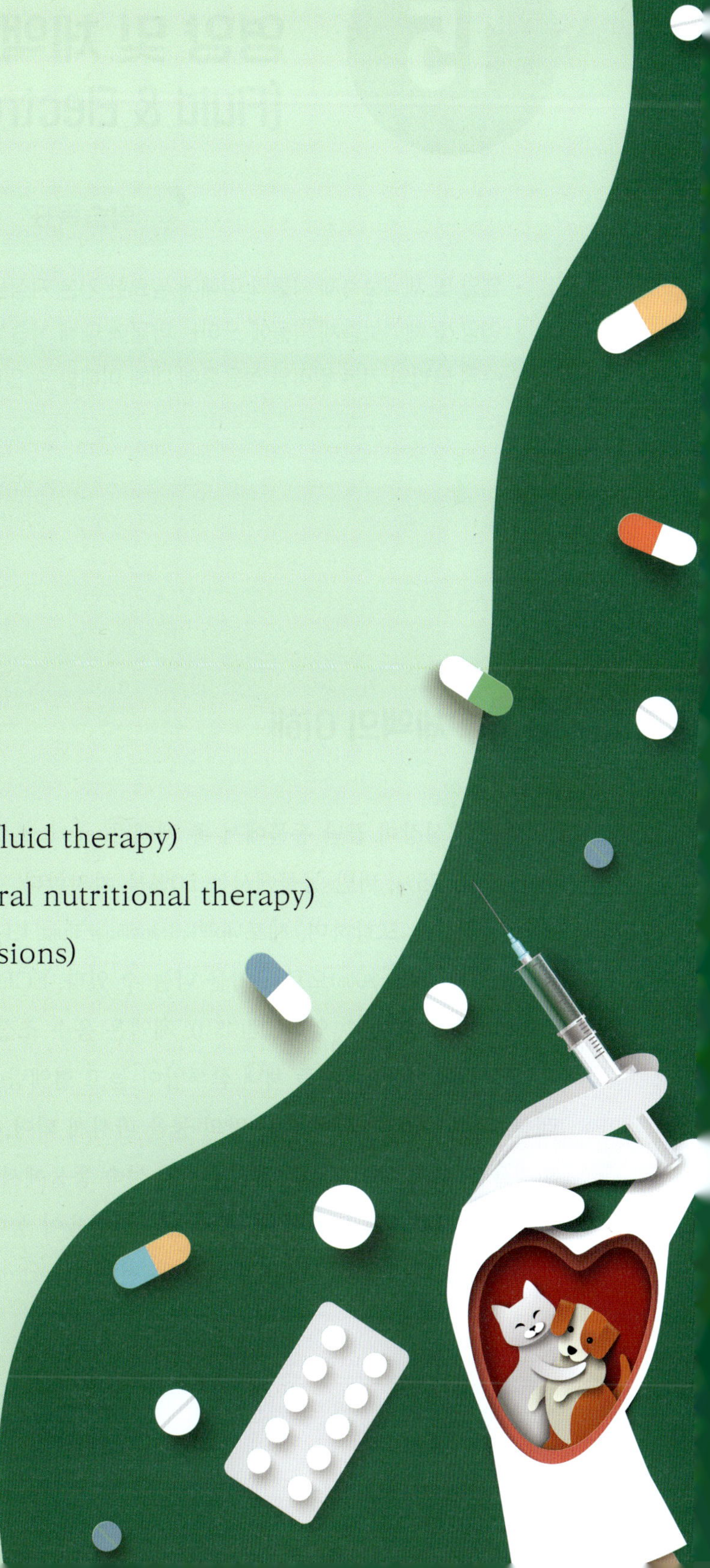

CHAPTER 15

영양 및 체액보충제 (Fluid & Electrolyte replacements)

학습목표

- 영양 및 체액보충제 약물의 이해에 필요한 기본 지식을 학습한다.
- 영양 및 체액보충제 약물에 쓰이는 약물에 대해 학습하고, 임상에 응용할 수 있다.
- 수액 요법의 기본 원리와 적응증에 대해 이해할 수 있다.

I 체액의 이해

완전히 성장이 끝난 동물에서 총 체액량(total body water)은 체중의 55~60%, 미성숙 동물에서는 70~75%, 비만 동물에서는 50%를 차지한다. 동물의 체액은 몸을 구성하는 물과 용해된 물질들을 포함하며, 세포내액(intracellular fluid, ICF, 체중의 약 40%)과 세포외액(extracellular fluid, ECF, 체중의 약 20%)으로 구획을 나눌 수 있다. ECF는 다시 혈장(체중의 5%), 세포간질액(체중의 15%)으로 나눌 수 있다(그림 15-1). 체액은 음수 조절 중추(갈증)와 바소프레신(항이뇨 호르몬, ADH)에 의해 조절된다. 즉 체내 삼투압이 높고 혈액량이 적어지면, 음수 조절 중추와 바소프레신 분비가 활성화되어 많은 양의 물을 마시게 되어, 체내 수분량을 보충하게 된다. 체수분 회전율은 평균 50~130mL/kg/일이며, 성숙 동물에서는 약 65mL/kg/일이다. 동물 크기가 작을수록 체표면적 비율이 커져 체수분 회전율이 높아진다. 따라서 탈수가 어린 동물에게 성숙 동물보다 훨씬 큰 영향을 미친다. 전해질(electrolytes)은 체액에 용해되어 이온 형태로 존재하는 무기염류로, 신경 자극 전달, 근육 수축, 산-염기 균형 유지 등에 필수적이다. 주요 전해질에는 나트륨(Na^+), 칼륨(K^+), 칼슘(Ca^{2+}), 마그네슘(Mg^{2+}), 염소(Cl^-), 중탄산염(HCO_3^-), 인산염 등이 있다. 혈장 내 양이온(+) 농도는 음이온(-) 농도와 항상 균형을 이룬다. 전해질 농도는 밀리당량(mEq/L) 단위로 표현되며, 이는 이온의 전하량을 반영하는 단위이다. mEq는 화학물질의 mg 수를 당량무게로 나눈 값이다. 예를 들어, NaCl의 당량무게는 58.5이며, 1mEq NaCl은 58.5mg과 같다. 혈장 내 칼슘과 인 농도는 mg%로 측정한다. 혈장 칼슘의 약 50%는 자유 이온 상태이며, 나머지 50%는 혈장 단백질에 결합되어 있다. 인은 여러 형태($H_2PO_4^-$, HPO_4^{2-}, PO_4^{3-})로 혈장 내에 존재한다.

1 삼투와 반투과성 막(Osmosis and Semipermeable Membranes)

체액 구획들은 반투과성 막으로 분리되어 있다. 반투과성 막은 물은 자유롭게 통과시키지만, 용질 입자는 통과시키지 않는 특성이 있다. 물은 용질 입자가 더 많은 쪽(즉, 삼투압이 높은 쪽)으로 이동하여 농도를 균일하게 맞추려 하는데, 이를 삼투현상(osmosis)이라고 한다. 삼투농도(osmolality)는 용액내 입자(용질)의 총개수에 따른 용액의 특성을 나타내는 값이다. 단위는 mOsm/L로 표시한다. 예를 들어 염화나트륨(NaCl)은 물에서 Na^+ 와 Cl^- 두 개의 이온으로 완전히 해리되므로, 1mmol/L(mM) 염화나트륨(NaCl) 용액은 2mOsm/L가 된다. 비전해질인 포도당(glucose)은 해리되지 않으므로, 1mM 포도당 용액은 1mOsm/L가 된다. 따라서 전해질(예: NaCl)은 용해되면서 여러 개의 이온으로 나뉘기 때문에 비전해질(예: 포도당)보다 삼투농도가 더 높을 수 있다. 삼투농도는 생체 내 수분 이동과 세포 내외의 용액 평형을 이해하기 위한 매우 중요한 개념이다. 즉, 혈액의 삼투농도가 세포 내 액체와 다르면, 세포가 수분을 잃거나 흡수하게 되어 세포의 수축 및 팽창이 발생하게 된다. 개와 고양이의 혈장 삼투압은 약 300mOsm/L이며, 혈장 삼투압과 같은 삼투압을 가진 용액을 등장액, 이보다 높은 경우 고장액, 낮은 경우 저장액이라고 한다.

● ● ● **그림 15-1 체수분의 정상 분포**

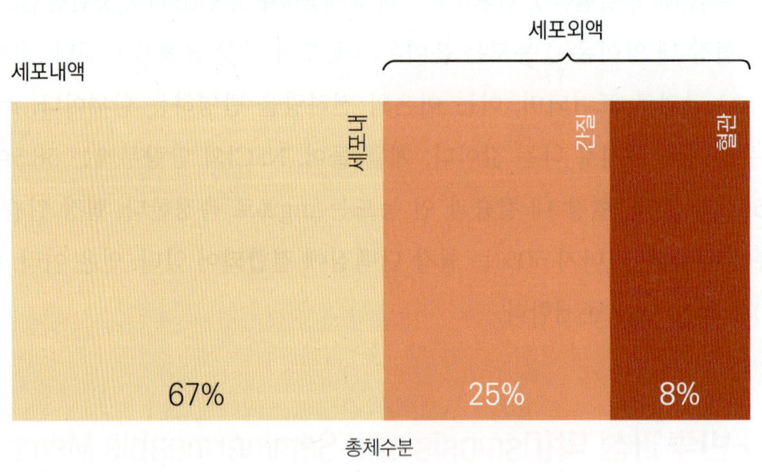

2 산-염기 조절(Acid-base regulation)

산(acid)은 수소 이온(H^+)을 제공하는 물질이며, 염기(base)는 수소 이온을 받아들이는 물질이다. 예를 들어, 염화수소(HCl)는 물에 녹으면 H^+와 Cl^-로 해리되어 수소 이온을 제공하므로 산성 물질이다. 반면, 암모니아(NH_3)는 수소 이온을 받아 NH_4^+(암모늄 이온)로 변하므로 염기성 물질에 해당한다. 용액 속의 수소 이온 농도는 pH로 나타내며, pH가 낮을수록 산성, 높을수록 염기성이다. 일반적으로 pH 7은 중성을 의미하며, 그보다 낮으면 산성, 높으면 염기성으로 구분된다. 동물의 체액은 정상적으로 pH 약 7.4를 유지하며, 이는 약한 알칼리성에 해당한다. 체액의 산-염기 균형은 생명 유지에 매우 중요하며, 동물의 체내에는 혈액과 세포 내 환경을 안정적으로 유지하기 위한 다양한 완충(buffer) 시스템이 작용하고 있다.

(1) 세포 안의 이온 교환(Na^+-H^+-K^+ 교환)

세포 내에서 생성된 수소 이온(H^+)은 나트륨(Na^+)과 교환되어 세포 밖으로 배출된다. 이 과정에서 세포 안으로 들어온 나트륨은 다시 칼륨(K^+)과 교환되어 세포 외부로 나가며, 전해질 균형을 유지한다. 산증(acidosis) 상태에서는 수소 이온 농도가 증가하면서 이 교환 과정이 원활하게 이루어지지 않아, 수소 이온이 세포 내에 축적되고 칼륨은 세포 밖 혈류로 이동하여 혈중 칼륨 농도가 상승하게 된다(고칼륨혈증). 반대로, 알칼리증(alkalosis) 상태에서는 혈액 내 수소 이온 농도가 감소하면 이를 보상하기 위해 세포 내 수소 이온이 세포 밖 혈중으로 이동하고, 동시에 혈중의 칼륨 이온이 세포 내로 유입되어 혈중 칼륨 농도가 낮아질 수 있다(저칼륨혈증).

(2) 세포막의 염소(Cl^-)와 중탄산염(HCO_3^-) 교환

세포막에는 염소 이온(Cl^-)과 중탄산염(HCO_3^-)을 교환하는 음이온 교환 단백질이 존재한다. 이 시스템은 중탄산염을 세포 밖으로 배출하고 염소 이온을 세포 안으로 유입시킴으로써 세포 내 pH를 조절한다. 알칼리성 상태에서는 교환상태가 활발해 중탄산염 배출이 증가하고, 산성 상태에서는 이 교환이 억제되어 세포 내 산도 조절에 기여한다.

(3) 신장에서의 산-염기 조절: H^+와 K^+ 조절

신장의 세뇨관에서는 나트륨이 재흡수되는 과정에서 수소 이온(H^+)이나 칼륨(K^+)이 오줌으로 배출된다. 산증일 경우, 수소 이온 배출이 증가하고, 칼륨은 혈액에 남아 혈중 칼륨 농도가 상승한다. 알칼리증일 때는 수소 이온 배출이 줄어들고, 칼륨이 오줌으로 더 많이 배출되어 혈중 칼륨 농도가 낮아질 수 있다.

혈액 내 산-염기 균형은 주로 중탄산염(HCO_3^-)과 탄산(H_2CO_3, 주로 CO_2 형태로 존재)의 상호작용을 통해 조절된다. 정상 혈액의 pH는 약 7.4이며, 이때 중탄산염과 탄산의 비율은 약 20:1이다. 이 균형은 호흡계와 신장(비호흡계)을 통해 유지된다. 호흡계는 혈중 이산화탄소(CO_2) 농도를 조절함으로써 산도(pH)에 영향을 준다. 신장은 중탄산염(HCO_3^-)의 재흡수 및 수소 이온(H^+)의 배출을 통해 장기적인 pH 조절에 기여한다. pH 조절이 제대로 이루어지지 않으면 산증(acidosis) 또는 알칼리증(alkalosis)이 발생하며, 원인에 따라 호흡성 또는 대사성으로 나뉜다. 각 상태에서의 원인과 보상 반응은 다음과 같다:

1) 호흡성 산증(Respiratory acidosis)

- 원인: 호흡 저하(예: 폐 질환, 호흡 억제)로 인해 CO_2가 체내에 축적됨
- 결과: $CO_2 \uparrow \rightarrow H_2CO_3 \uparrow \rightarrow pH \downarrow$(산성화)
- 보상: 신장이 중탄산염(HCO_3^-)을 보존하고, 수소 이온(H^+)을 배출하여 산도를 낮춤

2) 대사성 산증(Metabolic acidosis)

- 원인: 중탄산염 소실(예: 설사) 또는 산성 물질 축적(예: 당뇨성 케톤산증)
- 결과: HCO_3^- ↓ → pH ↓(산성화)
- 보상: 호흡이 빨라져 CO_2를 과다하게 배출 → 산도 감소

3) 호흡성 알칼리증(Respiratory alkalosis)

- 원인: 과호흡(예: 공황, 고산증)으로 인해 CO_2 과다 배출
- 결과: CO_2 ↓ → H_2CO_3 ↓ → pH ↑(알칼리화)
- 보상: 신장이 중탄산염을 소변으로 배출하여 pH를 낮춤

4) 대사성 알칼리증(Metabolic alkalosis)

- 원인: 중탄산염 과다(예: 구토로 인한 위산 손실, 이뇨제 사용)
- 결과: HCO_3^- ↑ → pH ↑(알칼리화)
- 보상: 호흡이 느려져 CO_2를 보존 → 산도 증가

이러한 체계적인 조절 작용을 통해 동물의 체내 pH는 정상 범위 내에서 유지된다. 호흡성 조절은 빠르게, 대사성 조절은 느리지만 지속적으로 작용한다는 특징이 있다.

II 수액 치료

1 적응증

체액의 보충이 필요한 상황은 탈수, 산-염기 이상 및 전해질 불균형, 영양 문제, 체액 손실 등이다. 탈수 시 동물은 피부 탄력 저하, 입안 점막과 혀 건조, 안구 함몰 등의 증상을 보이며, 탈수 정도가 4% 이상부터 보충이 필요하다(표 15-1 참고). 산-염기 이상 시에는 구토, 설

사, 이상 호흡 양상, 중추신경계 이상(우울, 흥분) 등의 증상이 나타난다. 혈액가스 검사 및 소변 검사를 통해 산-염기 및 전해질 이상을 진단하고 수액 치료를 고려해야 한다.

표 15-1 탈수 정도, 특징 및 수액 처치 여부 판단

탈수 정도	특징	피부 탄력 검사	수액 보충
4% (경미한 탈수)	체액 손실이 있지만 뚜렷한 증상 없음	정상	필요 없음
6% (중등도 탈수)	• 털에 윤기 없음 • 점막 건조	피부 탄력 감소 (집어 올리면 천천히 돌아옴)	보충 필요
8-10% (중증 탈수)	• 점막·혀 매우 건조 • 안구 함몰 • 사지 차가움 • 모세혈관 재충전 시간 ≥ 3초	피부 탄력 감소 (집어 올리면 원래대로 돌아오지 않음)	즉시 보충 필요
약 12% (극심한 탈수)	쇼크 증상 동반	위와 동일 (피부 돌아오지 않음)	긴급 치료 필요

2 수액량 결정

체내 수분 유지량 + 결손량 보충 + 지속적 손실 보충을 기준으로 한다. 체내 수분 유지량 산정은 체수분 회전율을 기준으로 한다. 즉, 총 50-75mL/kg/일(평균 65mL/kg/일) 정도이다.

3 수분 결손량 산정

결손 보충량 계산식: 보충량(L) = 탈수 비율(%) × 체중(kg)

예를 들어, 8kg 성견의 탈수 비율이 6%라면, 보충량은 0.06 × 8 = 0.48L =480mL가 된다.

4 보충액의 조성

수분 또는 전해질 손실 정도에 따라 보충할 수액의 종류는 다양하며, 일반적으로 손실된 체액의 종류와 비슷한 조성의 수액을 사용해야 한다. 예를 들어, 전해질이 풍부한 위장관 체액 손실 시 Na+, K+, Ca2+, Cl-, HCO3-(또는 간접 알칼리화제)를 포함하는 균형 전해질액(balanced electrolyte solution, 예: Lactated Ringer's, Normosol-R, Plasmalyte)을 사용해야 한다. 순수 수분 손실(예: 발열 등) 시 세포 내 수분 보충 및 에너지 보충을 위해 5% 포도당액을 24~72시간에 걸쳐 투여 가능하며, 2.5% 포도당과 0.45% NaCl 혼합 용액도 사용할 수 있다.

5 수액유지 Maintenance Fluid

수액 유지 계획에는 간질액(volume) 손실 보충(재수화, rehydration), 정상적인 항상성을 위한 유지 수액(maintenance fluids), 지속적인 손실에 대한 보충(ongoing losses replacement)을 포함하여야 한다.

1) 재수화 수액(Rehydration fluids)

재수화에 필요한 수액량은 체액 교정 후 탈수 상태(hydration parameters)를 재평가하여 다음의 공식을 사용하여 계산한다.

- % 탈수 × 체중(kg) × 체내 총 수분 비율(0.6)

계산된 수액은 일반적으로 4-12시간에 걸쳐 표준 등장성 균형 전해질 수액으로 교체해준다.

2) 유지 수액(Maintenance fluids)

유지 수액은 재수화 수액량에 추가로 더해주는 것으로, 유지 수액량은 다음 중 하나의 공식으로 계산할 수 있다. 동물의 체중에 따른 수액 유지 요구량(지속적인 손실량은 반영하지 않음)은 AAHA/AAFP 수액치료 가이드라인(그림 15-2)을 참고할 수 있다.

- 30 × 체중(kg) + 70 = 하루 유지 수액량(mL/24시간)
- (70 × 체중(kg))^0.75 = 하루 유지 수액량(mL/24시간)(이 공식은 체중이 2kg 미만 또는 70kg 초과인 경우 사용)

그림 15-2 개와 고양이에서 수액치료를 위한 가이드라인

Maintenance Fluid Requirements: FELINE

Body weight (kg)	Feline total water (mL/day)	Feline (mL/h)
1.0	80	3
1.5	108	5
2.0	134	6
2.5	159	7
3.0	182	8
3.5	204	9
4.0	226	9
4.5	247	10
5.0	267	11
5.5	287	12
6	307	13
6.5	326	14
7	344	14
7.5	363	15
8	381	16
8.5	398	17
9	416	17
10	450	19

Cat: *Formula* = 80 × body weight (kg)$^{0.75}$ per 24 hours
Rule of thumb: 2–3 mL/kg/h

Maintenance Fluid Requirements: CANINE

Body weight (kg)	Canine total water (mL/day)	Canine (mL/h)
1.0	132	6
2.0	222	9
3.0	301	13
4.0	373	16
5.0	441	18
10	742	31
20	1248	52
30	1692	71
40	2100	87
50	2481	103

Dog: *Formula* = 132 × body weight (kg)$^{0.75}$ per 24 hours
Rule of thumb: 2–6 mL/kg/h

This tip sheet is part of the *2013 AAHA/AAFP Fluid Therapy Guidelines for Dogs and Cats* Implementation Toolkit, sponsored by a generous educational grant from Abbott Animal Health.

출처: 미국동물병원협회

3) 지속적인 손실 보충(Ongoing losses replacement)

구토, 설사, 다뇨 등 지속적으로 체액이 손실되는 상황에서는 이를 고려해 수액량 산정 및 보충이 필요하다. 또한, 탈수는 어린 동물에서 성체보다 더 빨리 진행되며, 만성 질환을 앓는 노령 동물은 더 많은 수분이 필요하다. 환경조건(고온, 습기 등), 이뇨제나 무기질 코르티코이드(mineralocorticoid) 같은 약물도 수분과 전해질 균형에 영향을 미친다. 치료 수액량은 임상 증상에 따른 체수분 결손 추정에 기반하므로 정확한 수치가 아니며, 치료 중 상황에 따라 지속적인 재평가와 조절이 필요하다. 보충 수액과 유지수액 처치를 위해 주로 사용하는 결정질 용액의 성분은 아래 표를 참고한다.

표 15-2 보충 또는 유지수액 조성

Composition of Commonly Used Crystalloids[1, 2, 3, 4]

	Osmolarity (mOsm/L)	pH	Na (mEq/L)	Cl (mEq/L)	K (mEq/L)	Mg (mEq/L)	Ca (mEq/L)	Dextrose (g/L)	Buffers
REPLACEMENT CRYSTALLOID FLUIDS									
Hypertonic Crystalloids									
3% NaCl	1027	5.0	513	513	0	0	0	0	None
5% NaCl	1711	5.0	856	856	0	0	0	0	None
7.5% NaCl	2464	5.2	1283, 1232	1283, 1232	0	0	0	0	None
23.4% NaCl	8008	5.0	4004	4004	0	0	0	0	None
Isotonic Crystalloids									
0.9% NaCl	308	5.6, 5.7 (4.5 - 7.0)	154	154	0	0	0	0	None
Plasma-Lyte A	294	7.4	140	103	5	3	0	0	Acetate, Gluconate
Plasma-Lyte 148	294	5.5	140	98	5	3	0	0	Acetate, Gluconate
Normosol R	294	7.4, 6.6	140	98	5	3	0	0	Acetate, Gluconate
Lactated Ringer's	273	6.7	130	110	4	0	2.7	0	Lactate

MAINTENANCE CRYSTALLOID FLUIDS									
Hypotonic Crystalloids									
Plasma-Lyte 56 in 5% dextrose	363	5.0 (4.0 - 6.5)	40	40	13	3	0	50	Acetate
0.45% NaCl	154	5.5	77	77	0	0	0	0	None
0.45 NaCl in 2.5% dextrose	280	4.5	77	77	0	0	0	25	None
5% dextrose in water	253	5.0, 4.3 (3.2 - 6.5)	0	0	0	0	0	50	None
Normosol M in 5% dextrose	363	5.2	40	40	13	3	0	50	None

1. Rudloff E, Hopper K. 2021. Crystalloid and colloid compositions and their impact. *Frontiers In Veterinary Science.* 8:639848.
2. Strandvik GF. 2009. Hypertonic saline in critical care: a review of the literature and guidelines for use in hypotensive states and raised intracranial pressure. *Andesthesio.* 64(9):990-1003
3. Holden D, et al. 2023. Hypertonic saline use in neurocritical care for treating cerebral edema: A review of optimal formulation, dosing, safety, administration and storage. *American Joumal of Health-System Pharmacy.* 80(6):331-342.
4. Carr CJ, et al. 2021. An audit and comparison of pH, measured concentration, and particulate matter in mannitol and hypertonic saline solutions. *Frontiers in Neurology.* 12:667842.

출처: 2024 *AAHA/AAFP Fluid Therapy Guidelines for dogs and cats: aahanet.org; American Animal Hospital Association.*

Ⅲ 수액 투여 경로

수액 투여를 위한 경로의 장점, 단점 및 주의사항은 표로 제시하고자 한다.

투여 경로	장점	단점	투여 속도 및 주의사항
경구(Oral)	• 간편하고 경제적 • 열량도 공급 가능 • 부작용 적음	위장관 질환 시 금기 흡수 느림	• 속도 제한 없음 • 개체별 먹는 속도와 흡수율에 의존
정맥 (Intravenous IV)	• 작용이 빠름 • 정확한 용량 조절가능 • 고장성/저장성 용액 가능	• 정맥 확보를 위한 시술 시간 필요 • 감염 위험 • 정맥 접근 제한적인 약물의 경우 부작용 가능성 있음	• 일반 속도:15mL/kg/h • 최대:90mL/kg/h(정상 기능 시) • 무뇨 시 감속 필요(2mL/kg/h) • 포도당: 4mg/kg/min 이하 권장
피하 (Subcutaneous)	• 간편 • 자극성 적은 용액 투여 가능 • 어린 동물에 대량 수액 가능	• 등장성 용액만 가능 • 쇼크/부종 시 흡수 저조 • 5% 포도당은 부적합	• 대량 수액 가능(예: 고양이, 소형견) • $K^+ \leq 35mEq/L$ 유지
복강 내 (Intraperitoneal)	• 비교적 빠른 흡수 • 정맥 확보 어려울 경우	• 복막염, 장기 손상 위험 • 자극성 및 고장성 용액 금지	• 등장성 용액만 사용 • 시술 후 감염 모니터링 필요
직장 (Rectal)	• 비침습적 • 쇼크 등 응급 시 • 용액 가온 시 흡수 촉진	• 설사 시 금기 • 흡수량 부정확	• 정맥 접근 불가 시 임시적 • 적절한 체온의 용액 사용 권장
골수 내 (Intramedullary)	• 빠른 흡수 • 소동물 및 어린동물 • 조류에서 IV보다 용이	• 통증 유발 • 골수염 위험 • 경험 필요	• IV와 유사한 속도로 투여 가능 • 주로 응급 상황이나 소형 환자에서 사용

IV 수액 종류(Products for fluid therapy)

1 결정질 용액(Crystalloids)

물에 전해질(Na^+, Cl^-, K^+ 등)이 용해된 용액을 말하며, 포도당도 이에 포함된다. 삼투성에 따라 등장성, 저장성, 고장성 용액으로 분류된다. 등장성 용액은 삼투압이 혈장과 비슷하며, 세포 내외 수분 이동이 거의 없고, 조직간질 또는 혈관 내 체액량을 증가시키므로 혈관 내 탈수, 저혈압, 쇼크, 구토, 설사 등 질환에서 사용된다. 저장성 용액은 삼투압이 혈장보다 낮고, 혈관에서 세포 내로 이동한다. 주로 세포 내 탈수 상태(고나트륨혈증) 치료에 유용하다. 고장성 용액은 삼투압이 혈장보다 높으므로, 세포 내 수분을 세포 외(혈관 내)로 이동시키므로, 혈관 내 체액량이 증가된다. 뇌부종, 저나트륨혈증 치료에 사용된다.

2 교질 용액(Colloids)

분자량이 큰 단백질 등의 물질이 포함되어, 조직으로 확산이 어려워 혈관 내에 오래 머물며 혈관 내 삼투압을 유지시키는 역할을 한다. 혈액량 증가 효과가 있으므로, 출혈, 쇼크, 저혈압 시 사용된다.

일반적으로 사용되는 결정질 용액과 교질 용액의 종류와 성분에 대해 다음 표를 참고한다.

표 15-3 일반적으로 사용되는 정맥 주사액의 특성

Name	OSMOLARITY* (mOsm/L)	pH	Na+ (mEq/L)	Cl- (mEq/L)	K+ (mEq/L)	Mg++ (mEq/L)	Ca++ (mEq/L)	Dextrose (g/L)	Organic anion (mEq/L)	COP (mmHg)	SID (mEq/L)
CRYSTALLOID											
Hypertonic											
7.2% saline	2,396		1,197	1,197	0	0	0	0	0	0	0

Isotonic											
0.9% Saline	308	5.0	154	154	0	0	0	0	0	0	0
Lactated Ringer's	275	6.5	130	109	4	0	3	0	Lactate (28)	0	27
Plasma Lyte-A®	294	7.4	140	98	5	3	0	0	Acetate (27), Gluconate (23)	0	27-50
Plasma Lyte-148® or Normosol-R®	294	5.5	140	98	5	3	0	0	Acetate (27), Gluconate (23)	0	27-50
Sterofundin®-Iso	309	5.5-5.9	145	127	4	2	5	0	Acetate (24) Malate (5)	0	25.5
Hypotonic**											
Plasma Lyte-56 in 5% dextrose®	363	3.5-6	40	40	13	3	0	5	Acetate (16)	0	16
0.45% Sodium chloride +2.5% dextrose	280	4.5	77	77	0	0	0	25	0	0	0
5% Dextrose in water	252	4.0	0	0	0	0	0	50	0	0	0
0.45% Sodium chloride	154	5.6	77	77	0	0	0	0	0	0	0
COLLOID											
Natural											
Whole blood	300	Variable	140	100	4	0	0	0-4	0	20	
Frozen plasma	300	Variable	140	110	4	0	0	0-4	0	20	12
25% Human serum albumin			0	0	0	0	0	0	0	200	
5g Lyophilized canine albumin			0	0	0	0	0	0	0		

Synthetic											
6% Hetastarch 450/0.7 Hespan™	310	5.5	154	154	0	0	0	0	0	26	0
6% Hetastarch 450/0.7 Hextend™	304	5.9	143	124	3	0.9	5	0.99	Lactate (28)	31	28
6% Pentastarch 200/0.5 HAES-steril 6%™	308	5.0	154	154	0	0	0	0	0	30-35	0
10% Pentastarch 200/0.5 HAES-steril 10%™	308	5.0	154	154	0	0	0	0	0	25	0
6% Tetrastarch 130/0.4 VetStarch™ Voluven™	308	4-5.5	154	154	0	0	0	0	0	37	0
6% Tetrastarch 130/0.42 Tetraspan™	296	5.6-6.4	140	118	4	1	2.5	0	Acetate (24), Malate (5)	40	

* *The value provided is the calculated osmolarity which may overestimate the measured osmolality of the fluid. The osmolarity of a solution is relevant to the impact on erythrocytes on infusion while the effective osmolality (tonicity) will dictate the volume of distribution of the fluid.*

** *These solutions are either hypotonic at the time of infusion, or become so when the dextrose is metabolized. COP, Colloid osmotic pressure; SID, Strong ion difference in vivo..*

출처: www.frontiersin.org

V 비경구 영양요법(Parenteral nutritional therapy)

비경구 영양요법(parenteral nutritional therapy)이란 위장관 사용이 불가능한 동물에게 정맥을 통해 영양소를 직접 공급하는 것으로, 영양실조 예방, 회복 지원, 생존율 향상을 목적으로 한다. 심한 위장관 질환, 췌장염, 간부전, 오랜 금식 또는 위장관, 췌장, 간 질환으로 인해 자발적 음식 섭취가 불가능한 동물에서 사용한다. 대부분의 반려동물은 단기간(평균 3-4일) 사용하며, 장기간 사용은 위험도에 따른 효과를 고려해서 결정한다.

구분	내용	특징
완전 비경구 영양 (Total parenteral nutrition, TPN)	• 포도당, 아미노산, 지방, 미량원소, 비타민 포함 • 필요한 모든 영양소 IV 공급	• 고장성 용액(700-1,000mOsm/L) → 큰 혈관(경정맥 등) 사용 • 24시간 연속 주입 필요
부분 비경구 영양 (Partial parenteral nutrition, PPN)	일부 영양소만 공급(경구/위장관 공급 병행 가능)	• 경장 영양 병행 시 생존율 향상 • 일부 비경구 주입으로 보충

VI 혈액 수혈(Blood transfusions)

1 전혈 공급

주요 적응증은 출혈 및 쇼크, 빈혈(예: PCV 20% 이하), 응고 이상, 항체 공급 목적 등이다. 공여자는 공여자 적혈구와 수혈받을 동물 혈청을 섞어 응집반응을 확인하는 교차검사(cross-matching test)를 통해 선별할 수 있으며, 개와 고양이에서 주요한 항원과 관련된 특이사항은 다음 표와 같다. 혈액은 CPD(citrate-phosphate-dextrose) 또는 CPD-1(citrate-phosphate-dextrose-adenine)와 같은 항응고제 처리하여, 수집 또는 보관할 수 있다. CPD(citrate-phosphate-dextrose)처리된 혈액은 4℃, 3주, CPD-1 처리된 혈액은 4℃, 7주간 보관이 가능하다. Na citrate: 1:9 비율로 사용가능하나 보관기간이 짧고, 헤파린 항응고제의 경우 혈소환 기능을 억제시키므로, 수혈용 혈액에 사용하는 것은 적합하지 않다. 사용 전 체온으로 온도를 가온하고, 정맥, 복강 내, 골수 내 경로를 이용할 수 있다. 수혈량은 상승시키고자 하는 목표 PCV %(target PCV)를 고려하여, 10-20mL/kg또는 1mL/체중(lb) × 원하는 PCV 상승 %로 결정하고, 투여 속도는 개 10-20ml/kg/hr(최대속도), 고양이 11-22ml/kg/hr(최대속도)으로 저혈량성 쇼크, 급성 출혈을 제외한 일반적인 경우에는 모니터링을 통해 부작용 여부를 확인하며 천천히 속도를 높여 주입하며, 1회 수혈 시 세균감염의 우려가 있어 최대 수혈 시간은 4시간을 넘기지 말아야 한다.

종	적혈구 항원	특이사항
개	DEA 1.1, DEA 1.2, DEA 7	• DEA 항원이 없는 경우 이상적인 공여자가 됨 • DEA 7은 37℃ 이하에서만 작용하는 동종항체
고양이	A형, B형, AB형	• A형: anti-B 약함(미국 고양이 99%) • B형: anti-A 강하므로, A형 혈액 1mL만 투여해도 위험 • 따라서, B형 어미 + A형 새끼: 신생아 적혈구 용혈증 발생 가능 • AB형: 항체 없음(희귀형)

2 혈장(Plasma) 공급

혈소판을 포함하는 신선한 혈장 또는 혈소판이 없는 신선 동결 혈장을 사용할 수 있다. 단순 혈장용적을 보충해주거나, 간기능 부전환자에게 알부빈 및 글루불린과 같은 혈장 단백질을 보충하기 위해 이용한다. 혈청 알부민이 1.5g/dL 이하인 경우 5-10mL/kg IV로 주입한다. 혈색소혈증, 혈색소뇨, 황달, 혈소판/백혈구 감소증, 발열, 구토, 요실금, 두드러기, 쇠약, 저칼슘혈증성 강직 등의 부작용이 일어날 수 있다.

3 중합 소 헤모글로빈(Oxyglobin®, Polymerized bovine hemoglobin)

자가면역성 용혈성 빈혈 등을 치료하기 위해 면역억제제 투여 전 수혈할 수 있다. 젖산 링거액에 혼합(13g/dl)된 제제로 사용한다. 위장·심혈관계 이상, 폐부종, 아나필락시스 등의 부작용이 있을 수 있으므로, 심장질환 및 신장질환이 있는 경우 금기시된다. 산화로 메트헤모글로빈 발생 가능하므로 개봉 후 4일 이내 사용해야 한다.

CHAPTER

16

면역 및 백신제제

Ⅰ. 면역 서론

Ⅱ. 면역자극제(Immunostimulants)

Ⅲ. 면역억제제(Immunosuppressive drugs)

Ⅳ. 백신과 예방접종(Vaccines and Vaccination)

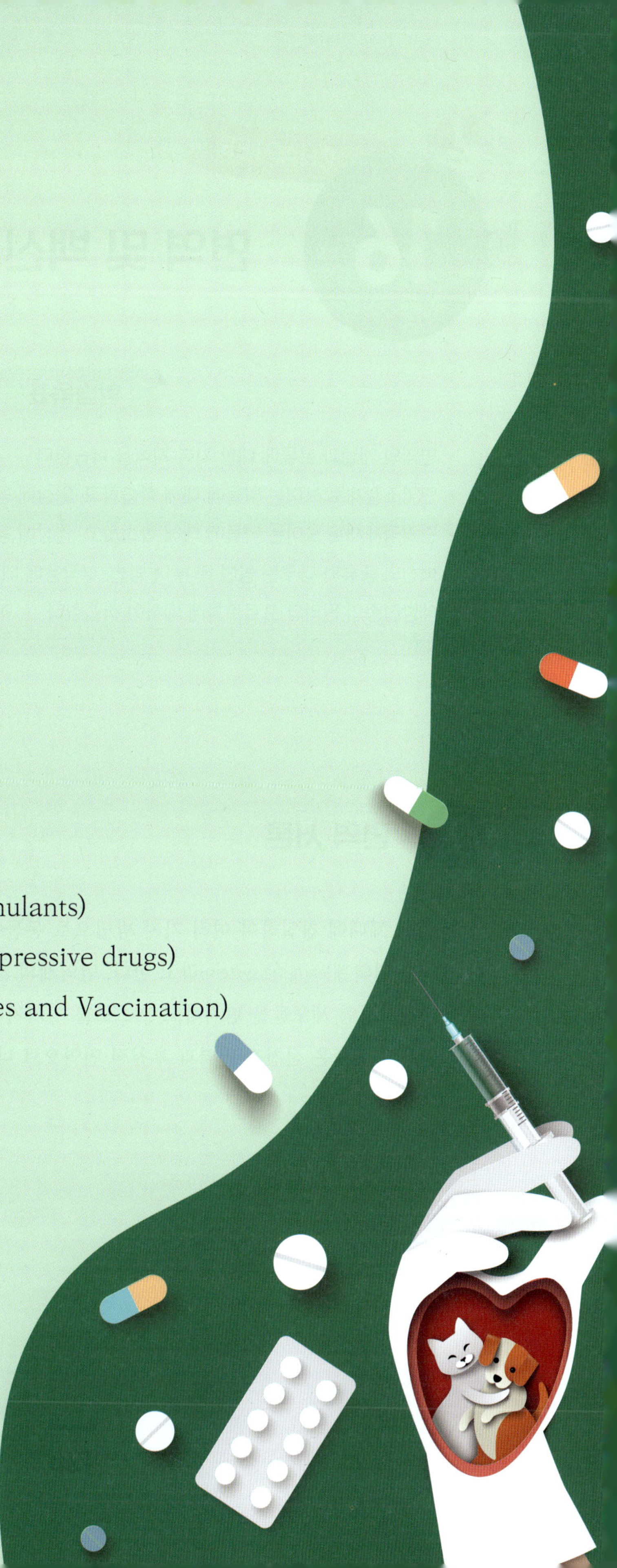

CHAPTER 16

면역 및 백신제제

학습목표

- 면역의 개념과 분류에 대한 기본 지식을 학습한다.
- 면역조절제로 쓰이는 약물에 대해 학습하고, 임상에 응용할 수 있다.
- 면역억제제로 쓰이는 약물에 대해 학습하고, 임상에 응용할 수 있다.
- 백신의 종류와 다루는 방법 및 투여 방법, 부작용에 대해서 학습한다.
- 예방접종의 원리와 프로토콜에 대하여 학습한다.

I 면역 서론

동물의 체내에 침입하여 여러 가지 방법으로 동물에게 손상을 입히는 각종 요소들에 대한 체계를 면역계(immune system)라고 한다. 면역계의 기능은 동물의 몸속으로 들어오는 미생물과 비정상적인 세포들을 탐지하고 스스로를 지키기 위하여 방어 능력을 발휘하는 것이다. 면역 반응의 유형은 선천적 면역과 후천적 면역으로 나뉜다.

●●● 그림 16-1 선천적 면역과 후천적 면역

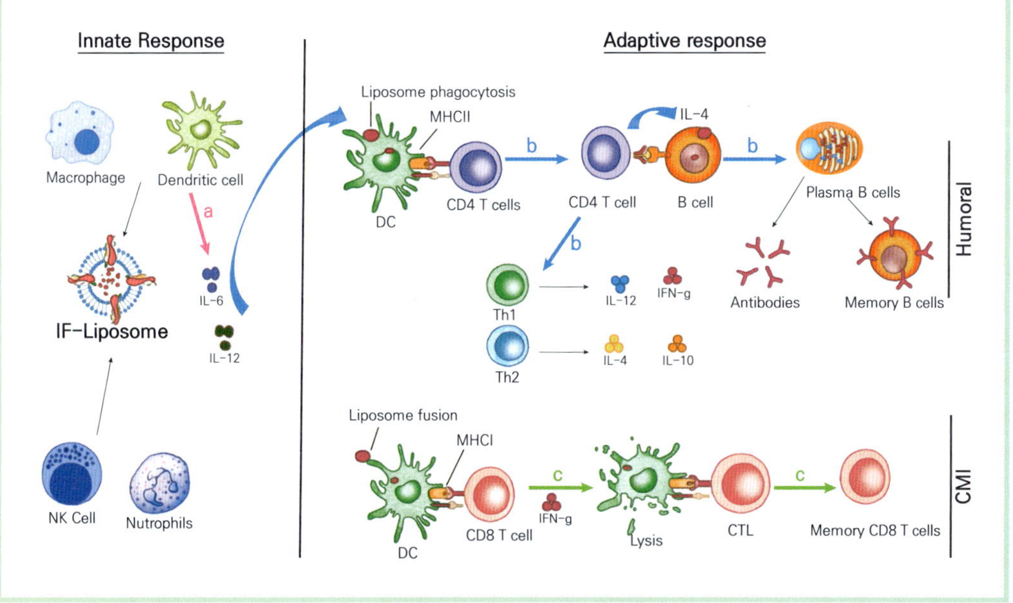

1 선천면역(Innate immunity)

선천면역은 생명체가 태어날 때부터 가지고 있는 자연적인 면역 체계를 말한다. 자기(self)와 비자기(non-self)를 구별할 수 있고 병원체 침입 후 수 시간 이내 즉각적인 면역 반응을 할 수 있는 능력을 가지고 있으나 제한된 특이성을 가지며, 면역기억 능력이 없다. 따라서 선천면역세포들은 같은 미생물을 다시 만나더라도 더 빠르고 강하게 대응하지 못하는 특징을 가진다. 선천면역에 관여하는 면역세포로는 단핵구, 비만세포, 호중구, 자연살해세포(natural killer[NK] cells) 등이 있다.

2 후천면역(Adaptive immunity)

후천면역은 획득면역(acquired immunity)이라고도 하며 특이적인 외부 항원에 대한 면역 반응을 내포하며, 주로 수일 내로 면역 반응을 면역 기억반응으로 발전시킨다. 기억반응을 통해 다시 노출된 항원에 대해 빠르고 강하게 반응할 수 있다. 자가항원 구별 능력이 매우 우수하지만 구별 실패 시 자가면역질환의 원인이 될 수 있다. 그 작용 방식에 따라 세포성 면역(cell-mediated immunity)과 체액성 면역(humoral immunity)으로 나뉜다.

그림 16-2 세포성 면역과 체액성 면역

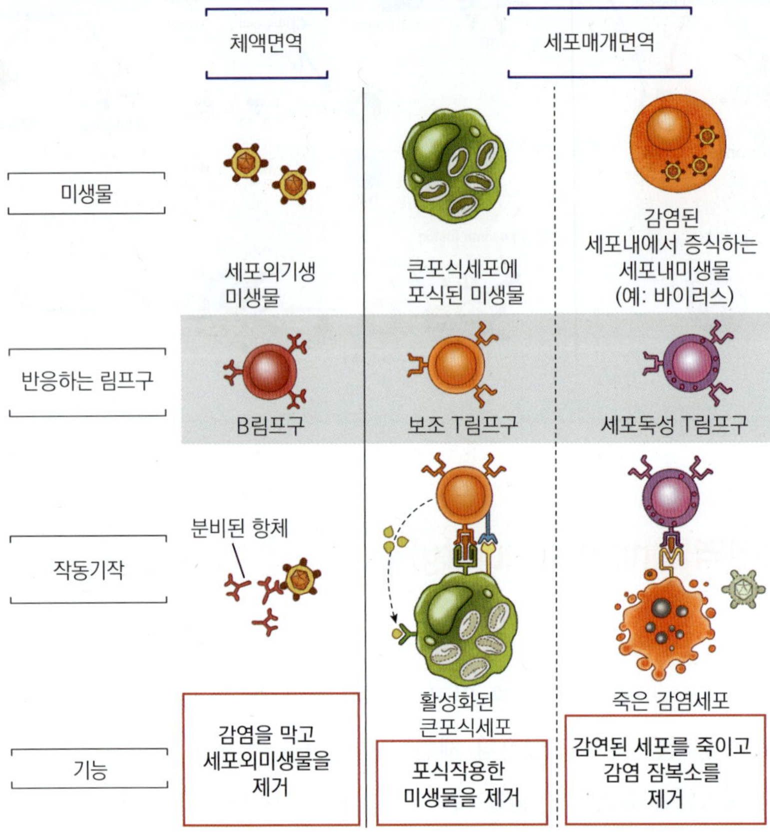

(1) 세포성 면역(Cell-mediated immunity)

세포성 면역은 세포매개성 면역이라고도 하며, 항체가 관여하는 체액성 면역과 대응되는 개념이다. 자기(self)와 비자기(non-self)를 구분하여 비자기(non-self) 세포로 인식되는 경우 제거하는 면역과정이다. T 림프구가 병원체를 직접 공격하고 파괴하는 면역반응으로서 감염된 세포나 암세포 같은 돌연변이를 감지하고 공격한다.

세포성 면역은 항원 비특이적 세포성 면역과 항원 특이적 세포성 면역으로 구분할 수 있다. 항원 특이적 반응은 세포독성 T세포에 의해서 일어나는 항원 제거반응이며, 항원 비특이적 반응은 바이러스에 감염된 세포나 종양세포 등을 제거하는 과정이다.

(2) 체액성 면역(Humoral immunity)

체액성 면역은 B 림프구가 분화한 형질세포가 항체를 생성하여 항원에 방어하는 면역반응을 의미한다. 항체매개성 면역으로 불리며 주로 미생물의 항원을 인식하여 미생물의 운동성을 저하하고 독소를 중화한다.

체액성 면역은 항원에 처음 노출되었을 때 느리게 일어나는 1차 반응과 이전에 노출된 항원에 재노출 시 매우 신속하고 빠르게 일어나 효과적으로 처리하는 2차 반응이 있다. 항원에 처음 노출되었을 때에는 항체를 생산하는 데 수 일에서 수 주가 걸리며, 이 과정에서 일부 B 세포는 기억세포로 노출된 항원을 기억한다. 이후 동물이 이전에 감염된 항원에 재 노출되는 경우 기억 B 세포에 의해 항원을 신속하게 인지하고 증식하여 아주 빠르고 신속하게 형질세포로 분화한 후, 항체를 생산하여 항원에 대항하게 된다. 2차 항체 반응은 오래 지속되고 항체의 친화력도 좋고 빨리 생산되어 감염을 빠르게 잡을 수 있으며, 백신이 이 원리이다.

그림 16-3 체액성 면역의 1차 반응과 2차 반응

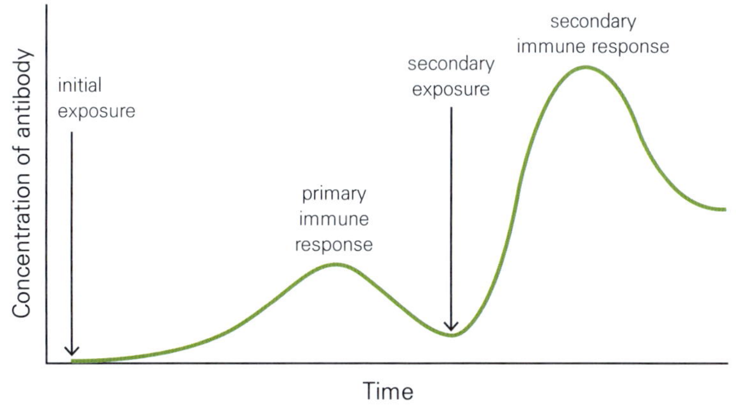

II 면역자극제(Immunostimulants)

면역자극제는 구성 요소의 활성화를 유도하거나 활성을 증강시켜 비특이적인(non-specific) 방식으로 면역 체계를 자극하여 감염과 질병에 맞서 싸우는 능력을 높이는 물질이다. 면역자극제는 내인성과 외인성으로 나뉜다.

1 내인성 면역자극제(Endogenous immunostimulants)

(1) 과립구집락자극인자(Granulocyte colony-stimulating factor [G-CSF])

G-CSF는 골수에서 호중구 생산을 증가시킨다. 호중구감소증과 관련된 질환인 세균성과 바이러스성 감염(개 파보바이러스(canine parvovirus), 고양이 범백혈구감소증(feline panleukopenia virus), 고양이 백혈병바이러스(feline leukemia virus, FeLV), 고양이 면역결핍바이러스(feline immunodeficiency virus, FIV)), 골수부전(bone marrow suppression), 골수억압 화학치료요법(myelosuppressive chemotherapeutics)의 치료에 사용될 수 있다.

(2) 인터페론(Interferons)

1) 인터페론-α(IFN-α)

인터페론은 수의학에서 바이러스 감염을 치료하고 면역 반응을 조절하는 데 사용되는 단백질이다. 재조합 인간 IFN-α는 고양이 면역결핍바이러스(FIV), 고양이 백혈병바이러스(FeLV), 고양이 전염성복막염(feline infectious peritonitis, FIP)의 감염의 치료에 사용될 수 있다.

2) 인터페론-ω(IFN-ω)

인터페론-ω는 인터페론-α와 유사한 작용을 하는 개와 고양이의 바이러스성 질환에서 사용되는 항바이러스제제이다. Virbagen® Omega는 재조합 고양이 인터페론-ω를 포함한 제제로 FeLV, FIV, FIP, feline herpesvirus, feline Calicivirus 치료에 사용된다. 1개월령 이후의 개 파보바이러스에 의한 임상증상 개선과 사망률 감소에 도움을 준다.

3) 인터루킨(Interleukins)

인터루킨은 개를 포함한 동물의 면역 체계에서 중요한 역할을 하는 사이토카인으로 암을 치료하는 데 사용할 수 있다. 재조합 인간 인터루킨-2(IL-2)은 고양이의 섬유육종(fibrosarcoma)과 개의 폐전이를 치료하는 데 사용될 수 있다.

2 외인성 면역자극제(Exogenous immunostimulants)

(1) 세균유도체

1) 피부 상재균 세균백신(*Propionibacterium acnes* bacterin)

ImmunoRegulin®은 불활성화된 *P. acnes*의 현탁액으로 만성 재발성 농피증의 병변을 감소시키는 항생제 치료의 보조요법 및 말의 호흡기 질환 복합체 치료의 보조요법으로 사용되는 면역자극제이다.

2) 마이코박테리아 세포벽 추출물(Mycobacterial ccll wall extracts)

마이코박테리아 세포벽 추출물은 대식세포와 수지상 세포에 면역조절 효과를 나타내어 대식세포와 호중구의 활성, 세포독성 자연살해세포(NK cell) 그리고 항암 활성을 증가시킨다.

Muramyl tripeptide(MTP)는 개의 골육종, 혈관육종, 악생 흑색종의 보조요법 치료 약제로 사용되어왔으며, Regression®-V는 말의 유육종(sarcoids)의 종양 내 치료와 개의 혼재성 유선종양(mixed mammary tumors) 및 유선 선암종(mammary adenocarcinoma) 치료에 사용된다. 부작용은 열, 무기력, 식욕부진, 주사 부위 자극 등이 있을 수 있다.

3) 황색포도상구균 세균백신(*Staphylococcus aureus* bacterins)

황색포도상구균 파지 용해물(Staphage lysate[SPL®])은 *Staphylococcus aureus*의 박테리오파지로 용균에서 유래되었으며, 개의 재발성 표재성 농피증과 황색포도상구균 과민증 치료에 사용된다. 부작용으로 발열, 무기력, 빈호흡, 소양감 및 주사 부위 자극이 있을 수 있다.

(2) 식물 유도체(Plant derivates): 아세만난(Acemannan)

알로에베라 잎에서 추출한 복합 탄수화물이다. 고양이와 개의 섬유육종(fibrosarcoma) 치료에 쓰이며, FeLV, FIV의 감염에 인한 면역 억압의 치료에도 사용된다. 부작용으로 식욕부진, 설사, 빈맥, 허탈, 주사 부위 통증이 있을 수 있다.

III 면역억제제(Immunosuppressive drugs)

1 면역억제제 개요

면역억제제는 조직 이식이나 장기 이식 수술 후 면역 억압치료뿐만 아니라 다양한 면역매개성 질환을 치료하기 위하여 사용된다. 면역매개성 질환(immune-mediated disease)은 림프구와 단핵구와 같은 면역을 담당하는 세포가 자기 세포를 이물질로 인식하여 염증반응을 일으키는 것이다. 면역매개성용혈성빈혈(immune-mediated hemolytic anemia, IMHA)은 자기 적혈구를 이물질로 인식하고 염증을 담당하는 세포들이 적혈구를 파괴하여 용혈성 빈혈을 유발한다. 면역매개성혈소판감소증(immune-mediated thrombocytopenia, IMT)는 혈소판에 대한 면역반응이며, 면역매개성관절염(immune-mediated polyarthritis, IMPA)과 류마티스 관절염(rheumatoid arthritis)는 과도한 염증 반응이 관절에서 발생한다. 이 외에도 면역매개성 피부질환인 낙엽성 천포창(pemphigus follicularis), 루프스(원반모양홍반루푸스(DLE), 전신홍반루푸스(SLE)), 고양이 호산구성 육아종(feline eosinophilic granuloma) 등과 림프구-형질세포 장염(lymphocytic-plasmacytic enteritis), 뇌수막염(GME/MUE)이 포함된다.

이러한 면역반응을 차단하기 위해서 사용하는 약물을 면역억제제 혹은 면역억압제라고 부르며, 세포주기의 단계들 중 하나를 방해하거나 세포신호에 영향을 준다.

2 주요 면역억제제

(1) 아자티오프린(Azathioprine)

아자티오프린은 항대사제로서 핵산의 합성(주로 DNA)을 억제하여 세포주기의 S 단계의 세포에 영향을 미친다. 특히 B 림프구와 T 림프구와 같이 빠르게 분열하지만 퓨린 합성의 신생합성 경로가 없는 세포를 방해하여 면역억제를 유도한다. 장에서 흡수가 잘 되는 전구약물이지만 고양이와 10% 정도의 개에서는 낮은 효소 활성을 가지므로 고양이에서는 추천되지 않는다. 아자티오프린은 면역 매개 질환의 면역 억압을 위해 보통 steroids와 병용 투여되며, 이런 병용투여는 steroids의 용량을 줄여주는 역할을 한다. 이러한 질환으로는 면역매개성 용혈성 빈혈(immune-mediated hemolytic anemia, IMHA), 면역매개성 혈소판 감소증(immune-mediated thrombocytopenia, IMT), 에반스 증후군(Evans syndrome), 중증 근무력증(Myasthenia gravis), 천포창(pemphigus), 염증성 장질환(inflammatory bowel disease)이 있으며 주로 개의 면역매개성 질환의 치료에 사용된다.

부작용으로는 위장장애, 급성 췌장염, 골수억압, 치명적인 백혈구 감소증, 혈소판 감소증이 있을 수 있다.

(2) 마이코피놀레이트 모페틸(Mycophenolate mofetil, MMF)

아자티오프린과 같은 퓨린 합성 저해제로서 항대사제이다. 개에서 면역 매개성 용혈성 빈혈, 중증근무력증, 염증성 장 질환, 낙엽성 천포창과 사구체 신염 치료에 사용된다.

부작용은 주로 위장관에 나타나며 구토, 설사 등이 있을 수 있다.

(3) 레플루노미드(Leflunomide)

레플루노미드는 항류마티스제이며, 피리미딘 합성 저해제이자 강력한 면역억제제이다. 레플루노미드는 일차 면역억제제 또는 다른 면역억제제와 함께 사용된다. 개의 면역매개성 혈소판 감소증, 면역매개성 용혈성 빈혈, 에반스 증후군, 낙엽성 천포창, 면역 매개성 다발성 근염, 다재성 비화농성 뇌염/수막뇌염의 치료에 사용된다.

부작용은 개에서는 흔하지 않지만 위장관 장애(구토, 식욕감소 등) 및 림프구 감소증과 빈혈을 유발할 수 있다.

(4) 사이클로스포린(Cyclosporine)

사이클로스포린은 T 림프구의 증식을 억제하는 약물이다. 개의 건성 각결막염(keratoconjunctivitis sicca, KCS)의 안과 적용과 아토피성 피부염(atopic dermatitis)의 치료 시 사용되며, 면역 매개성 용혈성 빈혈의 치료를 위해 glucocorticoids와 같은 면역 억제성 약제와 병용 투여한다. 사이클로스포린은 경구투여 후 흡수가 잘 되지 않는다. Atopica®는 빠르게 흡수되지만 생체 이용률은 23~45% 정도이다. 위장관 내 음식 여부는 생체이용률을 감소시킨다.

부작용은 개에서는 대부분 위장관계 증상(구토, 설사와 식욕부진)과 고양이에서는 식욕부진이 관찰되나 시간이 지나면 감소되는 편이다.

(5) 타크롤리무스(Tacrolimus)

개의 건성각결막염(KCS)과 아토피성 피부염과 기타 면역 매개성 피부질환의 국소 치료에 사용된다.

(6) 코르티코스테로이드(Corticosteroids)

코르티코스테로이드는 호중구, T 림프구, 혈관, 세포 전달자에 대한 억제 효과를 통해 용량에 따라 항염증 및 면역억제 효과를 나타낸다.

IV 백신과 예방접종(Vaccines and Vaccination)

1 백신(Vaccines)

(1) 백신 종류(Vaccine types)

백신은 동물의 적응면역체계를 이용한다. 백신은 함유된 항원에 따라 분류하고 있으며 여러 가지 백신 유형이 이용 가능하다.

1) 생독백신(Live vaccines)

생백신이라고도 하며 살아있는 미생물이나 바이러스로부터 만들어진다. 몇 가지 가금류 백신을 제외하고는 거의 사용되지 않는다.

① 장점: 면역 지속기간이 길고, 저렴하며, 효과가 좋다.

② 단점: 원치 않는 유기체로 오염될 수 있으며 독성이 있거나, 무독성일 수 있으므로 안전성이 낮다.

2) 사독백신(Killed vaccines, Inactivated vaccines)

불활화백신이라고도 하며, 병원체를 배양한 후 화학약품이나 열로 병원체를 비활성화시킨 백신이다. 병원체 내 항원요소는 체액성 면역을 유도한다. 대개 주사를 통해 투여된다.

① 장점: 안전성이 높고, 보관 시 안정적이다.

② 단점: 면역 지속기간이 짧고, 부형제가 필요하며 최대로 면역을 자극하기 위해 최소 2회는 접종해야 한다. 반복투여가 필요하므로 비용이 더 많이 들 수 있다.

3) 약독화 생독백신(Modified live vaccines, Attenuated vaccines)

약독화 생독백신(modified live vaccines, MLV)은 살아있는 병원체를 계대 배양하여 독성을 약화시키는 과정을 거쳐 접종을 통해 체내에 주입될 때 질병 대신 면역 반응을 유발한다.

① 장점: 체액성 면역, 세포성 면역, 점막 면역을 자극할 수 있다. 보조제(adjuvant)가 필요 없고 주사 형태와 국소적용 형태 모두 가능하다.

② 단점: 임신한 동물에게 사용되면 유산을 유발할 수 있다. MLV는 시간이 지남에 따라서 또는 부적절한 보관으로 인해 비활성화될 수 있다.

4) 재조합 백신(Recombinant vaccines)

재조합 DNA 기술을 이용하여 생산하는 백신으로 병원체의 유전자를 조작하여 병원성을 일으키는 특이 유전자를 삽입, 삭제, 변형을 통해 야외 병원체와 구별할 수 있다.

① 장점: 부작용이 적고, 효과적인 면역력을 제공한다.

② 단점: 새로운 기술 적용으로 인해 높은 비용이 요구된다.

5) 톡소이드 백신(Toxoid vaccines)

세균이나 바이러스가 아닌 세균의 대사과정에서 배출되거나 자체 구성성분인 톡신(toxin)에 화학약품이나 열을 가하여 면역원성에는 영향을 주지 않고 자체의 독성은 파괴한 백신을 말한다.

① 장점: 활성변역을 제공한다.

② 단점: 개체의 위험요인에 따라 반복 투여가 필요할 수 있다. 보조제(adjuvant) 및 보존제가 포함될 수 있다.

6) 자가 백신(Autogenous vaccines)

자가백신은 시판되는 백신이 없다거나 자기 농장만이 특수한 상황에 처해있을 때 농장에서 분리한 특정 병원균을 이용하여 그 농장만이 사용하는 백신을 말한다. 접종 방법에 따라 주사용 백신과 경구용 백신으로 구분할 수 있다.

① 대표적인 예: 돼지유행성설사(PED) 백신, 선역(Strangles, Equine distemper) 발생에 사용되는 *Streptococcus equi* 백신

(2) 백신의 보관 및 취급

백신의 올바른 보관과 취급은 백신의 효능과 안전성에 중요한 영향을 미친다. 부적절한 취급 및 보관은 백신의 효능을 감소시켜 동물을 질병에 취약하게 만들 수 있다. 백신의 보관 및 취급 방법은 각 제조업체의 제품 설명서에서 확인할 수 있다. 백신이 제조업체에서 출고되는 순간부터 투여 시점까지 온도가 조절된 환경에서 보관해야 하며 이것을 백신 콜드체인(vaccine cold chain)이라고 한다. 보통 제조업체에서 백신 출고 시 온도유지 특수 컨테이너 혹은 아이스팩을 넣은 스티로폼 상자에 넣어 배송 중에 냉장상태를 유지한다. 백신을 운송 받으면 신속하게 포장을 풀고 2~8℃ 온도에서 냉장 보관해야 한다. 적절한 공기 흐름을 위해 냉장실 중앙에 정리하고, 온도 변동 가능성을 줄여주기 위하여 중간온도로 설정한다. 또한 냉장고 보관 시, 유효기간이 가까운 순서대로 배치하고 투여 전, 유효기간을 다시 한 번 확인해야 한다.

적절한 백신 접종을 위해서는 항상 새것의 멸균된 일회용 주사기와 바늘을 사용해야 한

다. 또한 멸균 희석제를 첨가해야 하는 동결건조 분말 백신의 경우 반드시 투여 직전에 희석액제를 혼합하여 재구성하여야 한다. 재구성한 백신의 접종이 지연되면 백신의 취약성과 온도 변화로 인하여 백신의 효능이 감소할 수 있다.

(3) 백신 투여

백신 투여 경로는 제조업체가 제공한 백신 패키지의 지침서를 참고하여 제조업체가 제공한 경로로만 투여해야 한다. 일부 백신은 국소 면역을 제공하는 비강 내 혹은 구강 내 백신으로 투여되고 대부분의 백신은 피하(subcutaneous) 또는 근육 내(intramuscular) 경로로 투여된다.

개의 경우 대부분의 백신은 피하 및 근육 내 경로를 통해 투여되며 피하주사 시, 견갑골 사이에 투여된다(그림 16-4).

그림 16-4 개의 견갑골 사이의 피하주사

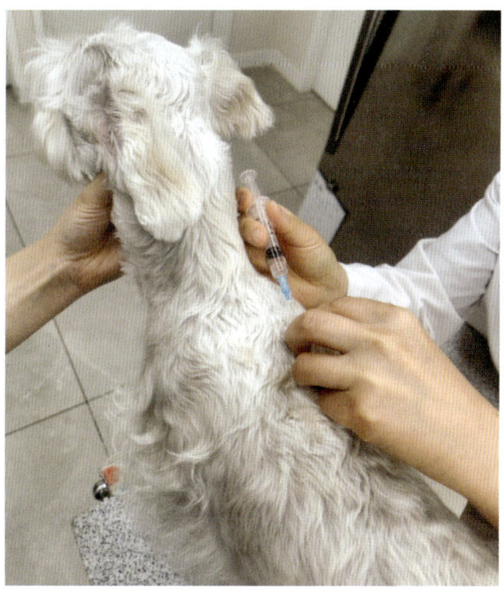

고양이의 경우 견갑골 사이 공간에 백신을 접종하는 것은 권장되지 않는다. 주사 부위 육종(feline injection-site sarcoma, FISS) 발생 시, 절단을 용이하게 하기 위해 원위부 사지 부위의 접종이 권고되며, 두 개의 근막 평면에 5cm의 여백을 두고 주사한다(그림 16-5). 꼬리 부위 백신 접종도 원위부 사지에서 백신 접종만큼 혈청학적 반응을 유도하는 것으로 보고되어 꼬리 부위도 추천된다.

그림 16-5 고양이 예방접종 부위: 권장되는 접종 부위는 사지 말단부위와 꼬리

출처: www.aaha.org

(4) 백신 실패(Vaccine failure)

백신을 적절하게 접종한 동물에게 백신 접종 실패가 발생하는 것은 매우 드물다. 하지만 어떤 백신도 100% 효과를 달성할 수 없기 때문에 예상해야 하며, 이러한 문제가 발생할 수 있음을 보호자에게 항상 안내해야 한다.

백신의 접종 실패는 다음과 같은 이유로 발생할 수 있다.

- 백신 접종 환자의 충분한 면역반응 유도 실패
- 백신 접종 전에 감염원에 노출
- 모체이행항체의 간섭
- 면역력 감소
- 백신의 부적절한 보관 또는 취급
- 부적절한 투여

(5) 핵심백신 대 비핵심백신(Core versus noncore vaccines)

백신을 핵심백신과 비핵심백신 범주로 구분하는 것은 개별 백신 프로토콜을 세우는 데 도움이 된다. 미국동물병원 협회(AAHA), 미국고양이의사협회(AAFP) 및 세계소동물수의사협회(WSAVA)는 모든 개와 고양이의 생활 방식과 거주지역 또는 여행지역, 조건, 종류 등을 고려하여 접종해야 하는 핵심백신과 비핵심백신으로 나누고 지침 권장사항을 설정하였다.

핵심백신(core vaccines)은 유병률과 사망률이 높은 질병, 공중보건 상 위험이 큰 질병, 쉽게 전파되는 질병들에 대응하기 위한 것이다. AAHA, AAFP에서는 핵심접종으로 지정된 백신을 모든 개와 고양이에게 투여하는 것을 제안한다. 단, 백신 접종을 하지 않아야 할 특별한 의학적 사유가 있는 경우는 예외이다. 가장 최근에 업데이트된 가이드라인에 따르면 개의 핵심백신은 개 홍역 바이러스(CDV), 개 아데노바이러스 2형(CAV-2), 개 파보바이러스 2형(CPV-2), 렙토스피라증, 광견병 백신이다. 고양이의 핵심백신은 고양이 파보바이러스(FPV), 고양이 칼리시바이러스(FCV), 고양이 허피스바이러스 1형(FHV-1), 고양이 백혈병 바이러스(FeLV), 광견병 백신이다.

비핵심백신(noncore vaccines)은 생활 습관, 지리적 위치, 노출 위험 등을 고려하여 권장되는 백신이다. 개 파라인플루엔자(CPiV), 개 코로나바이러스(CCV), 개 인플루엔자(CIV), 개 보르데텔라(*B.bronchiseptica*) 백신 등이 비핵심백신에 속한다. 비핵심백신은 매년 추가접종이 권장된다.

2 예방접종

(1) 예방접종 개요

예방접종은 개와 고양이의 전염병을 예방하고 건강 및 수명, 좋은 삶의 질을 유지할 수 있도록 한다. 백신의 사용은 인간 및 수의학 분야에서 질병의 이환율과 사망률을 크게 감소시키는 데 기여했다. 반려동물의 예방접종은 개별 동물의 건강을 보호할 뿐만 아니라 지역사회 환경(예: 보호소)의 동물복지를 개선하며, 공중보건(예: 광견병 및 렙토스피라증 등)을 증진하고, "집단면역"을 향상시켜 종 내에서 전파되는 질병들(예: 개 파보바이러스, 개 홍역바이러스, 광견병 바이러스 등)의 발생을 줄인다.

미국동물병원 협회(AAHA), 미국고양이의사협회(AAFP) 및 세계소동물수의사협회(WSAVA)에서는 개와 고양이의 예방접종 가이드라인을 주기적으로 제시하고 있다. 가장 최근에 업데이트된 개와 고양이 예방접종 가이드라인은 2022 AAHA Canine Vaccination Guidelines(2024 updated), 2020 AAHA/AAFP Feline Vaccination Guidelines, 그리고 2024 WSAVA Guidelines for the vaccination of dogs and cats이다. 이 지침들은 개별위험요소와 감염성 질환에 대한 노출 정도를 기초로 하며, 각 협회의 전문가들의 의견을 종합하여 업데이트되고 있다. 이 가이드라인은 백신 프로토콜 표준으로 사용하라는 의미가 아니라 개별 백신 프로토콜을 만들 때 시작점으로 사용하라는 의미이다. 따라서 각 반려동물의 위험 요인에 따라 백신 프로토콜을 설정할 때 수의사가 예방적 건강관리를 할 수 있도록 도울 수 있다.

동물보건사는 백신의 유형과 취급법뿐만 아니라 동물이 접종하는 백신에 대한 이해를 가지고 있어야 한다. 또한 동물보건사는 보호자에게 백신의 중요성과 필요성, 예방접종 일정, 예방접종 후 일어날 수 있는 반응들에 대해서 잘 설명하여 반려동물의 건강을 유지할 수 있도록 해야 한다.

1) 모체이행항체(Maternally derived antibody, MDA)

모체이행항체(MDA)는 대부분 신생 강아지와 고양이가 생후 24시간 이내에 초유를 섭취하여 획득한다. 이러한 유형의 수동면역(passive immunity)은 생후 몇 주간 신생동물을 질병으로부터 보호하는 데 중요한 역할을 한다. 하지만 모체이행항체는 어린 동물이 백신을 투여받을 때, 모체이행항체에 의하여 항원이 중화되어 면역 형성이 잘 안 되는 모체이행항체에 의한 간섭현상을 유발하기도 한다. 따라서 모체이행항체가 남아있는 아주 어린 동물에게 예방접종을 하지 않는 것이 중요하다. 대부분의 강아지와 새끼 고양이에서 모체이행항체는 생후 약 8~12주가 되면 백신 접종에 대한 능동 면역 반응을 일으킬 수 있는 수준으로 감소한다. 이것이 생후 6~8주쯤 동물에게 백신 접종을 시작하는 이유이다.

그림 16-6 모체이행항체(MDA)의 백신 간섭

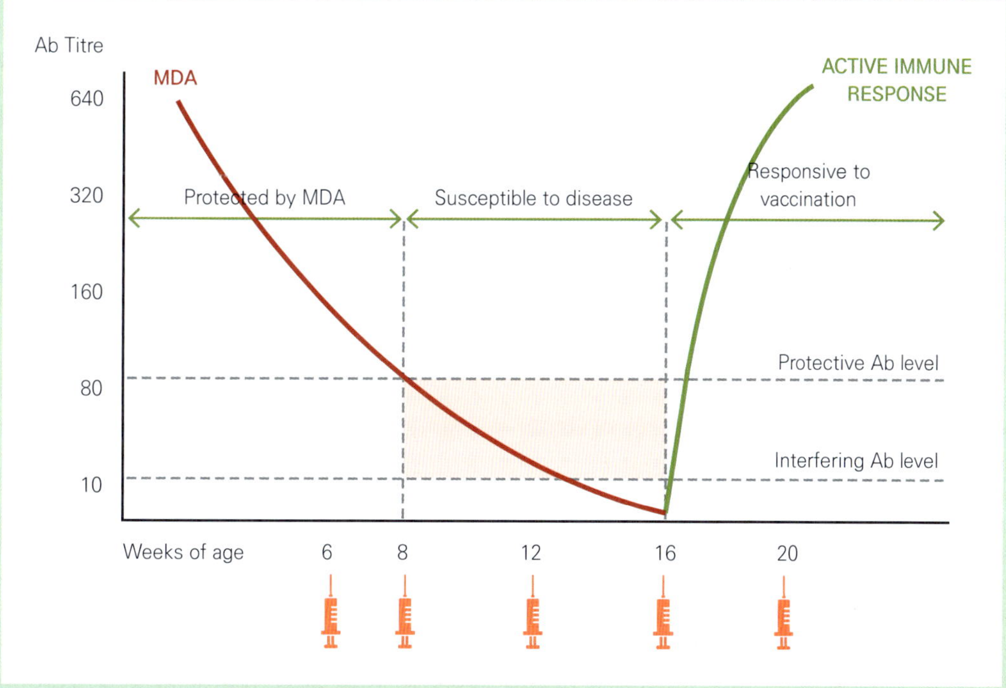

초기 백신은 6~8주령에서 시작해 2~4주 간격으로 반복 접종한다. 개체별로 모체이행항체 수준이 다르다 보니 '모체이행항체가 질병 감염은 막아주지 못하면서 백신 작용은 방해

하는 시기(window of susceptibility)'가 언제 찾아올지 모르기 때문이다. 모체이행항체가 충분히 감소한 후 가능한 빨리 면역반응을 유발하기 위해서이다. 보통 16주령이 되면 모체이행항체가 충분히 감소하므로, 16주령 이후에 추가 백신을 접종하는 것이 중요하다. 다만 일부 개체는 16주령에서도 모체이행항체가 남아 간섭효과를 보일 수 있는 만큼 마지막 초기 백신 접종 후 4주 후(즉, 20주령 이후)에 혈청학적 검사를 하거나 26주령에 추가 접종을 권장한다.

과거에는 어린 동물의 초기 접종 후 1년 후에 재접종을 권장했으며, 그 후 대부분의 백신은 3년마다 재접종을 추천하였다. 그러나 최근 연구에 따르면 최대 3분의 1의 어린 동물에서 생후 16주에 최종 핵심 백신에 반응하지 않고 20주에 모체이행항체 간섭을 보일 수 있으므로, 강아지와 새끼 고양이의 추가접종 시점을 생후 12~16개월령까지 기다리지 않고, 생후 26주 시점으로 당기는 것을 권장하고 있다.

2) 예방접종 부작용(Adverse reactions following vaccination)

모든 약물과 마찬가지로 백신 접종은 부작용을 나타낼 수 있다. 백신 접종에서 가장 흔한 부작용으로는 주사부위의 통증(pain) 및 종창(swelling)과 같은 국소 반응(local reactions)과 무기력(lethargy), 식욕부진(anorexia), 두드러기(urticaria), 발열(fever), 구토(vomiting)와 같은 경미한 전신 반응(minor systemic reactions)이 있다. 이들은 보통 1일 이내에 해결되며 과민증은 면역 항원, 백신 제조 과정에서 획득한 항원, 백신에 사용된 보조제(adjuvants)에 대한 반응 등 여러 가지 원인에 의해서 나타날 수 있다.

백신 접종 후, 나타날 수 있는 부작용으로는 위에서 설명한 경미한~일반적인 반응뿐만 아니라 흔하지 않지만 가장 심각한 아나필락시스성 쇼크(anaphylatic shock) 반응도 발생할 수 있다. 아나필락시스의 임상 징후로는 구토(vomiting), 타액분비(salivation), 호흡곤란(dyspnea) 및 운동실조증(incoordination) 등이 있다. 한 연구에서 예방접종 후 3일 이내에 경미하거나 심각한 부작용이 개의 0.63%에서 보고되었는데, 아나필락시스성 쇼크가 발생한 동물의 46.5%에서는 백신 접종 후 5분 이내에 확인되었고, 모두 60분 이내 아나필락시스의 임상징후가 시작되었다(Miyaji et al., 2012). 소형견이 병원에 내원하여 여러 백신 제품이 함께 투여되었을 때, 가장 높은 부작용 위험이 관찰되었다.

다른 연구에서 고양이의 0.52%가 백신 접종 후 30일 이내 다양한 정도의 부작용을 나타냈으며, 개와 마찬가지로 여러 백신 제품을 투여했을 경우 가장 높은 부작용 위험이 관찰되었다.

다른 가능한 부작용으로는 고양이의 주사부위육종(feline injection site sarcoma, FISS)와 개의 면역매개성용혈성빈혈(immune-mediated hemolytic anemia, IMHA)이 있다. FISS의 경우 백신 접종 후에 드물게 발생하는 부작용 중 하나로 발병률은 낮지만 뼈나 혈관 및 다른 부위로 전이가 잘 되고 한 번 생기면 수술 및 항암치료 후에도 재발이 잘 되므로 주사부위에 단단한 멍울과 같은 증상이 발견되면 즉시 수의사의 진료를 받아야 한다.

(2) 예방접종 지침(Vaccination Guideline)

적절한 예방접종을 통해 얻게 되는 능동면역(active immunization)은 개별 동물의 건강뿐만 아니라 개체군 전체의 감염병 관리에 중요한 역할을 한다.

앞서 언급한대로 AAHA, AAFP 및 WSAVA는 백신의 종류를 핵심백신과 비핵심백신으로 나누고 권장사항을 설정하였다. 핵심백신으로 지정된 백신은 의학적으로 투여가 지시되지 않는 경우를 제외하고는 모든 개와 고양이에게 투여하는 것을 권고한다. 비핵심백신의 경우 생활 습관, 지리적 위치, 노출 위험 등에 따라 지역마다 추천되는 백신의 종류가 다를 수 있으며 일반적으로 안정적인 예방효과를 위해 매년 접종하는 것이 필요하다.

1) 개(Canine)

개의 일반적인 다가백신(multivalent vaccines)에는 개 디스템퍼(D), 개 아데노바이러스 2형(A2), 개 파보바이러스(P), 개 파라인플루엔자(P) 및 렙토스피라증(L)이 포함될 수 있다. 렙토스피라를 제외한 DA2PP(4종), 포함된 DA2PPL(5종)이 있다.

광견병 백신의 경우 일부 지역에서는 생후 12주에 1차 광견병 백신을 접종하고 1년 후에 2차 접종을 하는 것이 권장되지만, 현지의 상황과 제조된 백신의 권장 접종의 일정에 따라 다를 수 있으므로 이를 따라야 한다. 개 광견병 백신의 재접종 간격은 일반적으로 1~3년의 유효기간을 가지고 있으며, 이것은 종종 법으로 의무화되어 있으므로 각 나라에서 권고되는 사항을 따르면 된다. 국내의 경우 매년 1회 반려견의 예방접종이 의무화되어 있고 1년에 2회 광견병 예방접종비 지원사업을 실시하고 있다.

개의 핵심백신과 비핵심백신은 다음과 같으며, 표 16-1에서 자세한 내용을 확인할 수 있다.

표 16-1 개의 필수백신과 비필수백신

<table>
<tr><th colspan="4">2022년 AAHA 개의 필수 및 비필수 백신</th></tr>
</table>

필수 백신: 특정한 의학적 사유로 접종할 수 없는 경우를 제외하고, 생활 방식과 관계없이 모든 개에게 권장됨

<table>
<tr><th rowspan="2">항원</th><th colspan="2">초기 접종</th><th rowspan="2">재접종</th></tr>
<tr><th>16주령 이하의 개</th><th>16주령 초과의 개</th></tr>
<tr><td>디스템퍼
아데노바이러스
파보바이러스
± 파라인플루엔자</td><td>6주에서 16주 사이에 2~4주 간격으로 최소 3회 복합 백신 접종</td><td>2~4주 간격으로 복합 백신 2회 접종</td><td>• 초기 접종 시리즈의 마지막 접종 후 1년 이내에 복합 백신 1회 접종
• 이후 부스터는 3년 간격으로 접종</td></tr>
<tr><td>렙토스피라
(불활성화)
4가지 혈청형</td><td>12주령부터 시작하여 2~4주 간격으로 2회 접종</td><td>개 나이에 관계없이 2~4주 간격으로 2회 접종</td><td>• 초기 접종 시리즈의 마지막 접종 후 1년 이내에 1회 접종
• 이후 부스터는 매년 접종</td></tr>
<tr><td>광견병</td><td colspan="3">법령에 따라 접종</td></tr>
</table>

비필수 백신: 생활 방식, 지리적 위치, 노출 위험에 따라 일부 개에게 권장됨

<table>
<tr><th rowspan="2">항원</th><th colspan="2">초기 접종</th><th rowspan="2">재접종</th></tr>
<tr><th>16주령 이하의 개</th><th>16주령 초과의 개</th></tr>
<tr><td>보렐리아
부르그도르페리
(개 라임병)</td><td>2~4주 간격으로 2회 접종</td><td>개 나이에 관계없이 2~4주 간격으로 2회 접종</td><td>• 초기 접종 시리즈의 마지막 접종 후 1년 이내에 1회 접종
• 이후 부스터는 매년 접종</td></tr>
<tr><td>보르데텔라 브론키셉티카 및 개 파라인플루엔자 바이러스</td><td colspan="2">노출 위험이 있는 개에게는 1회 (비강 내) 접종 권장</td><td>이후 부스터는 매년 접종</td></tr>
<tr><td>보르데텔라 브론키셉티카 단독</td><td colspan="2">• 주사(SQ): 2~4주 간격으로 2회 접종
• 비강(IN): 1회 비강 내 접종
• 경구: 볼 안쪽에 1회 경구 접종</td><td>이후 부스터는 매년 접종</td></tr>
<tr><td>개 인플루엔자 바이러스-H3N8/H3N2</td><td colspan="2">2~4주 간격으로 2회 접종</td><td>• 초기 접종 시리즈의 마지막 접종 후 1년 이내에 1회 접종
• 이후 부스터는 매년 접종</td></tr>
</table>

크로탈루스 앗트록스(서부 다이아몬드백 방울뱀)	체중과 노출 위험에 따라 개별 개체마다 접종 용량과 접종 빈도가 다름

출처: 2022 AAHA Guideline

① 개의 핵심백신(Canine core vaccines)

- 개 디스템퍼 바이러스(CDV)
- 개 전염성 간염(CAV-2)
- 개 파보 바이러스 2형(CPV-2)
- 렙토스피라증(Leptospirosis)
- 광견병(Rabies)
- 개 파라인플루엔자 바이러스(CPiV)(2022 AAHA guideline)

② 개의 비핵심백신(Canine non-core vaccines)

- 보르데텔라 브론키셉티카(*Bordetella bronchiseptica*)
- 개 파라인플루엔자 바이러스(CPiV)(2024 WSAVA guideline)
- 개 인플루엔자 바이러스(CIV)
- 개 라임병(*Borrelia burgdorferi*)

③ 일반적으로 권장되지 않는 개 백신

- 개 코로나장염 바이러스(CCoV)
- 지알디아(Giardia duodenalis)

2) 고양이

고양이의 일반적인 다가백신(multivalent vaccines)에는 고양이 바이러스성 비기관지염(FVR), 고양이 범백혈구감소증(P), 고양이 칼리시바이러스(C)가 포함된 FVRCP(3종)가 있으며, FVRCP에 클라미디아 예방이 추가된 FVRCPC(4종), FVRCPC+FeLV(5종) 백신이 있다.

고양이 백혈병 바이러스는 전 세계적으로 발견되는 바이러스로써 이전에는 비핵심백신에 속해있었으나, 최근에 개정된 지침서에서는 FeLV 백신을 핵심백신으로 지정했다. 특히 1세 미만의 어린고양이와 야외 접근이 가능하거나 야외 접근이 가능한 다른 고양이와 함께 사는 노령 고양이에서는 핵심백신으로 적용된다.

국내에서 광견병은 2종 법정전염병으로 지정되어 있다. 따라서 반려동물과 사람 모두를 보호하기 위해 생후 3개월 이상의 모든 고양이에게 1년마다 광견병 접종을 의무화하고 있으며, 고양이에서도 광견병 예방접종비 지원사업을 실시하고 있다.

고양이의 핵심백신과 비핵심백신은 다음과 같으며, 표 16-2에서 자세한 내용을 확인할 수 있다.

① 고양이의 핵심백신(Canine core vaccines)

- 고양이 범백혈구감소증(FPV)
- 고양이 칼리시 바이러스(FCV)
- 고양이 바이러스성 비기관지염(FHV-1)
- 광견병(Rabies)
- 고양이 백혈병(FeLV)

② 고양이의 비핵심백신(Canine non-core vaccines)

- 보르데텔라 브론키셉티카(*Bordetella bronchiseptica*)
- 클라미디아 감염증(*Chlamydia felis*)
- 고양이 면역결핍 바이러스(FIV)

③ 일반적으로 권장되지 않는 고양이 백신

- 고양이 전염성 복막염(FIP)

표 16-2 고양이의 핵심백신

핵심백신(Core vaccines)			
Antigen	초회접종		재접종
	<16주	>16주	
FPV+ FCV+ FHV-1 (Attenuated live)	6~16주까지 3~4주마다 재접종(고위험 상황 시, 6~20주까지 2~3주 간격)	2회, 2~4주 간격	생후 6개월 재접종, 그 후 3년마다
FPV+ FCV+ FHV-1 (Inactivated)	6~16주까지 3~4주마다 재접종(고위험 상황 시, 6~20주까지 2~3주 간격)	2회, 2~4주 간격	생후 6개월 재접종, 그 후 3년마다
FeLV (recombinant, adjuvanted)	• 빠르면 8주부터 시작 • 2차 접종은 3~4주 후	2회, 3~4주 간격	1년 후, 매년 재접종
FeLV (inactivated, adjuvanted)	• 빠르면 8주부터 시작 • 2차 접종은 3~4주 후	2회, 3~4주 간격	1년 후, 매년 재접종
Rabies	현지 규정에 따름(국내는 생후 3개월령 이후 첫 접종, 매년 재접종)		

면역제제 주요 약물 정리 표

성분명	상품명	주요 작용	비고(주의사항 및 부작용)
Azathioprine	• 이뮤란® • 아자프린®	면역억제제: 퓨린 대사 억제제	• 위장관 장애, 급성 췌장염 • 골수억압, 백혈구 감소증, 혈소판 감소증
Mycophenolate mofetil	셀셉트®		위장관 장애
Leflunomide	아라바®	면역억제제: 피리미딘 대사 억제제	• 위장관 장애 • 빈혈, 림프구 감소증
Cyclosporine	• 산디뮨® • 아토피카® • 사이폴엔® • 임프란타® • 옵티뮨®(안연고)	면역억제제: T 림프구 증식 억제	위장관 장애
Tacrolimus	프로토픽®(연고)		

Memo

참고문헌

CHAPTER 02 약물의 이해

김성훈 외. 2020. *약리학.* 신일북스.

농림축산검역본부. 2023. *수의사처방제 운영지침.*

정보영 외. 2021. *동물간호의 이해.* 경상북도교육청.

정형석 외. 2016. *동물약리학.* 충북대학교출판부.

American Veterinary Medical Association (AVMA). 2020. *Emergency Drugs for Veterinary Use: Clinical Guidelines.*

Lane, Cooper. 2003. *Veterinary Nursing.* 3rd ed. Butterworth Heinemann.

Plumb, Donald C. 2018. *Plumb's Veterinary Drug Handbook.* 9th ed. Wiley-Blackwell.

CHAPTER 04 의약품관리

수의약리학 및 독성학 강의담당교수협의회. 2000. *최신수의약리학.* 경북대학교출판부.

마약류통합관리시스템(https://www.nims.or.kr)

CHAPTER 05 주요 화학요법제

박승준. 2023. *비밀노트 약리학편.* 드림널스.

전국수의과대학 수의약리독성학 교수협의회. 2024. *수의약리학.* 제2판 수정 증보판. 신일북스.

Lascelles, Duncan, and Jane Dobson. 2014. *BSAVA Manual of Canine and Feline Oncology.* 윤화영, 서경원 외 역. OKVET.

Martini-Johnson, Lisa A. 2022. *동물보건의약품학.* 동물보건의약품학 교재연구회 역. 제6판. 범문에듀케이션.

Plumb, Donald C. 2023. *Plumb's Veterinary Drug Handbook.* 11th ed. Wiley-Blackwell.

Stephen J 외 2인. 2013. *Small Animal Clinical Oncology.* 5th ed. Elsevier.

국립보건연구원(https://nih.go.kr/nohas/aboutOH/antibiotics.do)
아산병원 건강정보(https://www.amc.seoul.kr/asan/healthinfo/body/bodyDetail.do?bodyId=39)
위키백과(https://ko.wikipedia.org/wiki/%ED%99%94%ED%95%99%EC%9A%94%EB%B2%95)
MSD 매뉴얼(https://www.msdmanuals.com/ko/home/%EA%B0%90%EC%97%BC/%ED%95%AD%EC%83%9D%EC%A0%9C/%ED%95%AD%EC%83%9D%EC%A0%9C-%EA%B0%9C%EC%9A%94)

CHAPTER 06 위장관계 주요 약물

박승준. 2023. *비밀노트 약리학편.* 드림널스.
수의약리학 및 독성학 강의담당교수협의회, 편저. 2007. *최신수의약리학.* 경북대학교출판부.
Martini-Johnson, Lisa A. 2022. *동물보건의약품학.* 동물보건의약품학 교재연구회 역. 제6판. 범문에듀케이션.
Plumb, Donald C. 2023. *Plumb's Veterinary Drug Handbook.* 11th ed. Wiley-Blackwell.

CHAPTER 07 심혈관계 주요 약물

박승준. 2023. *비밀노트 약리학편.* 드림널스.
전국수의과대학 수의약리독성학 교수협의회. 2024. *수의약리학.* 제2판 수정 증보판. 신일북스.
네이버 지식백과(https://terms.naver.com/entry.naver?docId=5704800&cid=59913&categoryId=59913)
아산병원 건강정보(https://www.amc.seoul.kr/asan/healthinfo/body/bodyDetail.do?bodyId=39)
MSD 매뉴얼(https://www.msdvetmanual.com/pharmacology/systemic-pharmacotherapeutics-of-the-respiratory-system/systemic-treatment-of-inflammatory-airway-disease-in-animals#Methylxanthines_v12763149)

CHAPTER 08 비뇨기계 주요 약물

Merck veterinary manual(https://www.merckvetmanual.com/urinary-system/urinary-system-introduction/the-urinary-system-in-animals)
MSD veterinary manual(https://www.msdvetmanual.com/cat-owners/kidney-and-urinary-tract-disorders-of-cats/the-urinary-system-of-cats)

CHAPTER 09 호흡기계 주요 약물

아산병원 건강정보(https://www.amc.seoul.kr/asan/healthinfo/disease/diseaseList.do?diseaseKindId=C000019)

Merck veterinary manual(https://www.merckvetmanual.com/respiratory-system/respiratory-system-introduction/the-respiratory-system-in-animals)

MSD veterinary manual(https://www.msdvetmanual.com/respiratory-system/respiratory-diseases-of-small-animals/overview-of-respiratory-diseases-of-dogs-and-cats)

CHAPTER 10 신경계 주요 약물

전국수의과대학 수의약리독성학 교수협의회. 2024. *수의약리학*. 제2판 수정 증보판. 신일북스.

Boothe, Dawn Merton. 2012. *Small Animal Clinical Pharmacology and Therapeutics*. 2nd ed. Elsevier Saunders.

Crowell-Davis, Sharon L., and Thomas Murray. 2006. *Veterinary Psychopharmacology*. Blackwell Publishing.

Grimm, Kurt A., Leigh A. Lamont, William J. Tranquilli, Sheilah A. Greene, and Sheilah A. Robertson, eds. 2015. *Veterinary Anesthesia and Analgesia: The Fifth Edition of Lumb and Jones*. Wiley-Blackwell.

Maddison, Jill E., Stephen W. Page, and David B. Church. 2008. *Small Animal Clinical Pharmacology*. 2nd ed. Saunders Elsevier.

Martini-Johnson, Lisa A. 2022. *동물보건의약품학*. 범문에듀케이션.

Muir, William W., and John A. E. Hubbell. 2014. *Handbook of Veterinary Anesthesia*. 5th ed. Elsevier.

Papich, Mark G. 2016. *Saunders Handbook of Veterinary Drugs*. 4th ed. Elsevier.

Plumb, Donald C. 2018. *Plumb's Veterinary Drug Handbook*. 9th ed. PharmaVet Inc.

Riviere, Jim E., and Mark G. Papich, eds. 2018. *Veterinary Pharmacology and Therapeutics*. 10th ed. Wiley-Blackwell.

Simpson, Bonnie S., and Mark G. Papich. 2003. "Pharmacologic Management in Veterinary Behavioral Medicine." *Veterinary Clinics of North America: Small Animal Practice* 33 (2): 365–404.

CHAPTER 11 내분비계 및 생식기계 주요 약물

전국수의과대학 수의약리독성학 교수협의회. 2024. *수의약리학.* 제2판 수정 증보판. 신일북스.

Boothe, Dawn Merton. 2012. *Small Animal Clinical Pharmacology and Therapeutics.* 2nd ed. Elsevier Saunders.

Crowell-Davis, Sharon L., and Thomas Murray. 2006. *Veterinary Psychopharmacology.* Blackwell Publishing.

Maddison, Jill E., Stephen W. Page, and David B. Church. 2008. *Small Animal Clinical Pharmacology.* 2nd ed. Saunders Elsevier.

Martini-Johnson, Lisa A. 2022. *동물보건의약품학.* 범문에듀케이션.

Muir, William W., and John A. E. Hubbell. 2014. *Handbook of Veterinary Anesthesia.* 5th ed. Elsevier.

Papich, Mark G. 2016. *Saunders Handbook of Veterinary Drugs.* 4th ed. Elsevier.

Plumb, Donald C. 2018. *Plumb's Veterinary Drug Handbook.* 9th ed. PharmaVet Inc.

Riviere, Jim E., and Mark G. Papich, eds. 2018. *Veterinary Pharmacology and Therapeutics.* 10th ed. Wiley-Blackwell.

CHAPTER 12 근골격 및 관절 작용 주요 약물

전국수의과대학 수의약리독성학 교수협의회. 2024. *수의약리학.* 제2판 수정 증보판. 신일북스.

Basbaum, Allan I., Diana M. Bautista, Gregory Scherrer, and David Julius. 2009. "Cellular and Molecular Mechanisms of Pain." *Cell* 139 (2): 267–284.

Boothe, Dawn Merton. 2012. *Small Animal Clinical Pharmacology and Therapeutics.* 2nd ed. Elsevier Saunders.

Grimm, Kurt A., Leigh A. Lamont, William J. Tranquilli, Sheilah A. Greene, and Sheilah A. Robertson, eds. 2015. *Veterinary Anesthesia and Analgesia: The Fifth Edition of Lumb and Jones.* Wiley-Blackwell.

Kieffer, Brigitte L., and Christopher J. Evans. 2009. "Opioid Receptors: From Binding Sites to Visible Molecules In Vivo." *Neuropharmacology* 56 (Suppl 1): 205–212.

Martini-Johnson, Lisa A. 2022. *동물보건의약품학.* 범문에듀케이션.

Papich, Mark G. 2016. *Saunders Handbook of Veterinary Drugs.* 4th ed. Elsevier.

Plumb, Donald C. 2018. Plumb's Veterinary Drug Handbook. 9th ed. PharmaVet Inc.

Ricciotti, Emanuela, and Garret A. FitzGerald. 2011. "Prostaglandins and Inflammation."

Arteriosclerosis, Thrombosis, and Vascular Biology 31 (5): 986–1000.

Riviere, Jim E., and Mark G. Papich, eds. 2018. Veterinary Pharmacology and Therapeutics. 10th ed. Ames, IA: Wiley-Blackwell.

Allweiler, Susan. 2023. "Analgesics Used in Animals." *MSD Veterinary Manual.* Last modified March 8, 2023. (https://www.msdvetmanual.com/pharmacology/analgesics/analgesics-used-in-animals.)

CHAPTER 13 눈 및 귀 작용 주요 약물

British Small Animal Veterinary Association. 2012. *BSAVA Manual of Canine and Feline Dermatology.* 3rd ed. Gloucester: BSAVA.

Brockhaus, L., D. Goldblum, L. Eggenschwiler, S. Zimmerli, and C. Marzolini. n.d. "Revisiting Systemic Treatment of Bacterial Endophthalmitis: A Review of Intravitreal Penetration of Systemic Antibiotics."

Done, Stanley H., and Peter C. Goody. 2006. *Color Atlas of Veterinary Anatomy: The Dog and Cat.* Vol. 1. St. Louis: Elsevier Health Sciences.

Friedeck, Amanda. 2023. "Ear Disease in Canine Patients." *Dermatology.* Last modified March 10, 2023.

Gelatt, Kirk N. 2000. *Essentials of Veterinary Ophthalmology.* Philadelphia: Lippincott Williams & Wilkins.

Kumar, Anuradha, and Marion Roman-Auerhahn. 2005. "Anatomy of the Canine and Feline Ear." In *Small Animal Ear Diseases: An Illustrated Guide,* 2nd ed., edited by Louis N. Gotthelf, 1–21. St. Louis: Elsevier.

Morris, Douglas O. 2004. "Medical Therapy of Otitis Externa and Otitis Media." *Veterinary Clinics of North America: Small Animal Practice* 34 (2): 541–555.

Rosenkrantz, Wayne S., and Craig L. Mendelsohn. 2013. "Dermatologic Therapy." In *Muller and Kirk's Small Animal Dermatology,* 7th ed., edited by William H. Miller, Craig E. Griffin, and Karen L. Campbell, 109–183. St. Louis: Elsevier.

CHAPTER 14 피부 작용 주요 약물

"Theory and in Vitro Experimental Measurement." n.d. *American Institute of Chemical Engineering Journal* 21: 985–996.

"Veterinary Drug Delivery: Potential for Skin Penetration Enhancement." 2001. *Advanced Drug Delivery Reviews* 50 (3): 205-227. September 1, 2001. (https://doi.org/10.1016/s0169-409x(01)00158-2.)

Dermal and Ocular Toxicology: Fundamentals and Methods. n.d. Boca Raton, FL: CRC Press.

Mills, P. C., and S. E. Cross. 2006. "Transdermal Drug Delivery: Basic Principles for the Veterinarian." *The Veterinary Journal* 172: 218-233.

Montagna, William. 1971. "Cutaneous Comparative Biology." *Archives of Dermatology* 104: 577-591.

Monteiro-Riviere, Nancy A. 1991. "Comparative Anatomy, Physiology, and Biochemistry of Mammalian Skin." In *Dermal and Ocular Toxicology: Fundamentals and Methods,* edited by D. W. Hobson.

CHAPTER 15 영양 및 체액보충제

Bateman, S., and Stephen P. DiBartola. 2012. "Introduction to Fluid Therapy." In *Fluid, Electrolyte, and Acid-Base Disorders in Small Animal Practice,* 4th ed., edited by Stephen P. DiBartola, 331-350. St. Louis: Elsevier Saunders.

Carr, C. J., et al. 2021. "An Audit and Comparison of pH, Measured Concentration, and Particulate Matter in Mannitol and Hypertonic Saline Solutions." *Frontiers in Neurology* 12: 667842.

Hansen, B., and Andrea Vigani. 2017. "Maintenance Fluid Therapy: Isotonic versus Hypotonic Solutions." *Veterinary Clinics of North America: Small Animal Practice* 47 (2): 383-395.

Harris, B. A., E. H. Hofmeister, and J. C. Gicking. 2021. "A Survey of Emergency and Critical Care Veterinarians Regarding IV Fluid Bolus Therapy and Monitoring Practices in Small Animals." *Journal of Veterinary Emergency and Critical Care (San Antonio)* 31 (5): 564-573.

Holden, D., et al. 2023. "Hypertonic Saline Use in Neurocritical Care for Treating Cerebral Edema: A Review of Optimal Formulation, Dosing, Safety, Administration and Storage." *American Journal of Health-System Pharmacy* 80 (6): 331-342.

Hopper, Kate, Ana Garcia Rojas, and Liz Barter. 2018. "An Online Survey of Small Animal Veterinarians Regarding Current Fluid Therapy Practices in Dogs and Cats." *Journal of the American Veterinary Medical Association* 252 (5): 553-559.

Lange, Jessica, Serge Chalhoub Boysen, Andrea Bentley, et al. 2019. "Intraosseous Catheter Flow Rates and Ease of Placement at Various Sites in Canine Cadavers." *Frontiers in*

Veterinary Science 6: 312.

Mazzaferro, Elisa, and Lindsey L. Powell. 2022. "Fluid Therapy for the Emergent Small Animal Patient: Crystalloids, Colloids, and Albumin Products." *Veterinary Clinics of North America: Small Animal Practice* 52 (3): 781–796.

Rudloff, Elizabeth, and Kate Hopper. 2021. "Crystalloid and Colloid Compositions and Their Impact." *Frontiers in Veterinary Science* 8: 639848.

Strandvik, G. F. 2009. "Hypertonic Saline in Critical Care: A Review of the Literature and Guidelines for Use in Hypotensive States and Raised Intracranial Pressure." *Anaesthesia* 64 (9): 990–1003.

Tello, L. H., and M. A. Pardo. 2022. "Fluid and Electrolyte Therapy during Vomiting and Diarrhea." *Veterinary Clinics of North America: Small Animal Practice* 52 (3): 673–688.

Wellman, Michael L., Stephen P. DiBartola, and Carl W. Kohn. 2012. "Applied Physiology of Body Fluids in Dogs and Cats." In *Fluid, Electrolyte, and Acid-Base Disorders in Small Animal Practice,* 4th ed., edited by Stephen P. DiBartola, 15. St. Louis: Elsevier Saunders.

CHAPTER 16 면역 및 백신제제

박승준. 2023. *비밀노트 약리학편.* 드림널스.

전국수의과대학 수의약리독성학 교수협의회. 2024. *수의약리학.* 제2판 수정 증보판. 신일북스.

Martini-Johnson, Lisa A. 2022. *동물보건의약품학.* 동물보건의약품학 교재연구회 역. 제6판. 범문에듀케이션.

Plumb, Donald C. 2023. *Plumb's Veterinary Drug Handbook.* 11th ed. Wiley-Blackwell.

American Animal Hospital Association, and American Association of Feline Practitioners. 2020. "2020 AAHA/AAFP Feline Vaccination Guidelines." Accessed August 11, 2025. (https://www.aaha.org/wp-content/uploads/globalassets/02-guidelines/feline-vaccination-guidlines/resource-center/2020-aahaa-afp-feline-vaccination-guidelines.pdf.)

American Animal Hospital Association. 2022. "2022 AAHA Canine Vaccination Guidelines." Accessed August 11, 2025. (https://www.aaha.org/resources/2022-aaha-canine-vaccination-guidelines/.)

WSAVA Vaccination Guidelines Group. 2024. "2024 Guidelines for the Vaccination of Dogs and Cats." *World Small Animal Veterinary Association.* Accessed August 11, 2025. (https://wsava.org/wp-content/uploads/2024/04/WSAVA-Vaccination-guidelines-2024.pdf.)

저자 약력

정재용

- 경북대학교 수의과대학 졸업
- 경북대학교 수의학 박사(수의병리학 전공)
- 동물보건 분야 국가직무능력표준(NCS) 및 학습모듈 개발진
- 한국동물보건사대학교육협회 감사
- 現) 수성대학교 반려동물보건과 교수

김정은

- 경북대학교 수의과대학 박사(수의외과학)
- 경북대학교 부속동물병원 진료수의사
- 現) 대구가톨릭대학교 반려동물보건학과 교수
- 現) 한국동물보건사대학교육협회 부회장
- 現) 한국동물보건사 양성기관 인증위원회 위원

안성아

- 전북대학교 수의과대학 졸업
- 충남대학교 수의학 석사(수의내과학)
- 現) 부산보건대학교 반려동물보건과 교수

이왕희

- 충남대학교 수의과대학 졸업
- 충남대학교 수의학 석사(임상수의학)
- 충남대학교 수의학 박사수료(임상수의학)
- 現) 연성대학교 반려동물보건과 교수

이종복

- 서울대학교 수의과대학 학사
- 서울대학교 수의과대학 석사(수의내과/임상병리학)
- 강원대학교 임상수의학 박사 수료(수의내과학)
- 서울대학교 동물병원 및 다수 동물병원 진료수의사, 원장
- 現) 부천대학교 반려동물과 교수

정수연

- 전북대학교 수의과대학 졸업
- 건국대학교 수의학 석사(수의내과학)
- 전북대학교 수의학 박사수료(수의내과학)
- 現) 한양여자대학교 반려동물보건과 교수

최한솔

- 경북대학교 수의과대학 졸업
- 서울대학교 수의학 석사(수의내과학)
- 現) 신구대학교 반려동물과 교수

한기원

- 충남대학교 수의과대학 졸업
- 서울대학교 수의학 석박사(수의병리학)
- 現) 인제대학교 반려동물보건학과 조교수

동물보건의약품관리학

초판발행	2025년 9월 1일
지은이	정재용 · 김정은 · 안성아 · 이왕희 · 이종복 · 정수연 · 최한솔 · 한기원
펴낸이	노 현
편 집	김민경
기획/마케팅	김한유
표지디자인	이영경
제 작	고철민 · 김원표
펴낸곳	㈜피와이메이트 서울특별시 금천구 가산디지털2로 53, 210호(가산동, 한라시그마밸리) 등록 2014. 2. 12. 제2018-000080(倫)
전 화	02)733-6771
f a x	02)736-4818
e-mail	pys@pybook.co.kr
homepage	www.pybook.co.kr
ISBN	979-11-7279-154-4 93520

정 가 34,000원

박영스토리는 박영사와 함께하는 브랜드입니다.